普通高等教育材料科学与工程专业教材

材料科学与工程基础实验教程

第2版

主　编　葛利玲
副主编　卢正欣
主　审　赵　康　梁淑华

机 械 工 业 出 版 社

本书包括金相显微分析基础、晶体学及结晶学基础（材料科学基础）、金属材料物理力学性能基础、合金熔炼与铸造、凝固技术及控制、材料加工工艺（焊接、塑性成形及压力加工）、金属热处理、材料学、材料化学、材料腐蚀与防护、金属X射线衍射及电子显微分析（材料现代分析测试方法）等十几门课程的66个实验。在实验内容的编排上，以金相显微分析基本技能实验为基础，以专业基础课与专业主干课实验为主体，以实验突出体现材料各种典型组织的金相特征（光学金相及电子金相）、形成原因以及与性能之间的内在联系。同时，本书还编入了以提高综合能力、创新能力为主的综合设计实验。

本书可作为材料类专业，如材料科学与工程、材料成型及控制工程、材料物理、材料化学及其他相关专业本科生的系列实验教学用书，也可供有关教师、研究生以及从事材料研究、生产的工程技术人员参考。

图书在版编目（CIP）数据

材料科学与工程基础实验教程/葛利玲主编. —2版. —北京：机械工业出版社，2019.11（2024.3重印）
普通高等教育材料科学与工程专业教材
ISBN 978-7-111-64026-4

Ⅰ.①材… Ⅱ.①葛… Ⅲ.①材料科学-实验-高等学校-教材 Ⅳ.①TB3-33

中国版本图书馆CIP数据核字（2019）第277384号

机械工业出版社（北京市百万庄大街22号 邮政编码100037）
策划编辑：丁昕祯 责任编辑：丁昕祯 杨 璇 安桂芳
责任校对：刘雅娜 封面设计：张 静
责任印制：邓 博
北京盛通数码印刷有限公司印刷
2024年3月第2版第5次印刷
184mm×260mm · 16印张 · 392千字
标准书号：ISBN 978-7-111-64026-4
定价：39.80元

电话服务
客服电话：010-88361066
010-88379833
010-68326294

网络服务
机 工 官 网：www.cmpbook.com
机 工 官 博：weibo.com/cmp1952
金 书 网：www.golden-book.com
机工教育服务网：www.cmpedu.com

前　言

为了落实教育部“质量工程”以及“卓越工程师”计划，顺应教育部创新性教育的要求，培养出既有扎实的基础理论知识，又具备一定的实验研究能力的材料专业学生，满足相关专业的“将实验教学与理论教学紧密联系的同时，使实验教学具有相对的独立性和针对性”的要求，对2008年出版的《材料科学与工程基础实验教程》（以下简称第1版）进行修订。

本次修订将第1版59个实验中的9个开设率低的验证性实验项目删除，新增了16个综合性和创新性实验项目，对46个原有实验内容进行了修改，力求实验数据及金相图片准确，具有典型性，突出材料各种典型组织的金相特征、形成原因以及与性能之间的内在关系，培养学生仔细观察、勤于动手、独立思考、综合分析与判断、归纳整理的能力。实验内容中增加了复杂工程应用实例，并根据国家现行标准对相关内容进行了修订，使学生注重解决工程问题能力的提升，为社会服务打好基础。书中所涉及的材料科学名词依据全国科学技术名词审定委员会2010年公布的名词执行，从国家6S管理体系（整理、整顿、清扫、清洁、素养以及安全）角度出发，实验中有安全、环境要求，并在附录中增加了金相实验室安全技术的内容，培养学生遵守工程职业道德和规范、严谨务实、精益求精的工作作风，增强安全、管理、质量、效益的意识。

本书在实验内容的编排上，以金相显微分析基础实验为基础、以专业基础课程实验与专业主干课实验为主体，并按此三个层次进行编排，在强调基础的同时，体现科学性和系统性，增强本书的适用性。

本书由葛利玲任主编，卢正欣任副主编。具体编写人员及分工：葛利玲（实验1~实验12、实验16~实验19、实验46~实验51）、王爱娟（实验13~实验15）、杨超（实验20和实验21）、崔杰（实验22~实验26）、徐春杰（实验27和实验28）、王志虎（实验29和实验33）、王武孝（实验30和实验31）、张赛飞（实验32、实验34和实验35）、冯亚宁（实验36和实验37）、秦少勇（实验38和实验39）、徐雷（实验40、实验43~实验45）、张欣昱（实验41、实验42）、刘东杰（实验52~实验59）、卢正欣（实验60~实验66）。全书由葛利玲统稿，赵康、梁淑华审阅。

在本书编写过程中得到了西安理工大学教材建设委员会以及西安理工大学材料科学与工程学院的支持，在此一并表示感谢。

由于编者水平有限，书中有不妥之处在所难免，欢迎广大读者批评指正。

编　者

目　录

第一章　金相显微分析基础实验

实验1　金相显微样品的制备

一、实验目的

1）熟悉金相试样的制备过程。

2）掌握金相试样的制备方法。

二、原理概述

金相显微分析是研究材料内部组织的重要方法之一。借助于光学金相显微镜观察和研究任何金属内部微观组织结构，首先要制备出能用于微观分析的样品——金相显微试样，简称试样。一个合格的试样必须保证：

1）具有代表性，即选取的试样能代表所要研究、分析的对象。

2）浸蚀要合适、组织要真实。

3）无划痕、无污物。

4）无变形层、平坦光滑。

5）夹杂物完整。

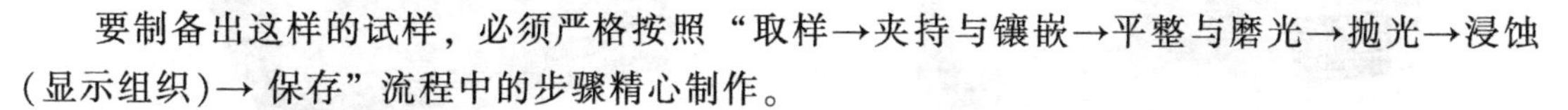

要制备出这样的试样，必须严格按照“取样→夹持与镶嵌→平整与磨光→抛光→浸蚀(显示组织)→保存”流程中的步骤精心制作。

1. 金相试样的取样

从被检材料或零部件上切取一定尺寸试样的过程称为取样。

（1）取样的一般原则　取样部位应具有代表性，所取的试样能真实反映材料的组织特征或零部件的质量，取样部位要根据金相分析的目的来取。金相试样截取部位确定后，还需进一步明确选取哪一个截面作为金相试样的磨面，磨面一般分为横截面和纵截面，这两个截面研究的目的是不同的。

横截面主要研究：试样从中心到边缘组织分布的渐变情况，表面渗层、硬化层和镀层等表面处理的深度及其组织，表面缺陷以及非金属夹杂物在横截面上的分布情况，即类型、形态、大小、数量、分布和等级等。

纵截面主要研究：非金属夹杂物在纵截面上的分布情况、大小、数量及形状，金属的变形程度，如有无带状组织的存在等。

有时为了研究某种组织的立体形貌，在一个试样上选取两个互相垂直的磨面。对于裂纹、夹杂物深度的测量，往往也需要在另外一个垂直磨面上进行。

（2）试样截取的方法　试样截取的方法很多，截取时应根据材料的性质和要求来决定截取的方法，常用试样截取方法有：

1）电切割。包含电火花切割和线切割。适用于较大的金属试样切割或有一定形状要求时采用。

2）气切割（氧-乙炔火焰）。适用于较大金属试样的切割。

3）砂轮切割机切割。使用范围较广，主要用于有一定硬度的材料，如普通钢铁材料和热处理后的钢铁材料。

4）手锯或机锯。适用于低碳钢、普通铸铁和非铁金属等硬度较低的材料。

5）敲击。适用于硬而脆的材料，如白口铸铁、高锡青铜和球墨铸铁等。

常用的切割方法是采用薄片水冷砂轮切割机，砂轮厚度为1.2～2.0mm，规格为ϕ250mm×1.5mm。砂轮片是由颗粒状碳化硅（或氧化铝）与树脂、橡胶粘合而成。砂轮片安装在切割机主轴上，高速旋转（常用2840r/min），普通砂轮切割机如图1-1所示。在切割过程中由于磨削产生高温，对金相试样不利，会导致金相组织发生变化，因此需要切削液强制冷却。切削液除了起冷却作用外，还能起润滑作用，并可随时带走磨削产物。常用的切削液有水、乳化油和火油等。目前得知高分子溶剂，可提高冷却效果，更有利于润滑，还有防锈的作用。

随着生产技术的发展，实验室用金相试样切割机大多采用全封闭罩壳（见图1-2），其特点是安全、噪声低、无污染。

图1-1　普通砂轮切割机

图1-2　全封闭罩壳砂轮切割机

（3）试样截取时应注意的事项

1）保证材料不发生任何组织变化。

2）尺寸大小要合适，易于磨制为宜。金相试样推荐尺寸如图1-3所示。如没有特殊要求，一般情况下要对试样进行倒角，以免在以后的制备过程中划破砂纸与抛光布。

GB/T 13298—2015《金相显微组织检验方法》中推荐试样尺寸以磨面面积小于400mm^2、高度15～20mm为宜。

3）截取试样时应注意保护试样的特殊表面，如热处理表面强化层、化学热处理渗层、热喷涂层及镀层、氧化脱碳层、裂纹区以及废品或失效零件上的损坏特征，不应因截取而造成损伤。

4）切面要尽可能光滑平整，截面的毛刺要尽可能小。

5）从切割设备中取出试样时，要保证不被烫伤。

6）操作设备时要注意安全，如砂轮切割机的切片不应出现卡死现象，切割时应遵循切割面积最小原则。

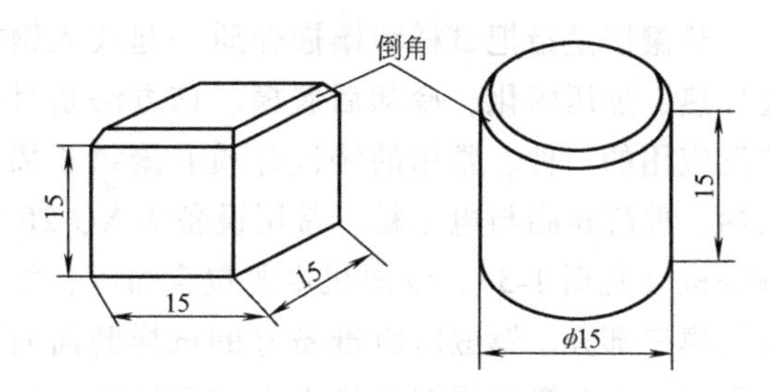

图 1-3 金相试样推荐尺寸

2. 金相试样的夹持与镶嵌

若试样尺寸过小（如薄板、丝材、金属丝、碎片、钢皮以及钟表零件等）不易握持或要求保护试样边缘（如表面处理的检测、表面缺陷的检验等），则要对试样进行夹持或镶嵌。图 1-4 所示为金相试样的夹持与镶嵌方法。

（1）夹持 试样的夹持要利用预先制备好的夹具装置。制作夹具的材料一般多选用低碳钢、不锈钢和铜合金等。主要根据被夹试样的外形、大小及夹持保护的要求来选定机械夹具的形状。将试样进行夹持的优点是方便；缺点是磨制试样时易在缝隙中留下水与浸蚀剂，试样表面极易受到污染，造成假象，因此为保证浸蚀效果，最好将试样从夹具中取出后再浸蚀。

（2）镶嵌 有一些试样体积较小、外形不规则，这时就要对试样进行镶嵌。镶嵌不仅有利于制样，而且使表面缺陷及边缘得到保护，镶嵌时必须依据下列原则：

1）不允许影响试样显微组织，如机械变形及加热。

2）镶嵌介质与被镶嵌试样的硬度、耐磨性相近，否则对保护试样边缘不利。

3）镶嵌介质与被镶嵌试样有相近的耐蚀能力，避免在浸蚀时造成一方被强烈腐蚀。

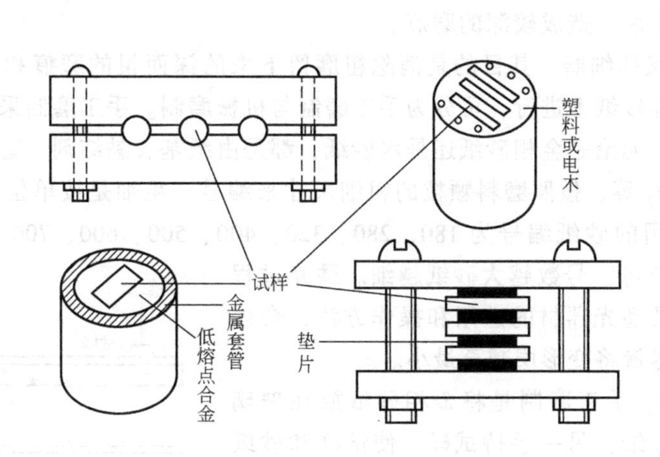

图 1-4 金相试样的夹持与镶嵌方法

试样镶嵌可分为冷镶嵌和热镶嵌。

冷镶嵌是指在室温下使镶嵌介质固化，一般适用于不宜受压的软材料及组织结构对温度变化敏感或熔点较低的材料。冷镶嵌时，将金相试样置于模子中，注入冷镶剂冷凝后脱模。常用的冷镶剂有环氧树脂、牙托粉等。

热镶嵌是指把试样和镶嵌介质一起放入钢模内通过加热、加压固化，冷却后脱模。该方法是目前最为广泛应用的一种。常用的镶嵌介质有聚氯乙烯、聚苯乙烯、酚醛树脂与电木粉。常用设备为XQ-2B型金相镶嵌机（见图1-5），镶嵌机主要包含加压、加热装置与压模三部分。镶嵌时将准备好的试样磨面向下，放入下模，在套筒中根据试样大小和高低放入适量镶嵌介质后，装上模，固紧顶压螺杆，先转动加压手轮到压力指示灯亮，再加热（设定温度与实测温度均有数字显示，并能自动控温）。加热后由于镶嵌介质逐渐软化，压力指示灯会熄灭，此时应增加压力至指示灯亮，稍等几分钟（一般为8~12min），停止加热，此时镶嵌已完成。去掉压力，转开顶压盖，上升压模，即可取出镶嵌好的试样。

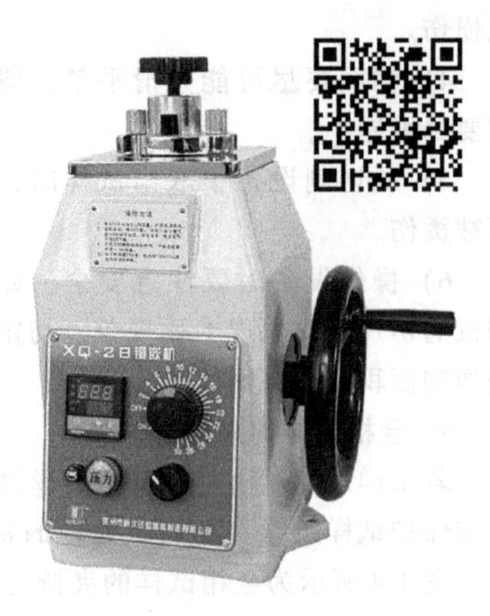

图1-5 XQ-2B型金相镶嵌机

3. 金相试样的平整与磨光

（1）平整 又称粗磨，由于手锯或锤击所得的试样表面很粗糙，切割后的试样由于机械力的作用表层存在较深的变形层，或由夹具夹持的试样，这些都需要用砂轮机进行平整，从而得到一个平整的表面。由于砂轮机的转速极快，易产生很大的热量，并且接触压力越大，产生的热量也越大，变形也越大，故操作时应手持试样，且前后用力均匀，接触压力不可过大，以防过量发热及机械变形；磨制时不断冷却试样，以保证试样组织不因受热而发生变化；凡不做表层金相检验的试样必须倒角。软材料操作要用锉刀锉平，不能在砂轮机上平整，以免产生较大的粗磨痕与大的变形层。平整完毕后，必须将手和试样清洗干净，防止粗大砂粒带入下道工序，造成较深的磨痕。

（2）磨光 又称细磨，其目的是消除粗磨留下来的深而粗的磨痕和变形层，为抛光做准备。磨光通常在砂纸上进行，可分为手工磨制与机械磨制。手工磨制采用金相砂纸，机械磨制采用水砂纸。无论是金相砂纸还是水砂纸，都是由纸基、黏结剂、磨料组合而成。磨料主要为SiC、Al_2O_3等，按照磨料颗粒的粗细尺寸来编号，粗细是按单位面积内磨料的颗粒度来定义的，常用的砂纸编号为180、280、320、400、500、600、700、800、900、1000、1200、1500、2000等，号数越大砂纸越细。磨光过程中，应注意砂纸及磨光器材的选用和操作方法，合理制订磨光工艺，尽量将变形层减至最小。

1）手工磨制。手工磨制是将金相砂纸放在玻璃板上，一手按紧砂纸，另一手持试样，使试样和砂纸相接触，并用手给予一定的压力向前推，同时保持压力均衡。磨制时所使用的砂纸应由粗到细。图1-6所示为手工磨光操作示意图，图1-7所示为试样磨面在磨光过程中的变化。磨制时应注意：

① 粗磨后，凡不做表面层金相检验的，棱边应倒成小圆弧，以免在以后工序中将砂纸或抛光织物撕

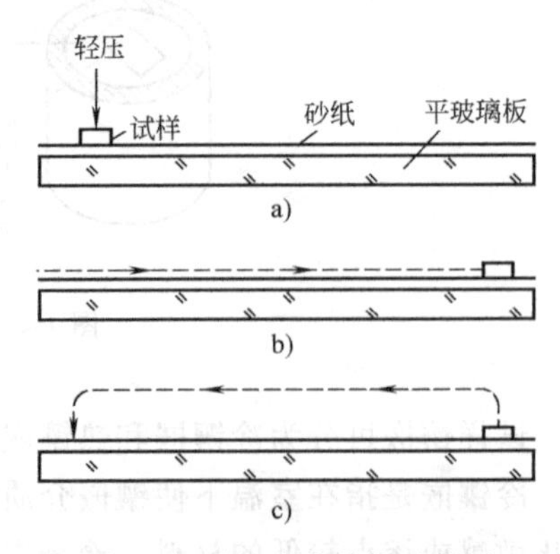

图1-6 手工磨光操作示意图
a）开始 b）向前 c）退回

裂。在抛光时还有可能被抛光织物钩住往外飞出，造成事故。

② 磨制时用砂纸从粗到细逐次磨制。在更换砂纸时，不宜跳号太多[一般钢铁材料用150（200）、400、600、800、1000五个编号的砂纸磨光]，因为每号砂纸的切削能力是保证在短时内将前一道砂纸的磨痕全部磨掉来分级的。跳号过多，不仅会增加磨削，而且前面砂纸留下来的表面变形层和扰乱层也难以消除，达不到消除划痕的目的。

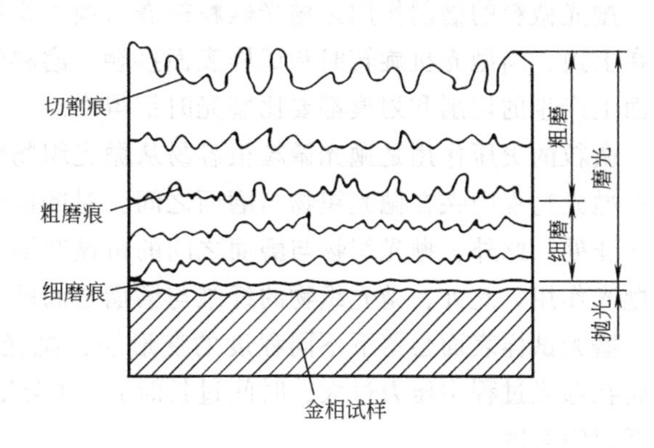

图 1-7 试样磨面在磨光过程中的变化

③ 试样的磨制方向应和上道工序的磨痕垂直，当前磨制的划痕已经将上道砂纸留下的划痕完全覆盖，再换下一道砂纸。每换一道砂纸，试样磨制方向换90°，使新的磨痕方向与旧磨痕垂直，以易于观察磨痕逐渐消除的情况。

④ 磨制时对试样施加的压力要均匀适中，压力小磨削效率低，压力过大则会增加磨粒与磨面之间的滚动，产生过深的划痕，而且又会发热造成试样表面产生变形层。

⑤ 换砂纸时试样和手要洗干净，以免将粗砂粒带到下道工序中。在磨制软试样时，应加煤油作为润滑剂。

⑥ 砂纸一旦变钝，磨削作用降低，不宜继续使用，否则磨粒与磨面产生滚压现象而增加表面扰乱层。

2）机械磨制。机械磨制是使用水砂纸在预磨机上进行，磨制时也是从粗到细。机械磨制的优点是效率高，同时由于在磨制过程中有水不断冷却，热量及磨粒不断被带走，因此不易产生变形层，样品质量容易控制。图1-8所示为转盘式金相试样预磨机（磨光机），对于钢铁材料，磨光机的转速一般控制在500~700r/min为宜。

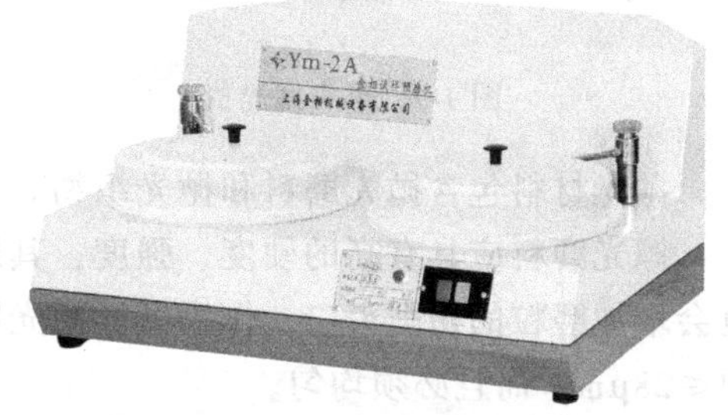

图 1-8 转盘式金相试样预磨机

磨光开始选用什么粒度的砂纸，取决于材料的性质、试样的表面粗糙度等因素，同时对砂纸特性也要有所了解。

4. 金相试样的抛光

抛光是为了消除磨光后留下的磨痕，使试样的抛光面光亮无痕，犹如镜面，同时彻底去除变形层，得到一个理想的金相磨面。理想的抛光面应平滑光亮、无划痕、无浮雕、无塑性变形层和不脱落非金属夹杂物。

按其本质，抛光可分为机械抛光、电解抛光、化学抛光和综合抛光等。这里主要介绍机械抛光和电解抛光。

（1）机械抛光

1）机械抛光原理。机械抛光是抛光微粒与试样磨面相对作用的结果，可归结为：抛光微粒的磨削作用及抛光过程中微粒的滚压作用。

抛光微粒的磨削作用是抛光微粒被嵌入抛光织物的间隙内，暂时固定着，其尖锐的刀口露在上边，当抛光机旋转时和试样表面接触，磨料的刀口就起到磨削的作用。而且，在试样表面上产生的切削和划痕都要比磨光时细得多。

微粒的滚压作用是抛光微粒很容易从抛光织物中脱出，甚至飞出抛光盘。这些脱出的微粒在抛光过程中夹在抛光织物与磨面之间，对磨面产生滚压作用，使试样表面凸起部分移流至凹洼处。此外，抛光织物与磨面之间的机械摩擦也有助于“金属的流动”，同时也起一定的抛光作用。此外，抛光织物的纤维与磨面之间的机械摩擦也助长了表层金属的流动。

磨光试样表面会留下不同程度的变形层，抛光也会产生轻微变形层（特别是对较软的金属在抛光过程中压力过大、时间过长时），这会使显微组织受到影响或不真实，有时也会降低组织衬度。

2）抛光设备及材料。常用的抛光机有单头抛光机（见图 1-9）和双头抛光机。随着科学技术的发展，抛光机日趋半自动化、自动化，制样的效率、质量不断得以提高。目前已将计算机控制应用到自动抛光机上，使自动抛光机能实现程序自动控制（见图 1-10）。

图 1-9 单头抛光机

图 1-10 全自动抛光机

抛光材料包含抛光磨料和抛光织物。

抛光磨料应具有高的硬度、强度，其颗粒均匀，好的磨粒外形尖锐呈多角形，一旦破碎也会增加磨粒的切削刃口。作为试样抛光磨料，一方面是切削性能，另一方面是颗粒尺寸必须≤28μm，而且必须均匀。

常用的抛光磨料有：

① 氧化铬（Cr_2O_3）。其呈绿色，具有很高的硬度，用来抛光淬火后的合金钢试样，也可用于铸铁试样。

② 氧化铝（Al_2O_3）。其硬度极高，硬度略低于金刚石与碳化硅，天然的氧化铝称为刚玉。广泛使用的是人工制得的电熔氧化铝砂粒—— 人造刚玉，其纯度越高越接近无色透明。金相抛光采用透明氧化铝微粉，是比较理想的抛光磨料，它可分为 M1～M10，M1 最细，M10 最粗，一般粗抛用 M7，精抛用 M3。

③ 氧化镁（MgO）。它是一种极细的抛光磨料，很适用于铝、锌等非铁金属的抛光，也适用于铸铁及夹杂物检验的试样。氧化镁呈八面体外形，具有一定硬度并有良好的刃口，但很容易潮解，从而丧失磨削力。

④ 金刚石研磨膏。它是由金刚石粉配以油类润滑剂制成，其特点是抛光效率高，抛光后表面质量好，分 W20～W0.5，粗抛用 W7～W5，精抛用 W2.5～W1.5。

⑤ 高效金刚石喷雾研磨剂。它是一种新型高效抛光剂，硬度极高，磨削力极强，制备的样品表面质量好，适用于宝石、玻璃、陶瓷、硬质合金及淬火钢试样的抛光。规格有W40~W0.25，对于钢，一般粗抛用W5，精抛用W1。

抛光织物在抛光过程中主要起支承抛光磨料的作用，从而产生磨削作用，并且可阻止磨料因离心作用而飞出去，其次是起储藏部分水分和润滑剂的作用，使抛光能顺利进行，再次是织物本身能产生摩擦作用，使试样磨面更加光滑、平整。

抛光织物的种类较多，有棉织物、呢子、丝织物和人造纤维等，一般可依据表面绒毛的长短将它们分成三类：

① 具有很厚绒毛的织物，如天鹅绒、丝绒等是常用的抛光织物。但不宜抛光检验夹杂物与铸铁试样，由于长的绒毛会使夹杂物与石墨发生拖尾现象，也容易出现浮雕现象。

② 质地坚硬致密不带绒毛的织物，如绸缎等织物，使用时用反面作为抛光面，主要用于抛光夹杂物及观察表层组织的试样。

③ 具有较短绒毛的织物，如法兰绒、呢子和帆布等，这类抛光布耐用，抛光效果和速度也较好，常用于粗抛。

抛光对织物的要求是：织物纤维柔软、坚固耐磨，不易撕破。抛光织物的选择主要取决于试样材料的性质与检验目的。

3）抛光操作。金相试样抛光工序一般分为粗抛与精抛两道。较软的合金试样一般不经粗抛而直接精抛，或采用其他抛光技术，以免产生严重的扰乱层。

粗抛的目的是消除细磨留下来的划痕，为精抛做准备。粗抛常用帆布、粗呢、法兰绒与粒度较粗的抛光剂。

精抛的目的是消除粗抛留下来的划痕，得到光亮平整的磨面。精抛常用织物丝绒等细的磨料。

抛光操作要领及注意事项：

① 试样经截取、磨光后可能存在有残油或附着一些磨料微粒。因此，抛光前必须首先进行清洗。除此之外，抛光盘、工作台和操作者的手，也应保持洁净。

② 无论粗抛还是精抛，抛光时要握稳试样，磨面应均衡地压在旋转的抛光盘上，用力不宜太重，试样上的磨痕方向应与抛光盘转动方向垂直，并左右或沿径向方向缓慢移动，防止非金属夹杂物的“曳尾”现象，当划痕完全消除后，应立即停止抛光，以减少表层金属变形。

③ 抛光时应注意抛光液的浓度不宜过高或过低。浓度过高并不会提高抛光速度；浓度太低则会明显降低效率。同时要控制湿度，湿度是通过抛光液来调节的。湿度不足容易使磨面产生过热或粘结抛光剂并降低润滑性，磨面失去光泽。软合金则易抛伤表面，出现麻点和黑斑。湿度太大会减弱抛光的磨削作用。检验抛光织物上湿度是否合适的办法是，观察试样抛光面上水膜蒸发的时间，当试样离开抛光盘后，抛光面上附着的水膜应在2~5s内蒸发完。

④ 一些较软的试样，如铅、锡、锌、铝等，易产生表面变形层，可用抛光-浸蚀交替操作或抛光-化学抛光的方法进行消除。

4）抛光检查。金相试样抛光全部完成后应及时进行清洗和检查，先用水冲洗，再用无水乙醇清洗，清洗完后用吹风机吹干后进行检查。检查分为低倍检查和显微镜检查。

① 低倍检查。将试样的抛光面置于明亮光线下，用人眼或放大镜仔细观察。观察时不同角度转动，更易看清试样上的情况。合格的抛光面应符合以下要求：平整、光洁、反射性好、无污染、无斑点、无水迹、无抛光剂残留物、无划痕、无麻点（抛光引起的蚀坑）、无橘皮状皱纹（多为变形层、扰乱层所致）、需要保护的边缘不能被倒角等。

② 显微镜检查。对于重要和需要摄影的试样应在放大100倍的显微镜下进行检验，应符合以下要求：无妨碍金相摄影的划痕、无组织及夹杂物曳尾现象、无污点、无因磨料嵌入而引起的黑点等。

（2）电解抛光

1）电解抛光的概念。电解抛光采用电化学溶解作用，使试样达到抛光的目的。电解抛光（也称阳极抛光或电抛光）是把试样作为阳极，另一种经选择的金属作为阴极，将试样放入电解液中，接通直流电源，在一定的电制度下，使试样磨面上凸起处产生选择性溶解，逐渐使磨面变得平整光滑，电解浸蚀后显示出试样的组织。电解抛光装置与抛光原理如图1-11所示。

2）电解抛光的原理。电解抛光时，靠近试样阳极表面的电解液，在试样上随着表面的凸凹不平形成了一层厚薄不均匀的黏性薄膜。由于电解液被搅动，在靠近试样表面凸起的地方，扩散流动得快，形成的膜较薄；而在靠近试样表面凹陷的地方，扩散流动得较慢，形成的膜较厚。试样之所以能够被抛光，与这层厚薄不均匀的薄膜密切相关，膜厚的地方，电流密度小，膜薄的地方，电流密度大。试样磨面上各处的电流密度相差很多，凸起顶峰的地方电流密度最大，金属迅速地溶解于电解液中，而凹陷部分溶解较慢（见图1-11b）。这样，凸出部分逐渐变平坦，最后形成光亮平滑的抛光面。要保持这一层有利于电解抛光的薄膜，需要一些条件的配合，除与抛光材料的性质和电解液的种类有关外，还与抛光时所加的电压与通过的电流密度有关。根据实验找出电压-电流关系曲线，可以确定合适的电解抛光规范。

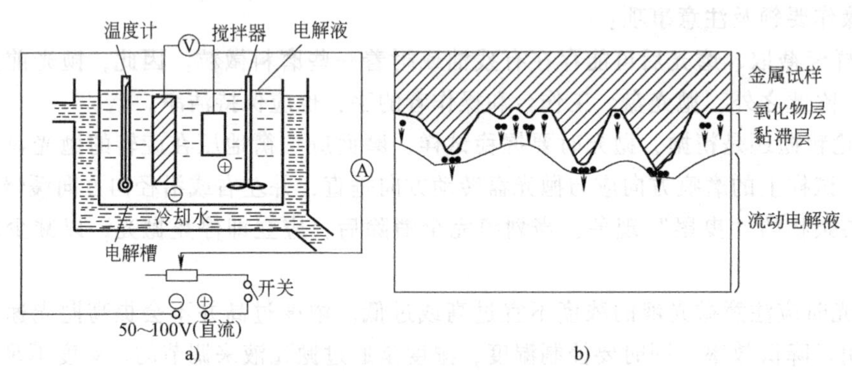

图1-11　电解抛光装置与抛光原理

a）电解抛光装置　b）电解抛光原理

3）电解抛光的优缺点。与机械抛光相比，其优点是，电解抛光容易得到一个无擦划残痕的磨面，也不产生附加的表面变形，易消除表面变形扰动层。对于较硬的金属材料用电解抛光法比机械抛光要快得多。而且，电解抛光能够抛光多面或非平面异形试样。尽管电解抛光有很多优点，但是由于电解抛光对金属材料成分的不均匀性及显微偏析特别敏感，所以对具有偏析的金属材料难以进行良好的电解抛光，甚至不能进行电解抛光。含有夹杂物的金属材料，如果夹杂物受电解浸蚀，则夹杂物会被全部抛掉；如果夹杂物不被电解浸蚀，则保留下来的夹杂物会在试样表面凸起形成浮雕。电解抛光因金属材料的不同，相应的电解抛光液也不同，直流电压的高低、电流密度的大小也有差异，在没有参考依据情况时，需进行相当多的实验工作来确定相适应的电解抛光规范。

5. 金相显微组织的显示方法

光学金相显微镜是利用磨面的反射光成像的。金相试样抛光后，在金相显微镜下，由于非金属夹杂物、游离石墨、显微裂纹、表面镀层以及有些合金的各组织组成物的硬度相差较大（如复合材料中的陶瓷增强物等），或由于组织组成物本身就有独特的反射能力，因此可以利用抛光磨面直接观察并进行金相研究。而大多数组成相对光线均有强烈的反射能力，在金相显微镜下无法观察到组织。因此，要鉴别金相组织，首先应使试样磨面上各相或其边界的反射光强度或色彩有所区别。这就需要利用物理和化学的方法对抛光磨面进行专门的处理，将试样中各组成相及其边界具有不同的物理、化学性质转换为磨面反射光强度和色彩的区别，使试样各组织之间呈现良好的衬度，这就是金相组织的显示。

按金相组织显示的本质可以分为化学与物理两类。化学方法主要是浸蚀方法，包括化学浸蚀、电化学浸蚀及氧化，这些都是利用化学试剂的溶液借助化学或电化学作用显示金属的组织。物理方法是借金属本身的力学性能、电性能或磁性能显示出显微组织，采用光学法、干涉层法和高温浮凸法等几类。有些试样还需要两者的结合才能更好地显示组织，如借助金相显微镜上某些特殊的装置（如暗场、偏光、干涉、相衬以及微差干涉衬度等光学方法），以及一定的照明方式来获得更多、更准确的显微组织信息。

这里主要介绍化学浸蚀法。化学浸蚀法是将抛光好的试样磨面浸入化学试剂中或用化学试剂擦拭试样磨面，使之显示显微组织的一种方法。其中浸蚀剂对试样的作用可能是简单的化学溶解，也可能是电化学作用，这完全取决于合金中组成相的多少及组成相的性质。这种方法是应用最早和最广泛的常规显示方法。

（1）化学浸蚀原理

1）纯金属及单相固溶体合金的浸蚀。单相固溶体合金或纯金属的浸蚀是一个单纯的化学溶解过程。浸蚀剂首先把磨面表层很薄的变形层溶解掉，接着就对晶界起化学溶解作用，这是因为在晶界处原子排列不规则，原子能量较高，相对的结合力松弛，所以晶界处较容易浸蚀而呈凹沟，如图 1-12a 所示。若继续浸蚀则会对晶粒产生溶解作用，金属原子的溶解大都是沿原子密排面进行的，又由于磨面上每个晶粒原子排列的位相不同，其溶解的速度也不同，即浸蚀后每个晶粒的表面与原磨面各倾斜了一定角度，如图 1-12a 所示。在显微镜垂直照明下，光线在晶界处被散射，不能全部进入物镜，因而显示出黑色晶界，如图 1-12a 所示，在晶粒平面处的光线则以直接反射光进入物镜，呈现亮色从而显示出晶粒的大小与形状，如图 1-12b 所示。

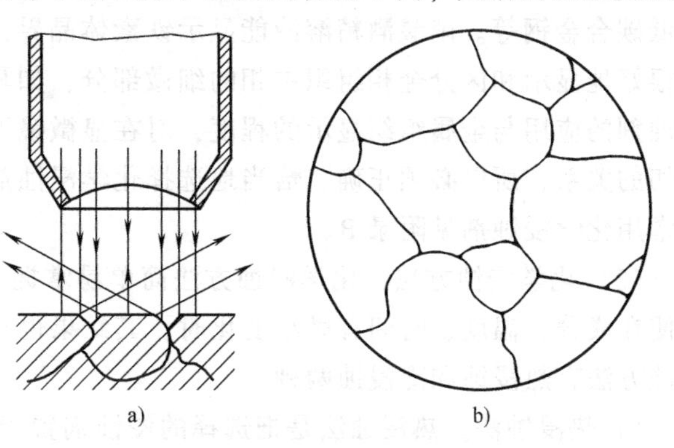

图 1-12　单相组织浸蚀原理示意图
a）晶界处光线的散射　b）直射光反映为亮色晶粒

2）两相合金的浸蚀。两相合金的浸蚀也是电化学的溶解过程。由于组成相的电化学电位不同，在相同的浸蚀条件下，具有较高负电位的阳极相被迅速电解溶解，使该相成为凹坑；具有较高正电位的阴极相，在正常电化学作用下不被溶解而成光滑平面，这就可以将两相组织区分开来，图 1-13 所示为珠光体两相组织浸蚀原理示意图。

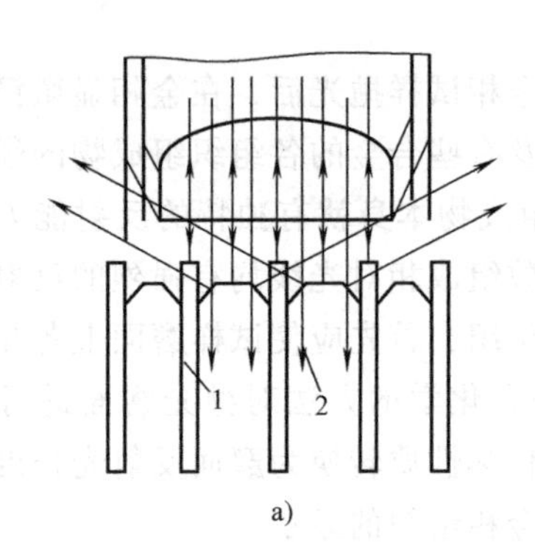

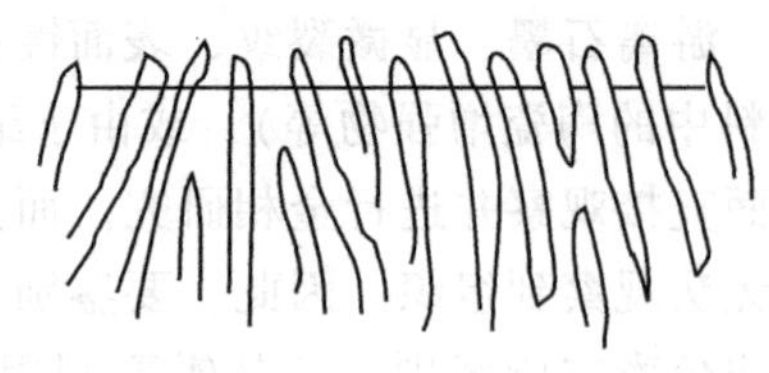

图 1-13　珠光体两相组织浸蚀原理示意图

a）两相处的光线散射与反射　b）层片状珠光体组织

1—渗碳体　2—铁素体

3）多相合金的浸蚀。多相合金的浸蚀也是电化学溶解过程，其浸蚀原理与两相合金相同，但多相合金化学元素多、相复杂，一种浸蚀剂往往不能收效，仅能做选择浸蚀，有的相还不能被浸蚀，所以应采用多种浸蚀剂浸蚀，逐步显示组织，这里不再详述。

（2）化学浸蚀剂　浸蚀剂是为显示金相组织用的特定的化学试剂。化学浸蚀剂中有多种化学试剂，归结起来有酸类、碱类和盐类，常用的溶剂有水、酒精和甘油等。

安全提示：使用化学药品时要特别小心谨慎。几乎所有的化学药品以及某些金属，即使浓度很小，也会对人体有害。这类有害物质可内由呼吸和消化器官，外由皮肤和眼睛侵入体内。因此，在配制化学浸蚀剂时首先要了解所用化学试剂的特性和注意事项，尤其是应注意危险、有毒试剂的使用要求（详见附录 A）。一般说来，化学浸蚀剂的成分并不是十分严格的，然而化学试剂混合的顺序、化学试剂的纯度，或由于长期存放产生的变化，对浸蚀剂的浸蚀效果有很大影响。

化学浸蚀中酸用得最多，如硝酸酒精溶液、苦味酸酒精溶液，可浸蚀普通的碳钢、铸铁和低碳合金钢等。硝酸酒精溶液能显示铁素体晶界，但不能显示碳化物。而苦味酸酒精溶液能很好地显示和区分金相组织中相的细微部分，如马氏体和碳化物，但腐蚀速度较慢。化学浸蚀剂的应用与金属组织显示的程度，对在显微镜下观察鉴定、研究组织以及摄影质量都有密切的关系，所以必须正确、恰当地选择化学浸蚀剂。显示钢铁材料及非铁金属材料显微组织常用化学浸蚀剂见附录 B。

（3）化学浸蚀方法　化学浸蚀方法简单易掌握。通常使用的浸蚀剂对于普通金属来说，即使在成分、温度、时间有微小变化时，其结果也常常是可以预测的，并且有再现性。化学浸蚀方法有热浸蚀和冷浸蚀两种。

1）热浸蚀法。热浸蚀法是把选择的浸蚀剂置于烧杯中，加热到预定温度，将试样磨面朝上放入烧杯内，保持预定时间，取出水冲，再用酒精洗涤后用吹风机吹干，即可观察。

2）冷浸蚀法。冷浸蚀法指在常温下的浸蚀，也是常用的方法。常用的操作方法有两种：一种是浸入法，将试样用夹子（绝不能用手）夹住，把抛光面朝下浸入浸蚀剂中轻轻搅动，以免表面产生沉淀物，而形成不均匀的浸蚀。搅动时不要碰器皿底以免划伤试样表面。另一种是擦拭法，用竹钳或不锈钢钳夹一小团沾有浸蚀剂的脱脂棉球不断擦拭试样表面，脱脂棉球需要不断补充新鲜试剂，直到得到理想的衬度。但擦拭法会使试样表面留下划痕，特别是对较软的材料，除非特殊要求，一般不用擦拭法。擦拭法一般用在有反应产物沉淀或锈蚀等问题的情况下，如钛合金。

（4）浸蚀操作注意事项

1）浸蚀剂的选择。不同的材料可选择不同的浸蚀剂，同一种材料处理状态相同，采用的浸蚀剂不同，其浸蚀效果截然不同，如 T12 钢经退火处理后组织形态为层片状珠光体+网状二次渗碳体，用 4%硝酸酒精浸蚀，网状二次渗碳体呈白色，而用碱性苦味酸钠水溶液热蚀，则网状二次渗碳体呈黑色，分别如图 1-14a、b 所示。所以要求根据检验的目的和要求，正确选择浸蚀剂。

2）浸蚀温度的控制。浸蚀一般都在室温下进行，有些浸蚀剂需要加热到一定温度下进行，如利用苦味酸钠水溶液浸蚀时，要求将浸蚀剂加热到 60~70℃ 时进行浸蚀，有时甚至加热到沸腾。图 1-14b 所示为 T12 钢采用碱性苦味酸钠水溶液热蚀后的效果。

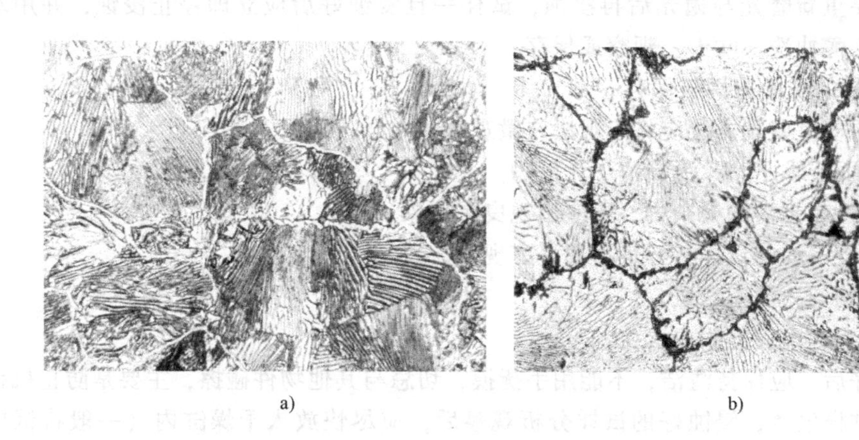

a)　　b)

图 1-14　T12 钢不同浸蚀剂的效果

a）4%硝酸酒精浸蚀（500×）　b）碱性苦味酸钠水溶液热蚀（500×）

3）浸蚀时间的控制。除了正确选择浸蚀剂和控制浸蚀温度外，还应严格控制浸蚀时间。浸蚀时间受多方面的因素影响，如试样的材质、热处理状态、试剂性质和温度等，主要依效果而定。浸蚀剂的成分不同，浸蚀时间不同。再者，按检验目的和所需放大倍数不同，所用的浸蚀时间也不同。一般放大倍数越高，浸蚀应越浅，浸蚀时间应越短；放大倍数越小，浸蚀应越深，浸蚀时间要长。图 1-15 为工业纯铁浸蚀合适与浸蚀过度在同一放大倍数下的效果。

4）浸蚀时氧化现象。对于易氧化的材料（如碳素钢、灰铸铁、可锻铸铁和球磨铸铁等），浸蚀时一定要注意被浸蚀面不能有水存在，或浸蚀完毕用水冲洗后，要用无水乙醇多冲两遍，以免有残留的水存在，用热风吹干试样时不宜温度过高，这些都会引发氧化，试样一旦被氧化，不能正确显示组织形貌，必须重新抛光后再浸蚀。

总之，浸蚀是一种化学反应，浸蚀的好坏在很大程度上取决于浸蚀剂的正确选择与浸蚀

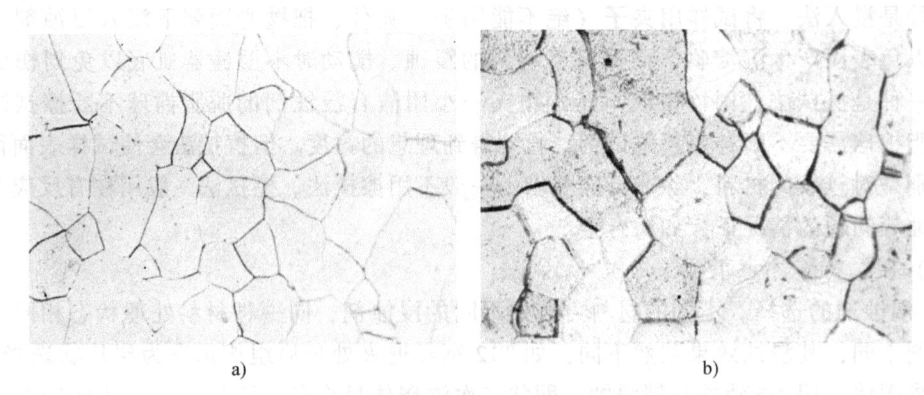

a)　　b)

图 1-15　工业纯铁不同浸蚀时间

a）浸蚀合适（200×）　b）浸蚀过度（200×）

时间的控制。在浸蚀过程中应注意观察试样的表面情况，一般以试样抛光面失去光泽呈灰色为宜，时间从几秒到几十秒，高倍观察宜浸蚀浅，低倍观察可浸蚀深些，以在显微镜下能清晰显现组织为准。如果浸蚀不足，可以重复浸蚀，如果浸蚀过深，必须抛光后再加以适当浸蚀，有时甚至要重新磨光与抛光后再浸蚀，试样一旦浸蚀好后应立即停止浸蚀，并用水冲洗，再用无水乙醇冲洗，吹干、观察或保存。

6. 金相试样的质量鉴别与保存

金相试样的质量鉴别方法应将宏观法与微观法相结合，有以下几点：

1）试样磨面要求平整、无划痕、无污物。

2）对于脆性易剥落的夹杂物，不应出现曳尾现象。

3）对于软硬不均的试样，不应出现浮雕现象。

4）浸蚀要均匀，没有锈斑。

5）组织真实，不应有假象产生。

试样制备好后，应保持清洁，不能用手抚摸，切忌与其他物件碰擦，主要是防止机械损伤。为了防止试样生锈，浸蚀好的试样分析观察后，应尽快放入干燥缸内（一般将试样放在装有干燥硅胶的干燥缸内，并在缸盖上涂上凡士林密封，在缸内应铺上绒布）或电子干燥箱保存。

三、实验设备及材料

1）切割机、砂轮机、预磨机、抛光机、吹风机、金相显微镜等。

2）金相砂纸（或水砂纸）、玻璃板、滴瓶、玻璃皿、浸蚀剂、抛光液或研磨膏、竹夹子、脱脂棉等。

3）化学试剂：硝酸、苦味酸、氢氟酸、三氯化铁、磷酸（配电解抛光液）、无水乙醇。

安全提示：配制浸蚀剂和浸蚀试样时，必须在通风橱内进行，并戴上橡皮手套和橡皮围身，以免由于酸的强烈浸蚀而损伤人体。

四、实验内容及步骤

1）每人制备4个试样，其中普通碳钢退火态（20钢、45钢、T12钢）任选1个、铸铁

(灰铸铁或球墨铸铁) 任选1个、非铁金属 (铜及铜合金或铝及铝合金) 任选1个和钢的普通热处理试样1个。

2) 用砂轮机打磨碳钢、铸铁和普通热处理后的试样，获得平整的表面，并倒角。采用手工磨制、机械磨制和机械抛光对试样进行磨光和抛光。

3) 采用手工磨制法对非铁金属试样从粗到细磨光，采用电解抛光方法进行抛光。

4) 对已经抛光好的所有试样先借助金相显微镜在明场、暗场、偏光以及微差干涉衬度条件下进行夹杂物、石墨形态等的分析观察。

5) 配制4%硝酸酒精溶液 (用于浸蚀钢和铸铁)、碱性苦味酸钠水溶液 (用于浸蚀退火T12钢)、三氯化铁水溶液 (用于浸蚀铜及铜合金) 和0.5%氢氟酸水溶液 (用于浸蚀铝及铝合金)。将浸蚀后的试样在金相显微镜下进行分析观察表征。

6) 对T12钢退火态分别采用4%硝酸酒精溶液 (冷浸蚀) 和碱性苦味酸钠水溶液 (热浸蚀) 进行浸蚀，分析观察浸蚀效果。

提示：实验结束后，请将所用废溶液倒入相应废液桶内回收，请勿直接倒入下水道内，清洗好玻璃容器，关闭设备电源，按原位置摆放好实验仪器，打扫清理实验室卫生。

五、实验报告要求

1) 写出实验目的及实验设备。

2) 简述金相试样的制备过程。

3) 简述金相试样磨光的方法与注意事项以及抛光的原理。

4) 需要观察试样表层组织和夹杂物的试样，在制样时应注意什么？

5) 变形层是如何形成的？如何消除变形层？如果不消除变形层，对显微组织有何影响？

6) 简述金相试样组织的显示原理。

7) 金相显微组织有几种显示方法？各是什么原理？

8) 常用的浸蚀剂有哪些？浸蚀原则是什么？如何判断试样浸蚀的深浅程度？

9) 金相试样制备质量如何评定？

10) 分析试样制备过程中出现的问题，总结如何制备出高质量的试样。

11) 简述对本次实验的体会与建议。

实验2 光学金相显微镜的成像原理、构造及使用

一、实验目的

1) 熟悉金相显微镜的结构与主要部件的作用。

2) 了解金相显微镜的成像原理。

3) 掌握金相显微镜的使用方法以及数码摄影技术。

4) 学会用金相显微镜进行组织分析与表征。

二、原理概述

材料的微观组织形貌观察，主要是依靠显微镜技术，其包含光学金相显微技术和电子显微技术。光学金相显微镜是观察分析材料微观组织最常用、最重要的工具。它是基于光在均匀介质中做直线传播，并在两种不同介质的分界面上发生折射或反射等现象构成的。根据材料表面上不同组织组成物的光反射特征，用金相显微镜在可见光范围内对这些组织组成物进行光学研究并定性和定量描述，它可显示 0.2~500μm 尺度的微观组织特征。而扫描电子显微镜与透射电子显微镜则把观察的尺度推进到亚微米以下的层次。

本实验主要讲述光学金相显微镜的工作原理、功能、使用方法及维护。

1. 光学系统的像差（透镜像差）

透镜在成像过程中，由于受本身物理条件的限制，使影像变形、变色、模糊不清或发生畸变，这种缺陷称为像差。

透镜像差的类型主要有球面像差、色像差、场曲率、慧形像差、色散和畸变等，其中影响成像质量的是前三种。在金相显微镜光学系统中的透镜，尽管在设计制造时，已尽量减少像差，但多少依然存在。

（1）球面像差（Spherical Aberration）　球面像差是一种透镜缺陷，即从透镜外部区域穿过的射线与从透镜中心穿过的射线聚焦在不同的平面，如图 2-1 所示。这是由于透镜表面是球形，中心与边缘厚度不同，这样从某一点发出的单色光（即一定波长的光线）与透镜各部位接触角不同，经过透镜折射后，靠近中心部分光线的折射角小，在离透镜较远的位置聚焦，边缘部分光线的折射角大，在离透镜较近的位置聚焦，所以不能聚焦在一点，而是在透镜光轴上成一系列像，使成像模糊不清。

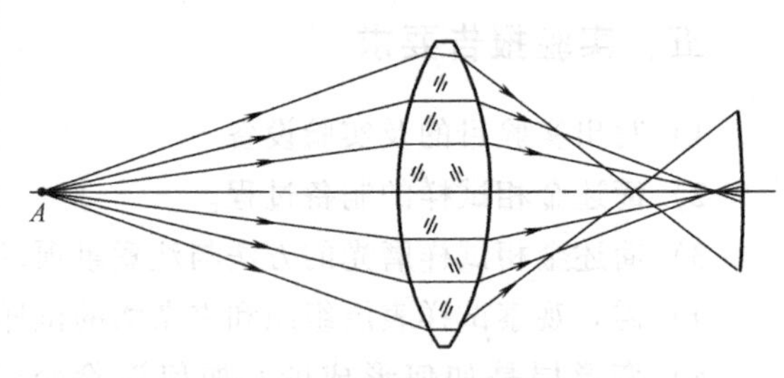

图 2-1　球面像差示意图

透镜的曲率半径越小，球差越严重。降低球差程度的方法，主要是靠凸透镜和凹透镜的组合来实现，也可以通过缩小显微镜的孔径光阑来降低。

（2）色像差（Chromatic Aberration）　当不同波长的单色光通过透镜时，不同波长的单色光的折射率不同。波长越短，折射率越大，其焦点越近；波长越长，折射率越小，焦点越远，所以不同波长的光线，不能同时聚焦在一点，产生了一系列群像，这种缺陷称为色像差（简称色差），如图 2-2 所示。

色差的消除办法是在光路中加滤色片，使白色光变成某一波长的单一光线。一般加绿色片，既能保证显微镜具有一定的分辨率，又可以缓解眼睛的疲劳和损伤。

（3）场曲率（Curvature of Field）　场曲率是镜头的一种性质，它导致平面成像会聚于弯曲表面而非平面。场曲率是各种像差的总和，它或多或少地总是存在于由透镜组成的光学元件中，以致难以在垂直放着的平胶片上得到全部清晰的成

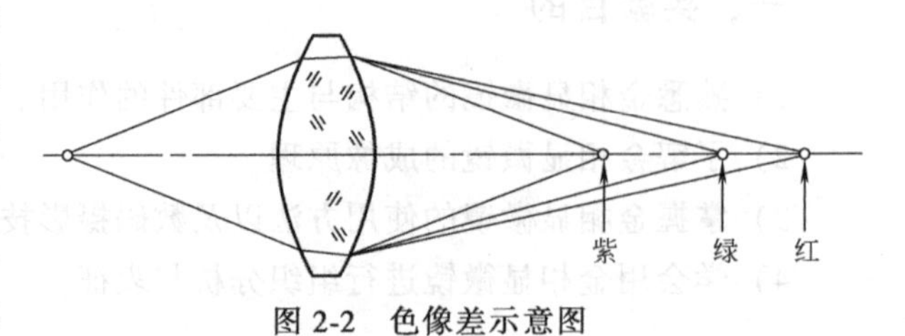

图 2-2　色像差示意图

像，如图 2-3 所示。

场曲率可以用特殊的物镜校正。平面消色差物镜或平面复消色差物镜都可以用来校正场曲率，使成像平坦清晰。

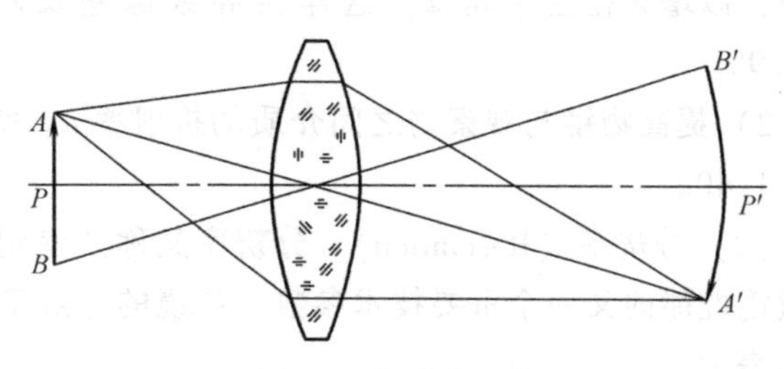

图 2-3　场曲率示意图

2. 光学金相显微镜的放大成像原理

金相显微镜是利用光线的反射原理，将不透明的物体放大后进行观察的，最简单的显微镜由两个透镜组成，将物体进行第一次放大的透镜称为物镜，将物镜所成的像再经过第二次放大的透镜称为目镜。金相显微镜的放大成像原理如图 2-4 所示。

由放大成像原理图可见：设物镜的焦点为 F_1，目镜的焦点为 F_2，L 为光学镜筒长度（物镜与目镜的距离），$D=250\text{mm}$ 为人的明视距离。当物体 AB 位于物镜的焦点 F_1 以外，经物镜放大而成为倒立的实像 A_1B_1，而 A_1B_1 正好落在目镜的焦点 F_2 之内，经目镜放大后成为一个正立放大的虚像 A_2B_2，则两次放大倍数各为

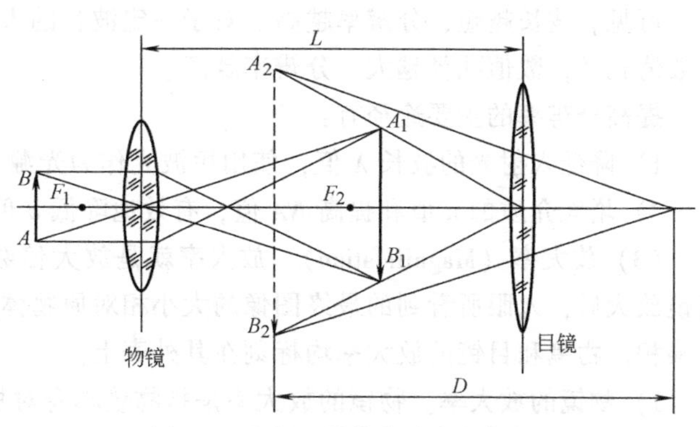

图 2-4　金相显微镜的放大成像原理

$$M_{物}=A_1B_1/AB \qquad M_{目}=A_2B_2/A_1B_1$$

$$M_{总}=M_{物}\,M_{目}=(A_1B_1/AB)(A_2B_2/A_1B_1)$$

即：显微镜总的放大倍数等于物镜的放大倍数乘以目镜的放大倍数。目前普通光学金相显微镜的最高有效放大倍数为 1600~2000 倍。

3. 显微镜的光学技术参数

显微镜的光学技术参数包括数值孔径、分辨率、放大率、焦深、工作距离与视场直径、镜像亮度与视场亮度等。这里主要介绍数值孔径、分辨率和放大率。

（1）数值孔径（Nomerical Aperture）　数值孔径是物镜孔径角半数的正弦值与物镜和观察物之间介质的折射率之积，它是物镜和聚光镜的主要技术参数，是判断两者（尤其对物镜而言）性能高低的重要标志，用 NA 表示，并用下列公式进行计算，如图 2-5 所示。

$$NA=n\sin\varphi$$

式中，n 为物镜与观察物之间介质的折射率；φ 为物镜的孔径半角。

物镜的 NA 值越大，其聚光能力越大，分辨率越高。由式可见，提高数值孔径有两个途径：

1）增大透镜的直径或减小物镜的

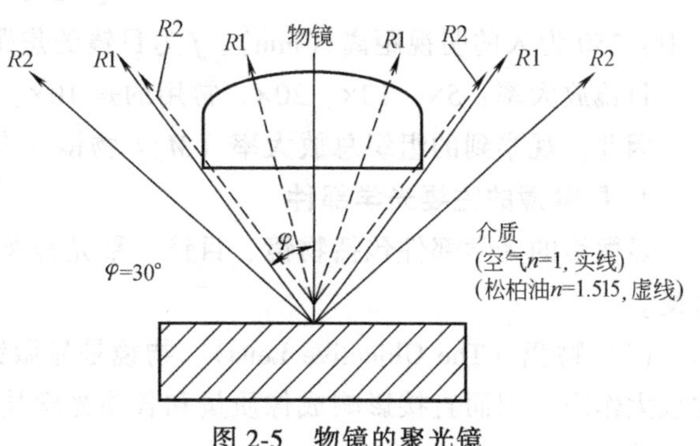

图 2-5　物镜的聚光镜

焦距，以增大孔径半角 φ，这样会导致像差及制造困难，实际上 $\sin\varphi$ 的最大值只能达到0.95。

2）提高物镜与观察物之间介质的折射率 n。空气中 $n=1$，$NA=0.95$；松柏油 $n=1.515$，$NA=1.40$。

（2）分辨率（Resolution）　分辨率又称“鉴别率”“解像力”或“分辨本领”，是衡量显微镜性能的又一个重要技术参数。物镜的分辨率是指物镜能区分两个物点间的最小距离，用 d 表示。

$$d=\frac{0.61\lambda}{NA}$$

式中，λ 为所用光的波长。

可见，波长越短，分辨率越高。对于一定波长的入射光，物镜的分辨率完全取决于物镜的数值孔径，数值孔径越大，分辨率越高。

提高分辨率的主要途径有：

1）降低入射光的波长 λ 值，使用短波光作为光源。

2）增大介质的 n 值和提高 NA 值，有效地降低 d 值，从而提高分辨率。

（3）放大率（Magnification）　放大率就是放大倍数，是指被观察物体经物镜放大再经目镜放大后，人眼所看到的最终图像的大小相对原物体大小的比值，它是物镜和目镜放大率的乘积。物镜和目镜的放大率均标刻在其外壳上。

1）物镜的放大率。物镜的放大率是指物镜本身对物体放大若干倍的能力，用 M_o 表示。物镜的放大率取决于物镜透镜组的焦距，也与设计中的光学镜筒长度有关。

$$M_o=\frac{L}{f}$$

式中，f 为物镜的焦距；L 为光学镜筒长度。

由式可知，物镜的放大率是对一定镜筒长度而言的。镜筒长度变化，不仅放大率随之变化，而且成像质量也受到影响。因此，使用显微镜时，不能任意改变镜筒的长度。国际上将显微镜的标准筒长定为160mm（联邦德国 Levitz 曾为170mm），此数字也标刻在物镜的外壳上。

物镜放大率：5×、10×、20×、50×、100×。

2）目镜的放大率。目镜的放大率由以下公式给出：

$$M_e=250/f$$

式中，250为人的明视距离（mm）；f 为目镜的焦距。

目镜放大率：5×、10×、20×，常用的是10×。

因此，观察到的组织总放大率（M）= 物镜放大率（M_o）×目镜放大率（M_e）。

4. 显微镜的主要光学部件

显微镜的光学部件包括物镜、目镜、聚光镜及照明装置几个部分，这里主要介绍物镜和目镜。

（1）物镜（The Objective Lens）　物镜是显微镜中最重要的光学部件，对物体起第一步的放大作用，因而直接影响成像质量和各项光学技术参数，是衡量一台显微镜质量的第一技术参数。

1）物镜的类型。

① 按照色差分。复消色差物镜（Achromatic Objective）；消色差物镜（Panchromatic Objective），其外壳上标有“APO”字样；半复消色差物镜（Semi Panchromatic Objective），又名氟石物镜，其外壳上常标有“FL”字样。

② 按照像场的平面性分。平场物镜是在物镜的透镜系统中增加一块半月形的厚透镜，以达到校正场曲的缺陷，有以下几种：平场消色差物镜（Plan Achromatic Objective），在镜头的外壳上标有 Plan；平场复消色差物镜（Plan Panchromatic Objective），在镜头的外壳上标有 Plan Ape；平场半复消色差物镜（Plan Semi Panchromatic Objective），在镜头的外壳上标有 Plan FL。

③ 按照放大率分。

a. 低倍物镜：放大率≤10×；数值孔径为 0.04~0.25。

b. 中倍物镜：放大率≥10×~25×；数值孔径为 0.25~0.4。

c. 高倍物镜：放大率≥25×~100×；数值孔径为 0.4~0.95。

2）物镜的性能标记。在物镜上都刻有不同的标记，以表示物镜类型、放大倍数、数值孔径、镜筒长度、浸油记号和盖玻璃片等信息。

图 2-6 所示为现代金相显微镜的物镜及标识，其中 M 表示金相显微镜，以区分生物显微镜；Plan 表示平场物镜；物镜上的标识环以颜色来区分放大倍数，5×红色、10×黄色、20×绿色、（40×/50×）蓝色、100×白色。B 表示明场物镜、BD 表示明暗场物镜、BDP 表示明暗场与偏光、U 表示万能物镜、PH 表示相差或霍夫曼物镜、LCD 表示红/紫外物镜并带光阑调整物镜带校正帽物镜、DIC 表示微差干涉衬度物镜、WD 表示工作距离、FL 表示半复消色差。有些显微镜物镜中标有 LMPlan，L 表示长工作距离。

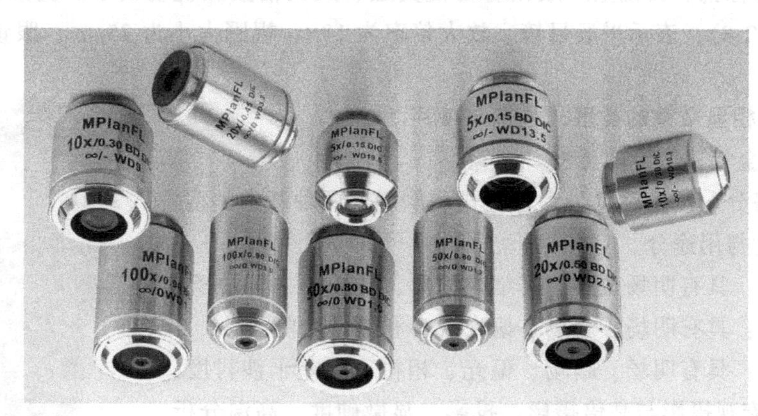

图 2-6　现代金相显微镜的物镜及标识

（2）目镜（Eyepiece）　目镜在显微镜中的主要作用是将物镜放大的实像再次放大，在明视距离处形成一个清晰的放大虚像。

1）目镜的类型与用途。根据 GB/T 9246—2008 规定，目镜的分类方法有几种：

① 按视场数可分为：普通目镜（Common Eyepiece）、广视场目镜（Wide Field Eyepiece）和超广视场目镜（Ultra Wide Field Eyepiece）。以 10×目镜为例，普通目镜视场直径<18mm，视场直径在 18~22mm 的为广视场目镜，视场直径≥23mm 的为超广视场目镜。

② 按视场像差校正状态可分为普通目镜和平场目镜（Flat Field Eyepiece）。平场目镜比

普通目镜增加了一块负透镜，故能校正场曲缺陷，而使视场平坦。它与相同放大率的普通目镜相比，具有视场大而平的优点。在目镜外侧或端面常标刻“PL”的字样。

③ 按出瞳距离可分为高眼点目镜和一般目镜。高眼点目镜用于不需要摘掉眼镜直接观察的目镜。

④ 测微目镜（Micrometer Eyepiece）。测微目镜是在焦平面上具有固定测度的目镜，主要用于金相组织与渗层深度或显微压坑长度的测量。根据测量目的不同可将刻度设计为直线、十字交叉线、方格网、同心圆或其他几何形状，如图 2-7 所示。

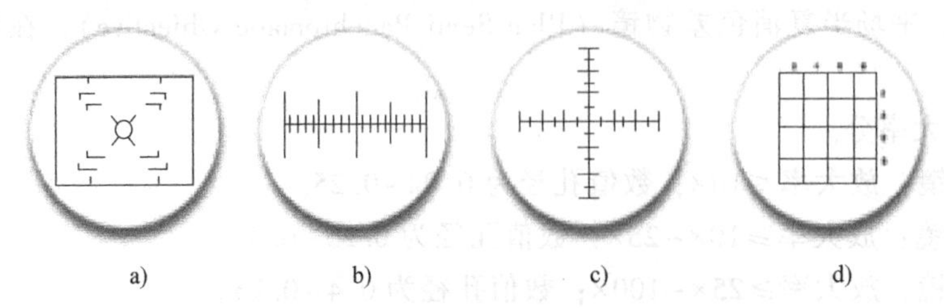

图 2-7 测微目镜刻度的设计

使用测微目镜进行测量时，必须首先借助于显微标定尺对该目镜在待测放大倍数下进行标定，显微标定尺中有一个长度为 1mm 的横线，并将 1mm 均匀地分为 100 格，每格为 0.01mm，其标定的方法为：将显微标定尺置于载物台上，并在显微镜中成像，然后在待测定的放大倍数下，将标定尺与测微目镜中的刻度进行比对，即

$$\theta=(\text{视野中显微标定尺的刻度数/目镜中的刻度数})\times 0.01\text{mm/格}$$

即在待测倍数下，目镜中的每一格代表的实际长度为 θ 值。

2）目镜的标记。目镜上一般刻有目镜类型、放大倍数和视场大小。例如 PL10×/25 平场目镜（见图 2-8），表示平场目镜、放大倍率为 10×、视野大小为 25mm，眼镜的标识为高眼点目镜。

5. 光学金相显微镜的类型、构造与使用

（1）光学金相显微镜的类型

1）按光路分。按光路可分为正置式和倒置式两种基本类型。

2）按功能与用途分。

① 初级型：具有明场观察，其结构简单，体积小，重量轻。

② 中级型：具有明场、暗场、偏光观察和摄影功能。

③ 高级型：具有明场、暗场、偏光、相衬、微差干涉衬度、干涉、荧光、宏观摄影与高倍摄影、投影、显微硬度、高温分析台、数码摄影与计算机图像处理等。

图 2-8 平场目镜的外形与标识

（2）光学金相显微镜的构造 无论是哪一种显微镜其结构都可归结为：照明系统、光路系统、机械系统与摄影系统。

1）照明系统。照明系统主要包含光源、照明方式和垂直照明器等，下面对光源和照明方式加以介绍。

① 光源。金相显微镜的光源装置依显微镜类型不同而有所区别。现代显微镜的光源一般采用安装在反射灯室内的卤素灯，目前常用的有 30W、50W 照明功率，高级型多采用 100W 的卤素灯。

② 照明方式。金相显微镜的照明方式有临界照明和科勒照明两种。目前，新型显微镜都已采用科勒照明。

2）光路系统。倒置式金相显微镜的光路如图 2-9 所示，倒置式金相显微镜的外形及光路示意图如图 2-10 所示。

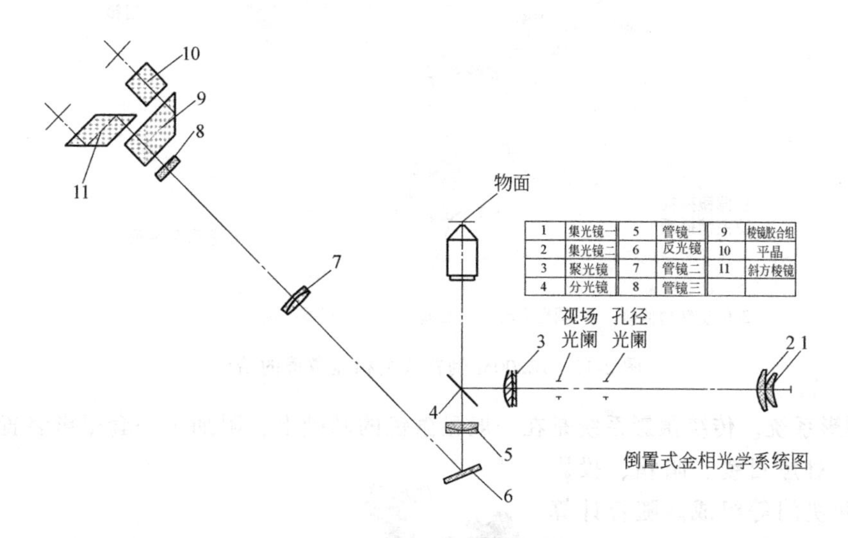

1	集光镜一	5	管镜一	9	棱镜胶合组
2	集光镜二	6	反光镜	10	平晶
3	聚光镜	7	管镜二	11	斜方棱镜
4	分光镜	8	管镜三		

图 2-9 倒置式金相显微镜的光路

3）机械系统。机械系统主要有底座、载物台、镜筒和调节旋钮（聚焦）等，XJP-100 型金相显微镜的结构如图 2-11 所示，IE200M 倒置式金相显微镜的结构如图 2-12 所示。

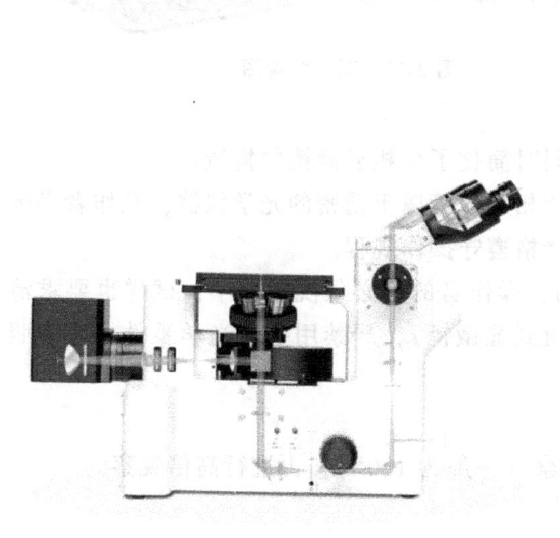

图 2-10 倒置式金相显微镜的外形及光路示意图

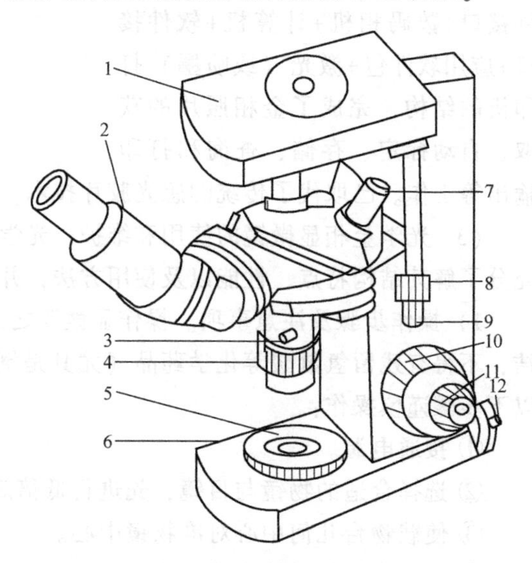

图 2-11 XJP-100 型金相显微镜的结构

1—载物台 2—目镜 3—视场光阑对中调节螺钉 4—视场光阑调节圈 5—孔径光阑 6—底座 7—物镜 8—纵向手轮 9—横向手轮 10—粗调手轮 11—细调手轮 12—光源

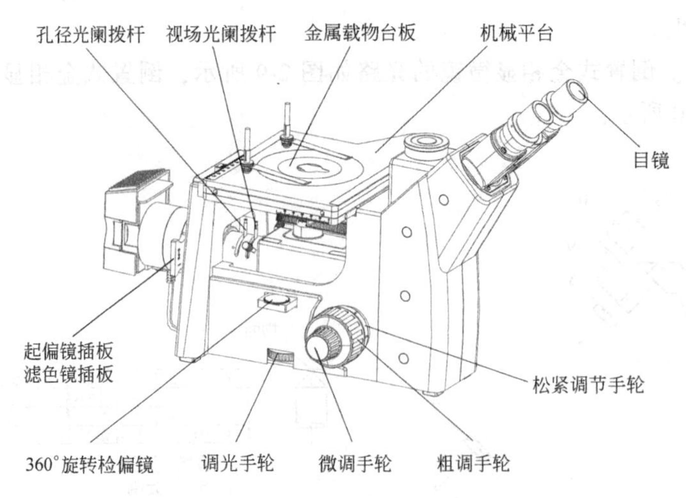

图 2-12　IE200M 倒置式金相显微镜的结构

4）摄影系统。传统摄影系统是在一般显微镜的基础上，附加了一套摄影装置。主要由照相目镜、对焦目镜、暗箱、投影屏、暗盒和快门等组成。随着计算机和数码技术的发展与普及，现代金相显微镜都配有数码摄影与计算机图像处理系统，如图 2-13 所示。

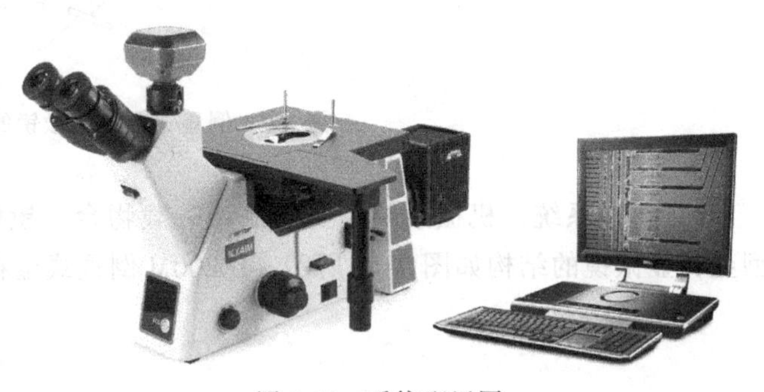

图 2-13　系统配置图

采用普通光学显微镜+光学硬件接口+数码相机+计算机+软件接口+应用软件包+激光（或喷墨）打印机的结构，完成了金相照片的获取、自动标定、存储、查询和打印输出等工作。已取代了传统的感光胶片技术，同时简化了金相显微镜的构造。

（3）光学金相显微镜的使用和维护　光学金相显微镜属于精密的光学仪器，操作者必须充分了解其结构特点、性能以及使用方法，并严格遵守操作规程。

1）操作步骤及注意事项。操作显微镜之前，操作者的手必须洗净擦干，试样也要求清洁，不得有残留氢氟酸等化学药品（尤其是倒置式显微镜），严禁用手摸光学零件，应按照以下步骤谨慎操作：

① 接通电源。

② 选择合适的物镜与目镜，先进行低倍观察（一般为 100×），再进行高倍观察。

③ 使载物台几何中心对准物镜中心。

④ 视场光阑与目镜镜筒大小合适。视场光阑是用来改变视场大小的，以减少镜筒内部的反光和玄光，提高像质。视场光阑越小，像质越佳。为了不影响物镜的鉴别率，通常将视场光阑的大小调节到恰好与所成像的视场相切。但在做暗场和偏光时，应将视场光阑开到最大。

⑤ 调节孔径光阑获得合适的发光强度。孔径光阑的作用是控制入射光的大小，即调节

光路中光的强弱程度。它的大小对成像质量有很大影响，缩小孔径光阑可减小球差和轴外像差，增大景深和衬度，使影像清晰，但会使物镜的分辨率降低。理论上，合适的孔径光阑大小应以光束刚刚充满物镜后透镜为准，即取下目镜直接观察筒内灯丝影像面积占整个镜筒面积的 1/2~3/4 时为宜。

⑥ 先粗调再微调，聚焦使映像清晰。

⑦ 观察完毕切断电源，取下物镜、目镜放入干燥缸内，将载物台处于非工作状态，盖好防尘罩。

2）维护。金相显微镜应安装在阴凉、干净、无灰尘、无蒸汽、无酸、无碱、无振动的室内。尤其是不宜靠近挥发性、腐蚀性等的化学药品，以免造成腐蚀环境。阴暗潮湿环境对显微镜危害很大，会造成部件生锈、发霉，以致报废。因此，在显微镜室最好安装空调或去湿器，严防光学零件的发霉，一旦发霉应立即进行清洁。

6. 金相显微镜几种常用观察方法简介

目前金相显微镜的主要照明方式有明场、暗场、正交偏光和微差干涉相衬。

（1）明场（Bright Field）　明场照明是金相显微镜最普通的照明方式与观察方法，显微组织观察一般首先要进行明场观察。

（2）暗场（Dark Field）　暗场照明是显微镜的另一种照明方式。采用暗场照明时因物像的亮度较低，此时应将视场光阑开到最大。

暗场照明比明场照明分辨率要高、衬度更好，极细的磨痕在暗场照明下也极易鉴别，也可用来观察非常小的粒子（超显微技术）。例如，纯铜在退火态下的组织形态为等轴状的 α 单相组织，α 相中有退火孪晶，在明场和暗场照明下的效果分别如图 2-14 和图 2-15 所示，可见明场与暗场观察效果刚好相反，但暗场照明时组织衬度要比明场照明时好得多，细节更清晰。

图 2-14　纯铜退火态明场像（500×）

暗场照明还能正确地鉴定透明非金属夹杂的色彩，这也是鉴定非金属夹杂物的有效方法。图 2-16 为经过热挤压后的铜在暗场照明时具有红宝石色的氧化亚铜，不仅色彩丰富，而且组织衬度高。

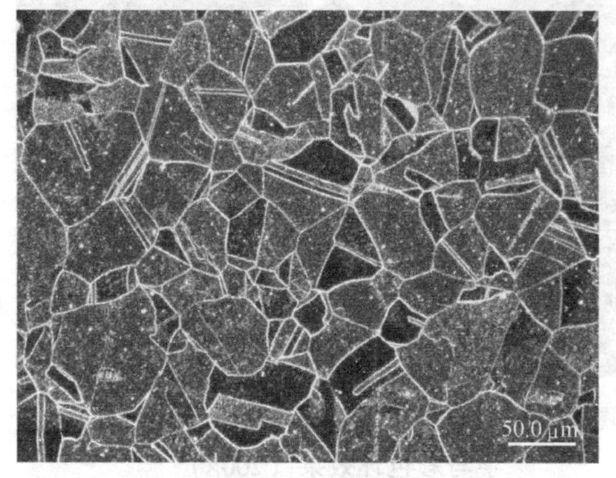

图 2-15　纯铜退火态暗场像（500×）

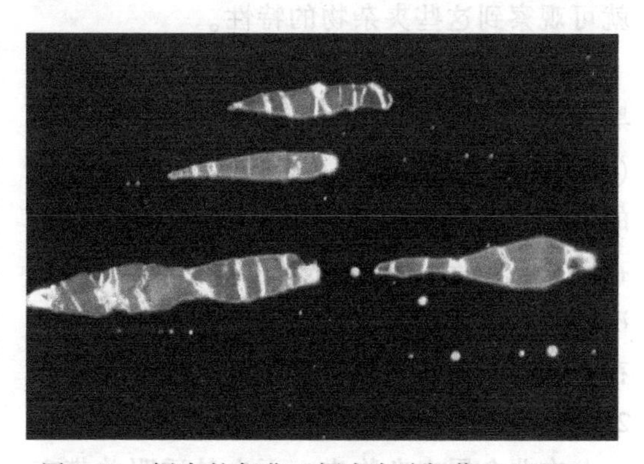

图 2-16　铜中的氧化亚铜夹杂暗场像（1000×）

(3) 偏光 (Polarized Light)　偏光照明就是在显微镜的光路中安装了偏振装置，使光在照射试样前产生平面偏振光的照明方式。偏光照明在金相研究中主要有以下应用：

1) 各向异性材料组织的显示。金属材料按其光学性能不同可分为各向同性与各向异性两类。各向同性金属一般对偏光不灵敏，而各向异性金属对偏光极为灵敏，因而，在显示各向异性材料的组织显示中得到应用。例如，球墨铸铁组织中的石墨属于六方点阵，是各向异性物质，这些石墨晶粒在偏振光下可显示不同的亮度和黑十字效应，如图 2-17 所示。而在明场下只能看到灰色的石墨球，不能分辨石墨的各向异性，如图 2-18 所示。

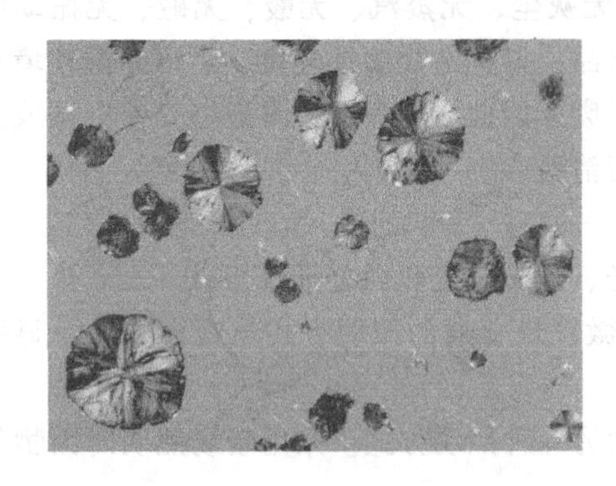

图 2-17　偏振光照明下的石墨球 (500×)

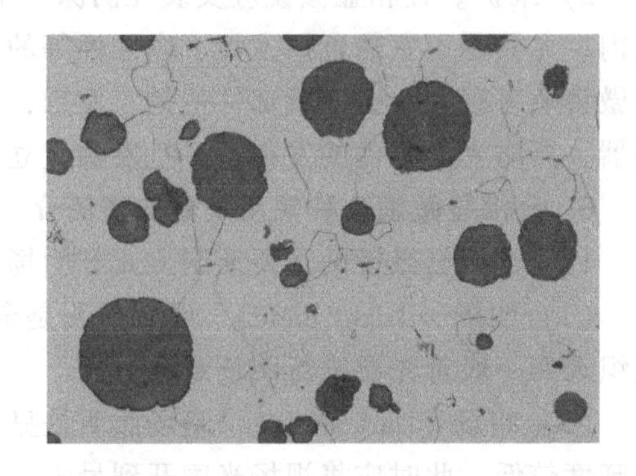

图 2-18　明场照明下的石墨球 (500×)

2) 多相合金的相分析。如果在各向同性晶体中有各向异性的相存在，假如两相合金中一相为各向同性，另一相为各向异性，在正交偏光下，具有各向异性的相在暗的基体中很容易由偏振光来鉴别。同样，对两个光学性能不同的各向异性晶体或浸蚀程度不同的各向异性晶体，也可由偏振光加以区分。

3) 塑性变形、择优取向及晶粒位向的测定。具有各向异性表面的金相试样上有足够的晶粒时，按统计分布原则，同一磨面上不同视野内观察到的明亮晶粒与暗黑晶粒反光强度的总和应该是相等的。在塑性变形或再结晶后，多晶体由于晶粒的择优取向，致使多晶体具有一致的光轴。因此，在正交偏振光下，整个视野明亮或整个视野黑暗，趋近于单晶体的偏光效应。

4) 非金属夹杂物的鉴别。非金属夹杂物具有各种光学特性，如反射能力、透明度、固有色彩的均质性与非均质性等，利用偏振光就可观察到这些夹杂物的特性。

各向同性的夹杂物在正交偏光下，看到黑暗的消光现象，在转动载物台一周 (360°) 时，其亮度不发生变化。各向异性的夹杂物在正交偏光下，不发生消光现象，在转动载物台一周 (360°) 时，会看到四次消光现象和四次最亮现象，如氧化物夹杂在正交偏光下出现黑十字与彩色环效果如图 2-19 所示。

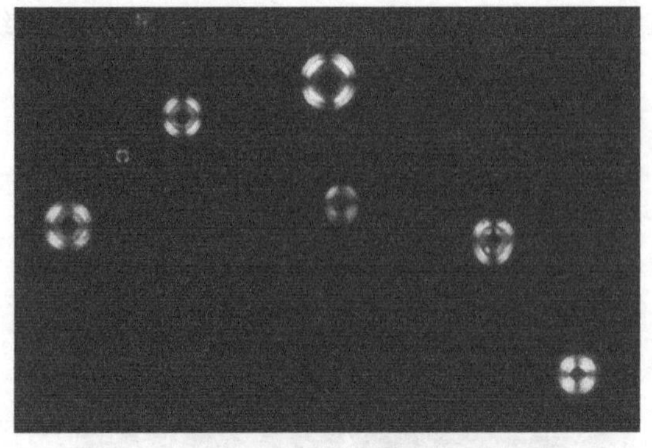

图 2-19　氧化物夹杂在正交偏光下出现黑十字与彩色环效果 (200×)

在非金属夹杂物中，不少是透明并带有

色彩的，但一般显微镜明场照明时，不能分辨出夹杂物的透明度及固有色彩。在正交偏光下，金属基体为各向同性，反射光被正交的偏振镜阻挡，呈黑暗的消光现象；而夹杂物与基体交界处的反射光由于倾斜入射的结果而能透过正交的偏振镜，从而能够显示出夹杂物的本来面目。

（4）微差干涉相衬（Differential Interference Contrast，DIC） 微差干涉相衬又称为偏光干涉衬度，是利用光束分割双石英棱镜的显微术。它不仅可观察试样表面更细微的凹凸，由于试样表面所产生的附加光程差，使映像具有立体感，并随干涉光束的光程差的变化对不同的组织进行着色，大大提高了组织衬度。

微差干涉相衬在金相分析中的应用主要是显示一般明场下观察不到的某些组织细节，如相变浮凸、铸造合金的枝晶偏析、表面变形组织等。利用不同相能呈现不同颜色的特点，可作为相鉴别的依据，特别适于分析复杂合金的组织。此外，DIC 装置在晶体生长、矿物鉴定等方面也有广泛的用途，在高温显微技术中是一个非常有用的工具。图 2-20 是 Al-Fe-Mg-Mn 合金未经腐蚀在 DIC 照明下观察到的组织，枝晶明显可见，化合物立体感很强，三种组织清晰可辨。

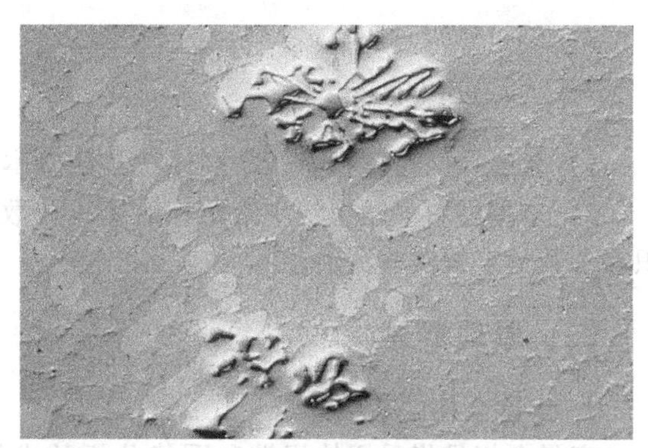

图 2-20 Al-Fe-Mg-Mn 合金未经腐蚀的 DIC 图像

三、实验设备及材料

1）金相显微镜。

2）制备好的工业纯铁、纯铜、球墨铸铁、多相合金、含有夹杂物的金相试样等。

3）测微目镜与标定尺。

四、实验内容及步骤

1）观察显微镜的结构，了解各部件的作用，并绘制显微镜的光路示意图。

2）装好显微镜的物镜、目镜，调好孔径光阑与视场光阑，观察分析试样。

3）绘制所观察到的金相显微组织特征图。

4）借助标定尺对显微镜的实际放大倍数进行标定。

5）对给定试样在金相显微镜下，进行不同显微照明技术（明场、暗场、偏光和微差干涉相衬）的观察与分析。

> **提示：**实验结束后，关闭设备电源，按原位置摆放好实验仪器，打扫清理实验室卫生。

五、实验报告要求

1）写出实验目的及实验设备。

2）简述金相显微镜的放大成像原理。

3）光学金相显微镜主要由哪几部分组成？各部分又由哪几个零件组成？

4）光学金相显微镜的主要技术有哪些？

5）显微镜在使用和维护中，应该注意哪些事项？

6）对观察到的金相显微组织进行分析讨论，并绘制所制样品的金相显微组织特征图。

7）简述本次实验的体会与建议。

实验3　定量金相技术

一、实验目的

1）了解什么是体视学，掌握体视学的基本原理与实际测量方法。

2）掌握材料显微组织中给定相的体积分数、粒子的平均截线长度、单位体积内晶界面积等参数的定量实验测估。

二、原理概述

1. 定量金相的基础知识

定量金相是指采用体视学和图像分析技术等，对材料的显微组织进行定量表征（如测估晶粒尺寸，各相的含量，第二相的大小、数量、形状及其分布特征等）的一类金相技术。

定量金相的重要基础是体视学原理。金属材料一般都是不透明的，因此难以直接观察到三维显微组织，只能首先测量二维截面或从薄膜透射投影的二维组织图像上的显微组织的有关几何参数，再利用严格的数学方法，来推断三维空间的几何参数，这种建立从组织截面所获得的二维测量值与描述着组织的三维参数之间的关系的数学方法的科学，就是体视学。

在材料科学领域，定量金相的测量方式包含半定量测量和定量测量。

（1）半定量测量　半定量测量就是金相比较法。它是利用标准图片，通过比较，对显微组织进行评级的方法。比较法操作简单、实用，目前仍广泛纳入晶粒度、夹杂物、共晶碳化物、石墨等评级的国际标准或国家标准。

测量方法是与标准图一致的放大倍率下观察视场（一般在100倍的显微镜下），全面观察，选择有代表性的视场与标准图进行比较进行等级判定。由于观察和比较带有主观性，评定结果偏差较大。但对于具有等轴晶组成的试样，使用比较法来评定晶粒度既方便又实用，在晶粒度测定时可将待测晶粒与所选用的标准评级图投到同一影屏上进行比较，以提高精度。对于批量生产的检验，其精度能满足。对于要求较高精度的晶粒度测定，可以使用定量测定方法中的面积法和截点法，在有争议时，以截点法为仲裁方法。具体方法参照GB/T 6394—2017《金属平均晶粒度测定方法》。

（2）定量测量

1）基本符号。定量金相的基本符号采用国际通用的体视学符号，见表3-1。定量金相测量的是点数、线长、平面面积、曲面面积、体积和测量对象的数目等，分别以 P、N、A、S、V 和 L 来表示。

表3-1　定量测量中常用参数符号

P	N	A	S	V	L
点数（组织或交点）	被测物体数	平面面积	曲面面积	体积	线长

实际使用时都用复合符号，如用 P_P、P_L、P_A、P_V、…来表示各种参数所占的分数量，其中主体字母表示某种参数，下角字母表示测试量。例如，S_V 表示单位测试体积中测量对象（如晶界、相界）的表面积，即 $S_V=S/V_T$，其中 S 是测量对象的表面积，V_T 是测试体积。即定量金相的测量结果常用测量对象的量与测试用的量的比值来描述，用带下标的符号表示。例如：$N_A=\frac{\text{测量对象个数}}{\text{测量用的面积}}$，表示单位测量面积上测量对象的数目；同理，$P_L$ 表示单位长度测量线上的交点数，其他符号依此类推。因每一个符号均表征一定的几何单元，故各复合符号的单位也是一致的。表 3-2 列出了体视学常用参数的基本符号及定义。

表 3-2　体视学常用参数的基本符号及定义

符号	单位	定　义
P_P	—	测量对象落在总测试点上的点分数
P_L	mm^{-1}	单位长度测量线上的交点数
P_A	mm^{-2}	单位测量面积上的点数
P_V	mm^{-3}	单位测量体积中的点数
L_L	mm/mm	单位长度测量线上测量对象的长度
L_A	$mm/mm^2(mm^{-1})$	单位测量面积上的线长度
L_V	$mm/mm^3(mm^{-2})$	单位测量体积中的线长度
A_A	mm^2/mm^2	单位测量面积上测量对象所占的面积
S_V	$mm^2/mm^3(mm^{-1})$	单位测量体积中所含有的表面积
V_V	mm^3/mm^3	单位测量体积中测量对象所占的体积
N_L	mm^{-1}	单位长度测量线上测量对象的数目
N_A	mm^{-2}	单位测量面积上测量对象的数目
N_V	mm^{-3}	单位测量体积中测量对象的数目
$\overline{L}$	m	平均截线长度，等于 L_L/N_L
$\overline{A}$	mm^2	平均截面积，等于 A_A/N_A
$\overline{S}$	mm^2	平均曲面积，等于 S_V/N_V
$\overline{V}$	mm^3	平均体积，等于 V_V/N_V

2）基本公式。将材料显微组织的三维几何特征与体视学测量联系起来，经推导可得以下定量金相常用的几个基本公式：

$$V_V=A_A=L_L=P_P \tag{3-1}$$

$$S_V=\frac{4}{\pi}L_A=2P_L \tag{3-2}$$

$$L_V=2P_A \tag{3-3}$$

$$P_V=\frac{1}{2}L_VS_V=2P_AP_L \tag{3-4}$$

式（3-1）表明，组织中被测相的体积分数 V_V，等于其任意代表截面上该相的面积分数 A_A，又等于其截面上该相在任意测量线上所占的线段分数 L_L，还等于在截面上随意放置的测试格点落到该相上点的数目与总测试格点数之比 P_P；式（3-2）表明，通过测量单位测量

面积上的线长度 L_A 或单位长度测量线上的交点数 P_L，可以计算单位体积中被测相的表面积；式（3-3）表明，通过测量单位测量面积中被测相所占的点数 P_A，可以计算出单位测量体积中的线长度 L_V；式（3-4）表明，只要测得 P_A、P_L，便能确定 P_V。

表 3-3 列出了定量金相常用基本量之间的关系。表中画圆圈的量是可以直接测量得到的，如 P_P、P_L、P_A、P_V、L_L、A_A；另外一些画方框的量是三维参数，如 L_A、V_V、S_V、L_V、P_V，不可直接测量，只能通过上述基本公式从其他测定量中计算出来。表中箭头表示通过公式可以从一个量推算出另一个量。

表 3-3　定量金相常用基本量之间的关系

单位	mm^0　mm^{-1}　mm^{-2}　mm^{-3}
点 线 面 体	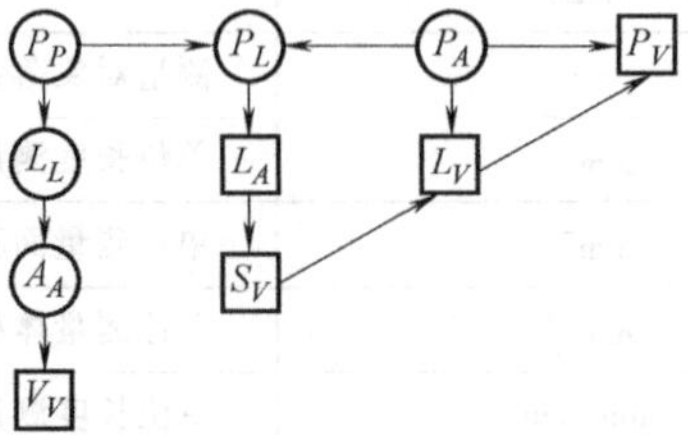

3）测量方法。定量金相测量方法可分为计点分析法、线分析法和面积分析法，也可将计点分析法和线分析法结合起来。

① 计点分析法（网格数点法）。计点分析法是以点为测量单元，通过在二维截面上计算测量对象（相或组织）落在总测试点上的点分数 P_P，即可得到该测试对象的体积分数。

通常可以利用金相显微镜目镜中的二维的测试网格来实施人工数点测量。网格中交叉直线的交点就是测试点，在最佳放大倍数下的视场中，数出落在测试对象上的交点个数 P_α。根据测量精度要求，选取多个视场进行测量，可以按下式计算 P_P：

$$P_P=\frac{\sum P_\alpha}{P_T}=\frac{\sum P_\alpha}{nP_0}=V_V \tag{3-5}$$

式中，n 是测量的视场个数；P_0 是一个视场内网格交点总数；P_T 是测试用的总点数。

测量得到 P_P 以后，根据式（3-1）则可得出测量对象的体积分数 V_V。

网格数点法所使用的网格间距为 4×4、5×5、7×7、8×8、10×10 等，可以使用透明薄膜自行制备，测量时将其覆盖在显微组织照片上，也可以将网格装在目镜中。测量时要求选择多个有代表性的视场，并且被测对象显示清晰。同时要选择适当的放大倍数和网格点的密度，使得一个被测试对象上最多落上一个网格点。测量网格的间距与被测物对象大小之间应接近。当体积分数较少时，应选择格点密度较高的网格，对于接近 50%的体积分数用 25 格点的网格较好。

② 线分析法（网格截线法）。线分析法是指以线段为测量单元，测量单位长度测量线上的交点数 P_L 或物体个数 N_L。线分析法的测试用线可以是平行线组，也可以是一组同心圆。测量时将测试线重叠在被测对象上，测量测试线与被测对象的交点数 P 及被测对象截割的线段长度 L。已知测试平行线组或测试圆周线的总长度为 L_T，即可求出单位测试线上被测相的点数 P_L 及长度 L_L。

$$L_L=\frac{\sum L_\alpha}{L_T}=V_V \tag{3-6}$$

式中，$\sum L_\alpha$ 是测量对象被随机配置的测试线所截取的线段总和；L_T 是测试用线总长。

测量单位长度测量线截获的物体数 N_L 的方法与测 P_L 及 L_L 相似，只是以截获的颗粒数代替交点数，并允许外形不规则的颗粒可以被测量线截获一次以上。

对于单相组织，$P_L=N_L$，如图 3-1a 所示，测量线所截获的晶粒间交点数 P_L 和截获的晶粒数 N_L 都为 8。当被测相为第二相粒子时，$P_L=2N_L$，如图 3-1b 所示，测量线截获的相界交点数 $P_L=8$，截获第二相的颗粒数 $N_L=4$。

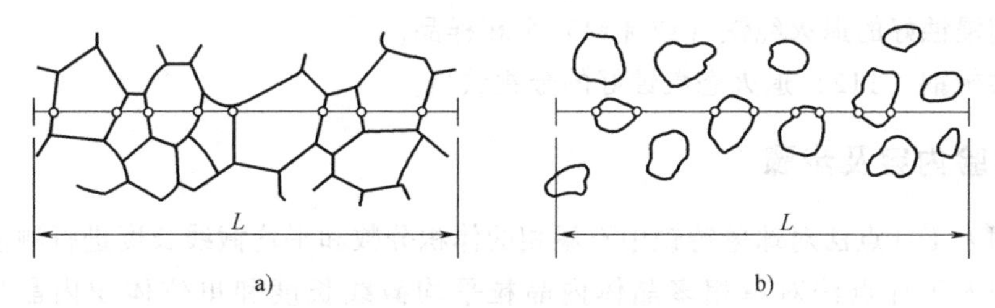

图 3-1　网格截线法求 P_L 和 N_L

a）单相组织　b）α 相粒子分布在基体上

③ 面积分析法。在二维金相截面上测定待测对象（组织、相等）的面积分数 A_A，就可以得到该待测对象的体积分数 V_V，即

$$A_A=\frac{\sum A_\alpha}{A_T}=V_V \tag{3-7}$$

式中，$\sum A_\alpha$ 为待测对象的总面积；A_T 为总的测量面积。

2. 显微组织特征参数测量举例

晶粒大小一般采用晶粒直径或晶粒度数值来表示。

（1）平均截线长度　用晶粒直径表示晶粒大小时，一般用平均截线长度表示晶粒直径。平均截线长度是指任意测试直线穿过晶粒所得到的截线长度的平均值。三维晶粒的平均截线长度用 L_3 表示，在晶粒二维截面上的平均截线长度用 L_2 表示，当测量次数足够多时，$L_2=L_3$。

对于单相多晶体晶粒

$$L_3=L_2=\frac{2}{S_V}=\frac{1}{P_L} \tag{3-8}$$

对于第二相粒子

$$L_3=\frac{4V_V}{S_V}=\frac{2P_P}{P_L} \tag{3-9}$$

（2）晶粒度　用晶粒度表示晶粒大小时，晶粒度的测定通常使用与标准系列评级图进行比较的方法，这种比较法只能粗略估计晶粒的大小。根据 GB/T 6394—2017 的规定，晶粒度计算公式为

$$N_{100}=2^{G-1} \tag{3-10}$$

式中，N 为放大 100 倍时 1in^2（645mm^2）包含的晶粒个数；G 为晶粒度级别。

换算成每 1mm^2 晶粒个数 N_A 时：

$$G=\frac{\lg N_A}{\lg 2}-3 \tag{3-11}$$

因此，只要测出每 1mm^2 的晶粒个数 N_A，即可求出晶粒度级别。

三、实验设备及材料

1）目镜带测试网格的金相显微镜（与金相样品配合使用）。

2）金相显微镜用测微尺。

3）磨制抛光但未浸蚀的球墨铸铁金相样品。

4）磨制浸蚀好的退火纯铁（或纯铝）金相样品。

5）过共析钢（T12）退火态浸蚀好的金相试品。

四、实验内容及步骤

1）采用人工计点法对球墨铸铁中石墨相的体积分数和平均截线长度进行测量。

2）采用人工计点法对单相多晶体内晶粒平均截线长度和单位体积内晶界面积进行测量。

3）根据 GB/T 6394—2017，采用比对法、截点法（平均截线长度）测定 T12 钢退火态奥氏体晶粒的平均尺寸。

提示：实验结束后，关闭设备电源，按原位置摆放好实验仪器，打扫清理实验室卫生。

五、实验报告要求

1）写出实验目的及实验设备。

2）什么是体视学？体视学测量中常用参数符号有哪些？

3）什么是定量金相分析？定量金相测量的方法有哪几种？

4）对于过共析钢，如果采用人工计点法测定奥氏体晶粒的平均尺寸，应如何制备金相样品？

5）描述实验过程。

6）对实验结果进行分析讨论。

实验 4 显微硬度测试

一、实验目的

1）了解显微硬度的测试原理。

2）掌握显微硬度计的操作方法。

二、原理概述

显微硬度（Microhardess）是在材料显微尺度范围内测定的硬度，通常压力载荷小于

9.8ln（1kgf）。显微硬度测试常用于各种金属薄片/非金属薄片、涂层显微组织构成、碳化物、氮化物、各种相、极小零件表面硬度、硬化层深度分析、焊接接头、内偏析、时效、相变、合金的化学成分不均匀性等的硬度试验，化合物脆裂倾向判定。因此，显微硬度测试是金相分析中常用的测试手段之一。

1. 显微硬度的测试原理

显微硬度的测试原理是用压痕单位面积上所承受的载荷来表示的，一般用 HV 表示。

（1）压头类型　显微硬度测试用的压头有两种，一种是和维氏硬度压头一样的两面之间的夹角为 136°的金刚石正四棱锥压头，如图 4-1 所示。这种显微硬度也称为显微维氏硬度，其计算公式为

$$\text{显微维氏硬度值} = 0.1891F/d^2 \tag{4-1}$$

式中，F 为载荷（N）；d 为压痕对角线长度（mm）。

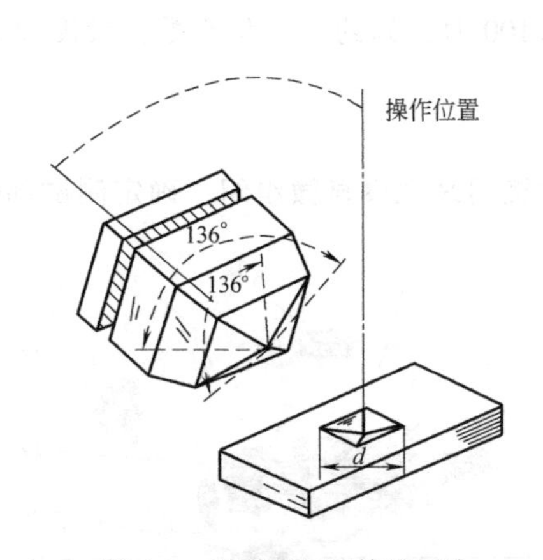

图 4-1　金刚石正四棱锥压头

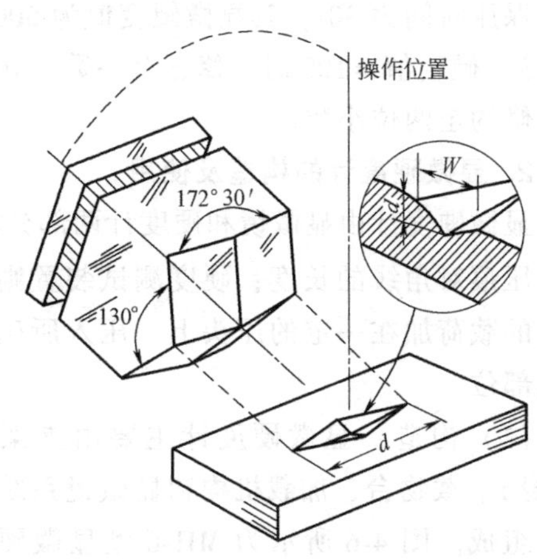

图 4-2　克努普（Knoop）金刚石压头

另一种压头是克努普（Knoop）金刚石压头（又称努氏压头），如图 4-2 所示，它的压痕长对角线与短对角线的长度之比为 7∶1。显微努氏硬度值的计算公式为

$$\text{显微努氏硬度值} = 1.451F/d^2$$

式中，F 为载荷（N）；d 为压痕长对角线长度（mm）。

这两种压头获得的压痕形貌分别如图 4-3 和图 4-4 所示。维氏压痕深度为 1/7 对角线长度，努氏压痕深度为 1/30 长对角线长度，两种压痕深度比较如图 4-5 所示。努氏硬度压痕窄而浅，适应于高硬度、薄层、组织中第二相硬度测定。

图 4-3　维氏压痕形貌

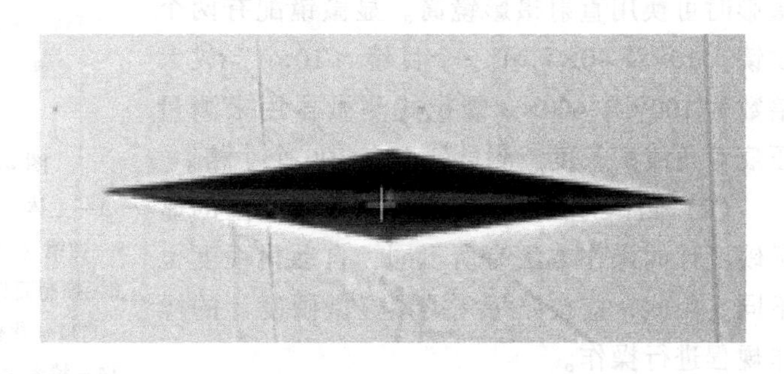

图 4-4　克努普（Knoop）压痕形貌

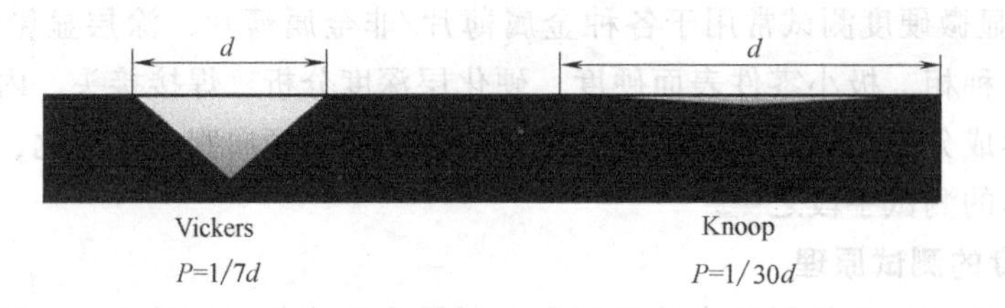

图 4-5 维氏压痕深度与克努普压痕深度比较

（2）硬度值的表示及结果处理

1）硬度值测试时，一般测试 3~5 个点，测试结果为它们的算数平均值。

2）硬度值的书写。例如：500HV0.1 表示用 0.1kgf（0.9807N）的试验力，保压时间为 5~15s（标准时间），其显微硬度值为 500；500HV0.1/30 表示用 0.1kgf（0.9807N）的试验力，保压时间为 30s，其显微硬度值为 500。

3）硬度值≥100 时，修正至整数；10≤硬度值<100 时，修约至一位小数；硬度值<10 时，修约至两位小数。

2. 显微硬度计的构造及使用

显微硬度计由显微镜和硬度计两部分组成。显微镜用来观察显微组织，确定测试部位，测定压痕对角线的长度；硬度测试装置则是将一定的载荷加在一定的压头上，压入所确定的测试部位。

（1）构造　显微硬度计主要由支架部分（机身）、载物台、加载机构和显微镜系统等四部分组成。图 4-6 所示为 MH-6 型显微硬度计的结构。

加载机构是显微硬度计的重要组成部分，目前都采用自动加载和卸载机构。显微镜部分由镜筒物镜和目镜组、机械调节及照明装置组成。显微镜用粗调和微调旋钮调节焦距，在微调旋钮上刻有刻度，指示显微镜上下调节的距离，每小格相当于 0.002mm。镜筒上装有倾斜的观察镜筒和 10×的螺旋式测微目镜。在显微摄影时可换用直射摄影镜筒。显微镜配有两个物镜（10×及 40×）和一个目镜（10×），放大倍数为 100×与 400×。螺旋式测微器用来测量压痕对角线的长度，测微器上有 100 个小格。

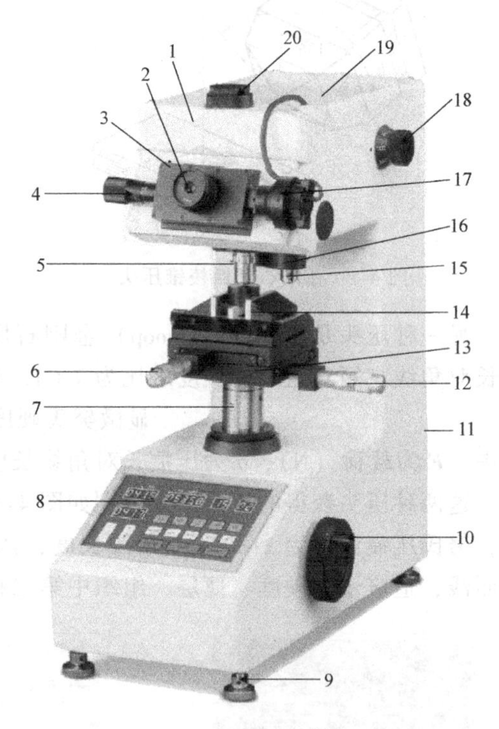

图 4-6 MH-6 型显微硬度计的结构

1—主体　2—目镜　3—测量显微镜　4—测量旋钮
5—物镜（40×）　6—*Y* 轴测微尺　7—载物台升降丝杠
8—控制面板　9—水平调整脚　10—载物台升降手柄
11—背板　12—*X* 轴测微尺　13—*X-Y* 载物台
14—精密台钳　15—压头罩　16—塔台　17—编码器
18—载荷选择旋钮　19—顶盖　20—接 CCD 光路上盖

（2）测试方法与注意事项　不同类型的显微硬度计的操作方法有所不同，自动化程度也不同。因此，应按照每一类型显微硬度计的操作规程进行操作。

1）检测前的准备。

① 显微维氏硬度测试的硬度计和压头应符合 GB/T 4340.2—2012 的规定。

② 室温一般控制为 10~35℃。对精度要求高的检测，应控制在 23℃±0.5℃内。

③ 硬度计本身会产生两种误差：一是其零件的变形、移动造成的误差；二是硬度参数超出规定标准所造成的误差。对第二种误差，在测量前需用标准块对硬度计进行校准，一般标准块自标定日起一年内有效。

2）试样要求。

① 试样表面应平坦光洁，制备试样时最好进行抛光。

② 试样或检验层厚度至少应为压痕对角线长度的 1.5 倍。

③ 试样特小或不规则时，应将试样镶嵌或使用专用夹具夹持后再进行测试。

3）检测方法。

① 在更换压头或砧座时，注意接触部位要擦干净。换好后，要用一定硬度的钢样测试几次，直到连续两次所得硬度值相同为止，其目的是使压头或砧座与试验机接触部分压紧，接触良好，以免影响测试结果的准确性。

② 硬度计调整好后，开始测量硬度时，第一个测试点不用。因怕试样与砧座接触不好，测得的值不准确。待第一点测试完，硬度计处于正常运行状态后再对试样进行正式测试，记录测得的硬度值。

③ 试验力的选择。根据试样硬度、厚度、大小等情况或工艺文件的规定，选用合适的试验力进行试验。具体可按 GB/T 4340.1—2009 执行。

④ 试验加力时间。从加力开始至全部试验力施加完毕的时间应为 2~10s。对于小负荷维氏和显微维氏硬度试验，压头的下降速度应不大于 0.2mm/s。试验力保持时间为 10~15s。对于特别软的材料，试验力保持时间可以延长，但误差应在±2s 之内，并应在硬度值的表示式中注明。

⑤ 压痕中心至试样边缘的距离：钢、铜及铜合金试样，至少应为压痕对角线长度的 2.5 倍；轻金属、铅、锡及其合金试样，至少应为压痕对角线长度的 3 倍。两相邻压痕中心之间的距离：钢、铜及铜合金试样，至少应为压痕对角线长度的 3 倍；轻金属、铅、锡及其合金试样，至少应为压痕对角线长度的 6 倍。

⑥ 在试样允许的情况下，一般选不同部位至少测试三个硬度值，取平均值作为试样的硬度值。

⑦ 当试验面上出现压痕形状不规则或畸形时其结果无效。

⑧ 对形状复杂的试样要采用相应形状的垫块，固定后方可测试。对圆试样一般要放在 V 形槽中测试。

⑨ 加载前要检查加载手柄是否放在卸载位，加载时动作要轻稳，不要用力太猛。加载完毕后，加载手柄应放在卸载位置，以免仪器长期处于负荷状态，发生塑性变形，而影响测量精确度。

⑩ 应注意零位校正和用标准块做误差校正。

3. 影响显微硬度值的因素

因为显微硬度测试试验力小，压痕小，所以容易出现误差。影响显微硬度值准确性的因素很多，其主要因素有以下几方面：

（1）试样制备　显微试样制备过程中，会因磨削使表面塑性变形而引起加工硬化，这会对显微硬度值有很大的影响（有时误差可达50%），低载荷下更为明显。因此，试样在制备过程中，要尽量减少表面变形层，特别是软材料，最好采用电解抛光。

（2）加载部位　压痕在被测晶粒上的部位及被测晶粒的厚度对显微硬度值均有影响。在选择测量对象时应选取较大截面的晶粒，因为较小截面的晶粒厚度可能较薄，测量结果可能会受晶界或相邻第二相的影响。

（3）载荷　根据试样的实际情况，选择适当的荷载，在试样条件允许的情况下，尽量选择较大的载荷，以得到尽可能大的压痕，并且压痕大小要与晶粒大小成比例，尤其是在软基体上测硬质点时，被测点截面直径必须是压痕对角线长的4倍以上，否则可能得到不精确的测量数据。此外，测定脆性相时，高载荷可能出现“压碎”现象，角上有裂纹的压痕表明载荷已超过材料的断裂强度，因而获得的硬度值是不准确的。

由于弹性变形的回复是材料的一种性能，对于任意大小的压痕其弹性回复量几乎一样，压痕越小弹性回复量占的比例就越大，显微硬度值也就越高。在同一试样中，选用不同的载荷测试得出的结果不完全相同，一般载荷越小，硬度值波动越大。所以同一试验最好始终选相同的载荷，以减少载荷变化对硬度值的影响。布科（Buckle）提出四类加载范围，可供参考：

铝合金：0.0098~0.049N（1~5gf）。

软铁镍：0.049~0.147N（5~15gf）。

硬钢：0.147~0.294N（15~30gf）。

碳化物：0.294~1.176N（30~120gf）。

（4）压头　压头的几何形状对硬度值的准确性有影响。压头的四个三角形工作面应光滑、平整并具有良好的表面质量。在使用过程中压头受到损坏，如顶角磨损、表面出现裂纹、凹陷或压头上粘有其他物质，都会使压痕边缘粗糙和不规则，增大测量误差，影响测量结果。

（5）加载速度和保载时间　硬度定义中的载荷是指静态的含义，但实际上一切硬度试样中载荷都是动态的，是以一定的速度施加在试样上的，由于惯性的作用，加载机构会产生一个附加载荷，因此加载速度过快，会使压痕加大，显微硬度值降低。为了消除这个附加载荷的影响，在施加载荷时应尽可能以平稳、缓慢的速度进行。一般载荷越小，加载速度的影响就越大，当载荷小于100g时，加载速度应为1~20m/s。

塑性变形是一个过程，完成这个过程需要一定的时间，只有载荷保持一定的时间，由压头对角线长度所测出的显微硬度值才能接近于材料的真实硬度值。大量试验表明，加载后保持载荷5~10s即可卸载进行测量。

（6）振动　振动是试验中经常遇到但又很难察觉的问题。振动会减少压头与试样之间的摩擦，有利于压入，使压痕尺寸增大，从而降低硬度值。

（7）测量显微镜的精度以及个人操作因素　测微目镜的测量精度不够，会造成压痕对角线的测量误差，影响其硬度值。个人操作不当、缺乏经验等因素也会影响测量精度。因此，显微硬度测试是一项细致、费时的工作。

4. 显微压痕异常判别

维氏硬度值和压痕对角线长度的关系公式是根据压头为一个理想的正方四棱锥体垂直压入试样表面所形成的压痕而推导出来的。当压痕产生异常情况时，就会破坏这个关系，依照异常压痕的对角线长度按公式计算出显微硬度就会和实际的显微硬度产生误差。经常出现的几种异常压痕的情况如图 4-7 所示，其产生的原因有：

1）压痕呈不等边的四棱形，但是也有呈规律的单向不对称压痕，如图 4-7a 所示。这个现象可能由两种情况导致：①当试样表面与底面不平行时，在测试过程中试样会发生旋转，压痕的偏侧方向也随之改变；②由于加载主轴上的压头与工作台面不垂直，导致测试过程中试样发生旋转，压痕的偏侧方向并不改变所致。

2）压头对角线交界处（顶点）不成一个点或对角线不成一条线，如图 4-7b 所示。这是由于压头的顶尖或棱边损坏造成的，换压头后校正零位即可清除。

3）压痕不是一个而是多个或大压痕中有小压痕。这是由于在加载时试样相对于压头有滑移造成的。

4）压痕有尾巴，如图 4-7c 所示。其原因：支承加载主轴的弹簧片有松动，沿径向拨动加载主轴，压痕位置发生明显变化；或由于加载主轴的弹簧片有严重扭曲；或由于加载时试样有滑动。

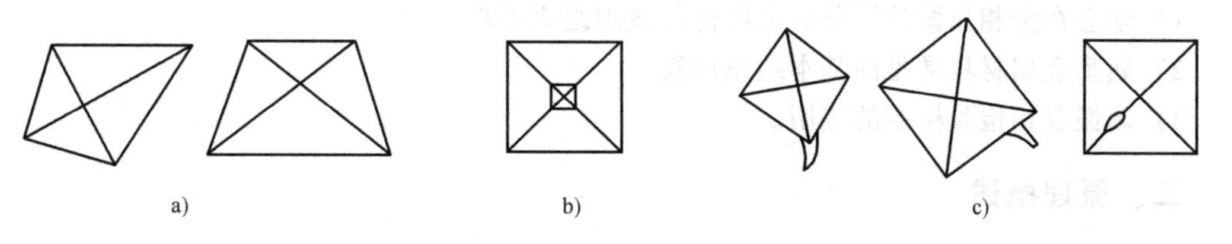

图 4-7　显微压痕异常现象

a）压痕不对称　b）压痕不成一点　c）压痕有尾巴

三、实验设备及材料

1）显微硬度计。

2）待测定的金相试样。

四、实验内容及步骤

1）学习显微硬度计实际操作方法，了解显微硬度测试的注意事项。

2）对于显微组织为均匀的单相或两相组织的材料，可以在 0.098N、0.196N、0.49N、0.98N、1.96N 不同载荷下进行测量，每一载荷测三点，取其平均值，绘制载荷与硬度值之间的曲线，并分析显微硬度值与载荷的关系。

3）测定渗碳层或渗氮层的硬度分布。描述实验测试的材料名称、状态、载荷和保载时间，并分析其结果，给出结果图。测试时应保证试样的边缘平整，所有测定点均应使用同一载荷。

4）测定两相或多相组织中不同相的显微硬度。测定时要根据相的大小选用适宜的载荷，在相同的载荷下比较不同相的显微硬度值。

提示：实验结束后，关闭设备电源，按原位置摆放好实验仪器，打扫清理实验室卫生。

五、实验报告要求

1）写出实验目的及实验设备名称。
2）简述显微硬度计的原理、构造及操作方法。
3）测试显微硬度时如何选择载荷与保载时间？
4）写出测量步骤并附上实验结果。
5）记录显微硬度测定的原始数据，绘制曲线并分析结果。
6）总结实验过程中出现的问题，分析其产生的原因。

实验5　常见金相组织及检验

一、实验目的

1）学会在金相显微镜下分析金属材料微观组织形貌。
2）熟悉金属材料常见的基本组织形貌。
3）掌握金相检验标准的应用。

二、原理概述

金相学是主要依靠显微镜技术研究金属材料宏观、微观组织形成和变化规律及其与成分和性能之间关系的实验学科。只有掌握了材料的组织结构特征，才能理解并解释其性能。因此，研究材料的微观组织形貌、大小、分布及数量非常重要，这就涉及金相检验。

金相检验（Metallographic Examination）是采用金相显微镜对金属或合金的宏观组织和显微组织进行分析测定，以得到各种组织的尺寸、数量、形状及分布特征的方法。金相检验则是各国和ISO国际材料检验标准中的重要物理检验项目类别。

1. 组织的基本类型

金相组织是指构成金属或合金材料内部所具有的各组成物的直观形貌，分为宏观组织和微观组织两类。这里主要介绍微观组织。

金属材料经抛光后的试样，在显微镜下只能分析研究材料的非金属夹杂物、石墨等组织的形貌。经浸蚀后的试样在显微镜下检查，则可看到由不同相组成的各种形态的组织。所谓相是指合金中具有同一化学成分、同一结构和原子聚集状态，并以界面相互分开的、均匀的组成部分。按照相组成的多少，组织归纳起来有下列三种基本类型：

（1）单相组织　它包括纯金属和单相合金，在显微镜下看到的是许多多边形晶粒组成的多晶体组织。例如经常看到的工业纯铁、Fe-Si和Cu-Ni等合金的退火态组织，主要研究晶粒边界（晶界）、晶粒形状、大小以及晶粒内出现的亚结构等，如工业纯铁为单相等轴状铁素体组织，如图5-1所示。

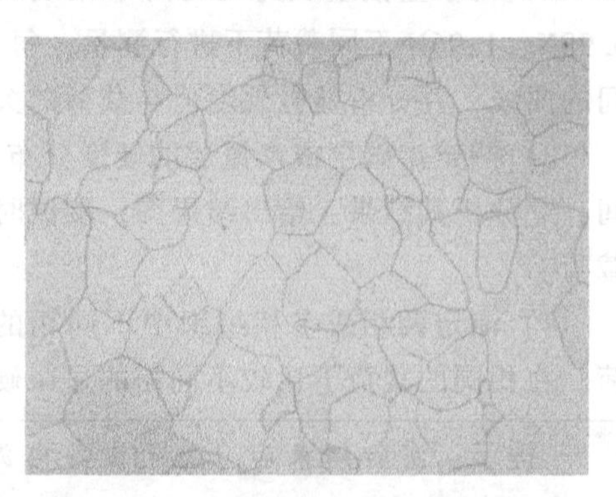

图5-1　工业纯铁组织（500×）

(2) 两相组织　具有两相组织的合金很多，尤其是二元合金。如四六黄铜（即 Zn-Cu 合金）的组织为（α+β）两相（见实验 48 图 48-4，其中 α 相为白色，β 相为黑色），Al-Si 合金、Pb-Sn 合金、Sn-Sb 合金和 Cu-Pb 合金等的共晶组织均为两相组织，图 5-2 所示为 Al-Si 合金（ZL102）的铸态组织。

(3) 多相组织　许多高合金钢多半是具有多相的复杂组织，如高速工具钢、不锈耐热钢等。图 5-3 所示为 W18Cr4V 高速工具钢铸态组织，由鱼骨状莱氏体+高温 δ 铁素体（黑色区域）+马氏体与残留奥氏体（白色区域）多相组织组成。

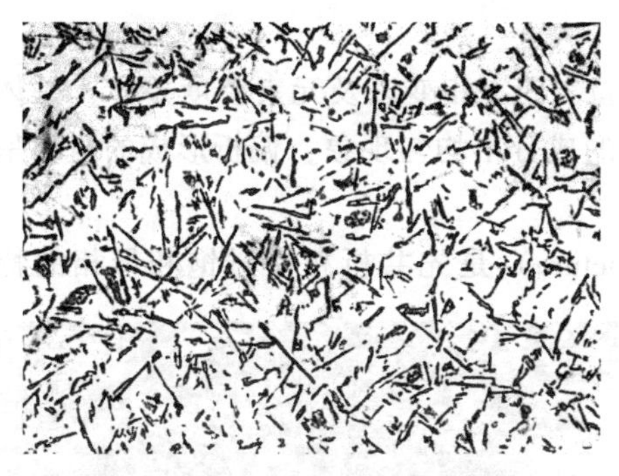
图 5-2　ZL102 铸态组织（100×）

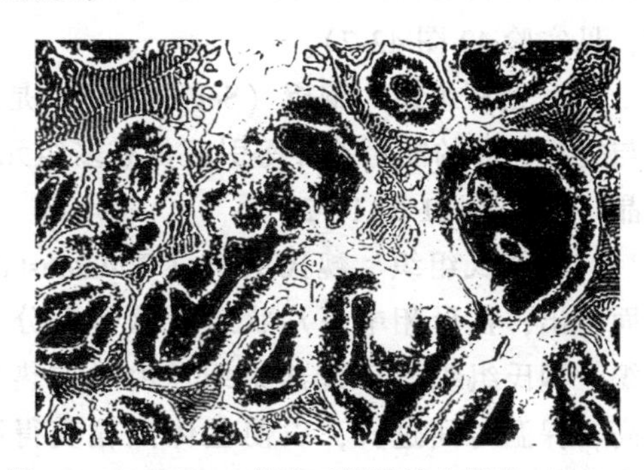
图 5-3　W18Cr4V 高速工具钢铸态组织（500×）

2. 几种常见金相组织的定义

(1) 铁素体　铁素体（Ferrite）是在 α-Fe 中固溶入其他元素而形成的固溶体，室温下保持 α-Fe 的体心立方晶格，具有同素异构转变，常压下在 1394～1538℃ 的温度范围内稳定存在具有体心立方晶格的 δ-Fe。铁素体组织形态如图 5-1 所示。

(2) 奥氏体　奥氏体（Austenite）是在 γ-Fe 中固溶入其他元素而形成的固溶体，在合金钢中是碳和合金元素溶解在 γ-Fe 中的固溶体，它具有 γ-Fe 的面心立方晶格，奥氏体不锈钢组织形态如图 5-4 所示，可观察到孪晶。

(3) 珠光体　珠光体（Pearlite）是铁素体和渗碳体的共析混合物，是碳的质量分数为 0.77%的奥氏体在 723℃ 时共析转变的产物，根据形成温度和珠光体中铁素体和渗碳体的分散度，通常可分为粗珠光体、索氏体和托氏体。层片状珠光体组织如图 5-5 所示。

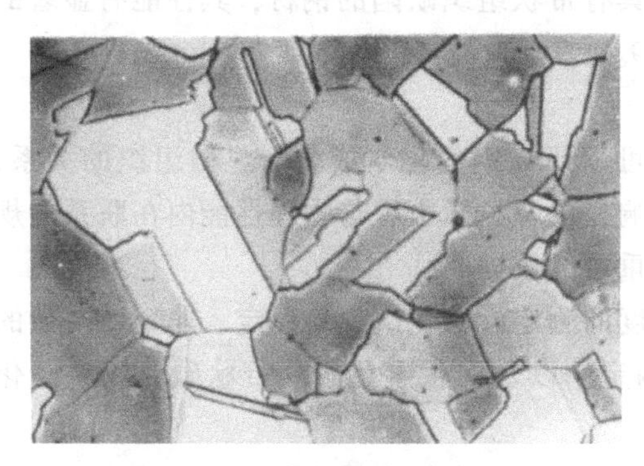
图 5-4　奥氏体不锈钢（100×）

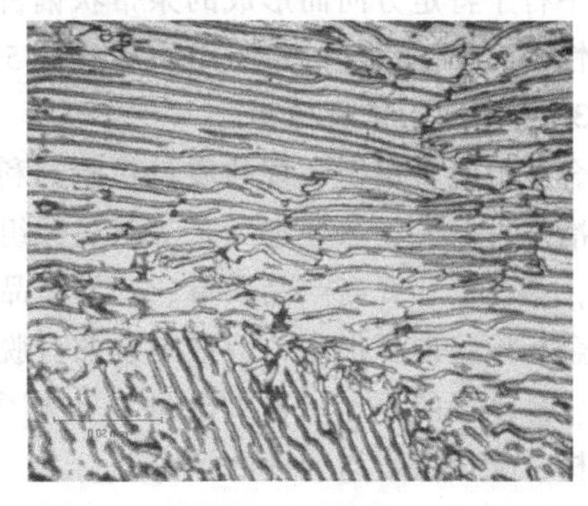
图 5-5　层片状珠光体组织（1000×）

(4) 莱氏体　莱氏体（Ledeburite）是铁碳合金共晶反应的产物。是碳的质量分数为 2%～6.67%的铁碳合金中发生共晶反应后快速冷却而形成的，为奥氏体和渗碳体的共晶混合物；冷却速度较低时将发生奥氏体分解，形成铁素体和渗碳体（珠光体）的共析反应产物，珠光体与共晶渗碳体、二次渗碳体的混合物称为低温莱氏体（见实验12图12-10）。

（5）马氏体　马氏体（Martensite）是由马氏体相变产生的无扩散的共格切变型转变产物的统称。根据含碳量和马氏体的金相特征不同，可将马氏体分为低碳的板条马氏体（见实验42图42-3）和高碳的片状马氏体（见实验42图42-4）。

（6）贝氏体　贝氏体（Bainite）是由奥氏体在珠光体和马氏体转变温度之间转变产生的亚稳态微观组织，主要包含上贝氏体（呈羽毛状，见实验42图42-6）和下贝氏体（呈针状，见实验42图42-7）。

（7）偏析组织　偏析（Segregation）是由于凝固、固态相变以及元素密度差异、晶体缺陷与完整晶体的能量差异等引起的在多组元合金中的成分不均匀现象，偏析形成的组织呈树枝晶（见实验11图11-2）。

（8）魏氏组织　魏氏组织（Widmanstatten Structure）是先共析相沿过饱和母相的特定晶面析出，在母相中呈片状或针状特征分布的组织。魏氏组织属于过热组织，由于加热温度过高，保温时间过长，以使基体晶粒变得明显粗大的组织。按含碳量不同，有铁素体魏氏组织（见实验51图51-11）和渗碳体魏氏组织之分（见图5-6）。

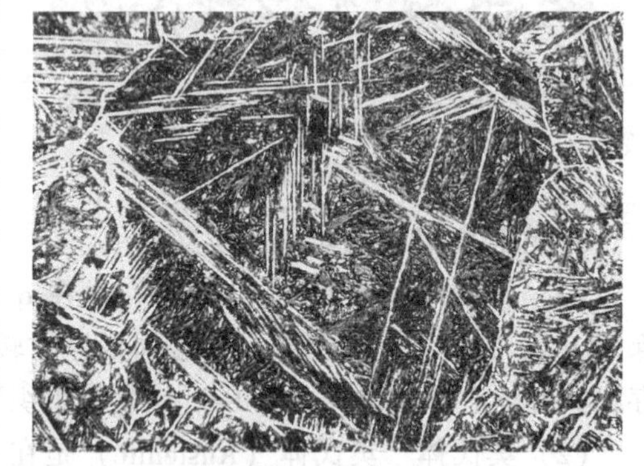

图5-6　渗碳体魏氏组织（渗碳体针）（200×）

（9）石墨结构　在铸铁中，碳除了以结合碳的形式存在外，更主要的是碳以石墨的的形式存在，它以片状、团絮状或球状的形态分布在钢的基体组织上，称为石墨碳或游离碳。根据石墨碳在铸铁中的分布形态不同，铸铁通常可分为灰铸铁（石墨呈片状）、可锻铸铁（石墨呈团絮状）和球墨铸铁（石墨呈球状）三大类（见实验49图49-1~图49-6）。

（10）带状组织　带状组织（Banded Structure）是指在具有多相组织的合金材料中，某种相平行于特定方向而形成的条带状偏析组织。具有带状组织缺陷的钢材，其性能有显著的方向性。热加工引起的带状组织见实验51图51-9。

3. 金相组织常规检验

金相检验多用于常规的质量检验，利用它就可以研究钢的化学成分与显微组织的关系，钢的冶炼、锻轧、热处理工艺等对显微组织的影响，以及显微组织与物理性能内在联系的规律等，为稳定和提高产品质量、开发新品种提供重要的依据。

金相检验项目很多，但最常规的有脱碳层深度的测定、球化组织的评定、非金属夹杂的评定、晶粒度的评定、石墨含量和α相含量的测定，以及网状碳化物、带状碳化物、碳化物液析、碳化物不均匀性的评定等。

金相检验时要按照一定的标准来执行，常用金相检验国家标准见附录D。

（1）标准的定义　所谓标准是对重复性事物和概念所做的统一规定，它以科学、技术和实践经验的综合为基础，经过有关方面协商一致，由主管机构批准，以特定的形式发布，作为共同遵守的准则和依据。

(2) 标准的分类 我国标准比较通行的分类方法有三种：层级分类法、性质分类法和对象分类法。

1) 层级分类法。当今世界上把层级分类为国际标准、区域或国家集团标准、国家标准、专业（部）标准、地方标准和企业标准。我国标准分为国家标准、专业（部）标准和企业标准三级。

国家标准是指对全国经济、技术发展有重大意义、需要在全国范围内统一的标准。它是我国最高一级的规范性技术文件，是一项重要的技术法规。国家标准由国务院标准化行政主管部门制订。

专业（部）标准是指由专业标准化主管机构或专业标准化组织批准发布，在该专业范围内统一使用的标准。部标准是由主管部门负责组织制订、审批、发布并报国家标准局备案，只在本部范围内通用的标准。

企业标准是指在一个企业或一个行业、一个地区范围内统一执行的标准。

2) 性质分类法。按照标准本身属性加以分类，一般分为技术标准、经济标准和管理标准。技术标准是指对标准化对象的技术特征加以规定的那一类标准；经济标准是规定或衡量标准化对象的经济性能和经济价值的标准；管理标准则是管理机构为行使其管理职能而制订的具有特定管理功能的标准。

3) 对象分类法。按照标准化的对象不同而进行的分类。我国习惯上把标准按对象分为产品标准、工作标准、方法标准和基础标准等类。

一种标准可以按照三种分类法进行分类。同样某种分类法中的标准，可以再用其他两种分类法进一步划分，组合成种类繁多的标准。

金相标准从性质上讲是技术标准，从对象上看是检验方法标准，它在层次上有国家标准，也有专业（部）标准，还有适用于本企业的企业标准。

(3) 标准代号 我国标准，一律用汉语拼音字母表示，即用拼音字母的字头大写来表示。

1) 国家标准。GB 即 Guo Biao。

2) 专业（部）标准的代号。规定用行业名称的汉语拼音字头大写字母表示。如：机械行业标准 JB 即 Ji Biao；冶金行业标准 YB 即 Ye Biao；专业标准的代号 ZB 即 Zhuan Biao。

3) 世界各国标准是用英文（俄罗斯用俄文）作代号的，即用每个字母的第一个英文字母大写作代号，如：美国国家标准 ANSI。即 American National Standards Institute；英国标准 BS 即 British Standards；法国标准 NF 即 Norme Francaise；日本标准 JIS 即 Japanese Industrial Standards；美国材料与试验协会标准 ASTM 即 American Society for Testing and Material。

(4) 标准号的编写及涵义 我国标准一般包含标准代号、顺序号、年号和标准笔称。顺序号和年号均以阿拉伯数字表示，如：中华人民共和国国家标准 GB/T 10561—2005/ISO 4967：1998 (E)。

《钢中非金属夹杂物含量的测定 标准评级显微检验法》标准的解读如下：GB 表示国家标准代号；T10561 标准顺序号；2005 批准年份；ISO 4967：1998 (E) 表示此标准与国际标准 ISO 4967：1998 (E) 等效；《钢中非金属夹杂物含量的测定 标准评级显微检验法》为标准名称。

(5) 正确贯彻金相标准 金相标准可以使生产、工艺和检验人员之间以及行业之间，用户和生产厂之间有一个统一的认识和共同的语言，使人们对材料的研究工作进一步深化，促使新材料、新工艺、新技术的发展。因此，应该正确、认真地贯彻、使用金相标准。

1）要认识标准的严肃性。金相标准与其他标准一样，是经过大量生产试验、研究总结出来的，能够客观反映规律，具有一定先进性的技术指导文件，都是由国家机关组织制订、审批、发布的。因此，必须严肃对待，认真执行。

2）要弄清标准的使用范围。所有的金相标准在开头条文中，都明确规定了它的适用范围。例如：GB/T 1814—1979《钢材断口检验法》标准，一开头就指出："本标准适用于结构钢、滚珠钢、工具钢及弹簧钢的热轧、锻造、冷拉条钢和钢坯。其他钢类要求作断口检验时，可参考本标准"。又如，GB/T 6394—2017《金属平均晶粒度测定法》指出："本标准适用于完全或主要由单相组成的金属平均晶粒度的测定方法和表示原则，也适用与标准评级图形貌相似的组织即使用比较法。在任何情况下都可以使用面积法和截点法。本标准有四令系列标准评级图：分别适用于比较法中的奥氏体钢、铁素体钢、渗碳钢、不锈钢、铝、铜和铜合金、镁和镁合金、镍和镍合金、锌和锌合金、超强合金。本标准不适用于深度冷加工材料或部分再结晶变形合金的晶粒度测定。"

3）要注意标准中的金相图片放大倍数。金相检验一般都采用比较法，即将在显微镜中呈现的组织与金相标准图片进行对比评级。金相显微镜有一系列的放大倍数；金相标准评级图片也有一定的放大倍数（一般是100倍、500倍，也有少量的评级图是400倍）。因此，在使用时，一定要使显微镜的放大倍数与所放大对照的金相标准图片倍数完全一致。否则就不能对比，评定无效。

4）要及时采用新标准。随着技术和经济的发展，新的标准将陆续制订出来，一些老标准要进行修订，特别是为了适应我国对外开放，必须逐步向国际标准靠拢，即要"参照采用"或"等效采用"国际标准和国外先进标准，以适应科学技术和经济发展的要求。

三、实验设备及材料

1）金相显微镜。

2）常见组织试样和待评定的试样。

3）金相检验标准。

四、实验内容及步骤

1）在金相显微镜下观察工业纯铁、奥氏体不锈钢、T12钢（退火态）、T8共析钢、过共晶白口铸铁、上贝氏体、下贝氏体、板条马氏体、片状马氏体、低碳魏氏组织、高碳魏氏组织、带状组织以及各类石墨的组织。

2）按照GB/T 13299—1991《钢的显微组织评定方法》对给定的带状组织、魏氏组织的金相组织进行评定。

3）按照GB/T 6394—2017《金属平均晶粒度测定方法》对T12钢（退火态）、低碳魏氏组织和高碳魏氏组织的原奥氏体晶粒的平均晶粒度进行测定。

提示：实验结束后，关闭设备电源，按原位置摆放好实验仪器，打扫清理实验室卫生。

五、实验报告要求

1）写出实验目的及实验设备。
2）什么是宏观组织与微观组织？
3）按照相组成的多少，组织具有哪几个基本类型？
4）钢中常见组织有哪些？
5）绘制所观察到的组织形貌特征。
6）什么是标准？标准如何分类？金相检验标准属于哪一类？
7）表述显微组织检验评定过程及结果，并对实验结果进行分析讨论。
8）简述实际生产过程中实施标准的重要性。

实验6 宏观断口与低倍组织缺陷分析

一、实验目的

1）初步掌握宏观分析材料质量的原理及方法。
2）理解浇注条件对铸锭组织的影响。
3）了解金属铸件、锻件、焊件的宏观组织特征。
4）学会识别典型断口形貌。

二、原理概述

低倍显微组织分析是指用眼睛直接观察或在低倍（≤10×）放大镜、体视显微镜下观察材料的缺口、断口及粗大组织形貌的一种方法，特点是方法简单迅速，观察区域大，可综观全貌。此方法可在较大范围内观察材料的组织和缺陷（如缩管、气孔、气泡和偏析等），借助于低倍组织分析还可以初步分析零件失效的原因。

1. 宏观断口分析

试样断口检验是评定金属质量一种公认的简单方法，也是质量控制和失效分析中的一个基本方法。

零件断裂后的自然表面称为断口，断口分析（Fractography Analysis）就是分析断口宏观和微观特征形貌的技术与方法，是失效分析的主要技术手段之一。其中宏观断口的形貌、轮廓线和表面粗糙度等特征，真实记录了断裂过程中的许多信息，如断裂的裂纹起源、扩展和最终断裂三个阶段的大小、特征等。

断口分析通常包括宏观形貌特征和显微形貌特征两个方面的内容。宏观断口反映断口的全貌，微观断口则揭示断口的本质。断口分析的方法包括宏观断口分析、光学显微镜断口分析和电子显微镜断口分析三种。这里主要介绍以下三种典型断口的形貌特征。

（1）脆性断口　脆性断口一般平齐而光亮，与正应力垂直，断口上常有人字纹或放射性条纹。典型脆性断口为结晶状，如图 6-1 所示（T8 钢退火态一次摆锤冲击断口）。图 6-2 所示为灰铸铁轴类零件拉伸脆性断裂宏观形貌，其断口平齐，为脆性断口。

（2）韧性断口　韧性断口一般在断裂前会发生明显的宏观塑性变形，断口呈暗灰色、纤维状。塑性变形明显的断口，由于体视显微镜的景深范围有限，需要借助扫描电子显微镜（低倍下）来观察断口形貌。图 6-3 所示为扫描电子显微镜拍摄的 Q355 低碳合金钢的拉伸断口低倍形貌，为典型的韧性断口，图 6-3a 所示为杯状，图 6-3b 所示为锥状。

图 6-1　典型脆性断裂宏观形貌（结晶状）（7×）

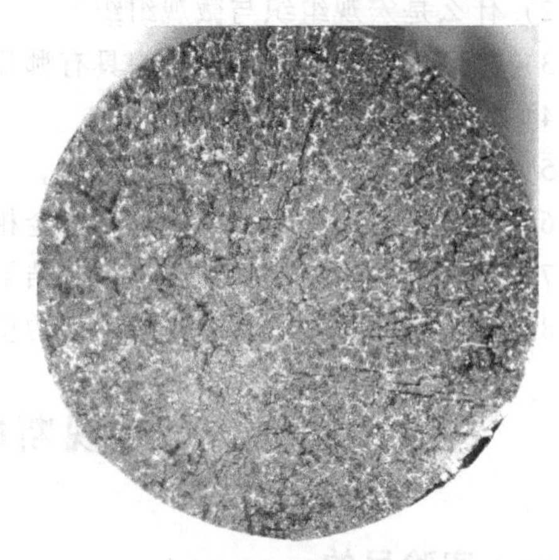

图 6-2　灰铸铁轴类零件拉伸脆性断裂宏观形貌（7×）

a)

b)

图 6-3　Q355 低碳合金钢的拉伸断口低倍形貌

a）杯状　b）锥状

（3）疲劳断口　在循环负荷或交变应力作用下所引起的断裂称为疲劳断裂，其断口称为疲劳断口。在所有的零件损坏中，疲劳损坏的比例最高，约占 90%。疲劳断口一般可分为三个区域：

1）疲劳源。由于材料的质量、加工缺陷或结构设计不当等原因，在零件的局部区域会造成应力集中，这些区域就是疲劳裂纹产生的策源地——疲劳源。

2）疲劳裂纹扩展区。疲劳裂纹产生后，在交变应力作用下会继续扩展长大，在疲劳裂纹扩展区常常留下一条条以疲劳源为中心的同心弧线，这些弧线形成了像贝壳一样的花样，又称为贝纹线。在疲劳裂纹扩展区，材料的宏观塑性变形很小，表现为脆性断裂。

3）最后断裂区。由于疲劳裂纹不断扩展，零件的有效断面逐渐减少，应力不断增加，当应力超过材料的断裂强度时，则发生断裂，形成最后断裂区。对于塑性材料，最后断裂区为纤维状、暗灰色；而对于脆性材料，则是结晶状。

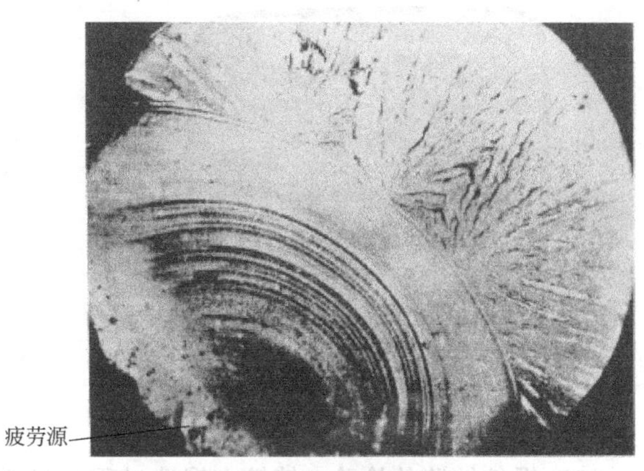

图 6-4　典型疲劳断口

疲劳断口一般会出现贝壳纹线。图 6-4 为轴类零件在交变应力条件下形成的典型疲劳断口。从图上可以看到疲劳源（在轴的表面）和疲劳纹（贝壳状）。

通过断口的宏观形貌，还可大体上找出裂纹源位置和裂纹扩展路径，粗略地找出断裂的原因，从图 6-5 所示的疲劳断口可知，裂纹源在零件的内部气孔处，裂纹由内部往外扩展。

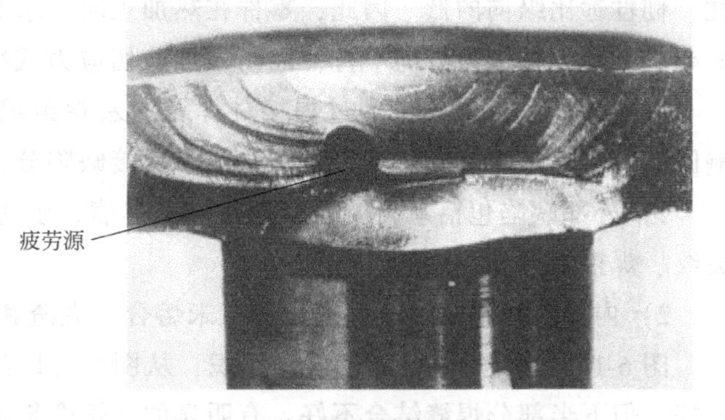

图 6-5　裂纹源在零件内部气孔处（1×）

2. 低倍组织缺陷分析

（1）钢锭缺陷的检验　钢锭中有些微小的疏松、缩孔、夹杂、气孔和裂纹等缺陷，在断口上不易直接看出，需要通过磨平腐蚀后才能观察到。

白点（Flake）是钢在冷却过程中产生的一种内部裂纹。在纵向试样上表现为圆形或椭圆形的银白色斑点（见图 6-6），在横断面上表现为裂纹（见图 6-7），是钢中的氢和组织应力共同作用的结果。

缩孔残余呈不规则的起皱缝隙，钢坯切头太少时会出现宏观的空洞。图 6-8 所示为 GCr15 钢锭的缩孔残余（中心部位），缩孔残余附近区域一般会出现密集的夹杂物、疏松或偏析，这是区别缩孔残余和各种内裂的依据。

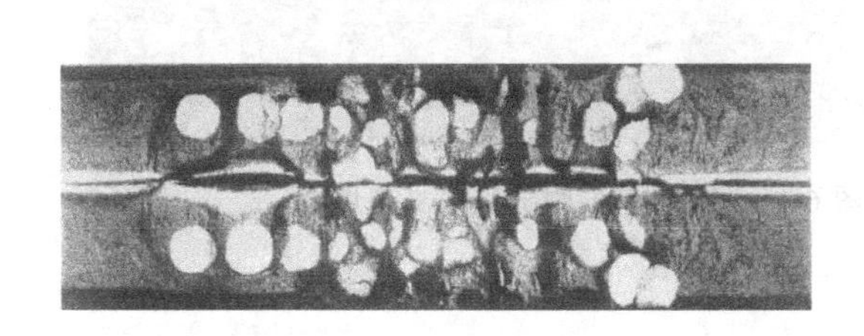

图 6-6　白点（纵断面）（1×）

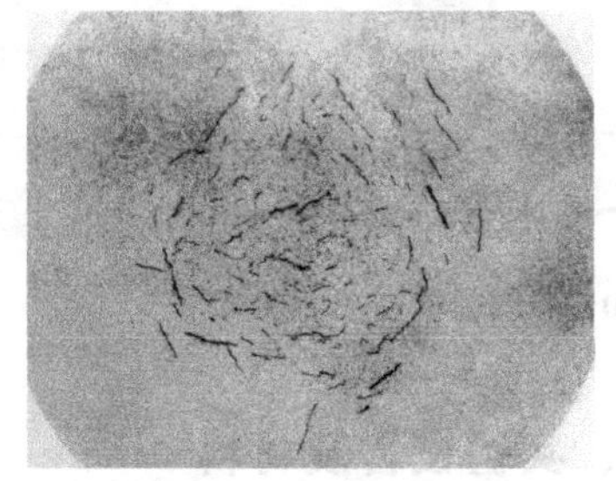

图 6-7　裂纹（横断面）（1×）

低倍组织还可以检查材料化学成分的不均匀性（如方框偏析、枝晶偏析和点状偏析等）、夹杂物、夹渣等的分布状况，图 6-9 所示为肉眼可见的夹渣。

图 6-8　GCr15 钢锭的缩孔残余（1×）

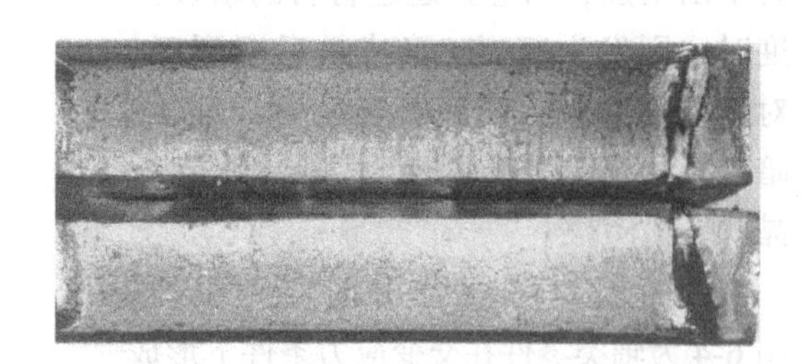

图 6-9　肉眼可见的夹渣（1×）

（2）锻件缺陷的检验　铸锭在锻造过程中经常会出现流线、发纹、折叠及翻皮等缺陷。图 6-10 为钢在锻造过程中形成的流线分布不良现象。它是枝晶偏析和非金属夹杂物在热加工过程中沿加工方向延伸的结果。由于流线的存在，使钢的性能出现方向性，流线的横向塑性、韧性远比纵向的低。因此，零件在热加工时力求流线沿零件轮廓分布，使其与零件工作时要求的最大拉应力方向平行，而与外加剪切应力或冲击力方向垂直。

（3）焊接质量分析　通过焊接件焊缝的宏观组织分析，可了解焊接的组织状况、热影响区的大小、是否有气孔和夹渣等缺陷。焊接缺陷分为外部缺陷和内部缺陷。

1）外部缺陷包括余高尺寸不合要求、焊瘤、咬边、弧坑、电弧烧伤、表面气孔、表面裂纹、焊接变形和翘曲等。

2）内部缺陷包括裂纹、未焊透、未熔合、夹渣和气孔等。

图 6-11 所示为 Q235 钢的焊缝组织，从图中可以清晰地看出，焊接接头的上半部分焊合很好，但下半部分焊缝结合不好，有明显的未熔合缺陷。

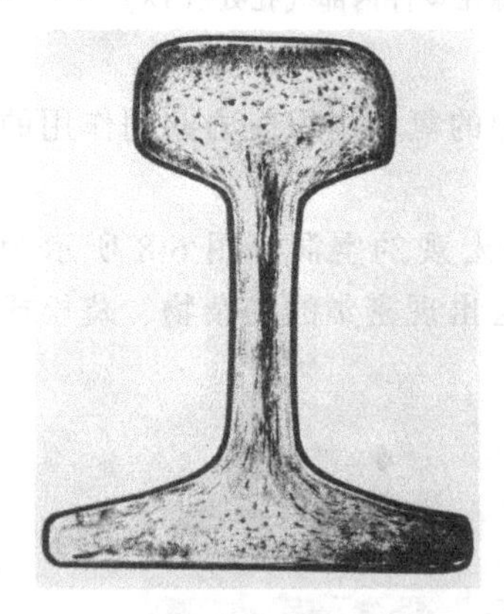

图 6-10　流线分布不良（1×）

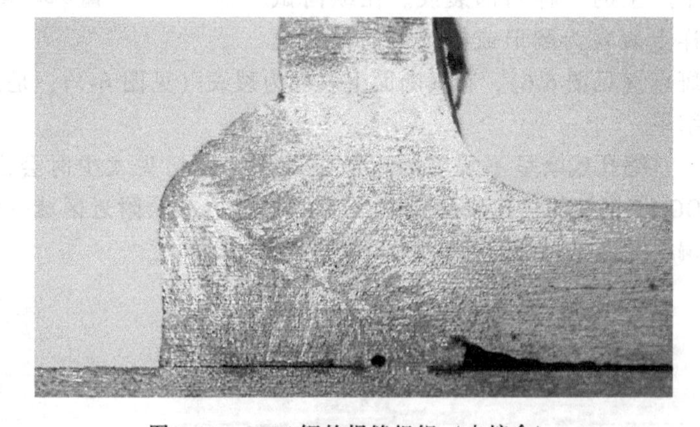

图 6-11　Q235 钢的焊缝组织（未熔合）

三、实验设备及材料

1）体视显微镜、金相显微镜、放大镜。

2）拉伸断口、冲击断口和疲劳断口样品。

3）钢锭缺陷（疏松、缩孔、夹杂、气孔和裂纹）的样品。

4）具有焊缝宏观缺陷的试样若干。

四、实验内容及步骤

1）观察低碳钢焊接接头的宏观缺陷组织的特征。
2）观察白口铸铁与灰铸铁断口的特征。
3）识别钢锭的缺陷（疏松、缩孔、夹杂、气孔和裂纹）特征。

提示：实验结束后，关闭设备电源，按原位置摆放好实验仪器，打扫清理实验室卫生。

五、实验报告要求

1）写出实验目的及内容。
2）简述脆性断口、韧性断口及疲劳断口的形貌特征。
3）分析钢锭中疏松、缩孔、夹杂、气孔和裂纹的特征及形成原因。
4）焊接缺陷的类型有哪些？

第二章　晶体学及结晶学基础实验

实验7　典型金属晶体结构的钢球模型堆垛与分析

一、实验目的

1）熟悉面心立方、体心立方和密排六方晶体结构中常用晶面、晶向的几何位置、原子排列和密度。

2）熟悉三种常见典型晶体结构的四面体间隙和八面体间隙的位置和分布。

3）熟悉面心立方和密排六方晶体结构中最密排面的堆垛顺序。

4）进一步练习晶面和晶向指数的确定方法。

二、原理概述

1. 晶体

原子、分子或它们的集团，在三维空间做有规则的周期性重复排列，即构成晶体。在金属晶体中，金属键原子（离子）的排列趋于尽可能地紧密，构成高度对称性的简单的晶体结构。可分为7大晶系、14种平移点阵、32种点群、230种空间群。最常见的典型金属晶体结构有三种，即面心立方结构、体心立方结构和密排六方结构，其结构特点如图7-1所示。

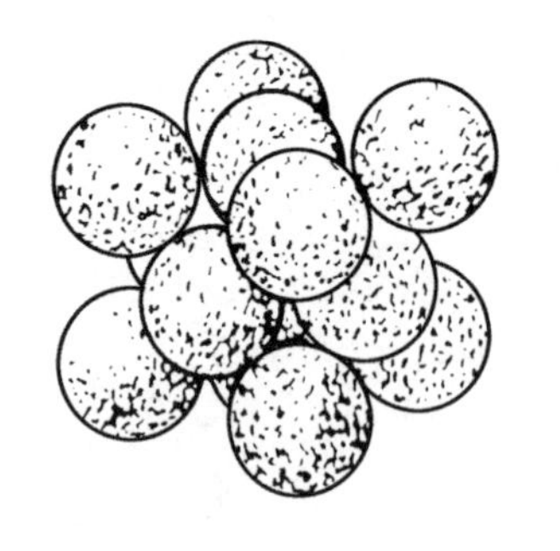
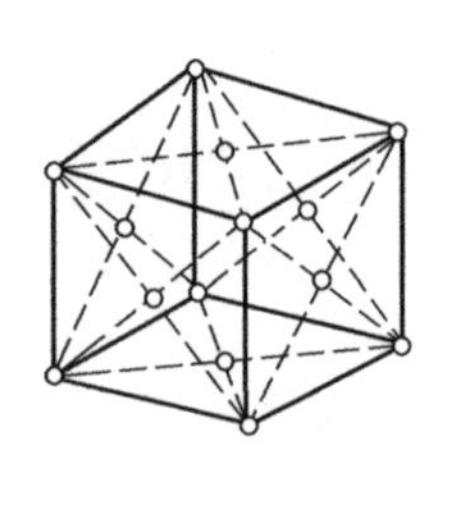
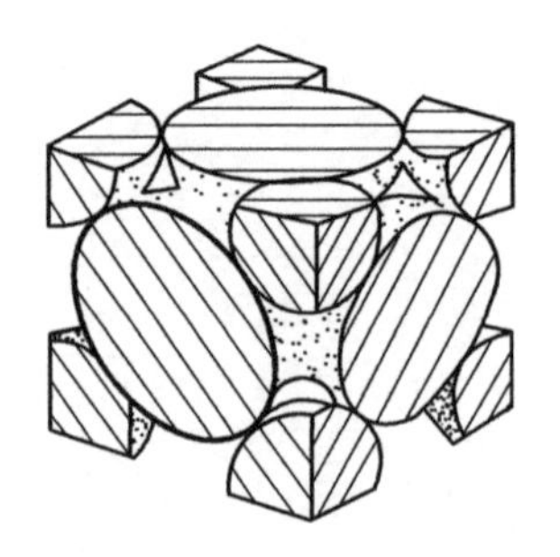

a)

图7-1　三种典型晶体结构

a）面心立方结构

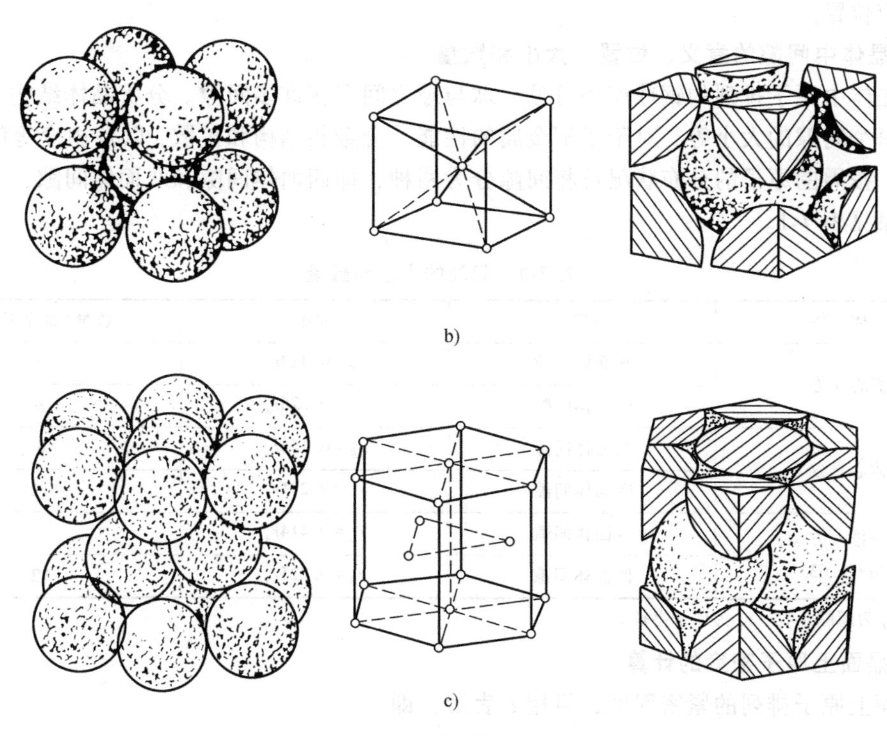

图 7-1　三种典型晶体结构（续）
b）体心立方结构　c）密排六方结构

2. 晶面

在晶体中由原子、离子或分子的阵点所组成的平面称为晶面，并用晶面指数来表示这些晶面。任一晶面指数表示晶体中相互平行的所有晶面，不同指数的晶面空间方位、原子排列方式和原子面密度不同。

3. 晶向

晶体中连接原子、离子或分子阵点的直线所代表的方向称为晶向。晶体中任一原子列均构成一晶向。任一晶向指数表示晶体中相互平行并同向的所有原子列，不同指数的晶向有不同的空间方位和原子间距。

4. 面心立方和密排六方晶体结构最密排面的原子堆垛方式

面心立方和密排六方晶体结构均为等径原子最密排结构，两者的致密度均为 0.74，配位数均为 12，它们的区别在于最密排面的堆垛顺序不同，致使其晶体结构不同。面心立方晶体的最密排面 {111} 按 ABC、ABC…顺序堆垛，而密排六方晶体的最密排 {0001} 按 AB、AB、AB…顺序堆垛，如图 7-2 所示。其中 A、B、C 均表示堆垛时原子所占

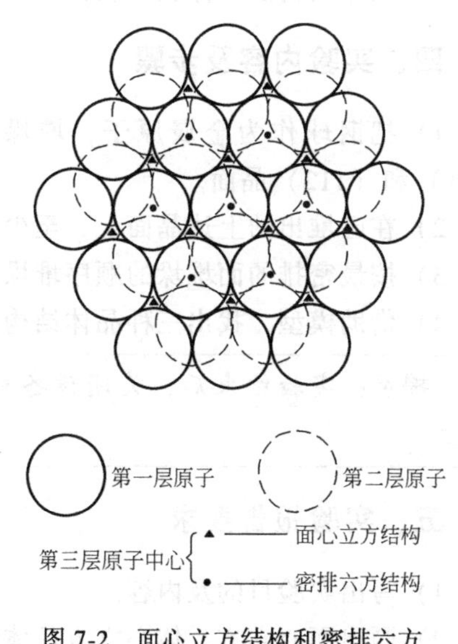

图 7-2　面心立方结构和密排六方结构中原子堆垛顺序示意图

据的相应位置。

5. 晶体中间隙的意义、位置、大小和数量

从晶体中原子排列的钢球模型可见，球与球之间存在许多间隙。分析晶体结构中间隙的数量和每个间隙的大小等，对于了解金属的性能、合金相结构和扩散，以及相变等问题都非常重要。按周围原子的分布状况可将间隙分为两种，即四面体间隙和八面体间隙，间隙的大小和数量见表7-1。

表7-1 间隙的大小和数量

晶体结构	间隙	大小	数量(每个晶胞)
面心立方	八面体间隙	$r_B=0.414r_A$	4
	四面体间隙	$r_B=0.225r_A$	8
体心立方	八面体间隙	$r_B=0.155r_A$	6
	四面体间隙	$r_B=0.291r_A$	12
密排六方($c/a\approx1.633$)	八面体间隙	$r_B=0.414r_A$	6
	四面体间隙	$r_B=0.225r_A$	12

注：r_B 为间隙半径，r_A 为原子半径。

6. 晶面上原子密度的计算

晶面上原子排列的紧密程度，可用 δ 表示，即

$$\delta=S/S_0$$

式中，S 为晶面上所有原子占有的面积之和；S_0 为晶面的总面积。

三、实验设备及材料

1）立方形有机玻璃盒、涂有凡士林的钢球、医用镊子，每人一套。

2）晶体结构模型若干套。

3）晶体结构多媒体教学软件。

四、实验内容及步骤

1）把钢球作为金属原子，堆垛出面心立方和体心立方结构中的（100）、（110）、（111）和（112）晶面。

2）在已堆出的上述晶面上，至少确定三个不同方位原子列的晶向指数。

3）按最密排的面堆垛的顺序堆垛出面心立方和密排六方晶体结构。

4）借助模型，找出三种晶体结构中两种间隙位置。

提示：实验结束后，关闭设备电源，按原位置摆放好实验仪器，打扫清理实验室卫生。

五、实验报告要求

1）写出实验目的及内容。

2）画出面心立方、体心立方晶体结构的（100）、（110）、（111）和（112）晶面的原子分布图，并求出各晶面的原子面密度。

3）在上述每个晶面中至少标出三个不同方位的晶向。

4）指出三种晶体结构的最密排晶面和最密排晶向。

5）为什么面心立方和密排六方晶体结构具有相同的致密度，但两者的晶体结构却不同？

实验 8　位错蚀坑的观察与分析

一、实验目的

1）了解位错观察的几种常用方法，借助光学显微镜观察晶体表面的位错蚀坑。

2）初步掌握用浸蚀法观察位错的实验技术。

3）学会计算位错密度。

二、原理概述

位错是晶体中的一类典型线缺陷，位错的基本类型有刃型位错和螺型位错。在位错线周围几个原子距离内的原子，不同程度地失去排列的规律性，即晶格发生歪扭或畸变。因而，处于位错线附近的原子具有较高的能量，处于非平衡状态，如果选择适当的浸蚀剂，位错线在晶体表面的露头会由于位错应力场而发生腐蚀，或由于晶体表面张力与位错线张力趋于平衡状态的作用而使金属被扩散掉，在位错的位置形成蚀坑，称为位错蚀坑。借助一般金相显微镜或扫描电镜观察蚀坑便能判断位错的存在，位错蚀坑的形状与晶体表面的晶面有关，现以硅单晶为例说明。

1. 不同晶面上的位错蚀坑形态

硅是金刚石型晶体结构，属于面心立方晶体点阵。位错蚀坑在各个晶面上的形状如图 8-1 所示。观察面为｛111｝晶面时，是正三棱锥坑（等边三角形），实质上为正四面体；观察面为｛110｝晶面时，是矩形底四棱锥坑（矩形）；观察面为｛100｝晶面时，是正方形底四棱锥坑（正方形）。因此，可以根据位错蚀坑的形状判断观察面所属的晶面族。观察面不同，蚀坑形状就不同，其主要是因为被浸蚀的晶体表面总趋于以表面能量低的密排作为外露面。

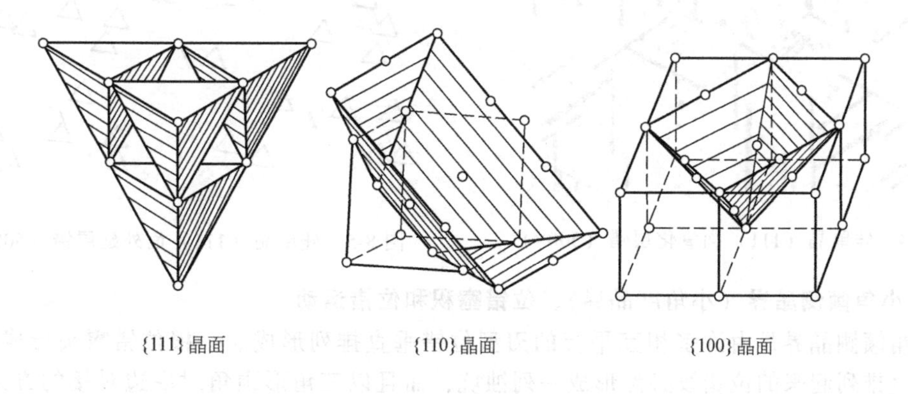

图 8-1　位错蚀坑在各个晶面上的形状

2. 刃型位错和螺型位错

位错蚀坑的侧面形貌与位错类型有关。在金相显微镜（500×）下观察，蚀坑侧面光滑平整时为刃型位错，即刃型位错蚀坑为坑壁平坦的三角形（见图 8-2）。蚀坑侧面出现螺旋线时是螺型位错，即螺型位错蚀坑内存在着三角形螺旋回线（见图 8-3），而且闭合后的三角形螺旋线有左螺与右螺之分。

3. 层错

层错是最密排堆垛顺序出现错排时产生的晶体缺陷，属于面缺陷。层错区与完整晶体之间形成不全位错。由层错区发展起来的晶体部分与周围完整晶体部分之间为不全位错构成的界面。硅单晶中常见的层错有氧化层错和外延层错。氧化层错是高温热氧化后产生的，它是间隙原子环绕成核中心，沿｛111｝面集成的非本征层错，层错边缘的周边是不全位错。表面氧化层错的化学腐蚀特征是，在（111）面上是沿着三个互成 60°的<110>晶向的腐蚀槽，图 8-4 所示为硅单晶（111）面氧化层错。外延层错是外延生长时，由于衬底表面的一些缺陷或污染，形成错配的晶核，然后沿着｛111｝面向上逐步发展而成的。外延层错的化学腐蚀特征是，在（111）面外延层上是正三角形槽，图 8-5 所示为硅单晶（111）面外延层错。

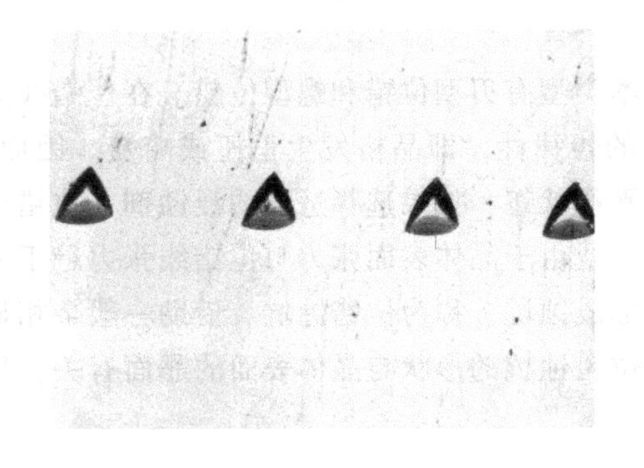

图 8-2　刃型位错蚀坑（500×）

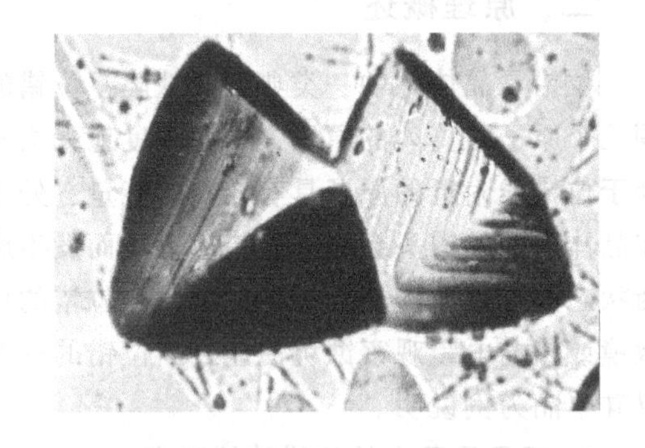

图 8-3　螺型位错蚀坑（500×）

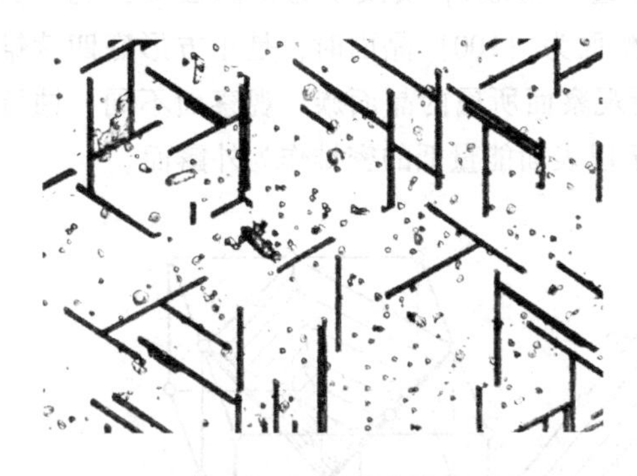

图 8-4　硅单晶（111）面氧化层错（500×）

图 8-5　硅单晶（111）面外延层错（500×）

4. 小角倾侧晶界（小角度晶界）、位错塞积和位错运动

小角倾侧晶界是由许多相互平行的刃型位错垂直排列形成。一根位错露头形成一个蚀坑，垂直排列起来的位错线必然形成一列蚀坑，而且以三角形顶角对底边对接的方式出现，如图 8-6 所示。

位错在外加切应力作用下，发生滑移运动。当位错的滑移被障碍物（如固定位错、杂质粒子、晶界粒子、晶界等）阻碍时，它们就沿着滑移面在障碍前塞积，即出现位错塞积现象，如图 8-7 所示。由图可知，靠近障碍物处的位错排列得较密集，后面的位错间距则逐渐增大，这是由于每个位错不仅受到外加切应力，还同时受到塞积群中其他位错所产生的应力场的作用，它们的位置应是各种作用力达到平衡的结果。

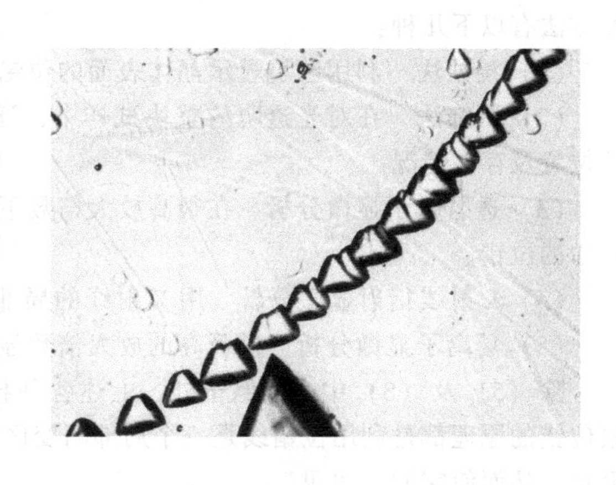

图 8-6　小角度晶界（500×）

在（111）面还可观察到位错移动的痕迹，当位错没有运动时其蚀坑是尖底的。当位错受力运动之后，原来的蚀坑将扩大，但深度不再增加，变成平底，如图 8-8 中左边蚀坑所示（右边蚀坑为一个典型的刃型位错蚀坑）。

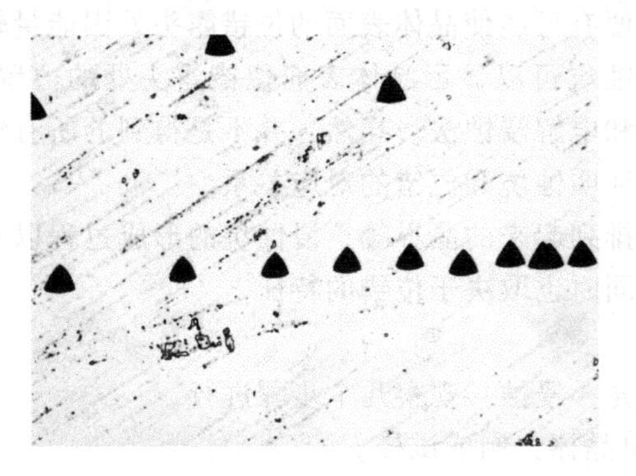

图 8-7　位错塞积（500×）

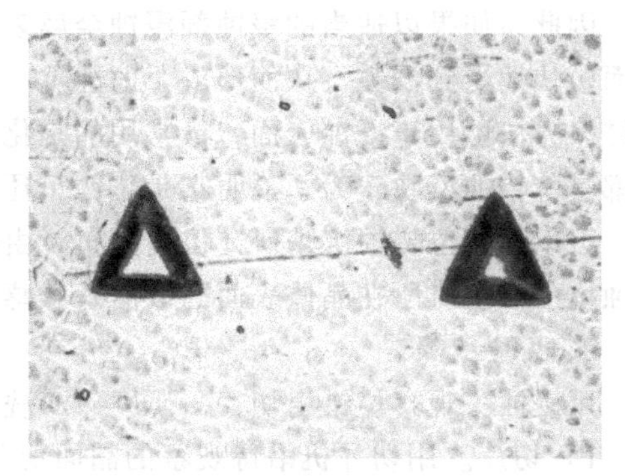

图 8-8　位错移动的痕迹（500×）

5. 位错密度的计算

位错密度是指单位体积所含位错线的总长度。如果将位错线视为在晶体中彼此平行的直线，位错密度就可以用单位面积的位错蚀坑数近似求出。具体方法可参照 GB/T 1554—2009《硅晶体完整性化学择优腐蚀检验方法》。

三、实验设备及材料

1）样品的制备、抛光、浸蚀和观察等设备，内装有测微目镜的金相显微镜。

2）计算机多媒体投影仪一套及教学软件。

3）各类典型位错蚀坑金相试样若干。

四、实验方法、步骤及内容

1. 观察位错的方法

位错概念的建立和位错理论的发展需要有实验作为基础，因而自 20 世纪 50 年代，多种用于观察位错的实验技术应运而生。目前，在研究位错的密度、分布和组态以及它们的运动和交互作用过程中，常应用光学、电子和场离子显微镜及 X 射线技术对位错进行观察。主要方法有以下几种：

(1) 浸蚀法　利用蚀坑显示晶体表面的位错露头。

(2) 缀饰法　在对光透明的整块试样中，通过在位错上用沉淀体质点缀饰来显示它们的位置及存在情况。

(3) 透射电子显微分析　在很高放大倍数下，观察研究薄膜（厚度为0.1~4.0μm）试样中的位错。

(4) X射线衍射显微分析　用X射线的局部衍射来研究的密度位错。

(5) 场离子显微分析　以极高的放大倍数显示金属表面的原子排列情况。

除(5)及(3)中个别例子外，上述各种技术并不直接显示位错中的原子排列，其观察位错的原理都是利用位错线是一个局部畸变区域这一特性，据此用化学和物理的方法加以显示，从而使它们“可见”。

本实验主要采用浸蚀法显示硅单晶中的位错并加以观察。浸蚀法是一种简单而在早期常用的方法，其基本原理如下：由于位错是点阵中的一种缺陷，所以当位错线与晶体表面相交时，交点附近的点阵将因位错的存在而发生畸变，同时，位错线附近又利于杂质原子的聚集。因此，如果以适当的浸蚀剂浸蚀金属表面，便有可能使晶体表面的位错露头处因能量较高而较快地受到浸蚀，从而形成小的蚀坑。这些蚀坑可以显示晶体表面位错露头处的位置。有许多方法可用于浸蚀表面，最常用的是化学法和电解浸蚀法。当然，并不是得到的所有蚀坑都是位错的反映，为了说明它是位错，还必须证明蚀坑和位错的对应关系。

可以利用位错蚀坑来研究位错分布、由位错排列起来的晶界等。浸蚀坑的形成过程以及浸蚀坑的形貌对所在晶体表面的取向是敏感的，同时也取决于位错的特征。

2. 实验步骤

用浸蚀法观察位错由切片→研磨→清洗→抛光→浸蚀→观察几个步骤进行。

1）切片。用切片机沿待观察的晶面切开硅单晶棒，制成试样。

2）研磨。右手握住试样，左手揿住玻璃片，依次用300号、302号金刚砂进行研磨，每道工序完毕后用水冲洗。

3）清洗。用有机溶剂（如丙酮）或洗涤剂擦洗待观察表面，去除表面油污，继之用清水冲洗。

4）抛光。采用化学抛光的目的在于进行清洁处理并获得一个光亮的表面。抛光液的配比为 HF(42%)：HNO_3(65%)＝1：3（体积分数），处理时温度为18~23℃，时间为1.5~4min，操作时应注意将试样浸没在浸蚀剂中，且不停搅拌，隔一定时间后取出，此时要先立即用水冲洗，然后察看表面，反复几次，直到表面呈光亮。最后再用水冲洗干净。

5）位错坑的浸蚀。本实验采用铬酸法，首先配好 50gCrO_3＋100g 去离子水的标准液，再将该液与HF(42%)按1：1（慢蚀速）配制。具体的浸蚀方法是，将抛光后的试样放入蚀槽中，浸蚀剂的多少以试样大小而定，不要让试样露出液面。在15~20℃温度下浸蚀5~30min即可取出。如果温度太低也可延长时间，取出试样后，用水充分冲洗并干燥之。

6）观察。试样在干燥后即可在金相显微镜下观察。

安全提示：

1）试样的抛光和浸蚀必须在通风橱内进行，并戴上橡皮手套和橡皮围身，以免由于酸的强烈浸蚀而损伤人体。

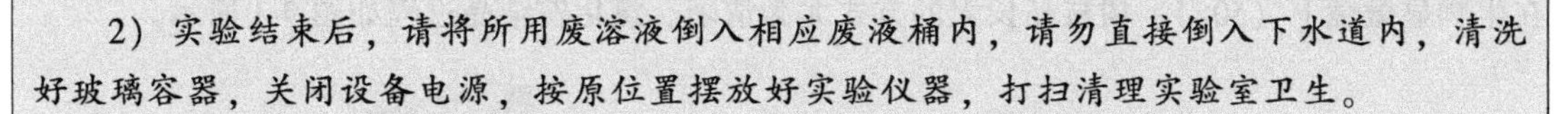
2）实验结束后，请将所用废溶液倒入相应废液桶内，请勿直接倒入下水道内，清洗好玻璃容器，关闭设备电源，按原位置摆放好实验仪器，打扫清理实验室卫生。

3. 实验内容

1）观察硅单晶中的各种位错蚀坑、小角倾侧晶界、刃型位错、螺型位错、位错塞积、位错运动及层错。

2）上机使用位错 CAI 教学软件。

3）利用测微目镜计算所观察样品的位错密度。硅单晶试样中的位错密度 $\rho=N/S$，其中 N 为观察视域中的全部露头数；S 为观察视域的面积，可用测微目镜中标尺测得其直径后算得。

五、实验报告要求

1）写出实验目的及内容。

2）绘制小角倾侧晶界、位错塞积、位错运动及层错等金相形貌示意图。

3）根据有关理论知识分析观察的位错蚀坑金相特征。

4）叙述位错蚀坑的形成原理。

5）如何根据蚀坑的特征确定位错的性质及蚀坑所在面的指数。

实验 9　盐类结晶过程及晶体生长形态的观察与分析

一、实验目的

1）通过观察盐类的结晶过程，掌握晶体结晶的基本规律及特点。

2）熟悉晶体生长形态及不同结晶条件对晶粒结晶后大小的影响。

3）掌握冷却速度与过冷度的关系。

二、原理概述

1. 结晶的基本过程

物质由原子结构无序的非晶态向具有一定结构的晶体转变的过程称为结晶。结晶过程是由形核和核长大两个基本过程组成，形核有均匀形核和非均匀形核两类，长大有平面式长大和树枝晶长大两种。盐类和金属均为晶体，不论盐类还是金属的结晶，都遵循这一基本规律。在实际结晶条件下，由于存在外来杂质、容器或铸型内壁等的影响，形核一般都以非均匀形核的方式进行，晶核形成后通常按树枝方式长大形成树枝晶。由于金属或合金不透明，其结晶过程经高温熔化后冷却，无法直接观察结晶过程，因此借助观察盐类结晶过程既简便又直观，从而有助于了解金属的结晶过程。

将适量的质量分数为 25%~30%的过饱和氯化铵水溶液（80~90℃）倒入培养皿中或借助生物显微镜，在一定的过冷条件下，不断结晶出氯化铵固体。由结晶过程可知：在一批晶核形成随之长大的同时，又出现许多的晶核并长大。因此，整个结晶过程就是不断形核和晶核不断长大的过程，直至结晶完毕，可看到位向不同、大小不同的晶粒。其晶粒长大成为树枝晶状，在生物显微镜下（50×），树枝晶长大的方式尤为清晰。氯化铵结晶过程如图 9-1 所示。

a)　　b)

图 9-1　氯化铵结晶过程

a）形核与长大（50×）　b）结晶完毕（树枝晶）(50×)

2. 晶体的生长形态

结晶时，晶体是以平面方式长大还是以树枝晶方式长大，主要取决于两个方面的条件。一方面是能量条件，当晶体以平面方式长大时，始终保持总的表面能最小，因而表面能的增长率最低。若以树枝晶方式长大，则表面能的增长提高，而且分枝越细，总的表面能就越大。如果晶体长大时，体积自由能的降低足以补偿枝晶表面能的增加，晶体就能以树枝晶方式长大，否则只能以平面方式长大。另一方面是过冷条件，如果结晶前沿液相中存在正的温度梯度，晶体只能以平面方式长大；如果结晶前沿液相中存在负的温度梯度，晶体只能以树枝方式长大。

（1）成分过冷　固溶体合金结晶时，在液-固界面前沿的液相中有溶质聚集，引起界面前沿液相熔点的变化，在液相的实际温度分布低于该熔点变化曲线的区域内形成过冷。这种由于液相成分变化与实际温度分布共同决定的过冷，称为成分过冷。根据理论计算，形成成分过冷的临界条件是

$$\frac{G}{R}<\frac{mC_0}{D}\left(\frac{1-k_0}{k_0}\right)$$

式中，G 为液相中自液-固界面开始的温度梯度；R 为凝固速度；m 为相图上液相线的斜率；C_0 为合金的原始成分；D 为液相中溶质的扩散系数；k_0 为平衡分配系数。

合金的成分、液相中的温度梯度和凝固速度是影响成分过冷的主要因素。高纯物质在正的温度梯度下结晶为平面状生长，在负的温度梯度下呈树枝状生长。固溶体合金或纯金属含微量杂质时，即使在正的温度梯度下也会因有成分过冷而呈树枝状或胞状生长。晶体的生长形态与成分过冷区的大小有密切的关系，当成分过冷区较窄时形成胞状晶；当成分过冷区足够大时形成树枝晶。

（2）树枝晶　观察氯化铵的结晶过程，可清楚地看到树枝晶生长时各次晶轴的形成和长大，最后每个枝晶形成一个晶粒。根据各晶粒主轴的指向不一致，可知它们有不同的位向。将氯化铵水溶液在培养皿中结晶时，只能显示树枝晶的平面生长形态。若将溶液倒入小

烧杯中观察其结晶过程，则可见到树枝晶生长的立体形貌，特别是那些从溶液表面向下生长的枝晶，犹如一颗颗倒立的塔松。若将溶液倒入试管中观察结晶过程，则可根据小晶体的漂移方向，看出管内液体的对流情况。将锑熔化后在室温下进行冷却凝固，凝固后在锑锭表面可看到树枝晶形貌，如图 9-2 所示。

（3）胞状晶　合金凝固时常出现成分过冷，当液-固界面前沿的成分过冷区较窄时，固相表面上偶然的凸起不可能向更远的液相中延伸，因此界面不能伸展呈树枝状，而只能形成一些凸起的曲面，称为胞状界面。用倾倒法可显示这种晶体以胞状生长的界面形态。例如，将 Sn-0.05%Pb 合金加热熔化，升温至 550℃，浇入到 100℃ 的金属模中，待其凝固短时间（约 3s）后，将剩余液体倒掉，选较平整的一小块液-固界面，在显微镜下观察，即可看到胞状界面，如图 9-3 所示。

图 9-2　锑锭表面树枝晶形貌

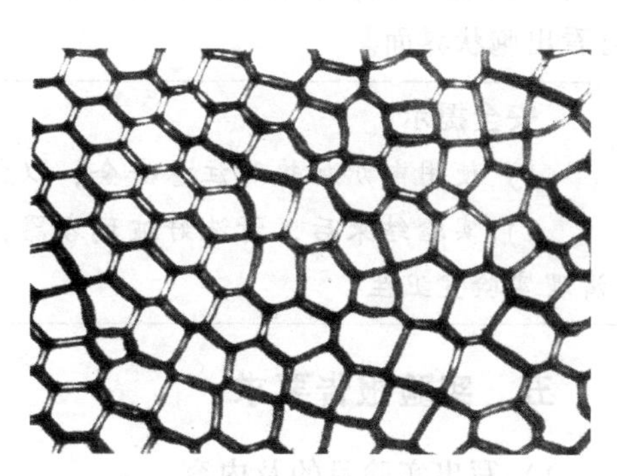

图 9-3　Sn-0.05%Pb 合金胞状晶

3. 过冷度对晶体长大的影响

金属结晶时需要过冷，以提供相变的驱动力。因此，金属实际开始结晶的温度低于其熔点（理论凝固温度），理论凝固温度与实际开始结晶温度之差称为过冷度。液相过冷度对晶体长大有很重要的影响：一方面影响晶体长大的方式，另一方面影响晶体长大速度和结晶后的晶粒大小。

冷却速度越快，则过冷度越大，晶体越呈树枝晶长大，而且分枝越细密，结晶后晶粒越细小。反之，当冷却速度很慢，过冷度很小时，晶体以平面方式长大，具有规则外形，长大的晶粒粗大。

三、实验设备及材料

1）配制好的质量分数为 25%~30%的氯化铵水溶液。

2）培养皿、小烧杯、试管、氯化铵粉末、冰块。

3）电炉、温度计。

4）生物显微镜。

5）Sn 粉、Pb 粉、天平、实验炉、坩埚、金属模、金相显微镜。

四、实验内容及步骤

1. 结晶过程及晶体生长形态观察

将质量分数为 25%~30%的氯化铵水溶液，加热到 80~90℃，观察在下列不同冷却条件下的结晶过程及晶体生长形态。

1）将溶液倒入培养皿中空冷结晶。

2）将溶液滴在玻璃片上，在生物显微镜下空冷结晶。

3）将溶液滴倒入小烧杯中空冷结晶。

4）将溶液滴倒入试管中空冷结晶。

5）在培养皿中撒入少许氯化铵粉末并空冷结晶。

6）将培养皿、试管置于冰块上结晶。

2. 胞状晶形貌观察

将 Sn-0.05%Pb 合金加热熔化，升温至 550℃，浇入到 100℃的金属模中，待其凝固短时间（约 3s）后，将剩余液体倒掉，选取较平整的一小块液-固界面，在显微镜下观察，即可看出胞状界面。

安全提示：

1）使用电炉加热时注意安全，以免烫伤。

2）实验结束后，清洗好玻璃容器，关闭设备电源，按原位置摆放好实验仪器，打扫清理实验室卫生。

五、实验报告要求

1）写出实验目的及内容。

2）画出在生物显微镜下氯化铵水溶液结晶过程的示意图，并加以说明。

3）比较不同条件下氯化铵水溶液结晶的特点和差异。

4）分析说明温度梯度对晶体生长形态的影响。

实验 10　用热分析法建立二元合金相图

一、实验目的

1）熟悉用热分析法测定金属与合金的临界点。

2）根据临界点绘制二元合金相图。

二、原理概述

相图是一种表示合金状态随温度和成分变化而变化的图形，又称状态图或平衡图。根据相图可以确定合金的浇注温度、判断进行热处理的可能性以及形成各种组织的条件等。

随着电子计算机技术的发展，现已开始根据热力学函数来计算合金相图，但到目前为止，几乎所有的相图都是通过实验测定的数据建立的。金属及合金的状态发生变化将引起其性质发生变化，如液态金属结晶或固态相变时将会产生热效应，合金相变时其电阻、体积及磁性等物理性质也会发生变化。金属及合金发生相变时（包括液体结晶和固态相变）引起其某种性质突变所对应的温度称为临界温度，又称为临界点。这样可以通过测定金属及合金的性质来求出临界点。把这些临界点标注在以温度为纵坐标、成分为横坐标的图上，然后把各个相同意义的临界点连接成线，从而绘制成完整的相图。可见，相图的建立过程就是金属与合金临界点的测定过程。

测定金属与合金临界点的方法很多，有热分析法、热膨胀法、电阻测定法、显微分析法、磁性测定法和 X 射线分析法等，但最常用、最基本的方法是热分析法。

热分析法是将熔化的金属自高温缓慢冷却，在冷却过程中每隔相等时间测量、记录一次温度，由此得到温度与时间的关系曲线，称为冷却曲线。金属或合金在缓冷过程中，当没有发生相变时，温度随时间增加而均匀降低，一旦发生了某种转变，则由于有热效应产生，冷却曲线上就会出现水平台阶或转折点，这个水平台阶或转折点的温度就是相变开始或终了温度，即为所求的临界点。因此，测出冷却曲线就可以很容易地确定相变临界点。图 10-1 就是根据测定的一组冷却曲线建立相图的例子。

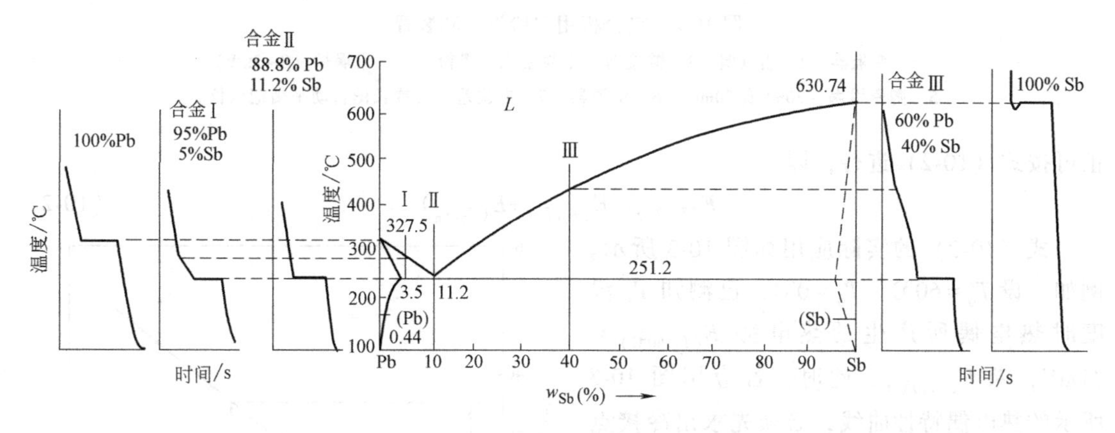

图 10-1　Pb-Sb 二元合金相图的测定

热分析法简便易行，对于测定由液相转变为固态时的临界点，效果较为明显。但对固态溶解度，因相变潜热小，很难使用热分析法测定，需用其他方法。

三、实验设备及材料

1. 实验设备

热分析用实验设备和装置如图 10-2 所示。由图可见，测温装置主要由热电偶和电位差计组成。热电偶由两种不同金属丝所组成，这两种金属丝一端被焊接在一起形成热接点，而未焊接的一端是冷接点（又称自由端），用导线连接在电位差计上。若将热接点加热，则电路中就会产生热电势，它的数值可由电位差计测定。热接点的温度越高，热电势就越大，电位差计指针所指的数值也就越大。

在两端相连的热电偶中所产生的热电势，可由式（10-1）确定：

$$E_{(T_1,T_0)}=E_{(T_1)}-E_{(T_0)} \tag{10-1}$$

式中，$E_{(T_1)}$ 为热接点的热电势，其数值由热接点的温度 T_1 而定；$E_{(T_0)}$ 为冷接点的热电势，其数值由冷接点的温度 T_0 而定。

当 T_0 为常数，如 0℃时，$E_{(T_1,T_0)}=E_{(T_1)}$，这时热电势可直接由热接点的温度（即加热温度）决定；当冷接点不是 0℃（即 T'_0），而增加为 T_0 时，由式（10-1）可知，因冷接点温度的改变，热电偶所产生的热电势也发生改变，因而，必须对冷接点的温度进行修正。修

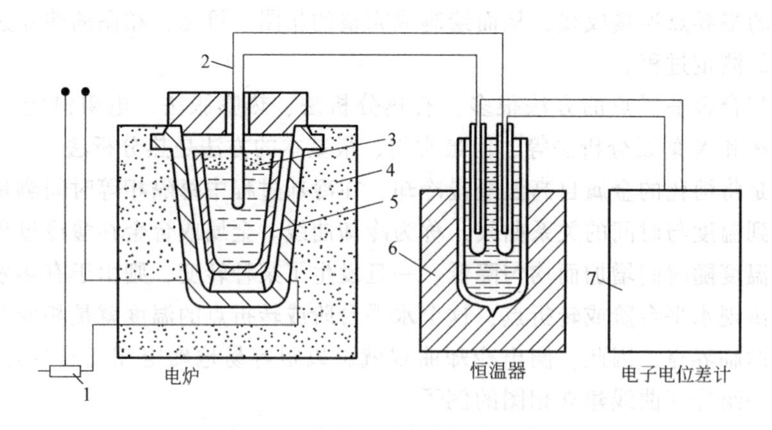

图 10-2　热分析用实验设备和装置

1—变阻器　2—热电偶　3—覆盖剂（木炭粉或石墨粉）　4—坩埚炉（3~5kW）
5—陶瓷坩埚（30ml 或 50ml）　6—恒温器　7—电位差计（或长图自动平衡记录仪）

正可按式（10-2）进行，即

$$E_{(T_1,T_0)} = E_{(T_1,T_0')} + E_{(T_0',T_0)} \tag{10-2}$$

式（10-2）的实际应用如图 10-3 所示。例如，设 $T_0'=60℃$，$T_0=0℃$，已测知 T_1 温度时热电偶所产生的热电势 $E_{(T_1,60℃)}=31mV$，求 $E_{(T_1,0℃)}$。此时，若应用图 10-3 所示的热电偶特性曲线，必须先求出冷接点温度 $T_0=0℃$ 时的热电势数值：

$$E_{(T_1,0℃)} = E_{(T_1,60℃)} + E_{(60℃,0℃)}$$

由图 10-3 可查出，$E_{(60℃,0℃)}=4.03mV$，所以 $E_{(T_1,0℃)}=31mV+4.03mV=35.03mV$。

根据图 10-3 所示曲线，36.03mV 的热电势相当于热接点的温度为 441℃。热电偶有很多类型，常用的热电偶见表 10-1。

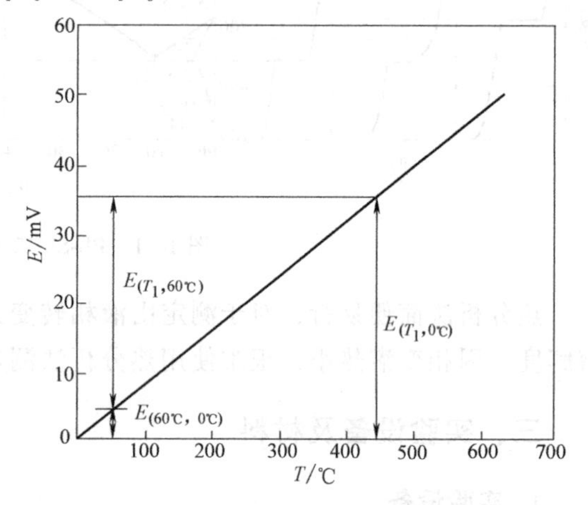

图 10-3　图解法对冷接点温度进行修正

表 10-1　常用的热电偶

热电偶的种类	热电偶的化学成分（质量分数）	热电偶导线直径/mm	测温的上限温度/℃	
			短期工作	长期工作
铜-康铜	100%Cu 及 60%Cu+40%Ni	0.5~3	500	400
铁-康铜	100%Fe 及 60%Cu+40%Ni	0.5~4	800	600
镍铬-镍铝	89%Ni+10%Cr+1%Fe+95%Ni+2%Al+2%Mn+1%Si	1.0~5.0	1100	950
铂铑-铂	90%Pt+10%Rh 及 100%Pt	0.3~0.5	1600	1300

注：热电偶中前一种金属或合金为正极。

此外，热电偶接长图自动平衡记录仪也是目前常用的测温装置，但需配合数据放大器或调整仪器内部锰铜丝制电阻值上限及下限。使用该仪器可在记录纸上自动画出冷却曲线。除热电偶电位差计测温装置，也可利用水银温度计直接测温；但水银温度计本身受温度影响较大，测温不准确，且易于因预热不当、骤冷骤热而破裂，造成事故。水银温度计最高使用温度为550℃，因此对较高熔点金属不能使用。

2. 实验材料

本实验用Pb-Sb二元合金或Pb-Sn二元合金，其成分见表10-2。

表10-2　Pb-Sb及Pb-Sn二元合金成分

合金编号	合金成分(质量分数)	
	Pb-Sb合金系	Pb-Sn合金系
1	100%Pb	100%Pb
2	95%Pb+5%Sb	80%Pb+20%Sn
3	88.8%Pb+11.2%Sb	60%Pb+40%Sn
4	80%Pb+20%Sb	38.1%Pb+61.9%Sn
5	60%Pb+40%Sb	20%Pb+80%Sn
6	100%Sb	100%Sn

四、实验内容及步骤

(1) 实验组织　实验分六个小组进行，每组绘制一种成分合金的冷却曲线。

(2) 实验步骤

1) 配制合金，每组按表10-1所选合金系，配制一种成分合金（配制为500g），分别放入陶瓷坩埚内。

2) 将坩埚放入坩埚炉中加热，使合金熔化成液体后，将温度计或热电偶连同保护瓷套管插入金属液中。

加热升温至金属或合金熔点以上100℃左右，然后关闭电源。为防止金属氧化，应在熔化的金属液面上覆盖一层木炭粉或石墨粉。

3) 记录数据采集。当合金开始冷却时，若用人工测温，则需每隔1min记录一次电位差计的读数，在临界点附近，可以每隔30s做一次记录，填入表10-3中。

表10-3　热电势随时间变化数据记录表

读次	时间间隔	热电势/mV	读次	时间间隔	热电势/mV

4) 根据所得记录数据，在方格坐标纸上绘制冷却曲线（以温度-时间或热电势-时间为坐标），根据冷却曲线找出临界点，填入表10-4中。若测得的数据为毫伏数，则应换算成所对应的温度，换算时应考虑自由端的温度及热电偶的误差（各热电偶均有校正表）。

表 10-4　各成分合金的临界点

编号	合金成分(%)	结晶开始温度/℃	结晶终了温度/℃
1			
2			
3			
4			
5			
6			

5）将各组所测得的临界点描绘在温度与成分坐标图中，再连接相同意义的点，建立 Pb-Sb 或 Pb-Sn 二元系合金相图。

（3）注意事项

1）记录时，掌握时间者与观察者的注意力要集中并相互配合。

2）若用水银温度计测温，当合金温度将要超过温度计的最高极限温度时，应立即将温度计取出，否则温度计会损坏；使用前把温度计烘热至100~150℃，再插入液体中，从高温液体中取出温度计时，不要直接放在导热快的水泥工作台，以防温度计破裂。

3）若用热电偶测温时，工作端应处于金属液体中部，不要靠近坩埚壁、坩埚底或液面；热电偶的自由端可以直接接到电位差计上，但要考虑自由端温度补偿，接线时要注意电极的正负。

提示：实验结束后，关闭设备电源，按原位置摆放好实验仪器，打扫清理实验室卫生。

五、实验报告要求

1）写出实验目的及内容。

2）实验结果处理。每组将本组所选定的合金在冷却过程中温度或热电势随时间的变化数据记录在表 10-3 中，用方格纸绘制所测合金的冷却曲线，并注明合金成分，标注出临界点。根据所测冷却曲线的临界点，按比例作出 Pb-Sb 或 Pb-Sn 二元系合金相图。

3）总结实验结果，分析影响所测相图精确度的因素。

实验 11　二元与三元合金显微组织的观察与分析

一、实验目的

1）掌握根据相图分析合金凝固时组织形成的规律。

2）熟悉典型二元合金（尤其是共晶系合金）的显微组织特征。

3）运用三元相图（投影图）分析三元合金的结晶过程，了解三元合金组织形成规律。

4）掌握初晶及共晶形态。

二、原理概述

研究合金的显微组织时，常根据该合金系的相图分析凝固过程，从而得知合金在平衡与不平衡态下具有的显微组织。显微组织是借助显微镜观察到的各组成物的本质、形态、大小、数量和分布特征。组织组成物特征不同时，尽管相组成物的本质相同，但合金的性能也不一样。

1. 二元合金组织分析

（1）固溶体合金的平衡与不平衡组织　固溶体合金在缓慢冷却（平衡）凝固终了后，可得到成分均匀的固溶体晶粒，即等轴状晶粒，不显示树枝状。但在实际情况下，往往很难达到平衡态。以 Cu-Ni 合金为例，结晶时冷却速度较快，因而凝固时，由于固相成分来不及均匀扩散，在凝固过程中各温度的固相平均成分将偏离平衡相图上固相线与液相线的位置，如图 11-1 所示。在合金完全凝固后，先结晶出的枝干（包括一次轴和二次轴）含高熔点的组元多，即含 Ni 量高，后结晶的枝间含低熔点的组元多，即含 Cu 量高。由于两者的耐蚀性不同，浸蚀后出现树枝状组织特征，形成枝晶偏析，如图 11-2 所示。消除的办法是进行扩散退火处理，即将合金加热到低于固溶相线温度，保温较长时间，然后缓冷，从而消除或减轻偏析，得到接近平衡的组织，如图 11-3 所示。

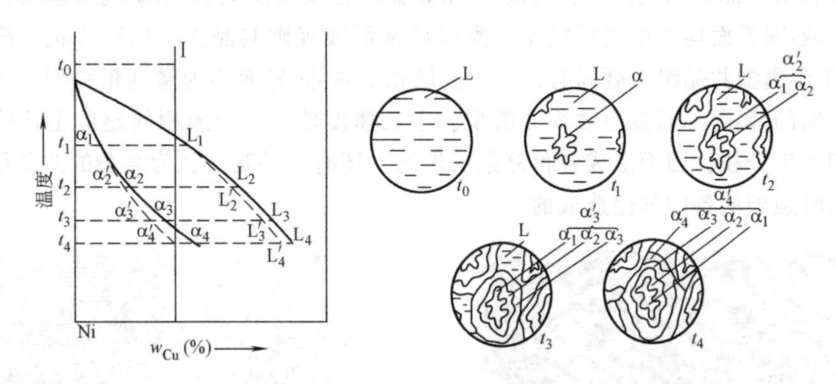

图 11-1　固溶体在不平衡凝固时液、固两相的成分变化及组织变化示意图

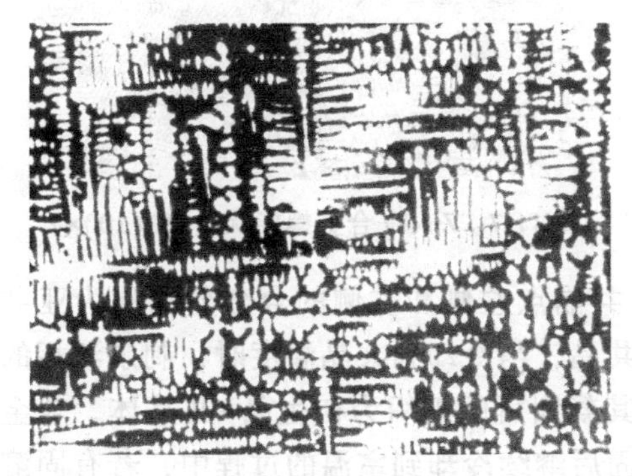

图 11-2　Cu-30%Ni 合金铸态组织（100×）

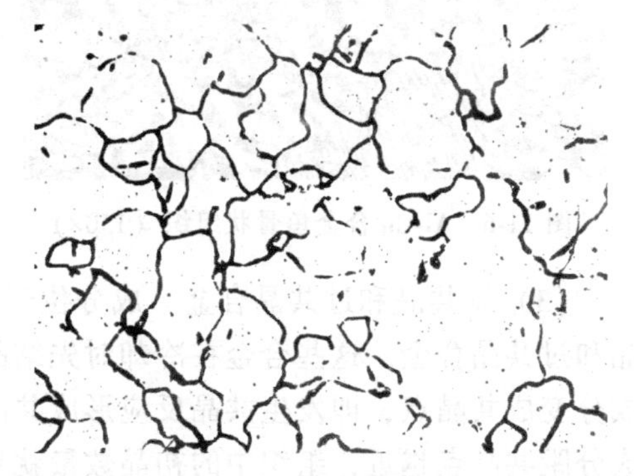

图 11-3　Cu-30%Ni 合金扩散退火组织（100×）

（2）共晶合金的凝固组织　具有共晶反应的二元合金系有 Pb-Sb、Pb-Sn、Sn-Bi、Al-Si、Al-Cu、Zn-Mg 等。位于二元相图中共晶成分点的合金（如 Pb-Sb 合金，其相图见图 11-4），液相冷却至共晶温度 251.2℃时，发生共晶反应，凝固终了得到 α+β 的共晶组织。在 Pb-Sb 合金中，由于铅在锑中的固溶度很小，β 相成分接近纯锑，故共晶体由 α+Sb 组成，如图 11-5 所示。不同合金系的共晶体的形态各异，如 Pb-Sn 共晶为片状，其他共晶合金中还有针状、棒状（条状或纤维状）、球状、鱼骨状（见图 11-6）及螺旋状（见图 11-7）等不

同形态的共晶组织。

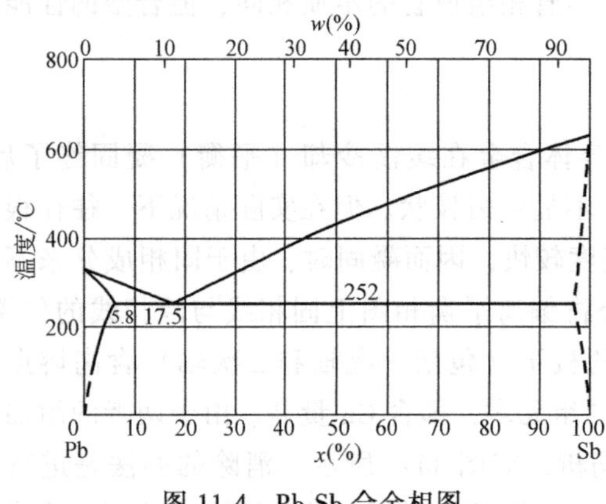

图 11-4　Pb-Sb 合金相图

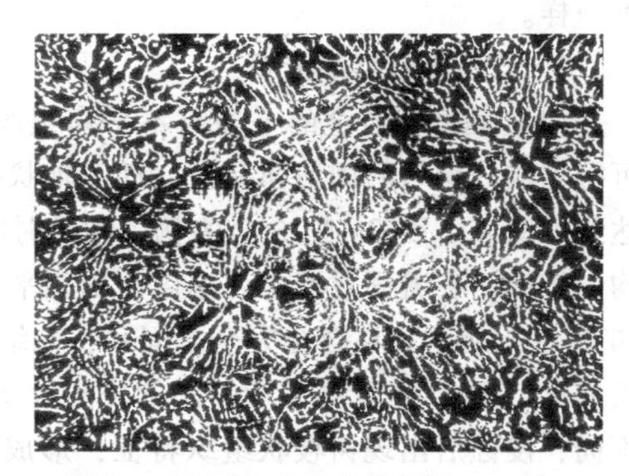

图 11-5　Pb-Sb 合金共晶组织（100×）

共晶形态由共晶两相凝固生长时液-固相界面的性质所决定。金属-金属型共晶组织凝固时，两相的液-固界面均为微观粗糙型，凝固后常形成规则共晶体，如层片状、棒状和球状等。金属-非金属型共晶组织凝固时，由于金属相的液-固界面多为微观粗糙型，生长速度较快，而非金属的液-固界面多为微观光滑型，生长速度较慢，金属相的超前生长迫使后生长的非金属相产生分枝，因而形成各种复杂的形态。还有一种观点认为复杂的共晶形态是由非金属相生长时强烈的各向异性造成的。

图 11-6　Al-Cu 合金鱼骨状组织（150×）

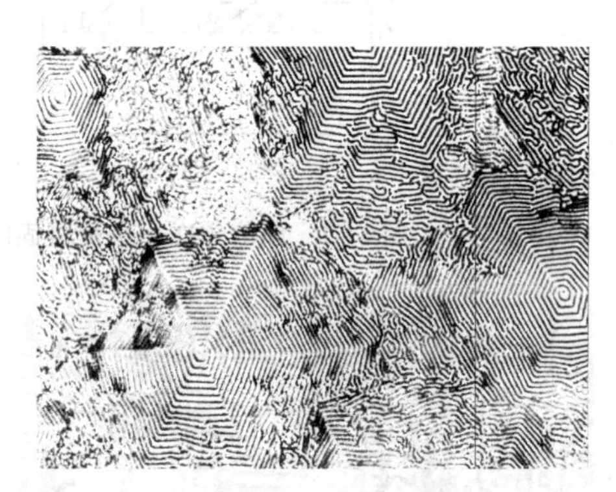

图 11-7　Zn-Ag 合金螺旋状组织（100×）

（3）亚共晶和过共晶合金　成分位于共晶线上共晶点左侧和右侧的合金分别称为亚共晶和过共晶合金。这些合金在冷却时先结晶出初生共晶，当冷却到共晶温度时，剩余液相的成分变成共晶点，即发生共晶反应形成共晶体，故其凝固后的组织为初生晶+共晶体。合金成分距共晶点越近，组织中的初晶数量就越少。凝固后继续冷却到室温的过程中，若有固溶度变化，则还将析出二次相。如 Pb-Sb 合金的亚共晶组织为树状 α 初晶+(α+Sb) 共晶体，从 α 相中析出二次 β 相即 Sb，呈白色点状分布，如图 11-8 所示。

初生晶的形态在很大程度上取决于它的液-固界面的性质。纯金属及其固溶体的初晶组织形态一般呈树枝状（Pb-Sb 合金亚共晶组织中 α 固溶体就呈树枝状，见图 11-8），在不同截面上呈完全树枝、部分树枝和卵形排列。对一些金属性较差、晶体结构较复杂的元素（如 Sb、Si、Bi）或化合物的初生晶，数量较少时，常有规则的外形，在不同截面上可呈现出正方形、矩形、菱形和三角形等形状，如 Pb-Sb 合金的过共晶组织为 Sb 初晶+(α+Sb) 共晶体，如图 11-9 所示。形成规则的几何外形的原因是由于这类初生晶的表面张力小、生长速度慢。

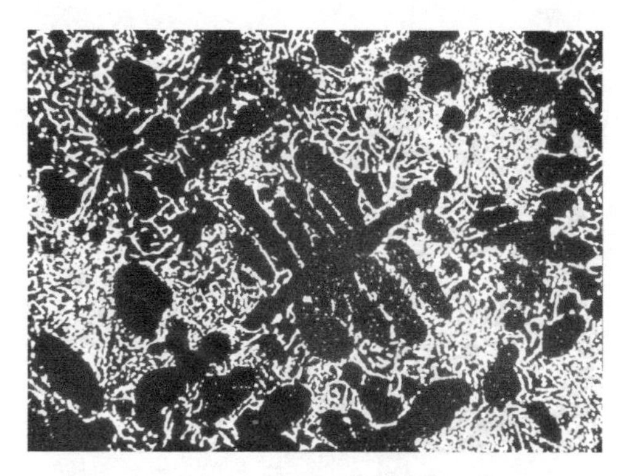
图 11-8　Pb-Sb 合金亚共晶组织（100×）

图 11-9　Pb-Sb 合金过共晶组织（100×）

（4）离异共晶（不平衡凝固）　在先共晶相（初晶）数量较多而共晶体数量甚少的情况下，有时共晶组织中与先共晶相相同的那一个相会依附在先共晶相上形核长大，并把另一相推向最后凝固的晶界处，从而使共晶的组织特征消失，这种两相分离的共晶称为离异共晶。图 11-10 所示为 Pb-Sb 合金离异共晶组织。

2. 三元合金组织分析

三元相图是研究三元合金成分、组织和性能之间关系的理论依据。利用三元相图的投影图可以分析合金的凝固过程，并得知合金应具有的显微组织。

本实验以 Pb-Sn-Bi 三元相图为例，分析不同成分合金的凝固过程及组织特征。图 11-11 所示为 Pb-Sn-Bi 三元合金相图的投影图。

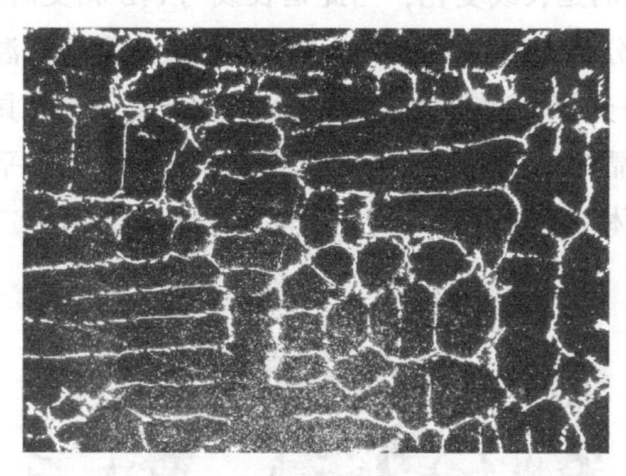
图 11-10　Pb-Sb 合金离异共晶组织（100×）

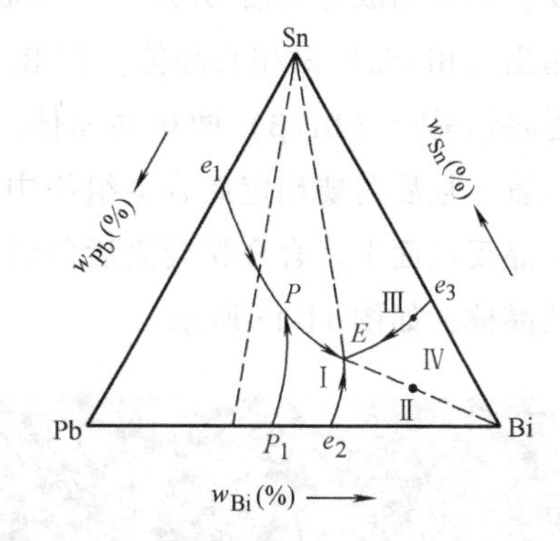

图 11-11　Pb-Sn-Bi 三元合金相图的投影图

（1）合金Ⅰ　合金Ⅰ的成分恰为共晶点 E，从液相冷却到 E 点时，直接发生四相平衡反应，即三相共晶反应，并从此结晶终了，所得组织为（Bi+Sn+β）三相共晶体，如图 11-12 所示。由于凝固温度低，此三相共晶体组织细密。5%的醋酸水溶液浸蚀后，高倍（500×）放大时，可看出其中 Bi 呈亮色，β 相为黑色，Sn 显褐色。若放大倍数低或浸蚀太深，则 Sn 和 β 相将难以区分。

（2）合金Ⅱ　合金Ⅱ位于初生晶体 Bi 的液相面内并落在 Bi 与 E 的连线上，凝固时首先结晶出初生晶体 Bi，随着温度的降低，不断结晶出 Bi 晶体的同时，液相成分沿 Bi 与Ⅱ连线的延长线变化，当液相成分到达 E 点时，将发生四相平衡共晶反应，所得组织为初生晶体 Bi+(Bi+Sn+β) 三相共晶体，初生晶体 Bi 具有规划的外形，如图 11-13 所示。

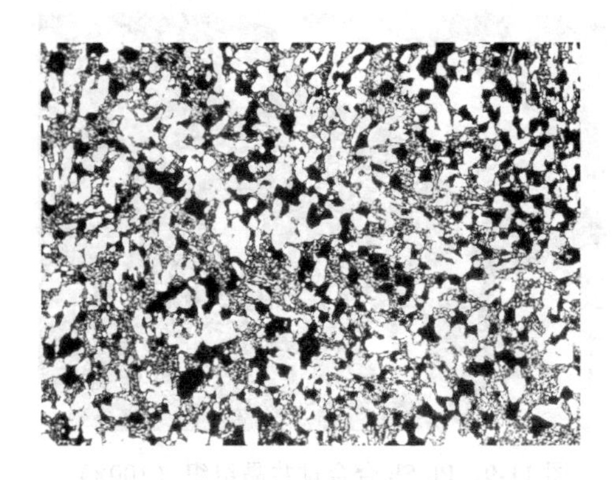

图 11-12 (Bi+Sn+β) 三相共晶体 (100×)

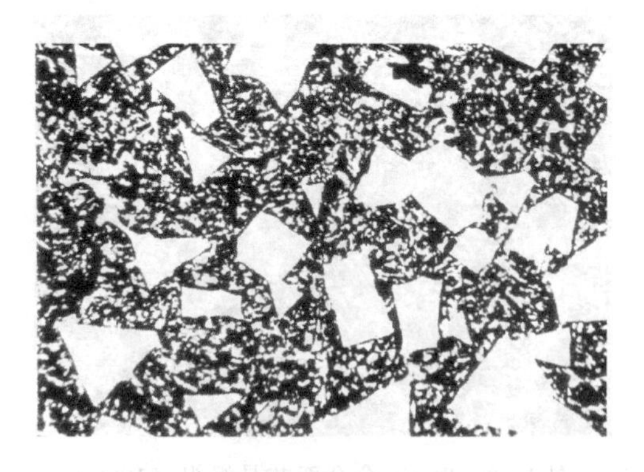

图 11-13 初生晶体 Bi+(Bi+Sn+β) 三相共晶体 (100×)

(3) 合金Ⅲ 成分点位于 e_3E 线上的合金Ⅲ，一开始就结晶出两相共晶体 (Bi+Sn)，随着温度降低，液相成分沿 e_3E 线变化，并不断结晶出 (Bi+Sn) 两相共晶体，因合金成分点也位于四相平衡共晶反应面上，故也以此反应结束结晶过程，所得组织为 (Bi+Sn) 两相共晶体+(Bi+Sn+β) 三相共晶体，如图 11-14 所示。由于两相共晶体的形成温度较高，故其组织比三相共晶体粗大。由图 11-14 可以看出，两相共晶体 (Bi+Sn) 呈小片层状，以亮色 Bi 为基体，其上分布着暗色的不规则小条状 Sn。

(4) 合金Ⅳ 合金Ⅳ位于初生晶体 Bi 的液相面内，首先结晶出 Bi 晶体，忽略 Bi 的固溶度，则液相成分将沿 Bi 点与合金成分点Ⅳ连线的延长线变化，当此延长线与 e_3E 相交时，结晶出 (Bi+Sn) 两相共晶体。若 Bi 点与合金成分点Ⅳ连线的延长线与 e_3E 相交，则降低温度时将结晶出 (Bi+β) 两相共晶体。因此，能得到哪种两相共晶体取决于合金成分点的具体位置。最后若要确定此合金组织中有无三相共晶体，只需视此合金成分点是否落入四相平衡共晶反应面上。合金Ⅳ凝固后的组织为初生晶体 Bi+(Bi+Sn) 两相共晶体+(Bi+Sn+β) 三相共晶体，如图 11-15 所示。

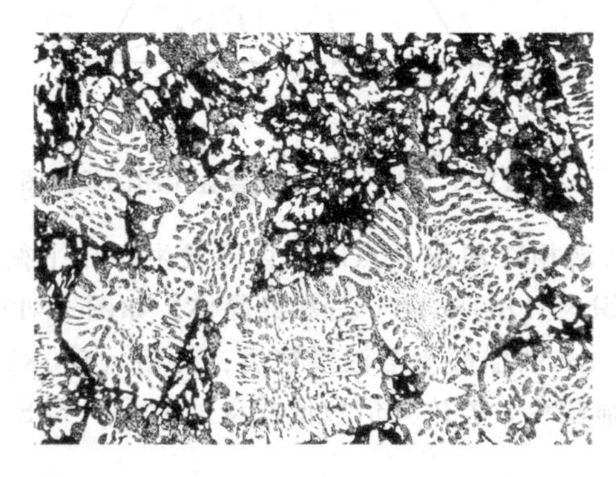

图 11-14 (Bi+Sn) 两相共晶体+(Bi+Sn+β) 三相共晶体 (100×)

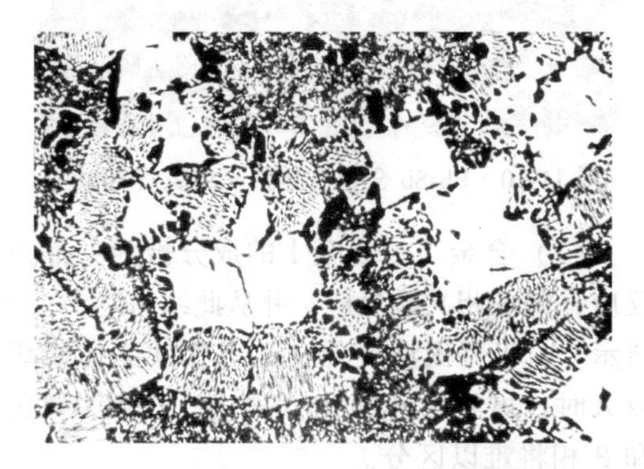

图 11-15 初生晶体 Bi+(Bi+Sn) 两相共晶体+(Bi+Sn+β) 三相共晶体 (100×)

三、实验设备及材料

1）金相显微镜。
2）教学软件。
3）选定合金试样 2 套，并配置相应的图片 2 套。

四、实验内容及步骤

1）观察分析 Cu-Ni 合金中的平衡与不平衡组织。
2）观察分析 Pb-Sb 和 Sn-Bi 合金的亚共晶、共晶和过共晶组织以及离异共晶组织。
3）观察分析 Pb-Sn-Bi 三元相图中典型成分结晶后的组织形貌。

提示： 实验结束后，关闭设备电源，按原位置摆放好实验仪器，打扫清理实验室卫生。

五、实验报告要求

1）写出实验目的及内容。
2）画出各合金的显微组织示意图，并加以注解。
3）结合相图分析不同成分合金结晶组织的形成过程。
4）总结共晶系合金成分不同时组织的变化规律。
5）联系所观察的合金说明组织组成物与组成相的不同及两者的关系。
6）说明初生晶体与共晶体有哪些形态？并加以解释。
7）计算 70%Bi+20%Sn+10%Pb 三元合金的组织组成物的相对量和相组成物的相对量。

实验 12　铁碳合金平衡组织的观察与分析

一、实验目的

1）熟练应用铁碳合金相图，分析铁碳合金平衡凝固过程及组织的形成条件。
2）熟悉不同含碳量的铁碳合金的组织特征及其随含碳量变化的规律。
3）掌握铁碳合金的成分、组织与性能之间的相互关系。

二、原理概述

铁碳合金相图是研究铁碳合金组织的工具，确定热加工工艺的重要依据。铁碳合金平衡状态的组织是指合金在极为缓慢的冷却条件下凝固并发生固态相变所得到的组织，其相变过程按 $Fe\text{-}Fe_3C$ 相图进行，如图 12-1 所示。

铁碳合金在室温下的平衡组织均由铁素体（F）和渗碳体（Fe_3C）两相按不同数量、大小、形态和分布所组成。高温下还有奥氏体（A）和 δ 固溶体相。奥氏体是碳溶解在 γ-Fe 中的间隙固溶体，铁素体是碳在 α-Fe 中的间隙固溶体。δ 固溶体通常称为高温铁素体，其结构与 α-Fe 相同。渗碳体是铁与碳形成的间隙化合物，具有复杂的斜方结构。因铁碳合金在室温下的平衡组织由铁素体和渗碳体两个基本相组成，因此铁素体和渗碳体的性能对铁碳合金有重大影响。铁素体具有体心立方结构，727℃时溶有质量分数为 0.0218%的碳，在 600℃可溶质量分数为 0.006%的碳，它具有磁性，硬度为 80HBW 左右，塑性很好。渗碳体中碳的质量分数为 6.69%，硬度高达 800HBW，脆性高。

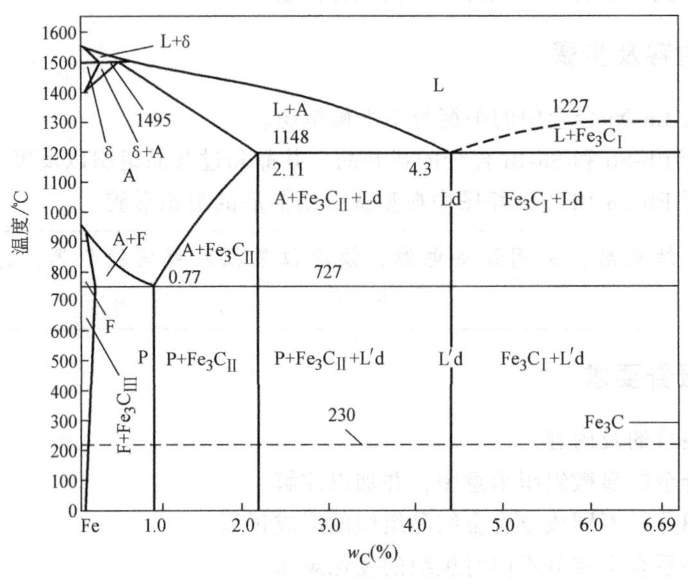

图 12-1 Fe-Fe_3C 相图

根据含碳量不同，铁碳合金可分为工业纯铁、钢及白口铸铁三类。现分别说明其组织形成的过程及特征。

1. 工业纯铁

将 w_C<0.0218%的铁碳合金称为工业纯铁。在室温下组织为等轴状铁素体+三次渗碳体（少量），如图 12-2 所示。

2. 钢

碳的质量分数为 0.0218%~2.11%的铁碳合金称为碳钢。根据含碳量的不同，又可分为亚共析钢、共析钢和过共析钢。

（1）亚共析钢　亚共析钢碳的质量分数为 0.0218%~0.77%，组织为铁素体+珠光体。不同的是在这个成分范围内，随着含碳量的增加，铁素体的量减少，珠光体的量增加，强度、硬度增加，塑性、韧性下降。根据亚共析钢的平衡组织来估计碳的质量分数：$w_C \approx P \times 0.8\%$，式中 P 为珠光体在显微组织中所占的面积百分比；0.8%是珠光体碳的质量分数 0.77%的近似值。不同含碳量的亚共析钢的显微组织如图 12-3~图 12-5 所示。

（2）共析钢　共析钢碳的质量分数为 0.77%，室温下组织为珠光体即铁素体与渗碳体的共析产物，呈层片状分布，如图 12-6 所示。珠光体中渗碳体的质量分数为 12%，铁素体的质量分数为 88%。位向相同的一组铁素体+渗碳体层，称为一个共析领域。采用电子显微镜高倍放大可看到组织中的窄条为 Fe_3C，宽条为 F，如图 12-7 所示。

（3）过共析钢　过共析钢碳的质量分数为 0.77%~2.11%，其室温下的组织由珠光体+二次渗碳体（沿奥氏体晶界析出，并呈网状分布）组成。当 w_C<1.00%时，二次渗碳体呈

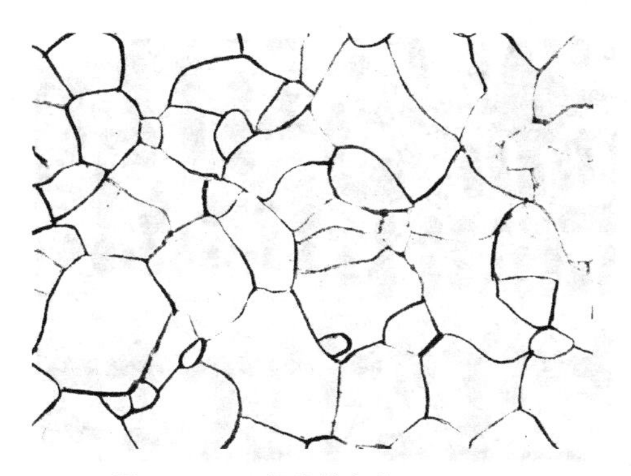

图 12-2　工业纯铁组织（100×）

图 12-3　20 钢组织（200×）

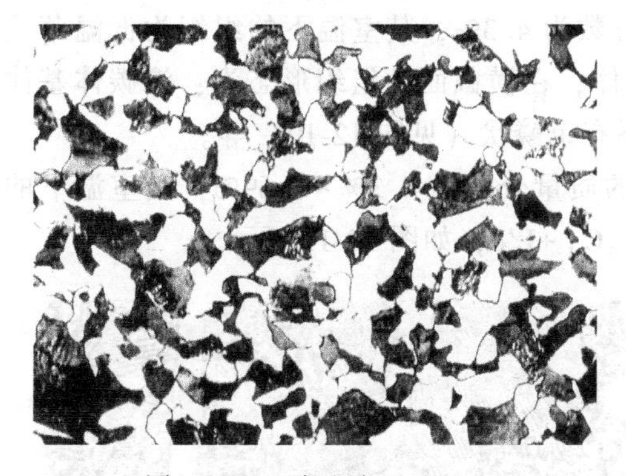

图 12-4　40 钢组织（500×）

图 12-5　60 钢组织（500×）

断续网状，并随着含碳量的增加，渗碳体网越粗，并且用不同的浸蚀剂浸蚀后渗碳体网呈不同颜色，用 4%硝酸酒精浸蚀二次渗碳体网为白色，如图 12-8 所示。

图 12-6　T8 钢组织（500×）

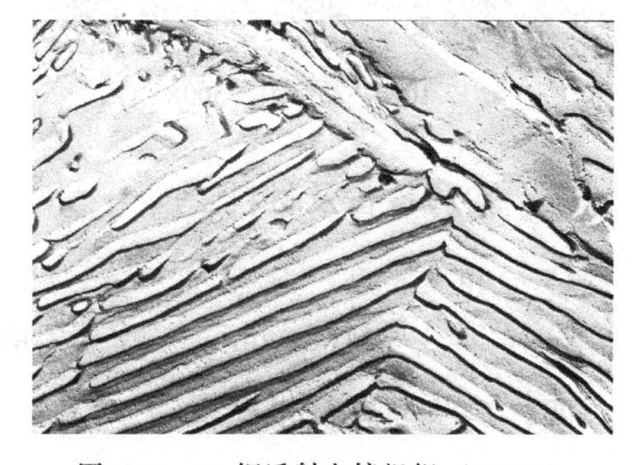

图 12-7　T8 钢透射电镜组织（5000×）

3. 白口铸铁

白口铸铁中碳的质量分数为 2.11%~6.69%，并根据含碳量的不同，可分为亚共晶白口铸铁、共晶白口铸铁和过共晶白口铸铁。

（1）亚共晶白口铸铁　亚共晶白口铸铁中碳的质量分数为 2.11%~4.3%，其室温下的组织为树枝状珠光体+低温莱氏体+二次渗碳体，因二次渗碳体与共晶渗碳体混为一体，辨认不出，因而室温组织可认为是 P+L′d，如图 12-9 所示。

图 12-8　T12 钢组织（500×）

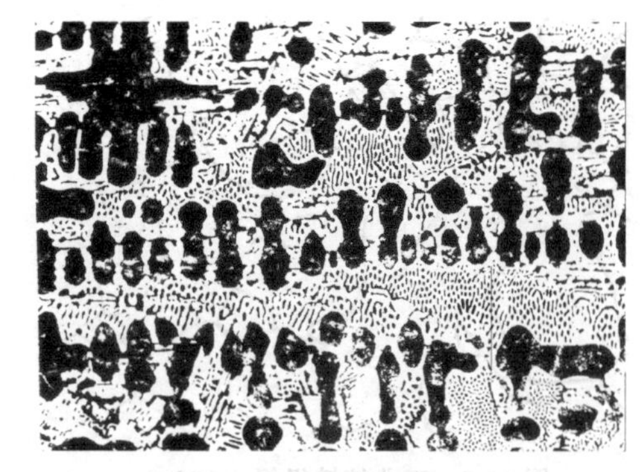

图 12-9　亚共晶组织（200×）

（2）共晶白口铸铁　共晶白口铸铁碳的质量分数为 4.3%，其室温下的组织为低温莱氏体 L′d，即渗碳体基体上分布着短棒式小条状珠光体，在横截面的组织形态为：渗碳体基体上分布颗粒状和小条状的珠光体，共晶白口铸铁还有鱼鳞状（见图 12-10）等。

（3）过共晶白口铸铁　过共晶白口铸铁中碳的质量分数为 4.3%~6.69%，其室温下的组织为粗大杆状的一次渗碳体+低温莱氏体，即 $Fe_3C_Ⅰ$+L′d，如图 12-11 所示。

图 12-10　共晶组织（500×）

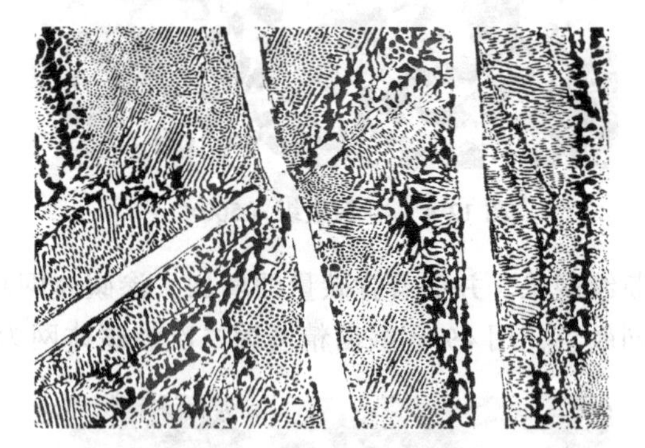

图 12-11　过共晶组织（100×）

三、实验设备及材料

1）金相显微镜。

2）表 12-1 所列的金相试样，金相图谱及教学软件。

四、实验内容及步骤

1）观察表 12-1 中各种组织形态，并画出其组织形貌特征。

2）分析不同含碳量铁碳合金的凝固过程、组织特征以及相与组织组成物的本质。

3）总结铁碳合金的组织、性能与含碳量的关系。

表 12-1　实验所观察的样品

合金成分	状态	浸蚀剂	显微组织
工业纯铁	退火	4%硝酸酒精	F+$Fe_3C_Ⅲ$
20 钢	退火	4%硝酸酒精	F+P

（续）

合金成分	状态	浸蚀剂	显微组织
40 钢	退火	4%硝酸酒精	F+P
60 钢	退火	4%硝酸酒精	F+P
T8 钢	退火	4%硝酸酒精	P
T12 钢	退火	4%硝酸酒精	$P+Fe_3C_{II}$
		碱性苦味酸钠	$P+Fe_3C_{II}$
亚共晶白口铸铁	铸态	4%硝酸酒精	P+L'd
共晶白口铸铁	铸态	4%硝酸酒精	L'd
过共晶白口铸铁	铸态	4%硝酸酒精	$L'd+Fe_3C_I$

提示：实验结束后，关闭设备电源，盖好仪器罩，打扫清理实验室卫生。

五、实验报告要求

1）写出实验目的及内容。

2）画出所观察合金的显微组织示意图并加以解释。

3）分析 40 钢及 $w_C=3\%$亚共晶白口铸铁的凝固过程。

4）总结含碳量增加时钢的组织和性能的变化规律。

5）什么是一次渗碳体、二次渗碳体、三次渗碳体、共晶渗碳体和共析渗碳体？描述它们的形态、大小、数量及分布对力学性能的影响。

实验 13 钢的冶金质量及缺陷组织分析

一、实验目的

1）认识钢坯和铸锭中常见的低倍及微观缺陷。

2）了解钢中非金属夹杂物的鉴别方法及特征。

二、原理概述

对于初次冶炼的钢液，通常首先将其浇注成铸锭（即铸钢坯件），而后再热轧成各种型材。对于钢在冶炼、浇注与轧制过程中所形成的各类缺陷，一般统称为钢的冶金缺陷。

1. 铸钢坯件中常见缺陷

为控制钢材质量，铸锭需对成材前的钢坯按国家标准进行低倍组织检验，对缺陷进行评级。常见的低倍缺陷有：缩孔、气孔、疏松、白点和枝晶偏析等。

（1）缩孔　多数金属在凝固过程中发生体积收缩，因此缩孔难以避免。缩孔可分为集中缩孔与分散缩孔。一般集中缩孔控制在钢锭或铸造件的冒口处，然后加以切除。若缩孔较深、切除不净时而成为残余缩孔。若因铸型设计不当，铸锭的上部先于心部凝固，心部在冷凝时不能及时得到金属液的补充，会形成二次缩孔。二次缩孔一般埋藏较深，更易形成残余缩孔。缩孔多呈中心树根状孔洞（见图 13-1），在缩孔附近一般会出现密集的夹杂物、疏松或偏析，以此作为区别残余缩孔与各种内裂的依据。

（2）气孔　凝固时由金属液释放的气体，因浇注条件不良如铸型生锈、涂料中存在较多水分与金属液作用产生的气体，在金属完全凝固时很难逸出，伴随着金属的凝固而包容在处于塑性状态的金属中形成气孔，即气泡。在钢锭表面附近的气孔称为皮下气孔（见图 13-1），气孔很小，常因铸型生锈或涂料不当而产生，呈圆形或椭圆形光滑孔洞。铸锭中的气孔通过热加工可以焊合，但压力加工可能被氧化而不能焊合，导致垂直于压力加工方向的裂纹及分层现象产生。气孔会减小铸件的有效截面积，并由于缺口效应而大大降低材料的强度。

（3）疏松　凝固过程中枝晶间隙因得不到金属液补充时，会形成显微缩孔，显微缩孔较大时，在经切削加工后的表面上用肉眼或低倍放大镜即能观察到，较小时需经酸蚀后才能发现或用显微镜进行观察。疏松集中于钢坯轴心部称为中心疏松。

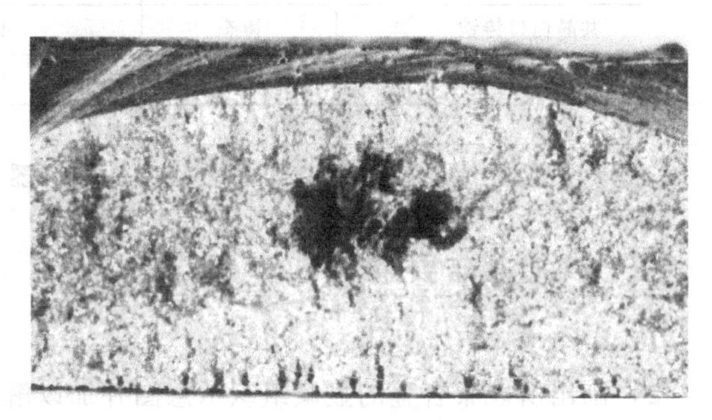
图 13-1　铸钢的缩孔

钢锭中的疏松经压力加工可得到很大改善，但严重者，因压力加工时，压缩比不够等原因仍存在，如在钢锭残余缩孔、气孔因焊合不良处仍可能存在疏松、夹杂密集。疏松的存在会影响铸锭及铸件的致密度和机加工后的表面粗糙度，并降低其力学性能。对用作液体容器或管道的铸件中存在相互连接的疏松时，不能通过水压试验或使用中发生渗漏现象而报废。

（4）白点　白点是铬镍和铬镍钼合金钢中常见的一种缺陷，其他成分的钢材则较少产生。因其在钢材纵断面上呈圆形或椭圆形银亮色的斑点（见图 13-2），所以称为白点。在横断面上观察白点时则呈直的、弯曲的细小裂纹，又称为发纹或发裂（见图 13-3）。白点直径或裂纹的长度一般在十分之几毫米到 10mm 不等。区别白点和其他裂纹最有效的办法是查看钢材的纵断面。其产生原因主要是在冶炼和浇注过程中氢进入钢液而引起的。氢可固溶于奥氏体和铁素体中，其溶解度随温度的降低而减小。钢在热锻后冷却时，氢由于溶解度减小而以原子态析出。当钢锻件截面较大，冷却较快时，原子氢来不及扩散至钢的表面，而留在钢内聚集到疏松、晶粒边界和夹杂物附近，转变成分子氢而产生巨大的内应力，并与钢发生组织转变时产生的局部应力相结合，致使钢材内部产生细裂纹。具有白点的钢材，其断面收缩率和冲击韧度下降，有时接近零，因此具有白点的钢材一般不能使用。

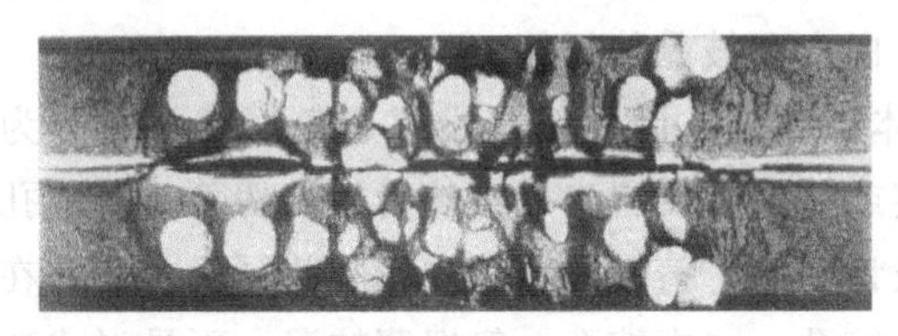
图 13-2　纵断面上的白点（斑点）

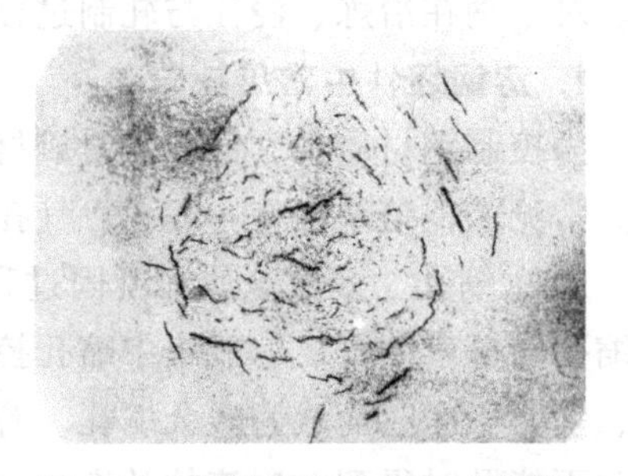
图 13-3　横断面上的白点（发裂）

（5）枝晶偏析　固溶体合金凝固时，由于扩散不充分，使得同一个晶粒内后凝固的部分比先凝固的部分富含低熔点组元，因此凝固后便存在晶粒范围内的成分不均匀现象，经磨片浸蚀呈树枝状分布（因而又称晶内偏析），这种偏析在铸钢中尤为常见，如图 13-4 所示。消除的办法是采用高温扩散退火。

2. 非金属夹杂物分析

金属材料中的非金属夹杂物，不仅会降低零件的性能，甚至会导致灾难性事故发生，故应严加控制和检查。对一些已知特征的非金属夹杂物，如钢中氧化物、硫化物、氮化物等，可用常规金相方法来辨别。图 13-5 为明场照明下的 MnS 塑性夹杂物形态，图 13-6 为玻璃质 SiO_2 在偏光照明下的形态，具有黑十字特征。

图 13-4　35 钢的枝晶偏析（50×）

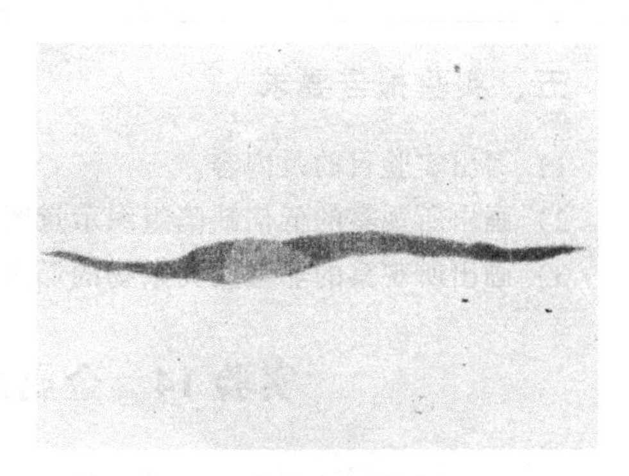

图 13-5　MnS 塑性夹杂物形态（500×）

对那些难以在普通光学显微镜下鉴别的未知夹杂物，还需采用其他研究手段，如电子探针、透射电子显微镜、X 射线结构分析以及二次离子质谱仪（SINS）等来确定其组织和结构。

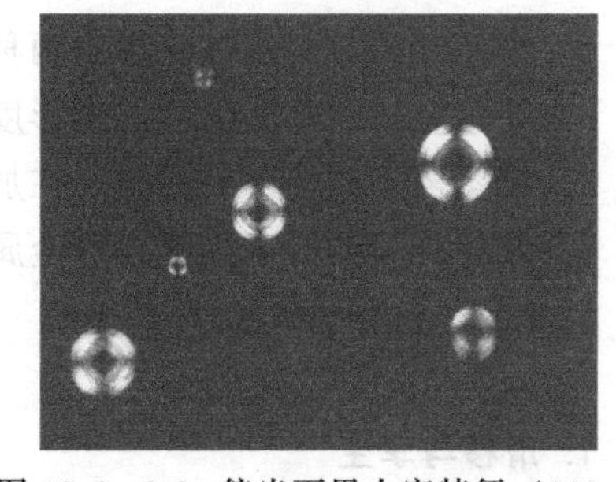

图 13-6　SiO_2 偏光下黑十字特征（200×）

在金相显微镜下鉴别夹杂物时，要精心制备金相试样，保持夹杂物外形完整不剥落，然后依次采用明场、暗场和偏光三种照明方式检查其形状分布、色彩等特征，从而辨明其类型。几种典型非金属夹杂物的特征见表 13-1。

表 13-1　几种典型非金属夹杂物的特征

夹杂物类型	明　场	暗　场	偏 振 光
Al_2O_3	暗灰到黑色（带紫色），不规则外形小颗粒成群分布，热加工后呈链状	透明，淡黄色	透明，弱各向导性
MnS	淡蓝灰色，沿加工方向伸长，呈断续条状	弱透明，淡蓝灰色	透明，各向同性
TiN	亮黄色，规则几何形状，截面不同可呈四方形、三角形等	不透明，带亮边	不透明，各向同性
玻璃质 SiO_2	深灰色到黑色，各种尺寸的圆球，中心有亮点，边缘有明亮的光环	透明，发亮	各向异性，有黑十字特征

三、实验设备及材料

1）金相显微镜，放大镜 5~10 个。

2）制备好的钢各种低倍缺陷与微观缺陷试样。

3）非金属夹杂物试样 3 套，每套内容见表 13-1。

4）钢的冶金缺陷图谱。

四、实验内容及步骤

1）认识几种典型的低倍缺陷组织。

2）鉴别几种常见的非金属夹杂物的形态与分布。

提示：实验结束后，关闭设备电源，按原位置摆放好实验仪器，打扫清理实验室卫生。

五、实验报告要求

1）写出实验目的及内容。

2）画出所观察的低倍缺陷组织示意图，说明其形成原因。

3）画出所观察的非金属夹杂物的形态和分布，说明其特征。

实验 14　金属的塑性变形与再结晶

一、实验目的

1）熟悉金属材料塑性变形的两种基本方式——滑移和孪生。

2）了解金属经冷变形后，变形度对组织和性能影响的规律及特点。

3）熟悉经不同变形后的金属在加热时组织的变化规律。

4）掌握变形度、退火温度对金属再结晶晶粒大小的影响。

二、原理概述

1. 滑移与孪生

金属变形可分为弹性变形、塑性变形和断裂三个基本过程。当金属受力超过弹性极限后，将产生塑性变形。塑性变形的基本方式为滑移和孪生两种。金属以哪种方式塑变，主要取决于金属的晶体结构，由于不同的晶体结构，具有不同的滑移系数。

所谓滑移就是在切应力作用下晶体的一部分沿一定的晶面和晶向相对于另一部分产生的滑动（实质为位错沿滑移面运动）。所沿晶面和晶向称为滑移面和滑移方向，滑移面与滑移方向组成滑移系。滑移易发生在滑移系较多的材料中，如铜和纯铁等。

现以纯铁为例说明滑移带的金相形貌以及多晶体变形的特点。将金属抛光腐蚀，经塑性变形后，可在显微镜下看到其滑移带（每条滑移带是由很多密集在一起的滑移线群所组成，这些滑移线之间的距离仅为几十 nm）。在同一晶粒内，滑移带相互平行且方向相同，而不同的晶粒内因晶粒位向不同，各晶粒内滑移带的方向不同；同时可观察到有的晶粒内滑移带多（即变形量大），有的晶粒内滑移带少（即变形量小），这就说明了晶粒塑性变形的不均匀性，滑移是分别地集中发生在一些晶面上，而滑移带或滑移线之间的晶体层片则未发生变形，只是彼此之间做相对位移而已。在同一晶粒内，晶粒中心与晶粒边界的变形量也不相同，晶粒中心滑移带密，而边界滑移带稀，纯铁的滑移带如图 14-1 所示。如果将试样重新抛光并浸蚀就看不到滑移带，因为滑移面两侧的晶体位向不随滑移而改变。

孪生则是在切应力作用下，晶体的一部分以一定的晶面（孪晶面）为对称面，与晶体的另一部分发生对称移动。孪生会发生在那些不易产生滑移的金属，如六方晶系的镉、镁、铍、锌等，或某些金属当其滑移发生困难时。孪生的结果是孪生面两侧晶体的位向发生变化，呈镜面对称。孪生变形的金相形貌多呈竹叶状，纯锌的形变孪晶形貌如图 14-2 所示。对于体心立方结构的 α-Fe，Fe 常温时变形以滑移方式进行，而在 0℃ 以下受冲击载荷时，则以孪生方式变形。观察孪生形态时，先对试样变形，再抛光、浸蚀，与观察滑移线不同。这是因为孪生变形后，在孪生面两侧的晶体位向不相同，切变部分的晶体与未切变部分的晶体相对于孪生面呈镜面对称。

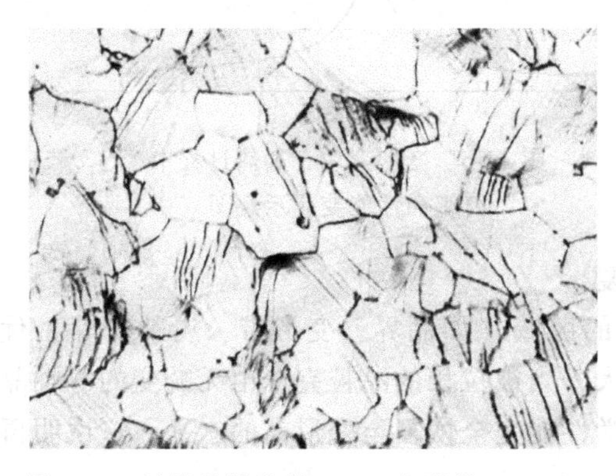

图 14-1 纯铁的滑移带（30%变形量）（200×）

图 14-2 纯锌的形变孪晶形貌（200×）

2. 变形度对金属组织和性能的影响

金属材料发生冷变形后，不仅外形发生变化，内部组织也发生变化。随着变形量的增加，晶粒逐渐沿受力方向伸长，当变形度很大时，晶粒内被许多滑移带分割成细小的小块，形成亚晶，甚至呈现为纤维状组织，这时晶界与滑移带已难以分辨，图 14-3 与图 14-4 分别为工业纯铁不同压缩变形后的组织形貌。

图 14-3 铁素体明显拉长（55%变形量）（150×）

图 14-4 铁素体接近纤维状（75%变形量）（150×）

金属的塑性变形所造成的内部组织变化必然导致性能的改变（见图 14-5）。由于变形使滑移带附近的晶粒破碎，产生较严重的晶格歪扭，位错密度增加并相互交结产生不易移动的位错节点，位错缠结在一起或形成胞状亚结构，这些都对位错运动有阻碍作用，造成临界切应力增大，使继续变形发生困难，即产生了所谓的加工硬化现象。导致金属的硬度、强度、矫顽力和电阻增加，而塑性和韧性下降。

3. 冷变形金属在加热时组织和性能的变化

冷变形金属在加热时，加热温度由低至高，其变化过程大致分为回复、再结晶和晶粒长大三个阶段。这三个阶段并非是截然分开的。

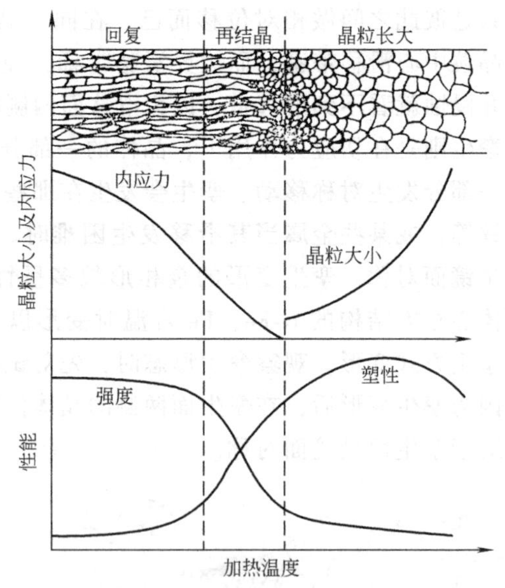

图 14-5 变形金属在加热过程中组织和性能变化示意图

当加热温度低于再结晶温度时，组织形态几乎不发生变化，但因晶内缺陷（主要是点缺陷）和位错密度有所下降，并发生多边化，使应变降低，点阵畸变减少。导致电阻率和内应力明显下降，这一阶段称为回复。

当温度达到再结晶温度时，在变形比较严重的区域（如晶界、变形带、夹杂物等）优先形成再结晶核心，并以畸变能为驱动力逐渐长大，当被拉长的晶粒完全由无畸变的等轴晶粒代替为止，此过程称为再结晶。再结晶后其力学性能完全恢复至变形前的水平，这说明再结晶后的金属完全清除了加工硬化现象。

当温度进一步升高并延长保温时间时，晶粒将以界面能减少为驱动力不断合并长大，即进入晶粒长大阶段，晶粒长大到一定程度后，其力学性能变差，即塑性和强度均下降。

4. 变形度对再结晶后晶粒大小的影响

再结晶后晶粒大小与变形度、加热温度、保温时间、加热速度以及变形前原始晶粒大小等都有关系。当变形度很小时，由于畸变能很小，不足以进行再结晶形核，因而保持未变形状态。当达到某一变形度时，再结晶后的晶粒特别粗大，这个变形度称为临界变形度，如图 14-6 所示。金属在临界变形度下，只有少数晶粒发生明显变形，具备形成再结晶核心的条件，而其余绝大多数晶粒几乎未发生变形，不具备形核条件，因此所形成的再结晶核心数目必然很少，由它们长大而成的晶粒无畸变，靠吞并周围晶粒迅速长大，其结果造成晶粒特别粗大。当变形度超过临界变形度时，随着变形度的增加，变形的均匀程度也增加，形核率提高，再结晶退火后的结晶粒也逐渐细化。图 14-6 所示为再结晶后晶粒大小与变形度的关系曲线。这里有必要指出，除特殊需要外，生产中应尽量避免在临界变形度范围内（铁为 2%~10%，钢为 5%~10%，铝为 3%~5%，铜及黄铜约为 5%）加工，以免形成粗大晶粒使力学性能恶化。图 14-7 所示为沸腾低碳钢正火后经冷变形（各部分变形度自 0%~65%），在 700℃退火 1h，在临界变形度 12%之前（照片上面部分），保持原来晶粒大小；在 12%处（照片中间部分），再结晶晶粒极大；从 12%~65%（照片下面部分），晶粒逐渐变细。图 14-8 所示为纯铝在不同拉伸变形后，经 600℃退火 1h，显示出不同变形度再结晶晶粒大小。由图可知，铝的临界变形度为 3%~5%。

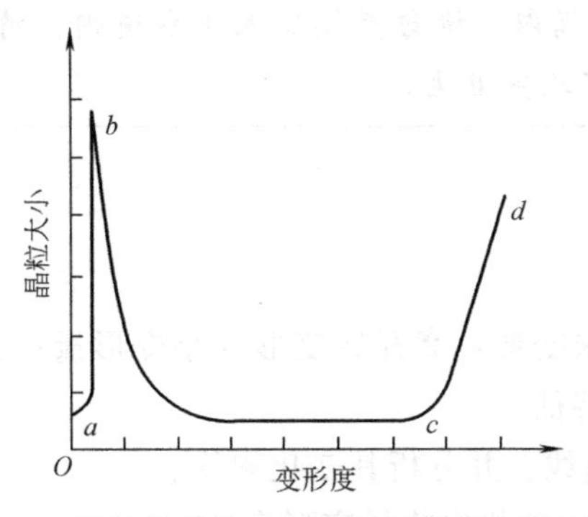

图 14-6　再结晶后晶粒大小与变形度的关系曲线

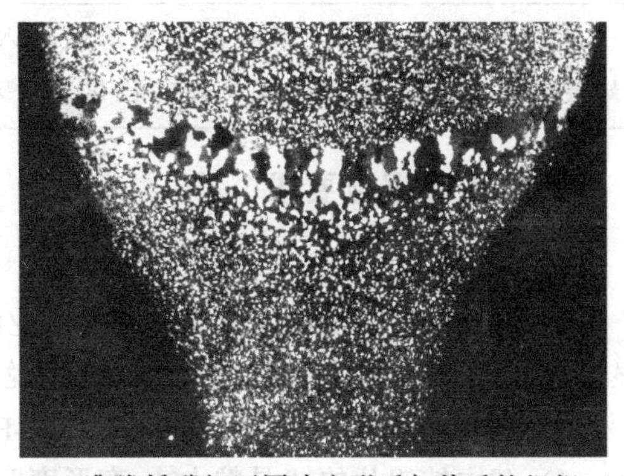

图 14-7　沸腾低碳钢不同冷变形后加热后的组织（5×）

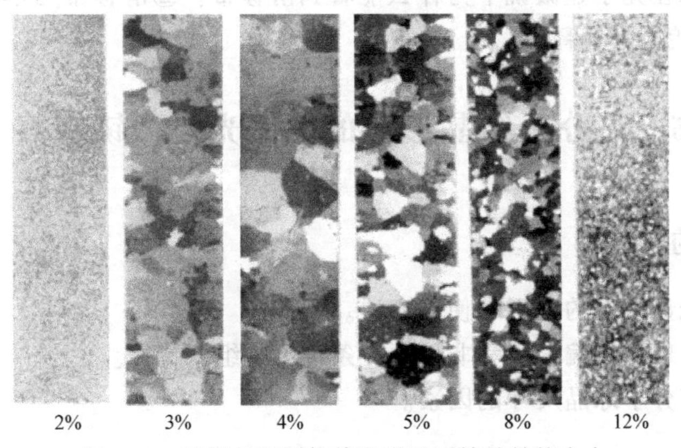

图 14-8　纯铝经不同拉伸变形后再结晶晶粒大小

三、实验设备及材料

1）金相显微镜、硬度计、小型拉伸机、钢直尺、实验炉和浸蚀剂等。

2）用于观察纯铁的滑移带、纯锌的变形孪晶和不同变形量的工业纯铁金相试样一套。

3）20 钢不同变形度条件下试样一套，测硬度用。

4）长约 150mm、宽约 20mm、厚度 0.5～1.0mm 的纯铝片 10 片。

四、实验内容及步骤

1）观察纯铁的滑移带、纯锌的形变孪晶以及纯铁在不同变形度下的组织形貌。

2）对 20 钢进行不同程度的压缩变形，测其硬度 HRB 值。

3）在宽 20mm、长 150mm、厚 0.5～1.0mm 的退火铝片上，划出长 100mm 的标距。按照 1%～15%变形度进行拉伸，然后放入 550℃ 电阻炉中加热，保温 30min，取出空冷。用 $25mLH_2O+45mLHCl+15mLHNO_3+15mLHF$ 浸蚀后，观察晶粒度，测量晶粒大小，绘制变形度与晶粒大小关系曲线。

安全提示：

1）试样浸蚀时，必须在通风橱内进行，并戴上橡皮手套和橡皮围身，以免由于酸的强烈浸蚀而损伤人体。

2）实验结束后，请将所用废溶液倒入相应废液桶内，请勿直接倒入下水道内，清洗好浸蚀容器，按原位置摆放好实验仪器，打扫清理实验室卫生。

五、实验报告要求

1）写出实验目的及内容。

2）绘制滑移带及形变孪晶，绘制工业纯铁：①未变形；②开始变形（小变形量；③明显变形（大变形量）；④纤维状组织，并说明其形态特征。

3）绘制 20 钢变形度与硬度值即“δ_x-HRB”的曲线，并分析其变化规律。

4）建立纯铝片的“晶粒大小-变形度”关系曲线，并找出临界变形度。

5）思考题：①在光学显微镜下为什么能看到滑移带？②滑移带与孪晶有何区别？试从制样方法和组织形貌上来解释。

实验 15 高分子结晶形态的偏振光显微镜观察与分析

一、实验目的

1）掌握偏振光显微镜的原理和使用方法。

2）熟悉高分子球晶在偏振光和非偏振光条件下的组织特征。

3）了解影响高分子球晶尺寸的因素。

二、原理概述

1. 偏振光装置

用偏振光显微镜研究高分子（聚合物）的结晶形态是目前较为简便而直观的方法。偏振光显微镜的成像原理与常规金相显微镜基本相似，不同的是在光路中插入一个起偏振镜，用来产生偏振光。另一个是检偏振镜，用来检查偏振光的存在。偏振光显微镜光路图如图 15-1 所示。凡装有两个偏振光镜，而且使偏振光振动方向互相垂直的一对偏振光镜称为正交偏振光镜。正交偏振光镜间无样品或有各向同性（立方晶体）的样品时，视域完全黑暗。当有各向异性的样品时，光波入射时发生双折射，再通过偏振光的相互干涉获得结晶物的衬度。结晶的高分子具有各向异性的光学性质，因此借助偏振光显微镜观察其结晶形态。

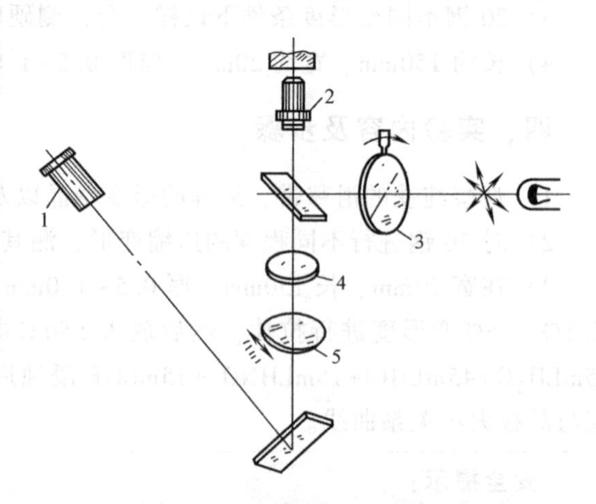

图 15-1 偏振光显微镜光路图

1—目镜 2—物镜 3—起偏振镜 4—灵敏色片 5—检偏振镜

2. 高分子的结晶过程及形态

高分子的结晶过程是高分子大分子链以三维长程有序排列的过程。高分子可出现不同的结晶形态，如单晶、球晶、串晶、柱晶和树枝晶等。高分子的结晶过程包括形核与长大。形核又分为均匀（均相）形核和非均匀（异质）形核两类。非均匀形核所需的过冷度比均匀形核小，因此形核剂能有效提高形核率，细化球晶的尺寸，改善高分子的综合性能。除此之外，生产上还常通过尽可能增大冷却速度以获得大的过冷度来细化球晶，但对于厚壁制件将导致制件内外球晶大小不匀而影响产品质量。如果采用形核剂则不会出现上述情况。图 15-2 所示为不同结晶条件下聚丙烯（PP）球晶大小和偏光照明效果。

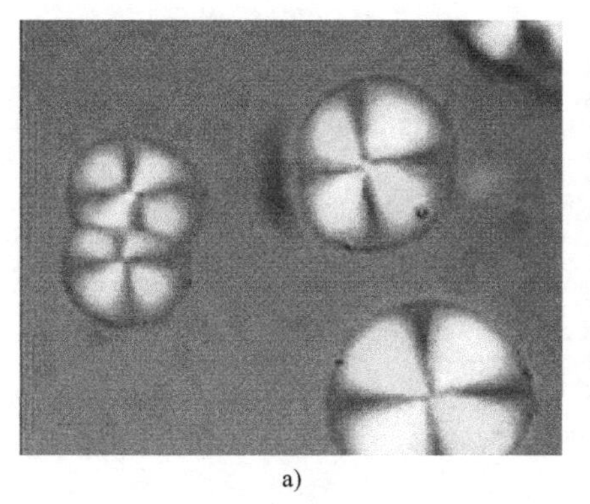

a)

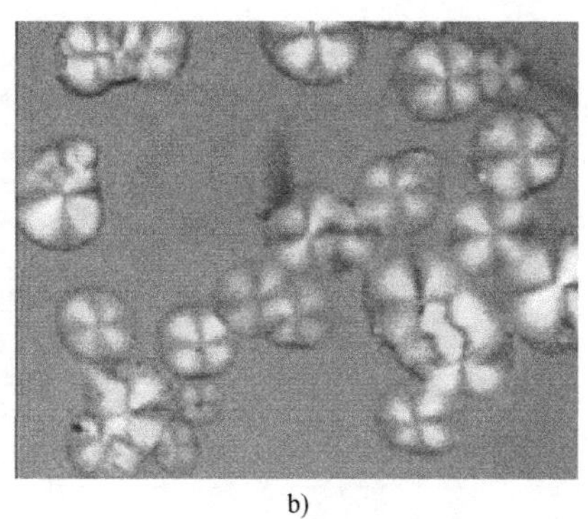

b)

图 15-2　不同结晶条件下聚丙烯（PP）球晶大小和偏光照明效果（100×）

a）溶液结晶（慢冷）　b）溶液结晶（自然冷）

三、实验设备及材料

1）具有明场、偏振光功能的显微镜、制样设备。

2）聚乙烯（PE）及聚丙烯（PP）。

四、实验内容及步骤

本实验将观察聚乙烯（PE）和聚丙烯（PP）的结晶形态。聚乙烯的注射成型制品中常含有球晶。球晶是有球形界面的内部组织复杂的多晶，球晶的直径尺寸有时高达几十至几百微米，呈散射形结构，用偏振光显微镜容易辨认。高分子的球晶在非偏振光条件下观察为圆形，而在正交偏振光下却并不呈完整的圆形，而是四叶瓣的多边形，即中间有黑十字效应，这些都是由于正交偏振光及球晶的生长特性所决定的。观察不同过冷度条件下，有形核剂与无形核剂对球晶大小的影响是本实验主要内容之一。

实验步骤：

1）讲解偏振光显微镜的结构、原理和使用方法。

2）讲解高分子样品的制备方法。

3）高分子球晶的偏振光和非偏振光条件下的显微镜观察。

4）不同过冷度和形核剂条件下的球晶大小的观测。

提示：实验结束后，请将所用废溶液倒入相应废液桶内，请勿直接倒入下水道内，清洗好玻璃容器，按原位置摆放好实验仪器，打扫清理实验台面、地面卫生。

五、实验报告要求

1）写出实验目的及内容。

2）画出非偏振光和正交偏振光条件下聚乙烯（PE）和聚丙烯（PP）的结晶形态。解释球晶黑十字消光图案的原因。

3）画出不同过冷度和有、无形核剂条件下的球晶，并说明原因。

第三章　金属材料物理力学性能基础实验

实验 16　金属材料硬度实验

一、实验目的

1）了解不同类型硬度测定的基本原理、设备特点及应用范围。

2）掌握各类硬度计的操作方法。

二、原理概述

金属硬度可以认为是金属材料表面在压应力作用下抵抗塑性变形的一种能力。硬度测量能够给出金属材料软硬度的数量概念，即硬度示值是表示材料软硬程度的数量指标。由于在金属表面以下不同深处材料所承受的应力和所发生的变形程度不同，因而硬度值可以综合反映压痕附近局部体积内金属的弹性、微量塑变抗力、塑变强化能力以及大量形变抗力。硬度值越高，表明金属抵抗塑性变形的能力越强，材料产生塑性变形就越困难。另外，硬度与其他力学性能（如强度指标 R_m 等及塑性指标 A 和 Z 等）之间有着一定的内在联系，所以从某种意义上说硬度大小对于机械零件或工具的使用寿命具有决定性的意义。

硬度试验的方法很多，在机械工业中广泛采用压入法来测定硬度。根据压头类型和几何尺寸等条件的不同，压入法试验又可分为布氏硬度试验、洛氏硬度试验和维氏硬度试验等（布氏硬度、洛氏硬度和维氏硬度值的换算见附录 C）。

压入法硬度试验的主要特点：

1）设备简单，操作迅速方便。

2）适用范围广。试验时应力状态最软（最大切应力远远大于最大正应力），因而无论是塑性材料还是脆性材料均能发生塑性变形。

3）在一定意义上用硬度试验结果表征其他相关的力学性能指标。金属的布氏硬度与抗拉强度指标之间存在如下近似关系：

$$R_m = K\mathrm{HBW} \tag{16-1}$$

式中，R_m 为材料的抗拉强度值；K 为系数；HBW 为布氏硬度值。

退火状态的碳素钢：$K=0.34 \sim 0.36$；合金调质钢：$K=0.33 \sim 0.35$；非铁金属合金：$K=0.33 \sim 0.53$。

此外，硬度值对材料的耐磨性、疲劳强度等性能也有定性的参考价值，通常硬度值高，这些性能也就好。在机械零件设计图样上对力学性能的技术要求，往往只标注硬度值，其原因就在于此。

4）硬度测定后由于仅在金属表面局部体积内产生很小的压痕，并不损坏零件，因而适合于成品检验。

1. 布氏硬度

布氏硬度试验主要用于钢铁材料和非铁金属材料的检验，也可用于退火、正火钢铁零件的硬度测定。

（1）基本原理　布氏硬度试验是将直径为 D 的硬质合金球施加试验力 F 压入被测金属表面（见图 16-1），保持一定时间后，卸除试验力，根据硬质合金球在金属表面所压出的压痕直径计算或查表即可得到硬度值，并用符号 HBW 表示。

布氏硬度值的计算式如下：

$$\mathrm{HBW}=常数\times\frac{试验力}{压痕表面积}=0.102\times\frac{2F}{\pi D(D-\sqrt{D^2-d^2})} \tag{16-2}$$

式中，HBW 为布氏硬度值；F 为试验力（N）；D 为压头直径（mm）；d 为相互垂直方向测得的压痕直径 d_1、d_2 的平均值（mm）。

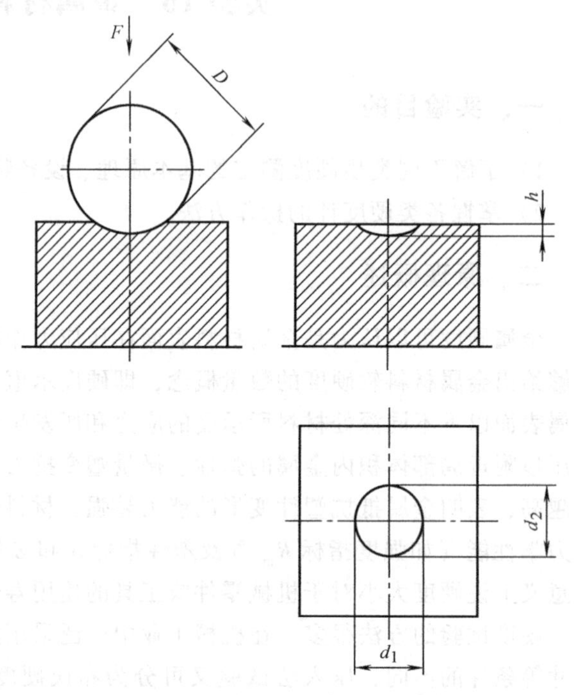

图 16-1　布氏硬度试验原理图

（2）布氏硬度值的表示方法　在 HBW 之前书写硬度值，符号后面依次是球直径、试验力及保持时间。如 600HBW1/30/20，表示用直径为 1mm 的硬质合金球在 294.2N 试验力下保持 20s 测定的布氏硬度值为 600。

（3）试验力的选择　试验力的选择应保证压痕直径为 0.24D～0.6D，试验力-压头球直径平方的比率（$0.102F/D^2$ 比值）应根据材料和硬度值选择，见表 16-1。

表 16-1　不同材料的试验力-压头球直径平方的比率

材料	布氏硬度 HBW	试验力-压头球直径平方的比率（$0.102F/D^2$ 比值）
钢、镍合金、钛合金	—	30
铸铁[①]	<140	10
	≥140	30
铜及铜合金	<35	5
	35～200	10
	>200	30

（续）

材料	布氏硬度 HBW	试验力-压头球直径平方的比率 （$0.102F/D^2$ 比值）
轻金属及合金	<35	2.5
	35~80	5、10、15
	>80	10、15
铅、锡	—	1

注：当试样尺寸允许时，应优先选用直径为 10mm 的球压头进行试验。

① 对于铸铁的试验，压头球直径一般为 2.5mm、5mm 和 10mm。

（4）布氏硬度计的结构及操作　图 16-2 所示为 HB-3000 布氏硬度试验机的基本结构，其基本操作程序如下：

1）将试样放在工作台上，沿顺时针方向转动手轮，使压头压向试样表面，直至手轮对下面螺旋产生相对运动（打滑），此时试样已加初载荷 98.07N。

2）按动加载按钮，开始加主载荷，当绿色指示灯闪亮时，迅速拧紧压紧螺钉，使圆盘转动。达到所要求的持续时间后，硬度计开始卸载，卸载完毕自行停止。

3）沿逆时针方向转动手轮降下工作台，取下试样用读数显微镜测出压痕直径 d，查表或计算得出 HBW 值。

2. 洛氏硬度

洛氏硬度主要用于金属材料热处理后的产品检验。

（1）基本原理　洛氏硬度试验是将压头为金刚石圆锥体、钢球或硬质合金球按照图 16-3 分两个步骤压入试样表面，经规定保持时间后，卸除主试验力，测量在初试验力下

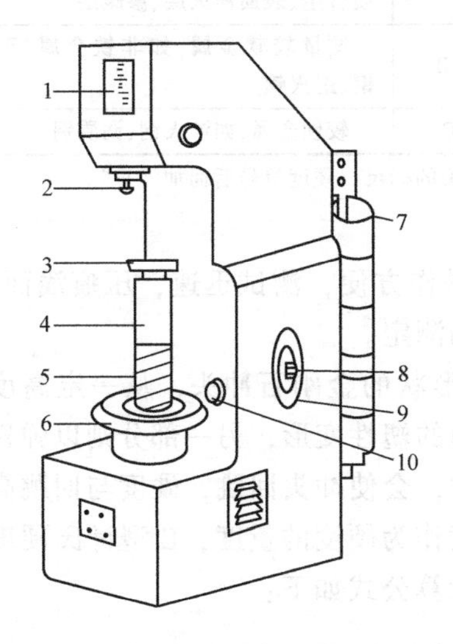

图 16-2　HB-3000 布氏硬度试验机的基本结构

1—指示灯　2—压头　3—工作台　4—立柱
5—丝杠　6—手轮　7—载荷砝码　8—压紧螺钉
9—时间定位器　10—开关

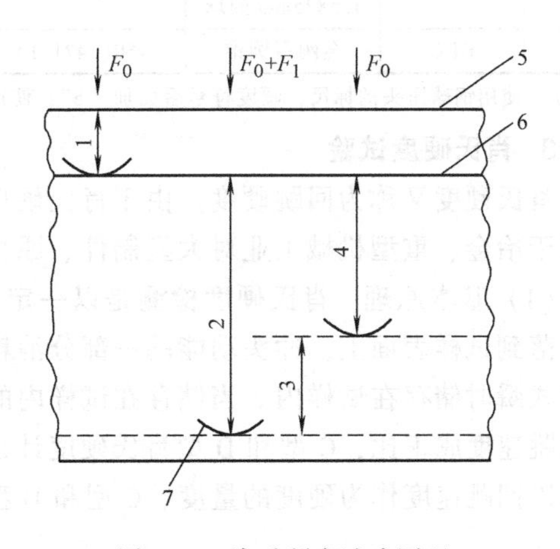

图 16-3　洛氏硬度试验原理

1—在初试验力 F_0 的压入深度　2—由主试验力 F_1 引起的压入深度
3—卸除主试验力 F_1 后的弹性恢复深度　4—残余压入深度 h
5—试样表面　6—测量基准面　7—压头位置

的残余压痕深度 h，根据 h 值及常数 N 和 S，用式（16-3）计算洛氏硬度值。

$$洛氏硬度值=N-\frac{h}{S} \tag{16-3}$$

式中，N 为给定标尺的硬度数；S 为给定标尺的单位（mm）；h 为卸除主试验力后，在初试验力下压痕残余的深度（残余压痕深度）。

实际测定洛氏硬度时，由于在硬度计的压头上方装有百分表，可直接测出压痕深度，并按式（16-3）计算出相应的硬度值。因此，在试验过程中金属的洛氏硬度值可直接读出。

（2）洛氏硬度值的表示方法　用洛氏硬度符号 HR 和使用的标尺字母（A、B、C、D、E、F、G、H、K、N、T）表示。

A、C 和 D 标尺洛氏硬度用硬度值、符号 HR 和使用的标尺字母表示。示例：59HRC 表示用 C 标尺测得的洛氏硬度值为 59。

B、E、F、G、H 和 K 标尺洛氏硬度用硬度值、符号 HR、使用的标尺字母和球压头代号（钢球为 S，硬质合金球为 W）表示。示例：60HRBW 表示用硬质合金球压头在 B 标尺上测得的洛氏硬度值为 60。

N 和 T 标尺表面洛氏硬度用硬度值、符号 HR、用金刚石压头时试验力数值（总试验力）和使用的标尺表示。示例：70HR30N 表示用总试验力为 294.2N 标尺测得的表面洛氏硬度值为 70。

（3）常用洛氏硬度标尺的试验范围和适用范围　常用洛氏硬度标尺 HRA、HRB 和 HRC 的试验范围和适用范围见表 16-2。

表 16-2　常用洛氏硬度标尺的试验规范和适用范围

标尺	硬度值符号	压头	总负荷/kgf(N)	测量范围	应　用
A	HRA	金刚石圆锥	60(558.4)	20~88HRA	测量硬脆金属或表面硬化层，如硬质合金、表面淬火层、渗碳层
B	HRB	直径为 1.5875mm 的球	100(980.7)	20~100HRB	测量较软金属，如非铁金属、正火钢、退火钢
C	HRC	金刚石圆锥	150(1471.1)	20~70HRC	较硬金属，如淬火钢、调质钢

注：使用钢球压头的标尺，硬度符号后面加“S”；使用硬质合金球压头的标尺，硬度符号后面加“W”。

3. 肖氏硬度试验

肖氏硬度又称为回跳硬度。由于肖氏硬度计携带、操作方便，测试迅速，压痕浅而小，适用于冶金、重型机械工业对大型制件、原材料进行现场测定。

（1）基本原理　肖氏硬度检测是以一定质量的规定形状的金刚石冲头，从一定高度自由下落到试样表面上，冲头动能的一部分消耗于试样表面的塑性变形，另一部分则以弹性变形方式瞬时储存在试样内。当储存在试样内的能力释放时，会使冲头回跳，硬度与回跳高度和回跳速度成正比，C 型和 D 型肖氏硬度计是以回跳高度作为硬度的量度，E 型肖氏硬度计则是以回跳速度作为硬度的量度。C 型和 D 型肖氏硬度计算公式如下：

$$HS=K\frac{h}{h_0} \tag{16-4}$$

式中，HS 为肖氏硬度值；K 为肖氏硬度系数，C 型选 100，D 型选 140；h 为压头弹回的高度；h_0 为压头原来的高度。

（2）肖氏硬度值的表示方法　肖氏硬度符号为 HS，表示时应注明所用标尺。如 70HSC、70HSD，分别代表用 C 型、D 型肖氏硬度计测定的硬度值。

4. 里氏硬度试验

里氏硬度检测法是最新应用的一种硬度检测方法。其特点是操作简单，测试范围广，特别适用于大型工件。

（1）基本原理　用规定质量的冲击体在弹力作用下以一定速度冲击试样表面，用压头在距试样表面 1mm 处的回弹速度与冲击速度的比值来计算硬度值。用 HL 来表示，计算公式如下：

$$HL = 1000\frac{v_R}{v_A} \tag{16-5}$$

式中，HL 为里氏硬度值；v_R 为冲击体回弹速度；v_A 为冲击体冲击速度。

（2）里氏硬度值的表示方法　里氏硬度用 HL 来表示，但用不同的冲击装置测得的里氏硬度其表示方法不同。HLD、HLDC、HLG 和 HLC 分别表示用 D 型、DC 型、G 型和 C 型冲击装置测得的里氏硬度。

5. 维氏硬度试验

（1）基本原理　维氏硬度的试验原理与布氏硬度相同，也是根据压痕单位面积所承受的试验力来表示硬度值。所不同的是维氏硬度用的压头不是球体，而是两对面夹角 $\alpha=136°$ 的金刚石四棱锥体。压头在试验力 F（单位是 kgf 或 N）的作用下，在试样表面上压出一个四棱锥形压痕，经规定时间保持载荷之后，卸除试验力，用读数显微镜测出压痕对角线平均长度，用于计算压痕的表面积，则维氏硬度值（HV）就是试验力除以压痕表面积所得的商，试验原理图如图 16-4 所示。

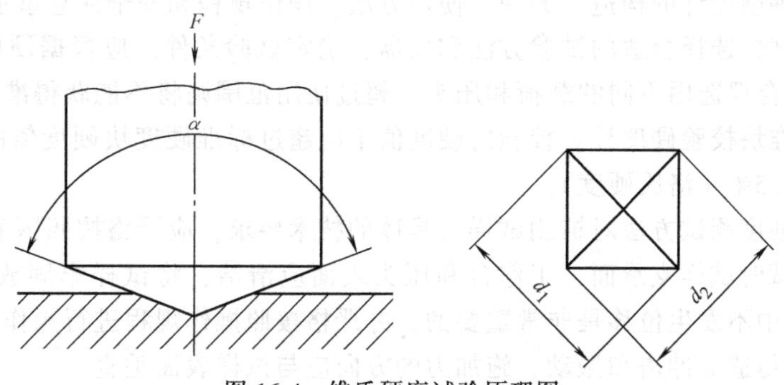

图 16-4　维氏硬度试验原理图

计算公式为

$$HV = 常数 \times \frac{试验力}{压痕表面积} = \frac{0.204F\sin\frac{136°}{2}}{d^2} = 0.1891\frac{F}{d^2} \tag{16-6}$$

式中，HV 为维氏硬度值；F 为试验力（N）；d 为两压痕对角线长度 d_1 和 d_2 的算数术平均值（mm）。

（2）维氏硬度值的表示方法　维氏硬度用 HV 表示，符号前为硬度值，符号后按顺序用数字表示试验条件（试验力/试验力保持时间，保持时间为 10～15s 者不标），例如 640HV30/20 表示在 30kgf（294.2N）试验力下，保持时间 20s 测定的维氏硬度值为 640。如果试验力为 294.2N，保持时间为 10～15s，测得的硬度值为 560，则可表示为 560HV30。

（3）维氏硬度试验力的范围及选择　维氏硬度试验力的范围见表16-3，可根据试样材料的硬度范围和厚度来选择试验力，其选择原则应保证试验后压痕深度 h 小于试样厚度（或表面层厚度）的1/10。

表16-3　维氏硬度试验力的范围

试验力/N	硬度符号	试验名称
$F \geqslant 49.03$	≥HV5	维氏硬度试验
$1.961 \leqslant F < 49.03$	HV0.2~<HV5	小负荷维氏硬度试验
$0.09807 \leqslant F < 1.961$	HV0.01~<HV0.2	显微维氏硬度试验

在一般情况下，建议选用试验力30kgf（294.2N）。当被测金属试样组织较粗大时，也可选用较大试验力。但当材料硬度≥500HV时，不宜选用大试验力，以免损坏压头。试验力的保持时间：钢铁材料为10~15s，非铁金属为30s±2s。

三、实验设备及材料

1）各类硬度计。

2）读数显微镜：最小分度值为0.01mm。

3）标准硬度块：不同硬度试验方法的标准硬度块各一套。

4）材料：20、45、T8、T12钢退火态、正火态、淬火态及回火态试样，渗氮、渗碳淬火试样，黄铜、合金钢及轴承合金等，试样尺寸为 ϕ20mm×10mm及 ϕ50mm×20mm。

四、实验内容及步骤

1）了解各种硬度计的构造、原理、使用方法、操作规程和安全注意事项。

2）对各种试样选择合适的试验方法和仪器，确定试验条件。应根据硬度试验机的使用范围，按照规定合理选用不同的载荷和压头，超过使用范围则将不能获得准确的硬度值。

3）使用标准块校验硬度计。校验的硬度值不应超过标准硬度块硬度值的±3%（布氏硬度）或±1%~±1.5%（洛氏硬度）。

4）不同的硬度测试方法对被测试样有具体的技术要求，应严格按照国家标准执行。

5）试样测试时试样支承面、工作台和压头表面应清洁，将试样牢固放置在试样台上，保证在试验过程中不发生位移是非常重要的，并严格按照操作规程进行操作。加载时应细心平稳地操作，不得造成冲击和振动，施加力的方向应与试样表面垂直。

6）任一压痕中心与边缘的距离至少为压痕平均直径的2.5倍；两相邻压痕中心间距至少应为压痕平均直径的3倍。

7）测试完毕，卸掉载荷后，必须使压头完全离开试样后再取下试样，以免损坏压头。

提示：实验结束后，关闭设备电源，按原位置摆放好实验仪器，打扫清理实验室卫生。

本实验依据的国家标准：

1）GB/T 231.1—2018《金属材料　布氏硬度试验　第1部分：试验方法》

2）GB/T 230.2—2012《金属材料　洛氏硬度试验　第2部分：硬度计（A、B、C、D、E、F、G、H、K、N、T标尺）的检验与校准》

3）GB/T 4340.1—2009《金属材料　维氏硬度试验　第1部分：试验方法》

五、实验报告要求

1）写出实验目的及内容。

2）说明本次实验所用硬度计的型号、操作规程和注意事项。

3）说明实验方法、选择实验条件的原则及硬度值的表示方法。

4）简述布氏硬度和洛氏硬度的实验原理、优缺点及应用。

5）测定所给材料的硬度值，设计实验表格，将实验数据填入表内，并分析误差产生的原因（利用各种硬度测试方法的特点分析）。

实验 17　金属室温静拉伸力学性能的测定

一、实验目的

1）了解万能材料试验机的结构及工作原理，掌握使用方法。

2）掌握低碳钢的下屈服强度 R_{eL} 及规定塑性延伸强度 $R_{p0.2}$、抗拉强度 R_m、断后伸长率 A 和断面收缩率 Z 的测定方法。

3）测定低碳钢和铸铁的抗拉强度 R_m。

4）观察低碳钢与铸铁的断口特征，比较两者的力学性能特征。

二、原理概述

金属材料拉伸是金属材料力学性能测试中最重要的方法之一。通过拉伸试验可以揭示材料在静载荷作用下应力应变及常见的 3 种失效形式（过量弹性变形、塑性变形和断裂）的特点和基本规律，可以评价材料的基本力学性能指标，如下屈服强度 R_{eL}、抗拉强度 R_m、伸长率 A 和断面收缩率 Z 等。这些性能指标是材料的评定和工程设计的主要依据。

根据 GB/T 228.1—2010《金属材料　拉伸试验　第 1 部分：室温试验方法》的规定，对一定形状的试样施加轴向试验力 F 拉至断裂。

低碳钢拉伸时的典型力-伸长曲线如图 17-1 所示。由图 17-1 可见，低碳钢试样在拉伸过程中，材料经历了弹性、屈服、强化与缩颈四个阶段，并存在三个特征点。在弹性变形阶段，材料所发生的变形为弹性变形。弹性变形是指卸去载荷后，试样能恢复到原状的变形。在强化阶段材料所发生的变形主要是塑性变形。塑性变形是指卸去载荷后，试样不能恢复到原状的变形，即留有残余变形。

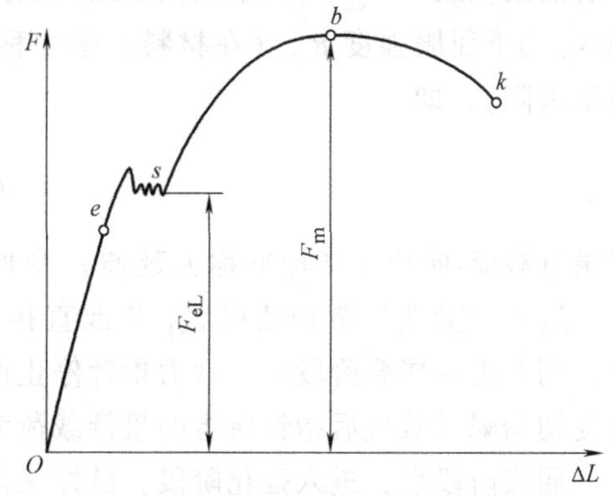

图 17-1　低碳钢拉伸时的典型力-伸长曲线

图 17-1 所示的低碳钢的拉伸曲线可以分成 Oe 段、es 段、sb 段和 bk 段。

1）Oe——弹性变形阶段。线段是直线，变形量与外力成正比，服从胡克定律。载荷去除后，试样回复原来的初始状态。F_e 是使试样产生弹性变形的最大载荷。

2）es——屈服阶段。当载荷超过 F_e 时，拉伸曲线出现平台或锯齿，此时载荷不变或变化很小，试样却继续伸长，称为屈服，F_s 称为屈服载荷；去除外力后，试样有部分残余变形不能回复，称为塑性变形。

3）*sb*——强化阶段。试样在屈服时，由于塑性变形使试样的变形抗力增大，只有增加载荷，变形才可以继续进行。在这阶段，变形与硬化交替进行。随着塑性变形增大，试样变形抗力也逐渐增大，这种现象称为加工硬化。这个阶段试样各处的变形都是均匀的，也称为均匀塑性变形阶段。F_m（F_b）为试样拉伸试验时的最大载荷。

4）*bk*——缩颈阶段。当载荷超过最大载荷 F_m（F_b）时，试样发生局部收缩，这种现象称为缩颈。由于变形主要发生在缩颈处，其所需的载荷也随之降低。随着变形的增加，直到试样断裂。

1. 下屈服强度 R_{eL} 及抗拉强度 R_m 的测定

上屈服强度是试样发生屈服而首次下降前的最高应力；下屈服强度 R_{eL}（GB/T 228.1—2010 标准用 R_{eL} 表示）是屈服期间不计初始瞬时效应时的最低应力。

（1）拉伸试样的技术要求 按国家标准 GB/T 228.1—2010《金属材料 拉伸试验 第1部分：室温试验方法》的规定，拉伸试样分为比例试样和非比例试样两种。比例试样标距 L_0 与原始横截面面积 S_0 的关系规定为

$$L_0 = kS_0^{1/2} \qquad k=5.65 \text{ 或 } 11.3 \tag{17-1}$$

式中，$k=5.65$ 时称为短比例试样，$k=11.3$ 时称为长比例试样，试验一般采用短比例试样。非比例试样的 L_0 和 S_0 不受上述关系的限制。图 17-2a、b 所示分别为横截面为圆形和矩形的拉伸试样，试样的表面粗糙度应符合国家标准规定。

（2）下屈服强度 R_{eL} 和抗拉强度 R_m 的测定方法 采用加荷卸荷的方法，将试样夹持在试验机上。试验时，从 F_0 到 F_n，载荷的每级增量为 ΔF，同时记录载荷-变形（或位移）曲线，当到达屈服阶段时，低碳钢的拉伸曲线呈锯齿状。与最高载荷 F_{eH} 对应的应力为上屈服强度，它受变形速度和试样形状的影响较大，没有特殊要求则一般不测定，也不作为强度指标。屈服期间初始瞬时效应以后的最低载荷 F_{eL}，除以试样的原始横截面积 S_0 为下屈服强度 R_{eL}（在材料力学中称为屈服极限），即

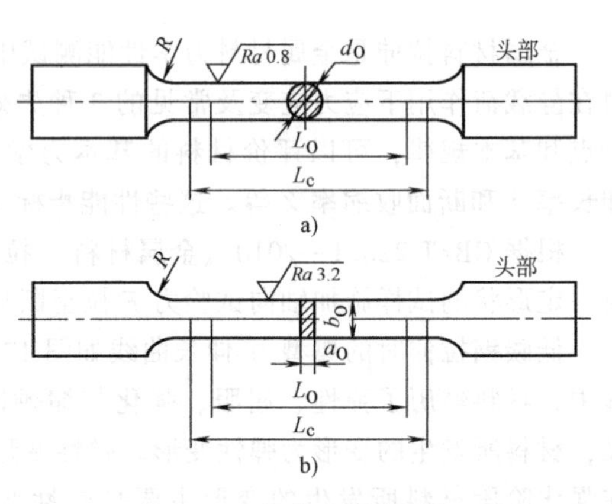

图 17-2 拉伸试样的规格

$$R_{eL} = \frac{F_{eL}}{S_0} \tag{17-2}$$

记录有载荷-伸长（新标准称为延伸）变形或载荷-横梁位移曲线的试验机，可在试验结束后，进入“分析”界面读取 F_{eL} 值或直接得到 R_{eL}。若试验机由示力度盘和指针盘指示载荷，则在进入屈服阶段后，示力指针停止前进，并开始倒退，这时应注意指针的波动情况，捕捉初始瞬时效应后指针所指的最低载荷为 F_{eL}。

屈服阶段后，进入强化阶段，试样又恢复了抵抗继续变形的能力（见图 17-3）。

载荷到达最大值 F_m 时，试样某一局部的截面明显缩小，出现缩颈现象。这时示力度盘的从动针停留在 F_m 不动（屏显式试验机则显示峰值载荷 F_m），主动针迅速倒退，表明载荷迅速下降，直至试样被拉断。以试样的原始横截面面积 S_0 除 F_m 得抗拉强度 R_m，即

$$R_m = F_m / S_0 \tag{17-3}$$

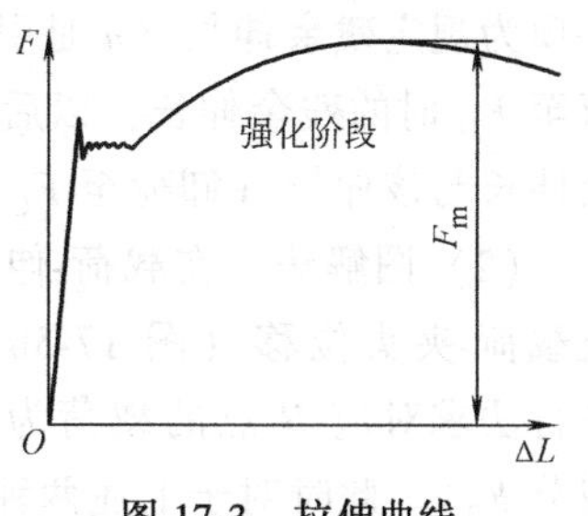

图 17-3 拉伸曲线

2. 断后伸长率 *A* 及断面收缩率 *Z* 的测定

（1）断后伸长率 A 的测定　试样拉断后，原始标距部分的伸长量与原始标距的百分比，称为断后伸长率，用 A 表示。试样的原始标距长为 L_0，拉断后将两段试样紧密地对接在一起，量出拉断后的标距长为 L_u，则断后伸长率为

$$A = (L_u - L_0)/L_0 \times 100\% \tag{17-4}$$

断口附近塑性变形量大，所以 L_u 的量取与断口部位有关。如断口发生于 L_0 的两端标记点或 L_0 之外，则试验无效，应重做。若断口距 L_0 的一端的距离小于或等于 $L_0/3$（见图 17-4b、c），则按下述断口移中法测定 L_u。在拉断后的长段上，由断口处取约等于短段的格数得 B 点，若剩格数为偶数（见图 17-4b），取其一半得 C 点，设 AB 长为 a，BC 长为 b，则 $L_u = a + 2b$。当长段剩余格数为奇数时（见图 17-4c），取剩余格数减 1 后的一半得 C 点，加 1 后的一半得 C_1 点，设 AB、BC 和 BC_1 的长度分别为 a、b_1 和 b_2，则 $L_u = a + b_1 + b_2$。

当采用 $L_0 = 11.3\sqrt{S_0}$ 或定标距试样（如 $L_0 = 80\text{mm}$）时，测定的断后伸长率应加以脚注，如 $A_{11.3}$ 或 A_{80}。

（2）断面收缩率 Z 的测定　断面收缩率 Z 是拉断试样后，缩颈处横截面面积的最大缩减量与原始横截面面积的百分比。设原始横截面面积为 S_0，试样拉断后，缩颈处的最小横截面面积为 S_u，由于断口不是规则的圆形，应在两个互相垂直的方向上量取最小截面的直径，以其平均值 d_u 计算 S_u，然后按下式计算断面收缩率，即

$$Z = (S_0 - S_u)/S_0 \times 100\% \tag{17-5}$$

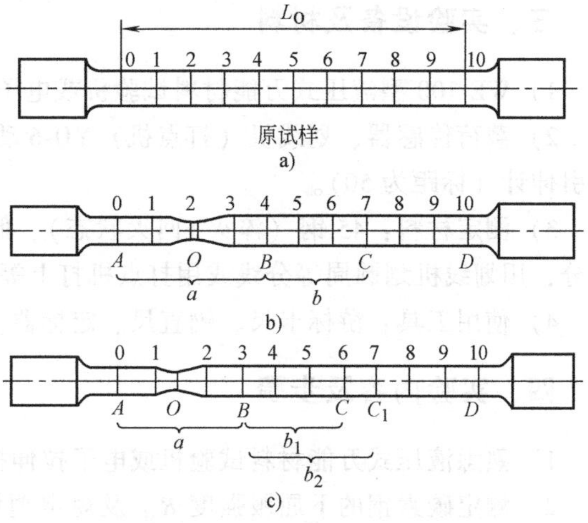

图 17-4 试样拉断后的示意图

3. 规定塑性延伸强度 $R_{p0.2}$ 的测定

工程材料有明显屈服现象的仅仅占材料的一小部分，而绝大多数材料是没有明显的屈服现象，即使有明显屈服现象的材料，通过冷变形、热处理也会使明显的屈服现象消失。屈服强度又是工程设计的一个重要指示，故人为规定了屈服强度，即规定塑性延伸强度也称为条件屈服强度 $R_{p0.2}$，即材料发生 0.2%塑性变形的应力。下面介绍两种测试 $R_{p0.2}$ 方法。

（1）加荷卸荷法　将试样夹持在试验机上，施加相当于预期屈服强度 10%的初载荷 F_0。安装引伸计。继续施加载荷至 $2F_0$，保持 5~10s 卸荷至 F_0，记下引伸计读数作为条件零点，以后往复加、卸荷至实测残余伸长等于或大于规定残余伸长值为止。从 F_0 起第一次载荷加至试样在引伸计基础长度内的部分产生的总伸长为 $0.2\%L_e n + (1\sim2)$ 分格，式中第

一项为规定残余伸长（n 是引伸计放大倍数），第二项为弹性伸长。在引伸计上读出首次卸荷至 F_0 时的残余伸长，以后每次加荷应使试样产生的总伸长为：前一次总伸长加上规定残余伸长与该伸长（卸荷至 F_0）之差，再加上 1~2 分格的弹性伸长增量。

（2）图解法　在载荷-伸长（图 17-5a）或载荷-夹头位移（图 17-5b）曲线上，按平行法求对应 B 点的载荷为所求屈服强度载荷 $F_{0.2}$。此时对于上述两种曲线应分别在引伸计标距 L_e 及试样平行长度 L 的基础上求得规定残余伸长。前一种曲线的伸长放大倍数不低于 50 倍，后者的夹头位移放大倍数可适当放低。

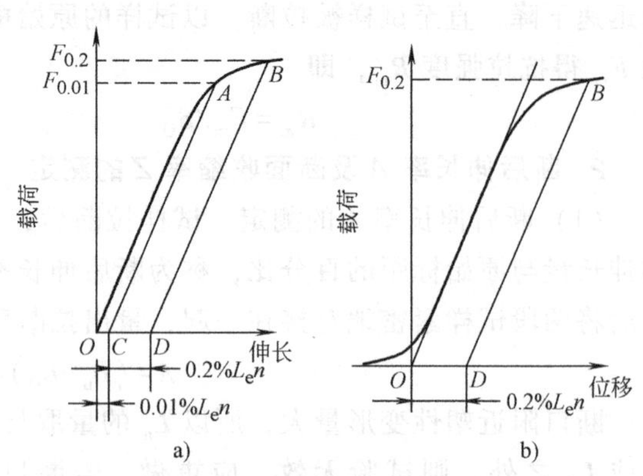

图 17-5　载荷-伸长与载荷-夹头位移曲线示意图

为了绘制出载荷-伸长或载荷-夹头位移曲线，需使用载荷传感器（作用是将载荷转变成电信号，用于测力）、夹式电子引伸计（将试样的伸长量转变成电信号，用于测位移）、动态电阻应变仪（有两个作用：①给电桥提供电压；②把电桥输出的信号进行放大）及函数纪录仪（将动态电阻应变仪放大的信号进一步放大，从而推动纪录笔自动绘出曲线）。

三、实验设备及材料

1）WE-100 型液压式万能材料试验机或电子拉伸机。

2）载荷传感器、划线机（打点机）YD-6 动态电阻应变仪、L304 函数纪录仪和夹式电子引伸计（标距为 50）。

3）测定材料：45 钢（淬火+回火状态）、低碳钢与铸铁拉伸试样，$L_0=10d$，将 L_0 十等分，用划线机划圆周等分线或用打点机打上等分点。

4）使用工具：游标卡尺、钢直尺、定标器。

四、实验内容及步骤

1）熟悉液压式万能材料试验机或电子拉伸机的操作规程。

2）测定碳素钢的下屈服强度 R_{eL} 及规定塑性延伸强度 $R_{p0.2}$、抗拉强度 R_m、断后伸长率 A 和断面收缩率 Z，测定铸铁的抗拉强度 R_m。

3）观察低碳钢、铸铁在拉伸过程中出现的各种现象。分析载荷与变形之间的关系，即 F-ΔL 曲线的特征。

4）比较低碳钢与铸铁力学性能的特点和断口特征。

5）实验步骤。

① 拉伸测试。

a. 测量试样直径。为了避免试样加工时所造成的锥度和圆度影响，故在标距 L_0 内取三个截面，每个截面测量两个互相垂直方向的直径尺寸，求其算术平均值，取三个平均值中的最小值，作为试样的计算直径。按国家标准规定，试样直径的测量精度应达 0.02mm。

b. 估算试样的最大载荷。根据试样直径尺寸及材料强度极限估算试样的最大载荷，选择测力度盘（最大载荷 F 最好在测力度盘的40%~80%）并配置相应的摆锤，同时把回油缓冲阀调至相应载荷范围，避免摆锤回落太快，撞击机身。

c. 调节测力指针对准零点。调摆锤杆铅直（使摆锤杆边与标志线平行即可）。转动水平齿杆使测力指针对准零点。测力度盘上有两个指针，一是主针，一是副针，试验时主针推动副针转动，所以调主针对准零点后，将副针拨至主针前侧。试样破坏时，主针返回，副针指示最大载荷数值。

d. 调节好夹头位置，将试样夹好。

e. 调整好自动绘图装置，准备好笔和纸。起动液压泵电动机，缓缓旋开送油阀，使活动台上升（要注意控制上升速度不能太快）。进行低碳钢拉伸试验时，要注意观察流动阶段（屈服现象）并纪录流动极限载荷 F_{eL}。屈服现象出现时，测力主针即前后摆动或停留不动。按照拉伸试验的标准规定，测定屈服阶段中不计初始瞬时效应时最小载荷值，为流动极限载荷 F_{eL}，用以计算 $R_{eL}=F_{eL}/S_0$。继续加载，强化阶段之后，出现缩颈现象，主针开始返回，副针指示强度极限载荷 F_m，记录下来，用以计算 $R_m=F_m/S_0$。

f. 试样拉断立即关闭送油阀，停止液压泵电动机，将试样取下，打开回油阀，活动台下落。注意回油阀不要开得过大，避免活塞下落撞击液压缸底部。继续进行试验，活动台不要落到底，仍停在10mm左右位置上。

② 规定塑性延伸强度 $R_{p0.2}$ 测定。

a. 将试验材料淬火+回火状态的45钢试样与仪器连接，并进行试验，记录载荷-伸长曲线。

b. 在与试验完全相同的放大倍数下，标定伸长的放大倍数及记录纸上的每1mm代表的载荷值。

c. 按 ΔL=引伸计标距×0.2%×伸长放大倍数计算 ΔL，用平行线法求伸长量 ΔL 对应于 B 点的载荷，即为所求屈服强度载荷 $F_{0.2}$，用 $F_{0.2}$ 除以原始截面面积 S_0 得到 $R_{p0.2}$ 值。

使用液压式万能材料试验机测试以上指标时比较简单，但设置拉伸速度时应注意：

1）在弹性范围内和直至 R_{eL}，应力速率应保持恒定并在表17-1中规定的范围内。若仅测定 R_{eL}，在试样平行长度的屈服期间应变速率应为 $0.00025\sim0.0025s^{-1}$。在任何情况下，弹性范围内的应力速率不得超过表17-1中规定的最大速率。

2）在塑性范围和直至规定强度，应变速率不应超过 $0.0025s^{-1}$。

3）测定抗拉强度（R_m）的应变速率。在塑性范围内，平行长度的应变速率不应超过 $0.008s^{-1}$。在弹性范围内，如试验不包含屈服强度或规定强度的测定，试验机的速率可以达到塑性范围内允许的速率。

表17-1　应力速率

材料弹性模量 E/MPa	应力速率/$MPa\cdot s^{-1}$		材料弹性模量 E/MPa	应力速率/$MPa\cdot s^{-1}$	
	最小	最大		最小	最大
<150000	2	20	≥150000	6	60

五、实验报告要求

1）写出实验目的及内容。

2）写出设备型号并画出试样变化的草图。

3）画出拉伸各过程的应力-应变曲线。

4）计算断后伸长率 A、断面收缩率 Z。

5）画出拉伸试验断口，并指出三个区域。

6）材料相同、直径相等的长试样 $L_0 = 10d_0$ 和短试样 $L_0 = 5d_0$，其断后伸长率 A 是否相同？

7）实验时如何观察低碳钢的屈服现象？测定屈服强度时为何要限制加载速率？

实验18　金属缺口试样冲击韧性的测定

一、实验目的

1）了解冲击韧性的含义。

2）测定钢和铸铁的冲击韧性，比较两种材料的抗冲击能力和破坏断口的形貌。

二、原理概述

冲击载荷是指载荷在与承载构件接触的瞬时内速度发生急剧变化的情况。汽动凿岩机械、锻造机械等所承受的载荷即为冲击载荷。

在冲击载荷作用下，若材料尚处于弹性阶段，其力学性能与静载下基本相同，如在这种情况下，钢材的弹性模量 E 和泊松比 μ 等都无明显变化。但在冲击载荷作用下，材料进入塑性阶段后，则其力学性能却与静载荷下的有显著不同，如塑性性能良好的材料，在冲击载荷下，会呈现脆化倾向，发生突然断裂。由于冲击问题的理论分析较为复杂，因而在工程实际中经常以试验手段检验材料的抗冲击性能。

1. 试验原理

材料在冲击载荷作用下，产生塑性变形和断裂过程吸收能量的能力，定义为材料的冲击韧性。用试验方法测定材料的冲击韧性时，是把材料制成标准试样，置于能实施打击能量的冲击试验机上进行的，并用折断试样的冲击吸收能量来衡量。

按照不同的试验温度、试样受力方式、试验打击能量等来区分，冲击试验的类型繁多，不下十余种。现在介绍常温、简支梁式、大能量一次性冲击试验。依据是国家标准 GB/T 229—2007《金属材料　夏比摆锤冲击试验方法》。

冲击试验机由摆锤、机身、支座、度盘、指针等几部分组成（见图18-1）。试验时，将带有缺口的受弯试样安放于试验机的支座，举起摆锤使它自由下落将试样冲断。若摆锤重力为 G，冲击中摆锤的质心高度由 H_0 变为 H_1，势能的变化为 $G(H_0-H_1)$，它等于冲断试样所消耗的功 W，即冲击中试样所吸收的能量为

$$K=W=G(H_0-H_1) \tag{18-1}$$

设摆锤质心至摆轴的长度为 l（称为摆长），摆锤的起始下落角为 α，击断试样后最大扬起的角度为 β，式（18-1）又可写为

$$K=Gl(\cos\beta-\cos\alpha) \tag{18-2}$$

α 一般设计成固定值，为适应不同打击能量的需要，冲击试验机都配备两种以上不同重量的摆锤，β 则随材料抗冲击能力的不同而变化，如事先用 β 最大可能变化的角度（$0°\sim\alpha$）

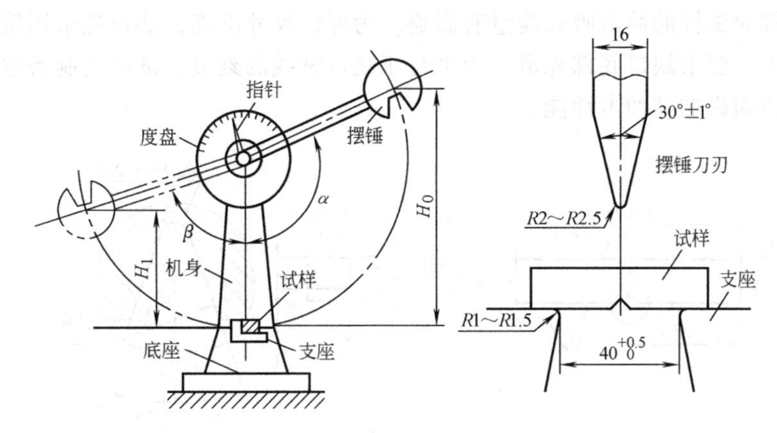

图 18-1　冲击试验机示意图

计算出 K 值并制成度盘，K 值便可由指针的位置从度盘上读出。K 值的单位为 J。

K 值越大，表明材料的抗冲击性能越好。K 值是一个综合性的参数，不能直接用于设计，但可作为抗冲击构件选择材料的重要指标。

值得提出的是，冲击过程所消耗的能量，除大部分为试样断裂所吸收外，还有一小部分消耗于底座振动等方面，只因这部分能量相对较小，一般可以省略。但它却随试验初始能量的增大而加大，故对 K 值原本就较小的脆性材料，宜选用冲击能量较小的试验机。如使用大能量的试验机将影响试验结果的真实性。

材料的内部缺陷和晶粒粗细对 K 值有明显影响，因此可用冲击试验来检验材料质量，判定热加工和热处理工艺质量。K 对温度的变化也很敏感，随着温度的降低，在某一狭窄的温度区间内，低碳钢的 K 值骤然下降，材料变脆，出现冷脆现象。所以常温冲击试验一般在 10～35℃ 的温度下进行，K 值对温度变化很敏感的材料，试验应在（20±2）℃ 进行。温度不在这个范围内时，应注明试验温度。

2. 试验试样

冲击韧性（实际为冲击吸收能量）K 值与试样尺寸、缺口形状和支撑方式有关。为便于比较，国家标准规定两种型式的试样：①U 型缺口试样，如图 18-2 所示；②V 型缺口试样，如图 18-3 所示。此外，尚有缺口深度 5mm 的 U 型标准试样。当材料不能制备上述标准试样时，则允许采用宽度为 7.5mm 或 5mm 的等小尺寸试样，缺口应开在试样的窄面上。V 型缺口与深 U 型缺口适用于韧性较好的材料。用 V 型缺口试样测定的冲击韧性记为 KV，U 型缺口试样则应加注缺口深度，如 KU_2 或 KU_5（缺口深度为 5mm）。

冲击时，由于试样缺口根部形成高度应力集中，吸收较多的能量，缺口的深度、曲率半

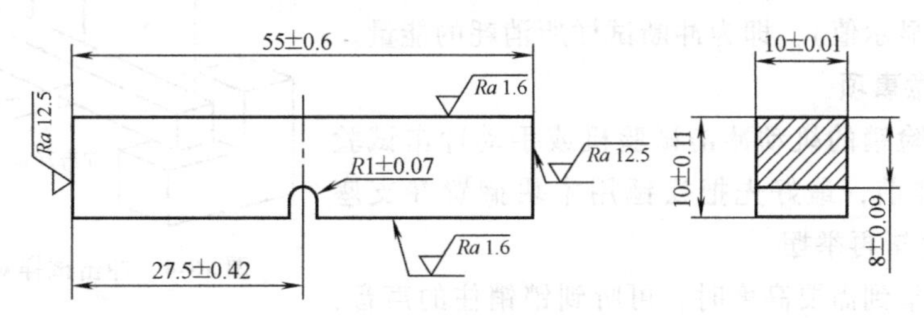

图 18-2　U 型缺口试样

径及角度大小都对试样的冲击吸收能量有影响。为保证尺寸准确，缺口应采用铣削、磨削或专用的拉床加工，要求缺口底部光滑，无平行于缺口轴线的刻痕。试样的制备也应避免由于加工硬化或过热而影响其冲击性能。

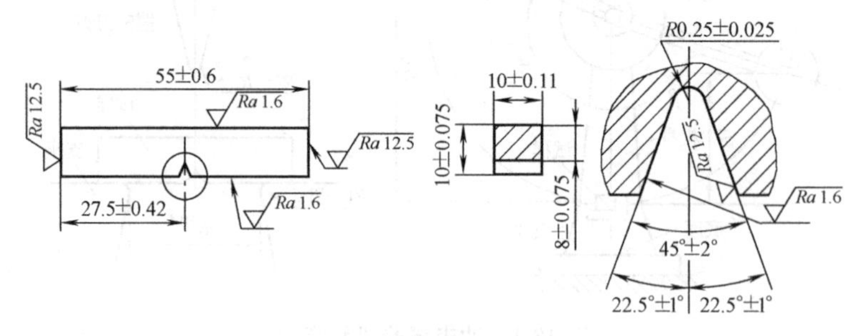

图 18-3　V 型缺口试样

三、实验设备及材料

1）冲击试验机。

2）游标卡尺。

3）钢与铸铁的标准冲击试样。

四、实验内容及步骤

1. 实验内容

测定钢与铸铁的冲击韧性，并对这两种材料的抗冲击能力和破坏断口的形貌进行比较。

2. 实验步骤

1）检查试样的形状、尺寸及缺口质量是否符合标准的要求。

2）选择合适的摆锤，冲击试验机一般在摆锤最大打击能量的10%~90%内使用。

3）空打试验机。举起摆锤，试验机上不放置试样，把指针（即从动针）拨至最大冲击能量刻度处（数显冲击机调零），然后释放摆锤空打，指针偏离零刻度的示值（即回零差）不应超过最小分度值的1/4。若回零差较大，应调整主动针位置，直到空打从动针指零。

4）用专用对中块，按图 18-4 使试样贴紧支座安放，缺口处于受拉面，并使缺口对称面位于两支座对称面上，其偏差不应大于 0.5mm。

5）将摆锤举高挂稳后，把从动针拨至最大刻度处（极其重要），然后使摆锤下落冲断试样。待摆锤回落至最低位置时，进行制动。记录从动针在度盘上的指标值（或数显装置的显示值），即为冲断试样所消耗的能量。

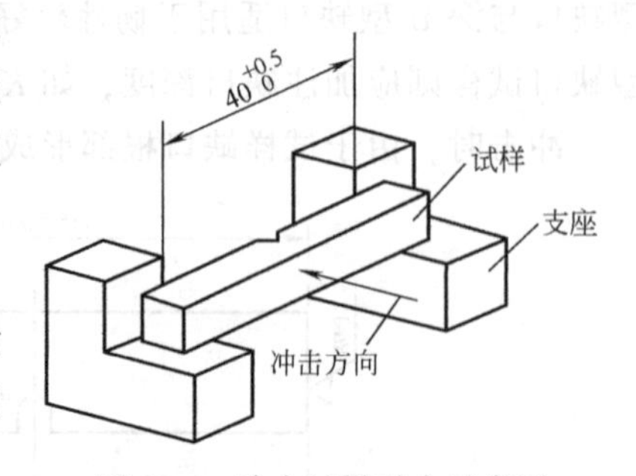

图 18-4　冲击试样对中示意图

3. 实验注意事项

1）不带保险销的机动冲击试验机或手动冲击试验机，在安装试样前，最好先把摆锤用木块搁置在支座上，试样安装完毕再举摆。

2）当摆锤举到需要高度时，可听到销销住的声音，为避免断销，应轻轻放摆。在销未锁住前切勿放手。摆锤下落尚未冲断试样前，不能将控制杆推向制动位置。

3）在摆锤摆动范围内，不得有任何人员活动或放置障碍物，以保证安全。

4）带有保险销的机动冲击试验机，冲击前应先退销再释放摆锤进行冲击。

5）冲击吸收能量在100J以上时，取三位有效数；在10~100J时，取两位有效数；小于10J时，保留小数点后一位，并修到约0.5J。

6）如因试验机打击能量偏低，试样受冲后未完全折断，应在试验数据之前加大于符号“>”，其他情况则应注明“未折断”。

7）试样断口有明显的夹渣、裂纹等缺陷时，应加以注明。

8）因操作不当（如提早制动等），试样卡锤，其试验结果无效，应重做。

五、实验报告要求

1）写出实验目的及内容（包括试验标准号、材料种类、试样尺寸及类型、试验温度、试验机型号及打击能量、冲击吸收能量及备注）。

2）比较低碳钢和铸铁两种材料的 K 值，绘出两种试样的断口形貌，指出各自的特征，并确定两种材料的韧脆性。

3）用冲击低碳钢的大能量试验机冲击铸铁试样，能否得到准确结果？

4）因冲击能量偏低使试样未曾折断，是认为试验无效应重新进行，还是采用“$K>$指标值”的表示方式？

5）观察冲击试样断口形貌有什么意义？

实验19 金属平面应变断裂韧度 K_{IC} 的测定

一、实验目的

1）了解断裂韧度测试的基本原理。

2）掌握断裂韧度的测试方法。

二、原理概述

断裂是机械零件服役过程中最严重和最后的损坏形式。断裂通常可分为韧性断裂和脆性断裂两类。断裂力学认为：造成低应力脆断的主要原因是零件或结构中存在裂纹，在一定的力学条件下，这些裂纹扩展导致零件的断裂。

断裂力学的任务之一就是提出含裂纹零件（裂纹体）受载的合理的力学参量，如 K、COD、J 等，以及裂纹体断裂时力学参量达到的临界值，即断裂判据。

1. 断裂韧度 K_{IC} 的测定基本原理

断裂韧度 K_{IC} 是金属材料在平面应变和小范围屈服条件下裂纹失稳扩展时应力强度因子 K_I 的临界值。它表征金属材料对脆性断裂的抗力，是度量材料韧性好坏的一个定量指标。若构件中含有长度为 $2a$ 的裂纹，所承受的名义应力为 σ，则 K_I 的一般表达式为 $K_I=Y\sigma\sqrt{a}$。式中，Y 为与试样及裂纹的几何形状、加力方式有关的因子。因此，测试 K_I 时，必须将所试验的材料制成一定形状和尺寸的试样，在试样上预制一定形状和尺寸的裂纹，并在一定的加力方式下进行试验。由于 σ 决定于所加力 F 的大小，所以试样为 $K_I=Y\sqrt{a}f\ (F)$ 的形式。如果试样是在平面应变和小范围屈服条件下进行的，那么，只要测出试样上裂纹失稳扩展时的临界力就可计算出该金属材料 K_I 的临界值，即断裂韧度 K_{IC}。

2. K_{IC} 试验用的试样

（1）试样形状和尺寸　国家标准 GB/T 4161—2007《金属材料　平面应变断裂韧度 K_{IC} 试验方法》规定的主要使用试样是三点弯曲试样和紧凑拉伸试样两种，其试样尺寸如图 19-1 所示。确定试样尺寸时首先确定试样类型，然后按照平面应变要求，确定试样厚度 B，即

$$B \geqslant 2.5\times\left(\frac{K_{IC}}{R_{p0.2}}\right)^2 \tag{19-1}$$

当 K_{IC} 尚无法预估时，可参考类似钢的数据，标准中还规定了参照 $R_{p0.2}/E$ 选择试样尺寸的办法。B 确定后，则可依试样图确定试样其他尺寸和裂纹长度 a 及韧带尺寸 $W-a$。

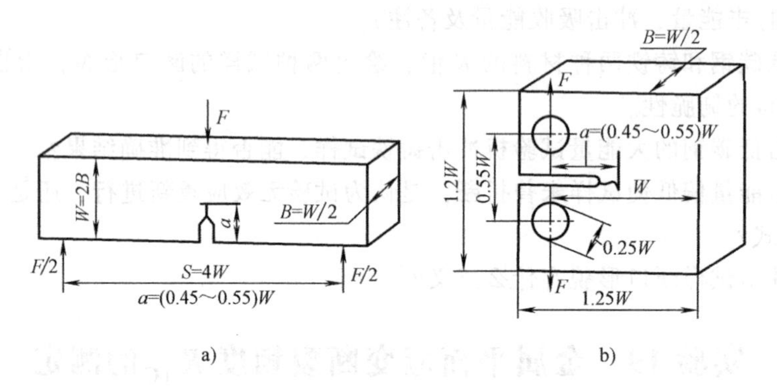

图 19-1　K_{IC} 试验用的试样尺寸

a）三点弯曲试样　b）紧凑拉伸试样

（2）试样的制备　试样可以从机件实物上切取，也可以从铸件、锻件毛坯或轧材上切取。由于材料的断裂韧度与裂纹取向和裂纹扩展方向有关，所以在切取试样时应予以注明。

试样毛坯粗加工后，进行热处理和磨削加工（不需热处理的试样粗加工后直接进行磨削加工），随后开缺口和预制疲劳裂纹。试样上的缺口一般使用线切割加工。为了使引发的裂纹平直，缺口应尽可能尖锐，一般要求尖端半径为 0.08~0.1mm。

开好缺口的试样，在高频疲劳试验机上预制疲劳裂纹。试样表面上的裂纹长度应不小于 0.25W 或 1.3mm，取其中较大值，a/W 应控制在 0.45~0.55。预制疲劳裂纹时，先在试样两个侧面上垂直于裂纹方向用铅笔或其他工具画两条标线，如图 19-2 所示。预制疲劳裂纹开始阶段加力可以大一些，以加快引发速度，但到最后阶段时，循环应力不能太大，此时所加循环应力强度因子最大值 K_{max} 不得大于 60%K_{IC}，以免裂纹尖端锐度降低，并形成较大塑性区，使测得的 K_Q 偏高。疲劳裂纹从机械加工缺口端扩展至少 1.3mm。

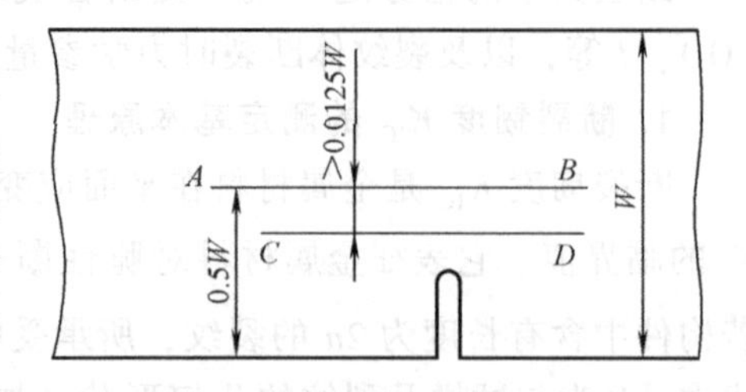

图 19-2　预制疲劳裂纹时两条标线的位置

但最大交变载荷也不应使 $K_{f,max}$（预制疲劳裂纹时的最大应力强度因子）超过材料 K_{IC} 估计值的

80%。交变载荷的最低值应使最小载荷与最大载荷在裂纹扩展最后阶段（即在裂纹总长度最后的 2.5%距离内），应使 $K_{f,max} \leq 60\% K_{IC}$，并且 $K_{f,max}/E < 0.01\text{mm}^{1/2}$，同时调整最小载荷使载荷比为-1~0.1。预制疲劳裂纹过程中，要用放大镜或计数显微镜仔细监视裂纹的发展，遇有试样两侧裂纹发展深度相差较大时，可将试样调转方向继续加载。

3. 实验装置

将制备好的试样，用专门制作的夹持装置在电子拉伸机上进行的。

在试验机上装上专门支座，试样放在支座上，图 19-3 所示为三点弯曲试样断裂韧度试验示意图。试样 2 放在支座上，机器液压缸下装载荷传感器 1，下连压头，试样 2 下边装夹式引伸计 3。加载过程中，载荷传感器传出载荷 F 的信号，夹式引伸计传出裂纹尖端张开位移 V 的信号，将信号 F、V 输入计算机 4，记录下 F-V 曲线，然后依 F-V 曲线确定裂纹失稳扩展临界载荷 F_Q，依 F_Q 和试样压断后实测的裂纹长度 a 代入求 K 的公式中得出 K_Q。

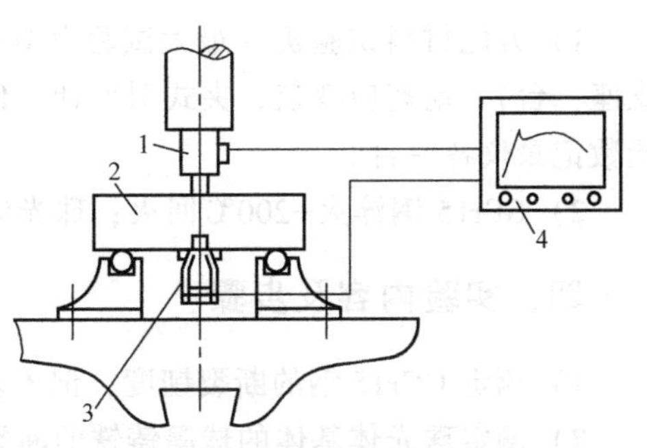

图 19-3 三点弯曲试样断裂韧度试验的示意图

1—载荷传感器 2—试样

3—夹式引伸计 4—计算机

测得的 F-V 曲线有图 19-4 所示三种基本形式。对强度高、塑性低的材料，加载初始阶段，F-V 呈直线关系，当载荷大到一定程度，试样突然断裂，曲线突然下降，得到曲线 1；对韧性较好的材料，曲线首先以直线关系上升到一定值后，突然下降，出现“突进”点，继又上升，直到某一更大载荷后，试样才完全断裂，如曲线Ⅱ；韧性更好的材料，得到 F-V 曲线Ⅲ。对Ⅰ、Ⅱ、Ⅲ曲线，标准规定，从坐标原点作比试验曲线斜率低 5%的斜线与试验曲线相交，得一点 F_5，如 F_5 以左曲线上有载荷点高于 F_5 的，即以 F_5 以左的最高载荷为 F_Q；如 F_5 以左无载荷点高于 F_5，即以 F_5 为 F_Q，以计算 K_Q。F_Q 确定后，将试样压断，测量预制裂纹的长度 a，将 F_Q、a、B、W、S 等代入应力强度因子表达式以计算 K_Q。注意：断口上的预测裂纹线并不是一平直的线，而是一弧形线，标准中规定了测量裂纹长度 a 值的办法。

标准规定：将压断后的试样在工具显微镜或其他精密测量仪器下测量裂纹长度 a。由于裂纹前沿不平直，规定在 $B/4$、$B/2$、$3B/4$ 的位置上测量裂纹长度 a_2、a_3 及 a_4（见

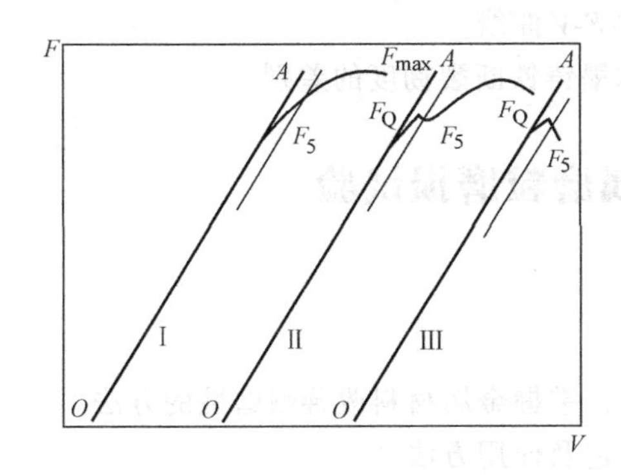

图 19-4 F-V 曲线的三种基本形式

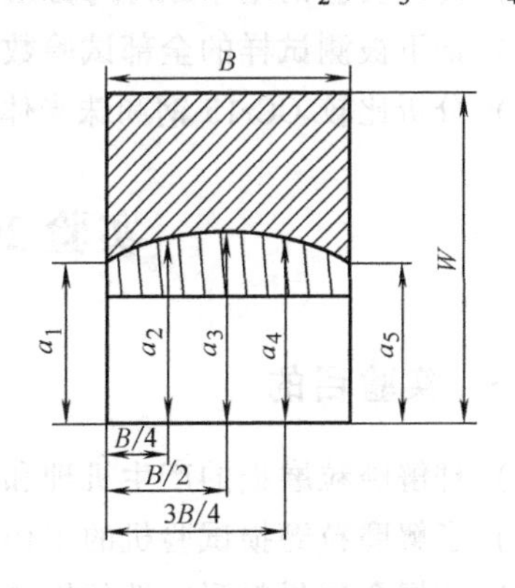

图 19-5 裂纹长度的测量位置

图 19-5)，各测量值准确到裂纹长度 a 的 0.5%，取其平均长度 $a=(a_2+a_3+a_4)/3$ 作为裂纹长度。a_2、a_3、a_4 中任意两个测量值之差以及 a_1 与 a_5 之差都不得大于 a 的 10%。

4. K_{IC} 有效性判别

标准规定，测得的 K_Q 是否有效，要看是否满足以下两个条件：

$$B \geqslant 2.5 \times \left(\frac{K_Q}{R_{p0.2}}\right)^2$$

$$\frac{F_{max}}{F_Q} \leqslant 1.1$$

如果符合上述两项条件，K_Q 即 K_{IC}；如果不符合，则 K_Q 不是 K_{IC}，必须加大试样尺寸，重新试验。

三、实验设备及材料

1）万能材料试验机（最大试验力 100kN 或 300kN，在活动横梁上配有专用的弯曲试样支座一台）、动态应变仪、夹式引伸计、位移定标器、工具显微镜、载荷传感器 100kN、X-Y 函数记录仪各一台。

2）GCr15 钢淬火+200℃回火；珠光体基体的球墨铸铁。

四、实验内容及步骤

1）测定 GCr15 钢的断裂韧度，记入表 19-1 中。

2）测定珠光体基体的球墨铸铁的断裂韧度，记入表 19-1 中。

表 19-1 断裂韧度试验记录表

试样材料	热处理	试样尺寸/mm	缺口形状	缺口宽度/mm	缺口深度/mm	断裂韧度

五、实验报告要求

1）写出实验目的及内容。

2）简述实验的基本原理与方法。

3）记下被测试样的全部试验数据，并附 F-V 曲线。

4）分析比较 GCr15 钢和珠光体基体的球墨铸铁断裂韧度的差别。

实验 20 金属磨粒磨损试验

一、实验目的

1）理解磨粒磨损的产生机理和影响因素，掌握金属材料改善耐磨性的方法。

2）了解磨粒磨损试验机的工作原理、构造及使用方法。

3）掌握金属材料耐磨性的检测方法。

二、原理概述

1. 磨粒磨损的含义

磨粒磨损又称为磨料磨损或研磨磨损，是摩擦副的一方表面存在坚硬的细微凸起或在接触面间存在硬质粒子时产生的一种磨损。磨粒磨损的主要特征是摩擦面上有擦伤或因明显犁皱形成的沟槽。根据磨粒所受应力大小不同，磨粒磨损可分为凿削式、高应力碾碎式和低应力擦伤式三类。磨粒磨损量的计算为

$$W = K\frac{PL\tan\theta}{H} \tag{20-1}$$

式中，K 为系数；可见磨粒磨损量 W 与接触压力 P、滑动距离 L 成正比，与材料硬度 H 成反比，并与硬材料凸出部分或磨粒形状 θ 有关。

磨粒磨损机理主要有以下几种：

1）微观切削磨损机理。在法向力作用下，磨粒压入表面，而切向力使磨粒向前推进，磨粒如同刀具，在表面进行切削而形成切屑。

2）多次塑变磨损机理。犁沟→犁皱→反复塑性变形，最后因材料产生加工硬化或其他强化作用最终剥落而成为磨屑。

3）微观断裂（剥落）磨损机理。磨粒与脆性材料表面接触时，材料表面因受到磨粒的压入而形成裂纹，当裂纹互相交叉或扩展到表面时就发生剥落而形成磨屑，断裂机理造成的材料损失率最大。

4）疲劳磨损机理。摩擦表面在磨粒产生的循环接触应力作用下，使表面材料因疲劳而剥落。

在实际磨粒磨损过程中，往往有几种机理同时存在，但以某一种机制为主。当工作条件发生变化时，磨损机理也随之变化。

2. 影响因素

1）材料硬度。未热处理钢及纯金属的抗磨粒磨损的耐磨性与其自然硬度成正比；经过热处理的钢，其耐磨性随硬度的增加而增加；钢中碳及碳化物形成元素的含量越高，耐磨性越好。

2）显微组织。自铁素体逐步变为珠光体、贝氏体、马氏体，耐磨性提高。在软基体中，增加碳化物的数量及弥散度，可改善耐磨性；在硬基体中，如碳化物硬度与基体硬度相近，则使耐磨性受到损害；摩擦条件一定时，如碳化物硬度比磨粒硬度低，那么提高碳化物硬度，将增加耐磨性。

3）加工硬化。低应力磨损时，加工硬化不能提高表面的耐磨性；高应力磨损时，表面加工硬化硬度越高，耐磨性越好。

另外，磨粒硬度和大小也影响磨粒磨损的耐磨性。

3. 材料的耐磨性

耐磨性是指材料抵抗磨损的性能，通常用磨损量表示。磨损量越小，耐磨性越高。磨损量的测量有称重法和尺寸法两种。称重法是用精密分析天平称量试样试验前后的质量变化以确定磨损量。尺寸法是根据表面法向尺寸在试验前后的变化确定磨损量。

常用磨损量的倒数或用相对耐磨性 ε 表征材料的耐磨性。

$$\varepsilon=\frac{\text{试验材料的耐磨性}}{\text{标准材料的耐磨性}}$$

相对耐磨性 ε 的倒数也称为磨损系数。

注：试验试样与标准试样应在相同测试条件下才能对比。

三、实验设备及材料

（1）实验设备 ML-100 销盘式磨粒磨损试验机，可进行与砂石等固体发生摩擦情况下金属材料的耐磨性试验，得出测试材料的抵抗磨粒磨损性能，以便选择合理的材料和工艺。

（2）设备基本构造及技术指标 主机包括机身、转动圆盘、试样进给及加载部分。图 20-1 所示为 ML-100 销盘式磨粒磨损试验机原理图。电控柜包括转速调节、手自动调节、计数器、正反向起动停止等。

载荷：2~100N（试样夹头自重 2N）。

圆盘转速：60r/min、120r/min。

试样行程：10~110mm。

试样进给量：1mm/r、2mm/r、3mm/r、4mm/r。

试样直径：ϕ2mm、ϕ3mm、ϕ4mm。

磨料砂纸：ϕ260mm。

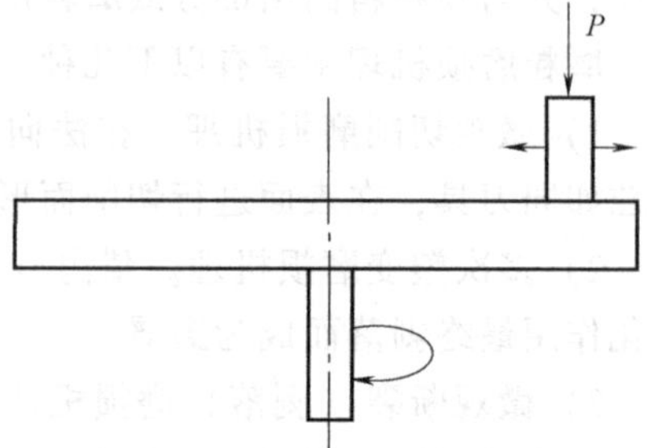

图 20-1 ML-100 销盘式磨粒磨损试验机原理图

（3）销盘式磨粒磨损试验机使用方法

1）准备合格的试样、标样和砂纸。

2）将试样和标样分别装入弹性夹头内磨合一次。

3）选取试样行程范围（如 20~110mm），并固定微动限位开关的碰块位置（起始点确定后，机座“0”标尺对应的圆盘上某一刻度，作为每次开始点）。

4）选定圆盘转速（如高速 120r/min）、试样径向进给量（如 2mm/r）。

5）使用计数表设置试验总转数（如 500r），试样在圆盘上摩擦的阿基米德螺旋线轨迹总长度为 L。当工作起止点为行程起止位置时，L 为

$$L=\frac{\pi N(r_1^2-r_2^2)}{r_1-r_2} \tag{20-2}$$

式中，N 为总转数；r_1、r_2 为摩擦起止半径。

6）安装试样，选定载荷，选择自（手）动档位，起动电动机，进行磨损试验。

7）实验结束，关闭电源。

（4）布洛氏硬度计和精密分析天平

（5）实验材料 45 钢（退火态、调质态），T12 钢（淬火+低温回火态）。

四、实验内容及步骤

1）熟悉销盘式磨损试验机的使用，并进行试样磨损量的测定。

2）学生分组，每组取三个试样，分别为 45 钢退火态、45 钢调质态、T12 钢淬火低温回火态。

3）分别测定试样的硬度值（其中，45 钢退火态测布氏硬度，其他试样测洛氏硬度）、质量。

4）按照设定好的参数进行实验，检测磨损后试样的质量，并记录实验数据。

5）取下试样，将试验机恢复原状。

实验注意事项如下：

1）实验前必须熟悉设备的结构特点和操作要求。

2）检测时首先将试样装入夹头磨合一次，以保证试样端面与轴心线垂直。

3）每测试一个试样，需更换一次砂纸。

4）实验中不要用手转动圆盘，防止破坏锥度连接的可靠性。

5）实验结束后，关闭设备电源，摆放好实验仪器，打扫清理实验室卫生。

五、实验报告要求

1）写出实验目的及内容。

2）简述实验原理。

3）根据实验数据分别计算试样的磨损量、线磨损量（单位摩擦距离的磨损量）、比磨损量（单位摩擦距离及单位载荷下的磨损量），填入表20-1，并进行数据综合分析。

表 20-1　实验数据

材料名称	热处理状态	硬度	质量/mg		磨损量/mg	圆盘转速/r·min^{-1}	试样进给量/mm·r^{-1}	行程起止点/mm		总转数/r	总摩擦距离/m	线磨损量/mg·m^{-1}	载荷/N	比磨损量/mg·mN^{-1}
			起始	结束				r_1	r_2					

4）结合实验数据分析各种因素对材料耐磨性的影响规律，并总结出提高材料耐磨粒磨损性能的方法。

实验21　力学性能综合实验

在材料的实际应用中需要针对产品的服役条件，选择不同的力学性能测试方法，如用来制作轴类零件的材料，除要了解材料拉伸性能指标外，还需了解在扭应力作用下的力学性能指标以及疲劳极限等。因此，需要对不同的力学性能检测技术与性能分析有较全面的了解。

一、实验目的

本实验通过对同类材料进行不同力学性能的测试分析，掌握不同力学性能检测技术，了解彼此之间的相关性。

二、实验材料

40Cr钢，状态：淬火+回火（回火温度分别为200℃、400℃、600℃）。

三、实验内容、要求及设备

1. 硬度试验

（1）实验内容　对40Cr钢三种热处理状态的每个试样进行3~5点的硬度HRC值测试，并比较硬度变化。

（2）试样要求　采用$d=10$mm、长为100mm的圆形短试样。

（3）实验设备和仪器　洛氏硬度计3~5台。

2. 拉伸试验

（1）实验内容　屈服强度R_{eL}（规定塑性延伸强度$R_{p0.2}$）、抗拉强度R_m、伸长率A、断面收缩率Z。每一种状态测试1个试样，并观察试样断口，分析试样随回火温度的变化，不同断口形貌的特征。

（2）试样要求　采用$d_0=10$mm的圆形短试样或厚度为2.5~5mm的矩形短比例标距试样。由于试样硬度较高，圆形试样头部应加工成双肩形或螺纹状；矩形试样的头部应开圆孔。试样头部的具体尺寸应根据所用试验机的夹头附件确定。

（3）实验设备和仪器　万能材料试验机1台，拉力传感器和位移传感器各1个，动态电阻应变仪及X-Y函数记录仪各1台，引伸计1只，标定器1台，游标卡尺、锤子、冲头或打标点机、钢字等。

对于电子拉伸试验机，只需在试验前输入试样资料（信息），就可直接得到屈服强度、抗拉强度、弹性模量等性能指标。

3. 扭转试验

（1）实验内容　扭转屈服强度$\tau_{p0.3}$、扭转强度极限τ_m、扭转切应变γ_k。每一种状态测试1个试样。

1）对试样采用逐级施力法测定达到规定非比例扭转切应力$\tau_{p0.3}$时所对应的剪切力及剪切变形量。据此算出应施加的预转矩T_0，并记录最大扭转角ϕ_{max}。

2）按照有关公式计算出试验材料的$\tau_{p0.3}$、τ_m和γ_{max}。

3）观察扭转试样的断裂特征。

（2）试样要求　试样形状为圆形，根据所用扭转计的不同，可将试样的直径加大、标距加长。

（3）实验设备和仪器　扭转试验机1台，扭转计1台，允许使用不同类型的扭转计（如光学扭转计、表式扭转计、电子扭转计等）测量扭转角。要求扭转计能牢固地装卡在试样上，试验过程中不产生滑移；扭转计标距偏差±0.5%内，示值线性误差±1%内。游标卡尺1把。

如果试验机由计算机控制，则可以采用直接加载扭转试验，使得试样断裂，得到切应力τ与切应变γ曲线，通过计算机处理得到$\tau_{p0.3}$和τ_m。

4. 冲击试验

（1）实验内容　测试上述三种状态试样的冲击韧性K，借助于放大镜或体视显微镜观察试样的断口形貌。计算每一个热处理状态试样KU（或KV）的平均值，并用以计算KU或KV值。

（2）试样要求　试样统一用夏比U形或V形缺口冲击试样。

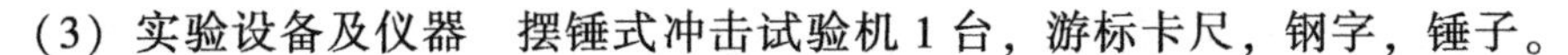

(3) 实验设备及仪器　摆锤式冲击试验机 1 台，游标卡尺，钢字，锤子。

5. 疲劳试验

(1) 实验内容　测试上述三种状态试样的任意一种的条件疲劳极限 $S\text{-}N$ 曲线。测试时应观察与记录，由高应力到低应力水平，逐级进行试验。如果试样断裂，记录下该试样的循环周次，并观察断口位置及其断口形貌特征。

(2) 试样要求　本试验在旋转弯曲疲劳试验机上进行，试样用圆柱形光滑弯曲疲劳试样，在上述材料中可以任选一种回火温度。

(3) 实验设备和仪器　旋转弯曲疲劳试验机 1 台，游标卡尺 1 把。

6. 磨损试验

(1) 实验内容　测试上述三种状态试样的任意一种的磨损曲线，即 $\Delta m\text{-}F$ 关系曲线。Δm 为纵坐标，表示失质量，F 为横坐标，表示压力，磨损时间统一为 30min。磨损试验条件为：压力为 100N、200N、300N、400N，时间为 30min，转速为 200r/min，介质：干摩擦。全班分成 4 小组共同作一条 $\Delta m\text{-}F$ 关系曲线。

(2) 试样要求　下试样选用上述三种状态中任选一种。上试样可选择 GCr15 并经淬火加低温回火处理。本试验所用上、下试样规格应按照具体磨损试验机的要求制作。

(3) 实验设备和仪器　磨损试验机 1 台，洛氏硬度计 1 台，分析天平（感量为 1/10000）1 台，装夹工具。

四、实验步骤及方法

全班分为 4 组，每一组根据实验内容及要求，查阅相关资料（包括实验所采用的标准、实验原理、仪器设备的操作方法、注意事项等），拟定实验方案，指导教师审核，在教师的指导下实施实验。

注：磨损曲线由全班 4 小组共同作一条 $\Delta m\text{-}F$ 关系曲线即可。

提示：实验结束后，关闭设备电源，摆放好实验仪器，打扫清理实验室卫生。

五、实验报告要求

1) 写出实验目的及内容。

2) 说明本实验所用设备及仪器的型号与特性。

3) 示意绘出冲击试样断口形貌，并指出不同的区域和名称。

4) 根据所得磨损试验数据绘制所试材料的 $\Delta m\text{-}F$ 关系曲线。

5) 根据表 21-1 将实验所得数据进行汇总，并分析不同热处理状态的试样在不同力学性能试验条件下的现象，分析彼此之间的相关性。

表 21-1　实验所得数据汇总表

材料	热处理状态	HRC	$R_{p0.2}$	R_m	Z	A	$\tau_{p0.3}$	τ_m	γ_K	a_K	N_f

实验22　材料热膨胀系数的测定

一、实验目的

1）了解测定材料热膨胀系数的意义。

2）掌握示差法测定热膨胀系数的原理、方法及影响因素。

二、原理概述

1. 概述

物体的长度或体积随温度的升高而增大的现象称为热膨胀。热膨胀系数是材料的主要物理性质之一，也是衡量材料热稳定性好坏的一个重要参数。

通常所说的膨胀系数是指线膨胀系数，其物理意义是温度升高1℃时单位长度上所增加的长度，单位为cm/(cm·℃)。若令物体原来的长度为L_0，温度升高后长度的增加量为ΔL，实验指出它们之间存在如下关系

$$\Delta L/L_0=\alpha_L\Delta t \tag{22-1}$$

式中，α_L为线膨胀系数，也就是温度每升高1℃时，物体的相对伸长。

当物体的温度从T_1上升到T_2时，其体积也从V_1变化为V_2，则该物体在T_1至T_2的温度范围内，温度每上升1个单位，单位体积物体的平均增长量为

$$\beta=\frac{V_1-V_2}{V_1(T_1-T_2)} \tag{22-2}$$

式中，β为平均体膨胀系数。

材料体膨胀系数的测量较为复杂。因此，在讨论材料热膨胀系数时，通常都采用线膨胀系数

$$\alpha=\frac{L_1-L_2}{L_1(T_1-T_2)} \tag{22-3}$$

式中，α为平均线膨胀系数；L_1为温度T_1时试样的长度；L_2为温度T_2时试样的长度。则β与α的关系为

$$\beta=3\alpha+3\alpha^2\Delta T^2+\alpha^3\Delta T^3 \tag{22-4}$$

式中的第二项和第三项非常小，在实际中一般略去不计，而取$\beta\approx3\alpha$。

材料的膨胀系数并不是一个恒定的值，而是随温度变化的。因此，上述膨胀系数均为在一定温度范围ΔT内的平均值，使用时要注意它的温度适用范围。表22-1给出了一些常用无机材料的平均线膨胀系数。

表22-1　一些常用无机材料的平均线膨胀系数

材料名称	平均线膨胀系数 /(10^{-6}/℃) (0~1000℃)	材料名称	平均线膨胀系数 /(10^{-6}/℃) (0~1000℃)	材料名称	平均线膨胀系数 /(10^{-6}/℃) (0~1000℃)
Al_2O_3	8.8	SiC	4.7	刚玉瓷	5~5.5
MgO	13.5	莫来石	5.3	硬质瓷	6
BeO	9.0	尖晶石	7.6	滑石瓷	7~9
ZrO_2	10.0	石英玻璃	0.5	电瓷	3.5~4
TiC	7.4	钠钙硅玻璃	9.0	钛酸钡瓷	10
B_4C	4.5	硼硅玻璃	3	黏土质耐火砖	5.5

2. 示差法的基本原理

测定材料线膨胀系数的方法主要有示差法（石英膨胀计法）、光干涉法、双线法等，本实验采用示差法。示差法是基于采用热稳定性良好的材料如石英玻璃（棒和管）在较高温度下，其线膨胀系数随温度而改变的性质很小，当温度升高时，石英玻璃管与其中的待测试样以及石英玻璃棒都会发生膨胀，但是待测试样的膨胀比石英玻璃管上同样长度部分的膨胀要大。因而使得与待测试样接触的石英玻璃棒发生移动，这个移动是石英玻璃管、石英玻璃棒和待测试样三者同时伸长和部分抵消后在千分表上所显示的 ΔL 值，它包括试样与石英玻璃管和石英玻璃棒热膨胀的差值，测定出这个系统的伸长之差值及加热前后温度的差值，并根据已知石英玻璃的热膨胀系数，便可算出待测试样的热膨胀系数。

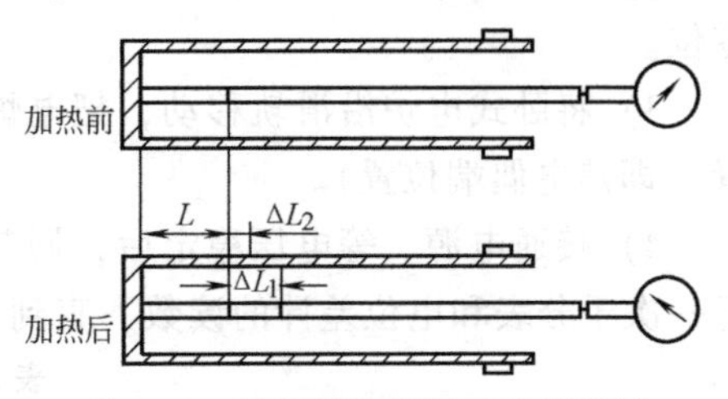

图 22-1　石英膨胀仪的工作原理图

图 22-1 所示为石英膨胀仪的工作原理图。从此图可以看出，膨胀仪上千分表上的读数为 $\Delta L=\Delta L_1-\Delta L_2$，由此得到 $\Delta L_1=\Delta L+\Delta L_2$；根据定义，待测试样的平均线膨胀系数为

$$\alpha=(\Delta L+\Delta L_2)/L\Delta T=[\Delta L/(L\Delta T)]+[\Delta L_2/(L\Delta T)] \tag{22-5}$$

其中，$\Delta L_2/(L\Delta T)=\alpha_{石}$，所以，$\alpha=\alpha_{石}+[\Delta L/(L\Delta T)]$；若温度差为 T_2-T_1，则待测试样的平均线膨胀系数 α 可按下式计算，即

$$\alpha=\alpha_{石}+\Delta L/[L(T_2-T_1)] \tag{22-6}$$

式中，T_1 为开始测试时的温度；T_2 为测试结束温度；ΔL 为千分表的伸长值；L 为试样的原始长度；$\alpha_{石}$ 为石英玻璃的平均线膨胀系数（按表 22-2 取值）。

表 22-2　不同温度范围下 $\alpha_{石}$ 的取值

温度范围/℃	$\alpha_{石}$/℃$^{-1}$	温度范围/℃	$\alpha_{石}$/℃$^{-1}$
0~300	5.7×10^{-7}	0~1000	5.8×10^{-7}
0~400	5.9×10^{-7}	200~700	5.97×10^{-7}

三、实验设备及材料

1）待测试样、小砂轮片（磨平试样端面）、游标卡尺（测量试样长度）。

2）石英膨胀仪如图 22-2 所示。

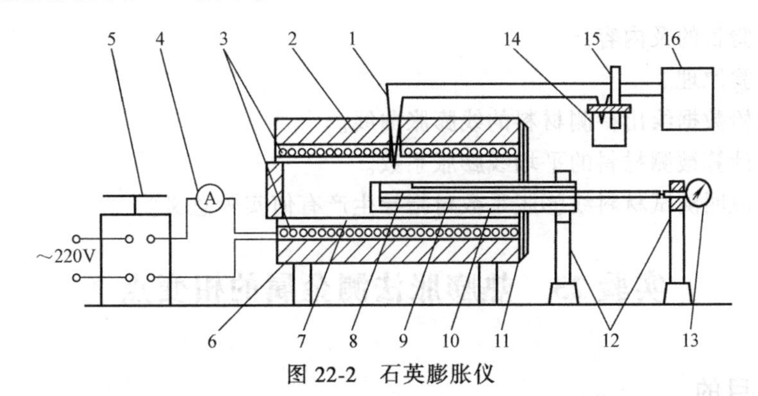

图 22-2　石英膨胀仪

1—测温热电偶　2—膨胀仪电炉　3—电热丝　4—电流表　5—调压器　6—电炉铁壳　7—钢柱电炉芯　8—待测试样　9—石英玻璃棒　10—石英玻璃管　11—遮热板　12—铁制支承架　13—千分表　14—水瓶　15—水银温度计　16—电位差计

四、实验内容及步骤

1. 实验步骤

1）将试样两端磨平，用游标卡尺量出长度；接好并检查电路。

2）将待测试样装入石英玻璃管内，然后装进石英玻璃棒，使石英玻璃棒紧贴试样；在支承架的另一端装上千分表，使千分表的顶杆轻轻顶压在石英玻璃棒末端，并把千分表转到零位。

3）将卧式电炉沿滑轨移动，把电炉的炉芯套在石英玻璃管上，使试样位于电炉中心位置（即热电偶端位置）。

4）接通电源，等电压稳定后，调节自耦调压器，以2~3℃/min的速率升温，每隔2min记一次千分表和电位差计的读数，直到目标温度，将所测数据记入表22-3中。

表22-3　测试记录表

试样温度/℃					
千分表读数/mm					
试样温度/℃					
千分表读数/mm					

2. 测试要点

1）被测试样和石英玻璃棒、千分表顶杆三者应先在炉外调整成平直相接，并保持在石英玻璃管的中轴区，以消除摩擦与偏斜影响造成误差。

2）试样与石英玻璃棒要紧紧接触使试样的膨胀增量及时传递给千分表，在加热测定前要使千分表顶杆紧至指针转动2~3圈，确定一个初读数。

3）升温不宜过快，以2~3℃/min为宜，并维持整个过程均匀升温。

4）热电偶的热端尽量靠近试样中部（但不要与试样接触）。测试过程中不要触动仪器，也不要振动实验台。

提示：实验结束后，关闭设备电源，摆放好实验仪器，打扫清理实验室卫生。

五、实验报告要求

1）写出实验目的及内容。

2）简述实验原理。

3）根据原始数据绘出待测材料的线膨胀曲线。

4）按公式计算被测材料的平均线膨胀系数。

5）举两例说明测试材料线膨胀系数对指导生产有何实际意义？

实验23　热膨胀法测金属的相变点

一、实验目的

1）掌握热膨胀法测相变点的原理和方法。

2）通过实验验证相变体积效应突变。

3）用简单膨胀仪测定45钢的 Ac_1、Ac_3、Ar_1、Ar_3。

二、原理概述

当金属加热或冷却时，将出现体积或长度的膨胀或收缩。由公式可得

$$\alpha=(L_2-L_1)/[L_1(T_2-T_1)] \tag{23-1}$$

式中，α 为平均线膨胀系数。通常 α 随温度变化不大，即使有变化也是均匀连续变化。

金属在加热或冷却过程中长度的变化是由温度变化（正常热胀冷缩）与组织转变产生的体积效应（异常热胀冷缩）引起的；试样体积或长度的变化单纯由温度引起，呈线性变化，在组织转变温度范围内，附加了由组织转变引起的异常热胀冷缩，导致膨胀曲线偏离一般规律，拐折点对应组织转变的临界点。因此，可利用金属试样体积或长度突变反映出相变对应的温度。

一般马氏体（M）、铁素体（F）、珠光体（P）、奥氏体（A）、渗碳体（C）的长度变化规律是：$\alpha_M>\alpha_F>\alpha_P>\alpha_A>\alpha_C$，即马氏体、珠光体、铁素体向奥氏体转变将出现体积收缩。当温度升高至 Ac_1 时，奥氏体转变产生的收缩大于温度升高导致的膨胀，总的效应则是收缩。亚共析钢加热至 Ac_1 发生珠光体向奥氏体转变，温度继续升高，即 $Ac_1\sim Ac_3$ 时将出现铁素体向奥氏体转变，直至 Ac_3 点，全部转变完成，温度继续升高，膨胀曲线所示为奥氏体体积膨胀。因奥氏体膨胀系数比其他组织系数大，故斜率较大。

三、实验设备及材料

1）简单膨胀仪。图23-1所示为简单膨胀仪示意图。试样长度的变化通过石英顶杆传递到千分表上显示出来，试样温度通过插入试样内的热电偶测出。

2）45钢。

四、实验内容及步骤

1. 测量45钢加热或冷却过程中相变点的步骤

1）将试样置于石英管内，并插入石英顶杆。

2）插入热电偶（试样的小孔内）。

3）固定石英管的一端，安装千分表，千分表的测量杆与石英顶杆相接触，并调零。

4）将加热炉的冷却水套接在自来水管上，并把水龙头打开少许。

5）接通加热炉电源，打开加热炉。

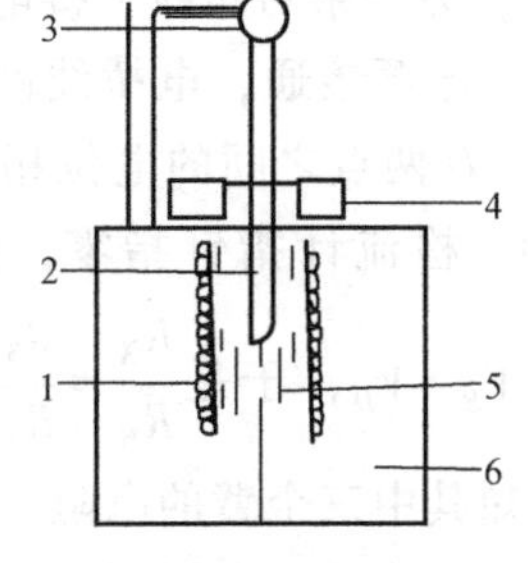

图23-1 简单膨胀仪示意图

1—石英管 2—石英顶杆 3—千分表 4—冷却水套 5—试样 6—加热炉

2. 实验注意事项

1）本实验要控制升温速率。在600℃以前可以10～20℃/min快速升温，600～900℃以3～5℃/min速度升温。

2）在600℃以下，每50℃测量一次温度及伸长量；在600～700℃时，每10℃间隔测量一次温度及伸长量；700℃以上每5℃测量一次温度及伸长量，直到900℃停止。

提示：实验结束后，关闭设备电源，摆放好实验仪器，打扫清理实验室卫生。

五、实验报告要求

1）写出实验目的及内容。

2）将实验记录按长度-温度变化描图求出相变点温度值。

3）用所学“金属膨胀性能”分析，说明实验结果。

4）简述膨胀仪的优缺点。

实验24　双电桥法测量金属及合金的电阻

一、实验目的

1）了解四端引线法的意义及双臂电桥的结构。

2）掌握双臂电桥测低值电阻的方法。

3）学习测定导体棒的电阻率。

二、原理概述

电阻按阻值大小区分，大致可分为三类：阻值在1Ω以下为低值电阻，1Ω~100kΩ的为中值电阻，在100kΩ以上的为高值电阻。测量不同阻值的电阻，所用的方法也是不同的。测量低值电阻时，需要设法消除接线电阻和接触电阻对测量结果的影响。

1. 单臂电桥

单臂电桥原理图如图24-1所示，被测电阻 R_X 与三个已知电阻 R_1、R_3、R_N 连成电桥的四个臂。四边形的一条对角线接有检流计，称为“桥”；另一条对角线上接电源 E，称为电桥的电源对角线。电源接通，电桥线路中各支路均有电流通过。当 B、D 两点之间的电位相等时，“桥”路中的电流 $I_g=0$，检流计指针指零，这时电桥处于平衡状态。此时 $V_B=V_D$，于是 $\frac{R_X}{R_N}=\frac{R_3}{R_1}$，根据电桥的平衡条件，若已知其中三个臂的电阻，就可以计算出另一个桥臂的电阻。因此，电桥测电阻的计算式为

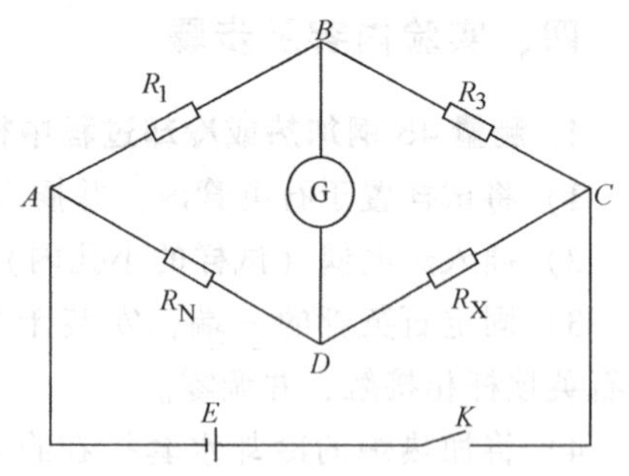

图24-1　单臂电桥原理图

$$R_X=\frac{R_3}{R_1}R_N \tag{24-1}$$

式中，电阻 R_3/R_1 为电桥的比率臂，称为倍率 k；R_N 为比较臂。

用图24-1所示的单臂电桥测电阻时，其中比例臂电阻 R_1、R_3 可用较高的电阻，因此，与 R_1、R_3 相连的接线电阻和接触电阻可以忽略不计。如果待测电阻 R_X 是低值电阻，R_N 也应该用低值电阻。因此与 R_X、R_N 相连的四根引线和几个接点电阻对测量结果的影响就不能忽略。

2. 双臂电桥

为了减少接线电阻和接触电阻的影响，在单臂电桥基础上进行了两处改进，发展成了双臂电桥。双臂电桥中被测电阻 R_X 和标准电阻 R_N 均采用四端引线法。图 24-2 所示为四端引线法示意图。此图中 C_1、C_2 是电流端，通常接电源回路，从而将这两端的接线电阻和接触电阻折合到电源回路的其他串联电阻中；P_1、P_2 是电压端，通常接测量电压用的高电阻回路或电流为零的补偿回路，从而使这两端的接线电阻和接触电阻对测量的影响大为减少。

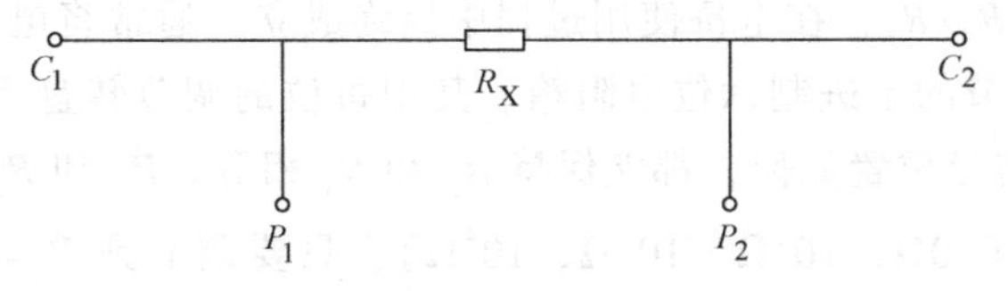

图 24-2　四端引线法示意图

图 24-3 所示为双臂电桥原理图。此图中把低电阻的四端引线法用于电桥电路，并增设了阻值较高的电阻 R_2、R_4 以构成另一臂。这样，电阻 R_X 和 R_N 的电压端附加电阻由于和高阻值桥臂串联，其影响就大大减少了。两个靠外侧的电流端附加电阻串联在电源回路中，对电桥没有影响。两个内侧的电流端的附加电阻和接线电阻总和为 r，只要适当调节 R_1、R_2、R_3、R_4 的阻值，就可以消除 r 对测量结果的影响。

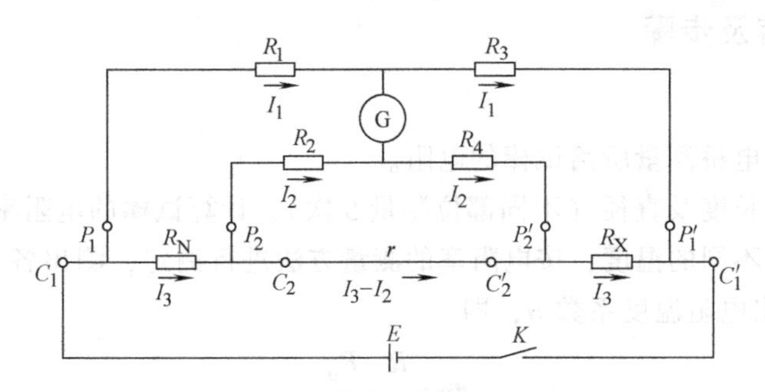

图 24-3　双臂电桥原理图

调节 R_1、R_2、R_3、R_4，使流过检流计 G 的电流为零，电桥达到平衡，于是得到以下三个回路方程

$$\begin{cases} I_1R_3=I_3R_X+I_2R_4 \\ I_1R_1=I_2R_2+I_3R_N \\ I_2(R_2+R_4)=(I_3-I_2)r \end{cases}$$

解方程可得

$$R_X=\frac{R_3}{R_1}R_N+\frac{rR_2}{R_3+R_2+r}\left(\frac{R_3}{R_1}-\frac{R_4}{R_2}\right) \tag{24-2}$$

从上式可以看出，双臂电桥平衡条件式与单臂电桥平衡式（24-1）的差别在于多出了第二项，如果满足以下辅助条件

$$\frac{R_3}{R_1}=\frac{R_4}{R_2} \tag{24-3}$$

则式（24-2）中第二项为零，于是得到双臂电桥的平衡条件为

$$R_X=\frac{R_3}{R_1}R_N \tag{24-4}$$

由上可见，根据电桥平衡原理测电阻时，双臂电桥与单臂电桥具有完全相同的表达式。

为了保证 $R_3/R_1=R_4/R_2$，在电桥使用过程中始终成立，通常将电桥做成一种特殊结构，即 R_3、R_4 采用同轴调节的十进制六位电阻箱。其中每位的调节转盘下都有两组相同的十进电阻，因此无论各个转盘位置如何，都能保持 R_3 和 R_4 相等。R_1 和 R_2 采用依次能改变一个数量级的四档电阻箱（10Ω、$10^2\Omega$、$10^3\Omega$、$10^4\Omega$），只要调节到 $R_1=R_2$，则式（24-3）要求的条件就得到满足。在这里必须指出，在实际的双臂电桥中，很难做到 R_3/R_1 与 R_4/R_2 完全相等，所以电阻 r 越小越好，因此 C_2 和 C_2' 间必须用短粗导线连接。

三、实验设备及材料

1）直流箱式电桥。

2）金属或合金试棒。

四、实验内容及步骤

1. 实验步骤

1）用箱式双臂电桥测量所给试棒的电阻。

2）测量试棒的长度及直径（不同部位测量 5 次），计算试棒的电阻率。

3）将试棒置于不同的温度，按电阻率的测量方法进行测定，测出各个温度点的 R_X 值，然后代入下式，求出电阻温度系数 α，即

$$\alpha=\frac{R_t-R_0}{R_0\Delta t}$$

2. 实验注意事项

1）把双臂电桥的灵敏度旋到最低，便于调节平衡，当电桥快达到平衡时，再将电桥的灵敏度旋到最高，进一步将电桥调节平衡。

2）注意将箱式双臂电桥两按钮（电源按钮和灵敏电流计按钮）全部按下时才能进行观察与测量。

3）当测量环境湿度较低（即干燥）时，如发生静电干扰，可将电桥和平衡指示仪上的接地端钮连接后接地，即可消除干扰。

提示：实验结束后，关闭设备电源，摆放好实验仪器，打扫清理实验室卫生。

五、实验报告要求

1）写出实验目的及内容。

2）简述实验原理。

3）将所测数据填入表 24-1 中，计算试棒的电阻率（单位 $\Omega\cdot mm^2/m$）。

表 24-1　电阻测量实验数据表

试棒名称	直径/mm						面积/mm^2	长度/m	电阻/Ω
	D_1	D_2	D_3	D_4	D_5	$\overline{D}$			

4）将所测数据填入表 24-2 中，计算试棒的电阻温度系数 α。

表 24-2　电阻温度系数测量实验数据表

试棒名称	R_0/Ω	R_t/Ω

六、思考题

1）双臂电桥比单臂电桥做了哪些改进？双臂电桥是怎样减小接线电阻和接触电阻对测量结果的影响的？

2）双臂电桥的平衡条件是什么？

3）如果低电阻的电势端和电流端按钮弄错了会出现什么现象？为什么？

实验 25　铁磁材料的磁滞回线和基本磁化曲线

一、实验目的

1）认识铁磁材料的磁化规律，比较两种典型铁磁材料的动态磁化特性。

2）掌握测绘动态磁滞回线的原理和方法。

3）测定试样的基本磁化曲线，作 μ-H 曲线。

4）测绘试样的磁滞回线，估算其磁滞损耗。

二、原理概述

1. 基本磁化曲线和磁滞回线

铁磁材料是一种性能特异、用途广泛的材料。铁、钴、镍及其合金以及含铁的氧化物（铁氧体）均属铁磁材料。其特征是在外磁场作用下能被强烈磁化，故磁导率 μ 很高；另一特征是磁滞，即磁场作用停止后铁磁材料仍保留磁化状态。

图 25-1 所示为铁磁材料的磁滞回线。当磁场 H 逐渐增加时，磁感应强度 B 将沿 OM 增加，M 点对应坐标为（H_m、B_m）。当 H 增至 H_m 时，B 到达饱和值 B_m，OM 称为起始磁化曲线。当磁场从 H_m 逐渐减小至零，磁感应强度 B 并不沿起始磁化曲线恢复到 O 点，而是沿另一条新的曲线 MR 下降，即使磁场 H 减小到零时，B 仍保留一定的数值 B_r，其表示磁场为零时的磁感应强度，称为剩余磁感应强度（B_r）。当反向磁场达到某一数值时，磁感应强度

才降到零。强制磁感应强度 B 降为零的外加磁场的大小 H_c，称为矫顽力，它的大小反映铁磁材料保持剩磁状态的能力，线段 RC 称为退磁曲线。当反向继续增加磁场，反向磁感应强度很快达到饱和 $M'(-H_m、-B_m)$ 点，再逐渐减小反向磁场时，磁感应强度又逐渐增大。图 25-1 还表明，当磁场按 $H_m \to O \to H_c \to -H_m \to O \to H'_c \to H_m$ 次序变化时，相应的磁感应强度 B 则沿闭合曲线变化，这闭合曲线称为磁滞回线。当铁磁材料处于交变磁场中时，铁磁材料将沿磁滞回线反复被磁化→去磁→反向磁化→反向去磁。在此过程中要消耗额外的能量，并以热的形式从铁磁材料中释放，这种损耗称为磁滞损耗。可以证明，磁滞损耗与磁滞回线所围面积成正比。

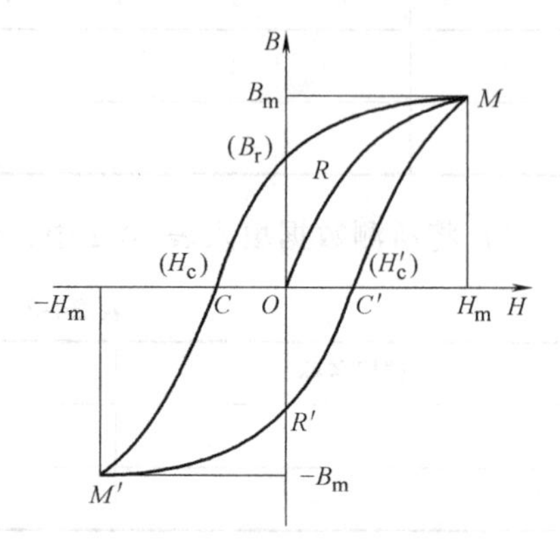

图 25-1 铁磁材料的磁滞回线

从铁磁材料的性质和使用方面来说，主要按矫顽力的大小，可分为软磁材料和硬磁材料两大类。软磁材料矫顽力小，磁滞回线狭长，它所包围的面积小，在交变磁场中磁滞损耗小，因此适用于电子设备中的各种电感元件、变压器、镇流器中的铁心等。硬磁材料的特点是矫顽力大，剩磁 B_r 也大，这种材料的磁滞回线肥胖，磁滞特性非常显著，制成永久磁铁用于各种电表、扬声器中等。软磁材料与硬磁材料的磁滞回线如图 25-2 所示。

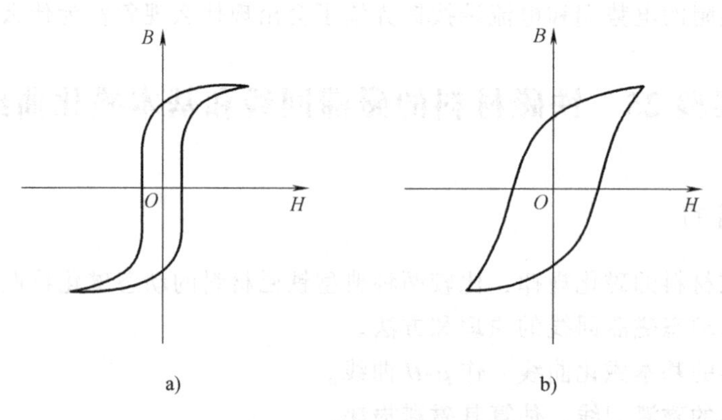

图 25-2 软磁材料与硬磁材料的磁滞回线

a）软磁材料的磁滞回线 b）硬磁材料的磁滞回线

应该说明，初始态为 $H=B=0$ 的铁磁材料，在交变磁场中强度由弱到强依次进行磁化，可以得到面积由小到大向外扩张的一簇磁滞回线（见图 25-3），这些磁滞回线顶点的连线称为铁磁材料的基本磁化曲线。由此可近似确定其磁导率 $\mu=B/H$，因为 B 与 H 非线性，故铁磁材料的 μ 不是常数而是随磁场 H 而变化（见图 25-4）。铁磁材料的相对磁导率可高达数千乃至数万，这一特点是它用途广泛的主要原因之一。

2. 测量磁滞回线和基本磁化曲线

观察和测量磁滞回线和基本磁化曲线的线路如图 25-5 所示。

待测试样为 EI 型硅钢片，N 为励磁绕组，n 为用来测量磁感应强度 B 而设置的绕组，R_1 为励磁电流取样电阻。设通过 N 的交流励磁电流为 i，根据安培环路定律，试样的磁场强

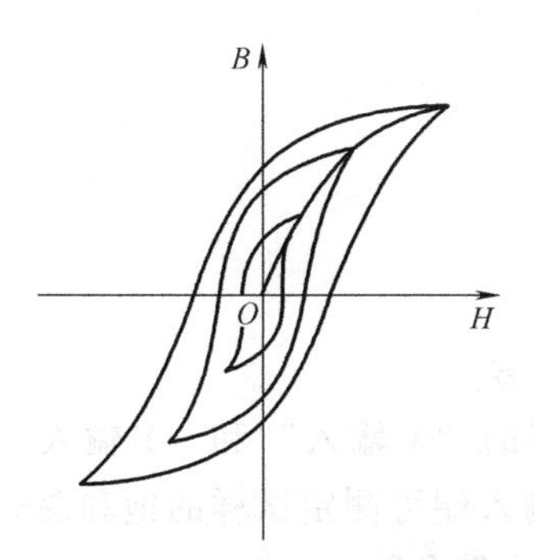

图 25-3 同一铁磁材料的一簇磁滞回线

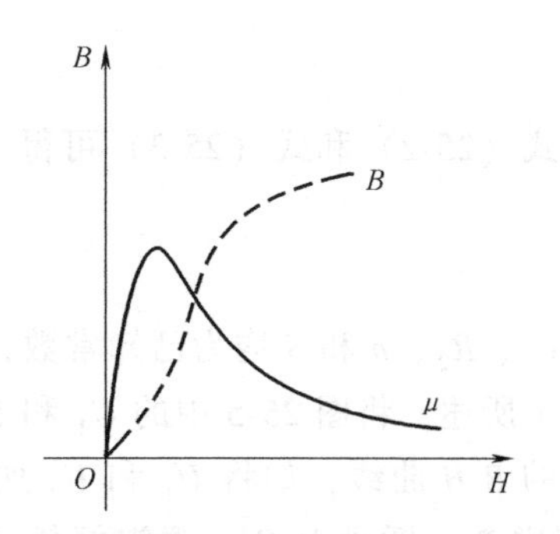

图 25-4 铁磁材料μ与H关系曲线

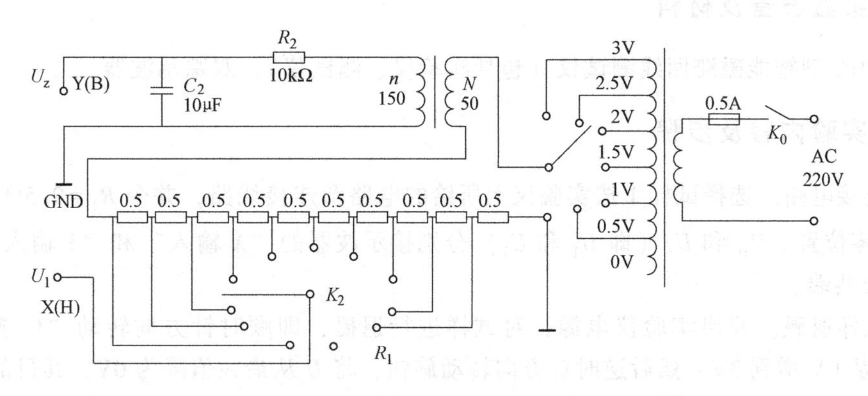

图 25-5 观察和测量磁滞回线和基本磁化曲线的线路

度$H=\dfrac{Ni}{L}$，其中L为试样的平均磁路。又因$i=\dfrac{U_1}{R_1}$，所以

$$H=\frac{N}{LR_1}U_1 \tag{25-1}$$

式中，N、L、R_1均为已知常数，所以由U_1可确定H。

在交变磁场下，试样的磁感应强度瞬时值B是测量绕组n和R_2C_2电路给定的。根据法拉第电磁感应定律，由于试样中磁通φ的变化，在测量线圈中产生的感生电动势的大小为$\varepsilon_2=n\dfrac{\mathrm{d}\varphi}{\mathrm{d}t}$，$\varphi=\dfrac{1}{n}\int\varepsilon_2\mathrm{d}t$，磁感应强度为

$$B=\frac{\varphi}{S}=\frac{1}{nS}\int\varepsilon_2\mathrm{d}t \tag{25-2}$$

式中，S为试样的截面积。

如果忽略自感电动势和电路损耗，则回路方程为

$$\varepsilon_2=i_2R_2+U_2$$

式中，i_2为感生电流，U_2为积分电容C_2两端电压。设在Δt时间内，i_2向电容C_2的充电电量为Q，则$U_2=\dfrac{Q}{C_2}$，$\varepsilon_2=i_2R_2+\dfrac{Q}{C_2}$。

如果选取足够大的R_2和C_2，使$i_2R_2\gg\dfrac{Q}{C_2}$，则$\varepsilon_2=i_2R_2$，$i_2=\dfrac{\mathrm{d}Q}{\mathrm{d}t}=C_2\dfrac{\mathrm{d}U_2}{\mathrm{d}t}$，则

$$\varepsilon_2 = C_2 R_2 \frac{\mathrm{d}U_2}{\mathrm{d}t} \tag{25-3}$$

由式（25-2）和式（25-3）可得

$$B = \frac{C_2 R_2}{nS} U_2 \tag{25-4}$$

式中，C_2、R_2、n 和 S 均为已知常数，所以由 U_2 可确定 B。

综上所述，将图 25-5 中的 U_1 和 U_2 分别加到示波器的“X 输入”和“Y 输入”便可观察试样的 B-H 曲线；如将 U_1 和 U_2 加到测试仪的信号输入端可测定试样的饱和磁感应强度 B_m、剩磁 B_r、矫顽力 H_c、磁滞损耗［BH］以及磁导率 μ 等参数。

三、实验设备及材料

TH-MHC 型智能磁滞回线测试仪（包括实验仪、测试仪），双踪示波器。

四、实验内容及步骤

1）连接电路。选择试样 1 按实验仪上所给的电路图连接线路，并令 $R_1 = 2.5\Omega$，“U 选择”置于零位置。U_H 和 U_B（即 U_1 和 U_2）分别接示波器的“X 输入”和“Y 输入”，插孔“⊥”为公共端。

2）试样退磁。开启实验仪电源，对试样进行退磁，即顺时针方向转动“U 选择”旋钮，令 U 从 0V 增到 3V，然后逆时针方向转动旋钮，将 U 从最大值降为 0V，其目的是消除剩磁，确保试样处于磁中性状态，即 $B = H = 0$。

3）观察磁滞回线。开启示波器电源，令光点位于坐标原点（0，0），令 $U = 2.2$V，并分别调节示波器 X 和 Y 轴的灵敏度，使显示屏上出现图形大小合适的磁滞回线。若图形顶部出现编织状的小环，这是因为 U_2 和 B 的相位差等因素引起的畸变可降低励磁电压 U 予以消除。

4）观察基本磁化曲线。按步骤 2）对试样进行退磁，从 $U = 0$ 开始，逐档提高励磁电压，将在显示屏上得到面积由小到大一个套一个的一簇磁滞回线。这些磁滞回线顶点的连线就是试样的基本磁化曲线，借助长余辉示波器便可观察到该曲线的轨迹。

5）观察并比较试样 1 和试样 2 的磁化性能。

6）测绘 μ-H 曲线。仔细阅读测试仪的使用说明，接通实验仪和测试仪之间的连线。开启电源，对试样进行退磁后，依次测定 $U = 0.5$、1.0、1.2、…、3.0V 时十组 H_m 和 B_m 值，作 μ-H 曲线。

7）令 $U = 3.0$V、$R_1 = 2.5\Omega$，测定试样 1 的 B_m、B_r、H_c 和［BH］等参数。

8）取步骤 7）中的 H 和其相应的 B 值，用坐标纸绘制 B-H 曲线，并估算曲线所围面积。

提示：实验结束后，关闭设备电源，摆放好实验仪器，打扫清理实验室卫生。

五、实验报告要求

1）写出实验目的及内容。

2）简述实验原理。

3）基本磁化曲线与μ-H曲线测试。将所测数据填入表25-1中，并绘制基本磁化曲线和μ-H曲线。

表25-1　基本磁化曲线与μ-H曲线数据

U/V	0.5	1.0	1.2	1.5	1.8	2.0	2.2	2.5	2.8	3.0
$H_m/10^4 A\cdot m^{-1}$										
$B_m/10^2 T$										
$\mu/H\cdot m^{-1}$										

4）磁滞回线测试。将所测数据填入表25-2中，绘制B-H曲线，并估算其磁滞损耗。

表25-2　磁滞回线数据

NO	$H/10^4 A\cdot m^{-1}$	$B/10^2 T$	NO	$H/10^4 A\cdot m^{-1}$	$B/10^2 T$	NO	$H/10^4 A\cdot m^{-1}$	$B/10^2 T$

六、思考题

1）将U_1接至示波器的X输入端，将U_2接至示波器的Y输入端，为什么能用电学量U来测量H和B？

2）为什么有时磁滞回线图形顶部出现编织状的小环？如何消除？

3）磁滞回线包围面积的大小有何意义？

实验26　综合热分析实验

一、实验目的

1）了解热重分析和差示扫描量热分析的基本原理。

2）掌握STA449F3型同步热分析仪的使用方法。

3）测定试样的TG-DSC谱图，分析试样在加热过程中发生的物理或化学变化。

二、原理概述

热分析（Thermal Analysis，TA）技术是指在程序控温和一定气氛下，测量试样的物理性质随温度或时间变化的一种技术。根据被测量物质物理性质的不同，常见的热分析方法有热重分析（Thermogravimetry，TG）、差示扫描量热分析（Difference Scanning Claorimetry，DSC）、差热分析（Difference Thermal Analysis，DTA）等。热分析技术主要用于测量和分析试样在温度变化过程中的一些物理变化（如晶型转变、相态转变及吸附等）、化学变化（分解、氧化、还原、脱水反应等）及其力学特性的变化，通过这些变化的研究，可以认识试样物质的内部结构，获得相关热力学和动力学的数据，为材料的进一步研究提供理论依据。

综合热分析，就是在相同的热条件下利用由多个单一的热分析仪组合在一起形成的综合热分析仪，对同一试样同时进行多种热分析的方法。

1. 热重分析

热重分析（TG）是在程序控温下测量物质的质量随温度或时间变化关系的方法。通过分析热重曲线，可以知道试样及其可能产生的中间产物的组成、热稳定性、热分解情况及生成的产物等与质量相联系的信息。

从热重法可以派生出微商热重法，也称为导数热重法，它是记录 TG 曲线对温度或时间的一阶导数的一种技术。实验得到的结果是微商热重曲线，即 DTG 曲线，以质量变化率为纵坐标，自上而下表示减少；横坐标为温度或时间，从左往右表示增加。DTG 曲线的特点是：它能精确地反映每个失重阶段的起始反应温度、最大反应速率温度和反应终止温度；DTG 曲线上各峰的面积与 TG 曲线上对应的试样失重量成正比；当 TG 曲线对某些受热过程出现的台阶不明显时，利用 DTG 曲线能明显区分。

2. 差示扫描量热分析

差示扫描量热分析（DSC）是在程序控温下测量单位时间内输入到试样和参比物之间的能量差（或功率差）随温度变化的一种技术。按测量方法的不同，DSC 可分为功率补偿型和热流型两种。功率补偿型 DSC 有两个独立的炉子（量热计），其基本思想是在试样和参比物始终保持相同温度的条件下，测定为满足此条件试样和参比物两端所需的能量差，并直接作为信号（能量差）输出。而热流型 DSC 只有一个炉子，试样和参比物放在热皿板的不同位置，其基本思想是在给予试样和参比物相同的功率下，测定试样和参比物两端的温差，然后根据热流方程，将温差换算成能量差作为信号输出。

DSC 直接反映试样在转变时的热量变化，便于定量测定。试样在升（降）温过程中，发生吸热（或放热），在 DSC 曲线上就会出现吸热（或放热）峰。试样发生力学状态变化时（如玻璃化转变），虽无吸热容或放热，但比热容有突变，在 DSC 曲线上是基线的突然变动。试样对热敏感的变化能反映在 DSC 曲线上。

三、实验设备及材料

1）天平，水浴系统，计算机，STA449F3 型同步热分析仪（见图 26-1）。

2）待测试样，Al_2O_3 坩埚。

四、实验内容及步骤

1. 试样准备

1）确保试样及其分解产物不会与坩埚、支架、热电偶或吹扫气体进行反应。

2）为了保证测量精度，测量所用的 Al_2O_3 坩埚（包括参比坩埚）必须预先进行热处理到等于或高于其最高测量温度。

3）试样为粉末状、颗粒状、片状、块状、固体、液体均可，但需保证与测量坩锅底部接触良好，试样应适量（常规为在坩埚中放置 1/3 厚或 15mg），以便减小在测试中试样温度梯度，确保测量精度。

4）试样称重，建议使用 0.01mg 以上精度的天平称量。

5）对热反应激烈的试样或会产生气泡的试样，应减少用量，同时坩埚加盖，以防飞溅，损伤仪器。

2. 开机

按顺序开恒温水浴、STA主机、计算机、保护气（不大于0.05 MPa）。为保证仪器稳定精确测试，所有仪器可不必关机。恒温水浴及其他仪器应至少提前1h打开。

3. 试样测试

1）双击桌面上“NETZSCH-Proteus-6”按钮，再双击“STA 449F3 on USBc 1”按钮，进入STA操作界面。

2）待界面右下角有温度与电压数值显示后，开始设置。单击“诊断”，选择“气体与”开关，在弹出的对话框里选择“吹扫气2与保护气”。

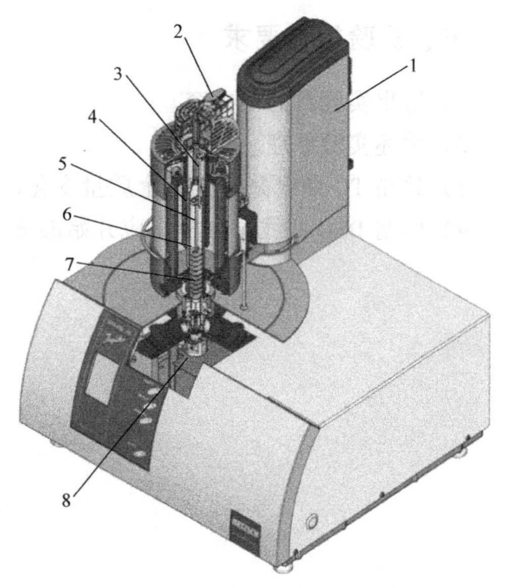

图26-1　STA449F3型同步热分析仪

1—升降设备　2—出气阀　3—热电偶　4—加热单元　5—试样支架　6—保护管　7—防辐射片　8—天平系统

3）烧基线。将两个空坩埚用镊子小心放入试样支架上，关闭炉体。选择“文件新建”，在弹出的对话框里选择“是”，在新弹出的对话框里，选择“修正测量类型”，并填好编号、名称等信息，单击“继续”，依次选择温度校正文件与灵敏度校正文件，进入温度程序设置，单击“继续”，保存，确定，再单击“开始”，进入修正文件测量。

4）测量完成后，冷却。再将制好的试样用镊子小心放入试样支架靠操作者一侧上，关闭炉体。

5）选择文件打开，在新弹出的对话框里，选择3）步骤的基线，选择试样+修正测量模式，并填好编号、质量、名称等信息，单击“继续”，保存，确定，再单击“开始”，进入试样测量。

6）冷却。气体保持开通，待温度冷却到200℃以下时，可打开炉体冷却。

4. 实验注意事项

1）支架杆为氧化铝材料，拿放时一定小心，防止跌落而损坏。

2）每次降下炉子时要注意查看支架位置是否位于炉腔口中央，防止碰到支架盘而压断支架杆。

3）推荐使用的升温速率为10~30K/min，温度超过1200℃时建议不超过20K/min并小于5K/min。应避免在仪器极限温度附近进行长时间（超过0.5h）的恒温。

4）使用TG-DSC支架加铂铑坩埚时要注意，当温度超过1200℃时，在铂铑坩埚和支架间必须加氧化铝垫片，防止铂金属粘连而损坏坩埚和支架盘。

5）测试过程中保持气流稳定。

6）实验完成后，必须等炉温降到200℃以下后才能打开炉体。

提示： 实验结束后，关闭设备电源，摆放好实验仪器，打扫清理实验室卫生。

五、实验报告要求

1）写出实验目的及内容。

2）简述实验原理。

3）绘制 TG 曲线并分析各个质量变化区间的质量变化率。

4）绘制 DSC 曲线并分析反应开始温度、峰值温度、焓。

第四章　材料成形基础实验

实验 27　铝合金的熔炼与铸造

一、实验目的

1）了解各种熔剂、涂料、中间合金及其选用。

2）掌握井式坩埚电阻炉的操作规程及常用熔炼浇注工具的使用方法。

3）掌握铝合金的熔炼、精炼及浇注工艺。

二、原理概述

铝合金的熔炼与铸造是铝合金铸件生产过程中的重要环节，直接影响合金材料的金相组织，进而影响到合金的力学性能、工艺性能和其他性能，因此必须严格控制熔炼浇注工艺过程。铝合金熔铸的主要任务就是提供符合加工要求的优质铸锭。本实验使学生通过对已设计好成分的铝合金进行炉料配比、熔炼、浇注等过程的实际操作，熟悉掌握铝合金熔炼浇注过程中的一系列工艺规范。

1. 铝合金熔体的净化

从铝合金熔体中除气、除渣以获得优良铝液的工艺方法和操作过程称为净化。

（1）熔体净化的目的　熔体净化是利用物理-化学原理和相应的工艺措施，去除液态金属中的气体（主要是氢）、夹杂物（主要是 Al_2O_3）和有害元素等，净化熔体，防止在铸件中形成气孔、夹杂、疏松、裂纹等缺陷，从而获得纯净金属熔体。

（2）熔体净化的方法　铝合金熔体净化的方法按其作用原理可分为吸附净化和非吸附净化。吸附净化是指通过铝合金熔体直接与吸附剂（如各种气体、液体、固体精炼剂及过滤介质）接触，使吸附剂与熔体中的气体和固体氧化夹杂物发生物理-化学的、物理的或机械的作用，达到除气、除杂的目的。非吸附净化是指不依靠向铝合金熔体中添加吸附剂，而是通过某种物理作用（如真空、超声波、密度等），改变金属-气体系统或金属-夹杂物系统的平衡状态，从而使气体和固体夹杂物从铝合金熔体中分离出来。

2. 铝合金铸锭成形

铸锭成形是将金属熔体浇入铸型或结晶器，获得形状、尺寸、成分和质量符合要求的锭坯。一般而言，铸锭应满足下列要求：

1）铸锭形状和尺寸必须符合压力加工的要求，避免增加工艺废品和边角废料。

2）铸锭内外不应该有气孔、缩孔、夹渣、裂纹及明显偏析等缺陷，表面光滑平整。

3）铸锭的化学成分符合要求，结晶组织基本均匀。

铸锭成形方法目前广泛应用的有块式铁模铸锭法、直接水冷半连续铸锭法和连续铸轧法等。

三、实验设备及材料

1. 熔炼炉及准备

1）铝合金熔炼可在电阻炉、感应炉、燃气炉或焦炭坩埚炉中进行，易偏析的中间合金在感应炉熔炼为宜，而易氧化的合金在电阻炉中熔炼为宜，本实验采用井式坩埚电阻炉。

2）合金熔炼一般采用铸铁坩埚、石墨黏土坩埚、石墨坩埚，也可采用铸钢坩埚。本实验采用石墨黏土坩埚。

3）新坩埚使用前应清理干净并仔细检查有无穿透性缺陷，新坩埚要焙烧烘透后才能使用。

4）浇注用的铁模铸型及熔炼工具在使用前必须除尽残余金属及氧化皮等污物，经过200~300℃预热并涂以防护涂料。涂料一般采用氧化锌和水或水玻璃调和。

5）涂完涂料后的模具及熔炼工具使用前再经200~300℃预热烘干。

2. 实验材料

1）配制合金的原材料见表27-1。

表27-1　配制合金的原材料

材料名称	材料主要元素 w(%)	用途
工业纯铝锭	Al99.70	配制铝合金
镁锭	Mg99.80	配制铝合金
锌锭	Zn98.70	配制铝合金
电解铜	Cu-Ag≥99.95	配制Al-Cu中间合金
金属铬	JCr98.5-A	配制Al-Cr中间合金
电解金属锰	JMn95-A	配制Al-Mn中间合金

2）配制Al-Cu、Al-Mn、Al-Cr中间合金时，先将铝锭熔化并过热，再加入合金元素。实验中主要采用的中间合金见表27-2。

表27-2　实验中主要采用的中间合金

中间合金名称	组元成分范围 w(%)	熔点/℃	特性
Al-Cu中间合金	Cu48~52	575~600	脆
Al-Mn中间合金	Mn9~11	780~800	不脆
Al-Cr中间合金	Cr2~4	750~820	不脆

3. 熔剂及配比

铝合金常用熔剂包括覆盖剂、精炼剂和打渣剂，主要由碱金属或碱土金属的氯盐和氟盐组成。本实验采用50% NaCl+40% KCl+6% Na_3Al_6+4% CaF_2 混合物覆盖，用六氯乙烷（C_2Cl_6）除气精炼。

4. 合金的配料

配料包括确定计算成分，炉料的计算是决定产品质量和成本的主要环节。配料的首要任务是根据熔炼合金的化学成分、加工和使用性能确定其计算成分，其次是根据原材料情况及化学成分，合理选择配料比，最后根据铸锭规格尺寸和熔炉容量，按照一定程序正确计算出每炉的全部料量。

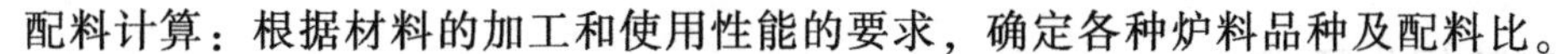

配料计算：根据材料的加工和使用性能的要求，确定各种炉料品种及配料比。

1）熔炼合金时首先要按照该合金的化学成分进行配料计算，一般采用国家标准的算术平均值。

2）对于易氧化、易挥发的元素，如 Mg、Zn 等一般取国家标准的上限或偏上限计算成分。

3）在保证材料性能的前提下，参考铸锭及加工工艺条件，合理充分利用旧料（包括回炉料）。

4）确定烧损率。合金易氧化、易挥发的元素在配料计算时要考虑烧损。

5）为了防止铸锭开裂，硅和铁的含量有一定的比例关系，必须严格控制。

6）根据坩埚大小和模具尺寸要求确定配料的质量。

根据实验的具体情况，配置两种高强高韧铝合金，成分为：

① 2024 铝合金：$w_{Cu}=3.8\%\sim4.9\%$，$w_{Mg}=1.2\%\sim1.8\%$，$w_{Mn}=0.3\%\sim0.9\%$，余 Al。

② 7075 铝合金：$w_{Zn}=5.1\%\sim6.1\%$，$w_{Mg}=2.1\%\sim2.9\%$，$w_{Cu}=1.2\%\sim2.0\%$，$w_{Cr}=0.18\%\sim0.28\%$，余 Al。

四、实验内容及步骤

1. 熔铸工艺流程

原材料准备→预热坩埚至发红→加入纯铝和少量覆盖剂→升温至 750~760℃待纯铝全部熔化→加入中间合金→加入覆盖剂→熔融完全后充分搅拌→扒渣→加镁→加覆盖剂→精炼除气→扒渣→再加覆盖剂→静置→扒渣→出炉→浇注。

2. 熔铸方法

1）熔炼时，熔剂需均匀撒入，待纯铝全部熔化后再加入中间合金和其他金属，并压入溶液内，不准露出液面。

2）炉料熔化过程中，不得搅拌金属。炉料全部熔化后可以充分搅拌，使成分均匀。

3）铝合金熔体温度控制在 720~760℃。

4）炉料全部熔化后，在熔炼温度范围内扒渣，扒渣尽量彻底干净，少带金属。

5）在出炉前或精炼前加入镁，以确保合金成分，减少烧损。

6）熔剂要保持干燥，钟罩要事先预热，然后放入熔体内，缓慢移动，进行精炼。精炼要保证一定时间，彻底除气除渣。

7）精炼后要撒熔剂覆盖，然后静置一定时间，扒渣，出炉浇注。浇注时流速要平稳，不要断流，注意补缩。

3. 实验组织和程序

每班分为 6~8 组，每组 4~5 人，任选 2024 或 7075 铝合金进行实验。每小组参照上述配料计算方法和熔铸工艺流程，领取相应的原材料进行实验，熔铸出合格的铝合金铸锭。

注意事项：

1）熔炼前工具需要涂刷涂料，低温烘干 3h。

2）熔化过程中需要加料时，必须切断电源，操作人员必须戴劳保手套，用钳子轻放物料，关闭炉门时需随手轻关。

3）专用钳子夹石墨黏土坩埚时，须用力均匀，不可用猛力。

4）精炼处理和浇注时，操作人员须戴口罩穿工作服，同时打开排气系统。

五、实验报告要求

1）写出实验目的及内容。

2）记录熔炼浇注过程中的操作步骤、各种炉料和辅助材料的成分、规格、加入顺序、加入温度及所用的仪器设备等的详细清单。

3）结合相关理论知识，分析讨论铝合金熔炼过程中除气、除渣的作用及注意事项，阐明实验中出现的现象。

4）简述铝合金熔铸基本操作过程。

实验28　铝硅合金的晶粒细化与变质处理

一、实验目的

1）熟悉铝硅合金的熔炼、精炼、细化和变质处理过程。

2）掌握铝硅合金晶粒细化和组织变质处理的基本原理和方法。

3）了解细化剂和变质剂对铝硅合金组织的影响。

二、原理概述

铝硅合金是广泛应用的一种铸造铝合金，典型的铝硅合金牌号为ZL102，硅的质量分数为11%~13%。从铝硅合金相图可知，其成分在共晶点附近，因而具有优良的铸造性能，即流动性好，产生铸造裂纹的倾向小，适用于铸造复杂形状的零件。它的耐蚀性好，有较低的膨胀系数，焊接性良好。但该合金的不足之处是铸造后得到的组织是粗大针状的硅晶体和α固溶体所组成的共晶体及少量呈多面体状的初生硅晶体。粗大的针状硅晶体极脆，因而严重地降低了合金的塑性和韧性，所以必须采用细化剂细化组织或采用变质处理，以改善合金的性能。

1. 铝硅合金的细化处理

铝硅合金细化处理的目的主要是细化合金基体α-Al的晶粒。晶粒细化是通过控制晶粒的形核和长大来实现的。细化处理的基本原理是促进形核，抑制长大。对晶粒细化的基本要求是：

1）含有稳定的异质固相形核颗粒，不易溶解。

2）异质固相形核颗粒与固相α-Al间存在良好的晶格匹配关系。

3）异质固相形核颗粒应非常细小，并在铝熔体中呈高度弥散分布。

4）加入的细化剂不能带入任何影响铝合金性能的有害元素或杂质。

晶粒细化剂的加入一般采用中间合金的方式。常用晶粒细化剂有以下几种类型：二元Al-Ti合金、三元Al-Ti-B合金、Al-Ti-C合金以及含稀土的中间合金。它们是工业上广泛应用的最经济、最有效的铝合金晶粒细化剂。这些合金元素加入到铝熔体后，会与Al发生化学反应，生成$TiAl_3$、TiC、B_4C等金属间化合物。这些金属间化合物相在铝熔体中以高度弥散分布的细小异质固相颗粒存在，可以作为α-Al形核的核心，从而增加反应界面和晶核数量，减小晶体生长的线速度，起晶粒细化的作用。

晶粒细化剂的加入量与合金种类、化学成分、加入方法、熔炼温度以及浇注时间等有关。若加入量过大，则形成的异质固相形核颗粒会逐渐聚集，当其密度比铝熔体大时，会聚集在熔池底部，丧失晶粒细化能力，产生细化效果衰退现象。

晶粒细化剂加入合金熔体后要经历孕育期和衰退期两个时期。在孕育期内，中间合金熔化，并使起细化作用的异质固相形核颗粒均匀分布且与合金熔体充分润湿，逐渐达到最佳的细化效果。此后，由于异质固相形核颗粒的溶解而使细化效果下降；同时异质固相形核颗粒会逐渐聚集而沉积在熔池底部，细化效果衰退。当细化效果达到最佳值时进行浇注是最为理想的。随着合金的熔炼温度和加入细化剂种类的不同，达到最佳细化效果所需的时间也有所不同，通常存在一个可接受的保温时间范围。

合金的浇注温度也会影响最终的细化效果。在较小的过热度下浇注可以获得良好的细化效果；随着过热度的增大，细化效果将下降。通常存在一个临界温度，低于该温度时温度变化对细化效果的影响并不明显，而高于此温度时，随着浇注温度的升高，细化效果会迅速下降。该临界温度同合金的化学成分和细化剂的种类以及加入量有关。

2. 铝硅合金的变质处理

铝硅合金中，硅相在自然生长条件下会长成块状或片状的脆性相，严重割裂基体，降低合金的强度和塑性，因而需要将它改变成有利的形态。变质处理使共晶硅由粗大的片状变成细小纤维状或层片状，从而改善合金性能。变质处理一般在精炼之后进行，变质剂的熔点应介于变质温度和浇注温度之间。变质处理时处于液态，有利于变质反应完成；而在浇注时已变为黏稠的熔渣，便于扒渣，不会形成熔剂夹杂。

铝硅合金变质处理，即浇注前在合金液体中加入占合金质量分数为2%～3%的变质剂（常用2/3NaF+1/3NaCl的钠盐混合物）。由于钠能促进硅的形核，并能吸附在硅的表面阻碍它长大，使合金组织大大细化，同时使共晶点右移，原合金成分变为亚共晶成分，所以变质处理后的组织由初生α固溶体和细密的共晶体（α+Si）组成。共晶体中的硅细小，因而使合金的强度与塑性得到显著改善。

金属钠（Na）对铝硅合金的共晶组织有很好的变质作用，但是，用钠作为变质剂存在极易烧损现象，变质有效时间短，吸收率低，并且含量很难预测；钠盐变质剂中的F^-和Cl^-腐蚀铁制坩埚及熔炼工具，使铝液渗铁，导致合金污染；同时在坩埚壁上形成一层牢固的结合炉瘤，浇注后很难清除，挥发性卤盐会腐蚀设备。

三、实验设备及材料

1）井式坩埚电阻炉、石墨坩埚、钟罩。

2）Al-7Si合金、Al-5Ti-1B中间合金、Al-10Si中间合金、C_2Cl_6、金相试样预磨机和抛光机、王水、砂纸等。

四、实验内容及步骤

1）在经预热发红的两个石墨坩埚中分别加入1000g的Al-7Si合金原料，升温至720℃，熔化后保温1h以促进成分均匀化；学生在实验教师指导下在熔融Al-7Si合金中加入质量分数为0.6%的C_2Cl_6进行精炼除气。

2）对精炼除气处理后的Al-7Si合金取样浇注1组试样。

3）向一个石墨坩埚中加入质量分数为0.03%的Ti（Al-5Ti-1B中间合金形式加入）进行晶粒细化处理。处理方法是将按比例称量好的中间合金用纯铝箔包好，再用钟罩压入熔体中。

4）向另外一个石墨坩埚加入质量分数为0.03%的Si（以Al-10Si中间合金形式加入）进行变质处理。处理方法是将按比例称量好的Al-10Si中间合金用钟罩压入熔体中。

5）每隔30min浇注1组试样。经细化处理和变质处理的试样分别浇注4组。

6）对浇注出的试样进行切割、粗磨、细磨、抛光、腐蚀处理，然后在光学金相显微镜下观察，评价合金的细化和变质效果。

注意事项：

1）熔炼前工具需要涂刷涂料，低温烘干3h。

2）熔化过程中需要加料时，必须切断电源，操作人员必须戴劳保手套，用钳子轻放物料，关闭炉门时需随手轻关。

3）专用钳子夹石墨坩埚时，须用力均匀，不可用猛力。

4）精炼处理和浇注时，操作人员须戴口罩和穿工作服，同时打开排气系统。

五、实验报告要求

1）写出实验目的及内容。

2）写出实验方法与步骤。

3）评价Al-7Si合金的细化和变质效果，并分析影响合金细化和变质效果的主要因素。

4）分析Al-7Si合金细化、变质处理前后的组织与性能有哪些变化？

5）分析Al-7Si合金中形成气孔的原因，主要是什么气体？怎样减少和消除？

实验29　铸造工艺条件对金属铸锭组织的影响

一、实验目的

1）观察金属铸锭三个晶区的形态。

2）分析凝固条件对铸锭宏观组织的影响。

二、原理概述

金属结晶是形核与长大的过程。铸锭结晶后，其晶粒大小、形状和分布不仅决定于形核率和长大速度，而且与凝固条件、合金成分及其加工过程有关。实际生产过程中，铸锭不可能在整个界面上均匀冷却，并同时开始凝固。因此，铸锭凝固后的组织一般是不均匀的，这种不均匀性将引起金属材料性能的差异。

1. 铸锭凝固过程分析

典型的铸锭组织可分为三个区域：靠近型壁为细晶区（激冷形成）；由细晶区向铸锭中心生长的柱状晶区（即沿着散热方向生长的柱状晶区）；铸锭中心为较粗大的等轴晶区（由均匀散热形成的位向各异的中心等轴晶区）。图29-1所示为典型铸锭组织示意图。图29-2a所示为纯铝铸锭的典型三晶区组织。

(1) 细晶区　它是铸锭的外壳层。当液态金属浇入温度较低的铸型时，形成较大的过冷度，同时型壁与金属产生摩擦及液态金属的剧烈“骚动”以及型壁凹凸不平，于是靠近型壁大量形核，并迅速长大相互碰撞，从而形成细晶区，如图29-1中1号区域所示。这一细晶区很薄，因此对铸锭性能没有明显的影响。

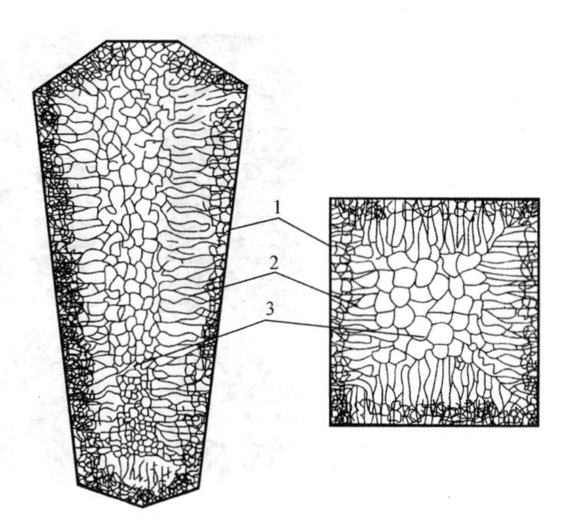

图29-1　典型铸锭组织示意图

1—细晶区　2—柱状晶区　3—等轴晶区

(2) 柱状晶区　在细晶形成过程中，型壁的温度已经升高，结晶前沿过冷度降低，使新的晶核形成困难，只能以外壳层内壁上原有的晶粒为基础进行长大。同时，由于散热是沿着垂直于型壁的方向进行，而结晶时每个晶粒的生长又受到四周正在长大的晶体的限制，因而结晶只能沿着垂直于型壁的方向由外向内生长，形成彼此平行的柱状晶区，如图29-1中2号区域所示。

(3) 等轴晶区　随着柱状晶的发展，型壁温度进一步升高，散热越来越慢，而成长的柱状晶前沿温度又由于结晶潜热放出而有所升高，导致结晶前沿过冷度极小，大大降低了形核率，加之在铸锭中心散热已无方向性，形成的晶核便向四周各个方向自由生长，从而形成位向不同、粗大的等轴晶，如图29-1中3号区域所示。

等轴晶与柱状晶相比，因各枝晶彼此嵌入，结合得比较牢固，铸锭易于进行压力加工，铸件性能不呈现方向性。但缺点是因树枝晶较发达，分枝较多，显微缩孔增多，使结晶后组织不够致密，重要工件在进行锻压时应设法将中心压实。

2. 不同浇注条件下的铸锭组织变化

改变液态金属凝固条件，如浇注温度、铸型材料、铸型壁厚、铸型温度、铸锭大小以及是否加变质剂等，则将改变三个晶区的大小与形态，特别是柱状晶区和等轴晶区的相对面积和各自的晶粒大小。

(1) 有利于柱状晶生长的条件　提高浇注温度，增加型壁厚度，可使液态金属获得较大的冷却速度，造成较大的内外温差，同时加大了散热的方向性，将有利于柱状晶区的发展。图29-2b所示为由单一柱状晶构成的铸锭组织，又称为穿晶组织，其形成原因就是浇注温度较高，铸铁的散热速度较快，由于已结晶的金属导热性较好，在铸锭凝固过程中，液态金属始终保持定向散热，这种情况下，柱状晶能一直长大到铸锭的中心，即形成穿晶。

在相同的浇注温度下，金属型比砂型可获得更大的柱状晶区。

(2) 有利于等轴晶生长的条件　预热铸型温度，采用砂型等有利于粗大等轴晶的生长。在一般铸件中都希望得到等轴晶晶粒，通过机械振动、磁场搅拌、超声波处理等，可促进形核，从而减弱柱状晶的生长，有利细小等轴晶生长。尤其是加入变质剂，促进非均匀形核，在其他条件相同的情况下等轴晶大大细化。图29-2c所示为在纯铝铸锭浇注时加入Si-Fe变质剂，因而得到均匀细小的等轴晶。

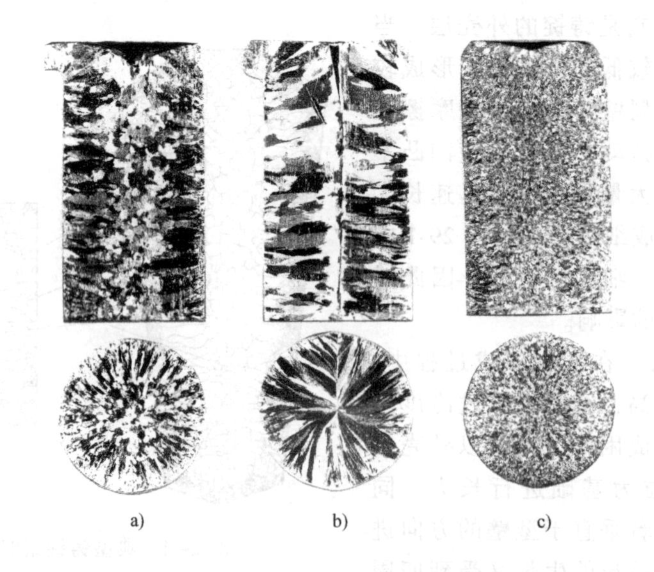

图 29-2 不同浇注条件下纯铝铸锭的宏观组织

三、实验设备及材料

1）坩埚电阻炉、石墨坩埚、不同厚度的金属型、砂型、手钳、锯、锉等。

2）纯铝、Si-Fe 变质剂、金相砂纸、王水浸蚀液等。

四、实验内容及步骤

1. 实验内容

1）按照表 29-1 的条件进行浇注铝锭，并分析凝固条件对纯铝铸锭组织的影响。

表 29-1 纯铝铸锭的浇注条件

试样编号	1	2	3	4	5	6
浇注温度/℃	680	800	680	680	680	680
铸型材料及厚度	3mm 金属型	10mm 金属型	10mm 金属型	10mm 金属型	10mm 砂型	10mm 砂型
其他条件	室温	室温	加 Si-Fe 室温	500℃	室温	室温

2）观察纯铝铸锭的晶粒大小、形状及分布情况，并注意观察缩孔、气泡、树枝状晶的特征。

2. 实验步骤

1）将纯铝块放入坩埚内，电炉加热熔化后取出浇注，浇注温度和冷却条件按照表 29-1 执行。

2）铸锭凝固后，用水冷却，用手锯锯开（沿横截面与纵截面）。

3）用锉刀锉平锯面，再用 400 号砂纸磨制后即可用王水（1 份硝酸+3 份盐酸，体积分数）腐蚀时间为 3~5min，待显现出清晰晶粒后用水冲洗并吹干。

4）观察分析不同浇注条件下的宏观组织及缺陷，并绘制其特征图。

注意事项：

1）浇注前，所有铸型和工具都要预热干燥，防止浇注时爆炸伤人。

2）浇注时，首先必须切断电源，操作人员必须戴劳保手套、口罩和穿工作服，同时打开排气系统。

3）当用抱钳夹持盛有液态金属的坩埚和热的金属型时，特别要保护眼睛不受烧伤，不能让水或其他液体溅到热金属表面上。

4）本实验用的浸蚀剂为王水，戴上橡皮手套和橡皮围身，在通风橱中或在通风条件下进行浸蚀，经过浸蚀后的试样要用钳子来拿，首先要在盛有水的容器内洗净，以免由于酸的强烈浸蚀而损伤人体。

5）请将所用废溶液倒入相应废液桶内，请勿直接倒入下水道内，清洗好玻璃容器，按原位置摆放好实验仪器，打扫清理实验室卫生。

五、实验报告要求

1）写出实验目的及内容。

2）画出不同浇注条件下纯铝铸锭的宏观组织特征图，注明浇注条件。

3）比较它们在柱状晶区和等轴晶区的相对面积和晶粒大小并分析原因，说明型壁材料、铸型预热温度、浇注温度、变质处理对铸锭组织的影响。

实验 30　合金流动性测定

一、实验目的

1）熟悉应用最广的具有溢流堤坝式浇注系统的单螺旋线形流动试样的造型方法和测试合金流动性的方法。

2）以不同的浇注温度充型浇注，比较 ZL102 合金流动性的差别。

二、原理概述

液态金属本身的流动能力称为流动性。金属流动性可以表示金属合金在一定工艺条件下充填铸型的能力，流动性是金属的铸造性能之一。

流动性好的铸造合金，利于获得形状完整、轮廓清晰的铸件。流动性差的铸造合金，其充型能力就差，容易导致铸件产生浇不足、冷隔等缺陷。研究表明：合金流动性优劣对铸件裂纹、缩孔、缩松等缺陷的产生也有一定的影响。

影响合金流动性的因素很多，概括起来有两类：一类是合金本身，如成分、杂质含量、物理化学性能等，称为合金性质；另一类是外在各种因素，如浇注温度、铸型性质、铸件结构所决定的铸型工艺条件等，称为工艺条件。可见，要准确测定出合金的流动性，主要应控制浇注工艺和铸型工艺条件。各种测定流动性的装置、试样和方法，都是基于这一原则设计和使用的。

实际生产中，对于形状复杂的薄壁件，主要通过提高浇注温度、设计合理的浇注系统以及改善铸型工艺条件来保证合金充满铸型。而在铸件形状，尺寸和铸造工艺确定的情况下，也可以通过在一定范围调整和改变化学成分、减少杂质含量等合金化措施来提高合金的流动性，达到获得健全合格铸件的目的。

1. 流动性的测试方法

液态金属的流动性是用浇注“流动性试样”的方法衡量的。在实际中，是将试样的结构和铸型性质固定不变，在相同的浇注条件下，如在液相线以上相同的过热度或在同一浇注温度下，浇注各种合金，以试样的长度或以试样某处的厚薄程度表示该合金的流动性。

为了使流动性更为科学准确，苏联学者涅亨齐提出了零流动性温度、真正流动性和实际流动性等概念。

合金停止流动的温度称为零流动性温度。在合金相图上，各种成分合金零流动性温度曲线称为零流动性线（见图 30-1）。该曲线在理论上介于液固相线之间，也称为零流动性温度线。

合金的流动性与过热度有关，成分不同，液相线温度也不同，用零流动性温度作为过热度的起点浇注试样，比较不同合金的流动性更为科学，被称为真正流动性（见图 30-2）。但实际上零流动性温度很难测定，一般常用合金液固线温度的中间值近似代替。实际生产中，对于同类合金一般采用在同一温度下浇注，所测得的流动性称为实际流动性（见图 30-3）。

随着科学技术的发展进步，目前，一般都倾向于用液相线以上的温度作为过热度。以相同的过热度浇注，来比较不同合金的流动性及其他铸造性能。这一约定已为大多数人接受和采用，并已被作为标准条款采用。

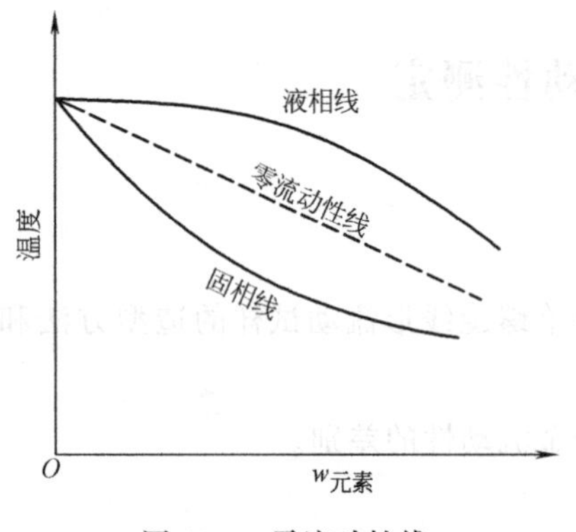

图 30-1　零流动性线

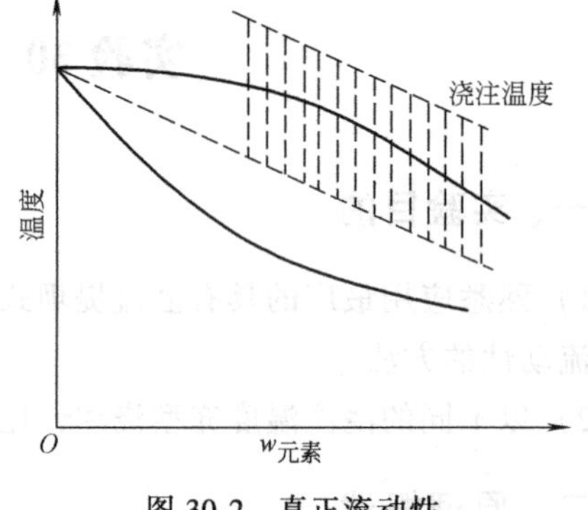

图 30-2　真正流动性

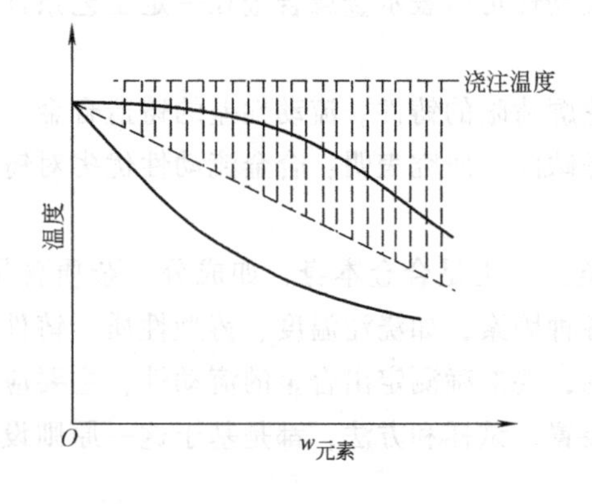

图 30-3　实际流动性

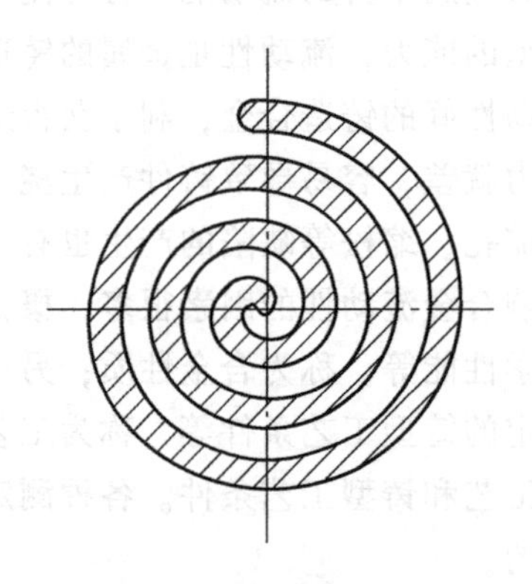

图 30-4　螺旋线形流动性试样

2. 流动性试样的类型

合金流动性的测定已有百年历史。各种试样和方法多达数十种，有适合于铸铁、铸钢的，也有适合于各种轻合金的；在形状上，有螺旋形、球形、U 形、楔形、竖琴形等；有常压浇注，也有真空吸注的。但究其本质，则都是在一定工艺条件下相对比较的结果，以所浇试样的流长、薄厚或尖细程度来表示合金流动性的优劣，其中多数采用重力浇注法。型腔沟道多为直棒形或弯曲成某种形状，其中多数为螺旋线形。螺旋线的形式多采用阿基米德螺旋线和渐开线，截面为梯形（见图 30-4）。这种形式最显著的特点是结构紧凑、体积小、测量范围宽、造型方便、适应于各种合金。只要铸型条件和浇注条件控制好，所测数据相对准确可靠。特别是相同条件下对不同的合金进行测试，可以获得直观可靠的结果。因此，它的应用最为广泛。

螺旋线形流动性试样及测试技术的研究仍在发展，除试样本身形状结构外，主要集中在对其浇注系统的研究上。例如：锥形浇口拔塞法，定量浇口杯侧挡板定温抽板法等，其目的就是使试样在浇注过程中保持一个比较稳定的压头，其中以溢流堤坝浇口杯法实用性最强，应用较普遍。

三、实验设备及材料

1. 井式电阻坩埚炉及配套控温仪器。
2. 溢流堤坝式浇注系统单螺旋线形流动试样模型，配套砂箱。
3. 造型型砂及造型工具。
4. ZL102 合金。

四、实验内容及步骤

1. 实验内容

采用具有溢流堤坝式浇注系统的单螺旋线形流动试样的造型方法，以不同的浇注温度充型浇注，比较 ZL102 合金流动性的差别。

2. 实验装置

图 30-5 所示为单螺旋线形流动性测量实验原理图。该装置由浇口杯、螺旋线形试样铸型组成。浇口杯按液体→低坝→直浇道→高坝→溢流贮液池顺序布局，使得浇注系统的压头 H 在 ΔH 范围内波动。但为了防止溢流过多，ΔH 也不宜太小，一般取 $\Delta H = 10\text{mm}$。为了使型腔沟道一接触到液体就开始流动，即处于 $H+\Delta H$ 的全压形态，须在直浇道下设置一容量足够大的积液坑。

3. 实验步骤

1）捣箱应下箱略实，上箱略松，以保证有较好的透气性。浇口杯及上下箱合箱应保证直浇道对正。

2）浇注温度取 680℃、720℃、760℃。

3）浇注时，浇包液体应对准低坝下的缓冲池，使液体升至低坝，然后应大流量快浇，使液体迅速漫过高坝产生溢流。一旦产生高坝溢流，应及时放慢浇注速度，压头保持在 H。但放慢浇注速度时，不得断流。

4）严格控制浇注温度，浇注前应扒渣，浇注时应挡渣。

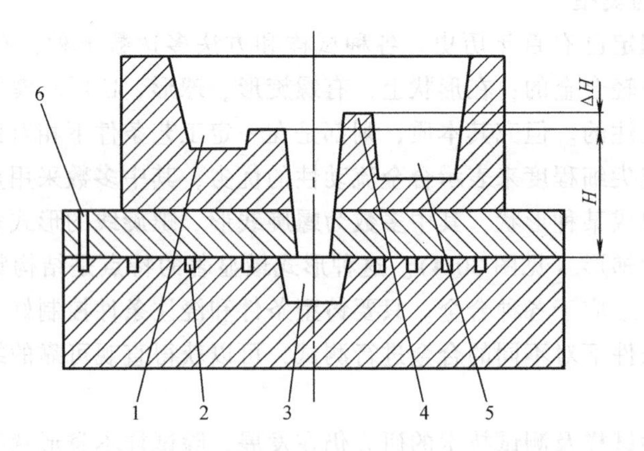

图 30-5 单螺旋线形流动性测量实验原理图

1—缓冲池 2—螺旋线形型腔 3—积液坑 4—高堤坝 5—贮液池 6—排气孔

5）螺旋线形试样上设有标记点，间隔为 5cm，数其标记点数，即可算出流长。

注意事项：

1）造型时用力不可过猛，工具不可随手乱放，学生配合时需要默契，小心砸伤，扎气孔时小心扎伤手臂。

2）合箱时一定要保证合箱完好，需要压铁防止出现跑火现象。

3）取样时，须戴上手套，用钳子轻摇晃取样，不可用手直接取样。

五、实验报告要求

1）写出实验目的及内容。

2）对不同浇注温度或不同成分合金实验数据列表示出（包括浇注温度、成分、流长）。

3）对表中的结果进行综合分析，得出结论。

4）两人在相同的浇注温度下测得某一合金的平均螺旋线流长分别为 35cm 和 40cm，试分析造成这种结果的主要原因。

5）什么是零流动性？什么是真实流动性？

实验 31 合金凝固过程中的应力测试

一、实验目的

1）了解铸造应力测试的基本方法和原理。

2）掌握获得动态应力曲线的测试及数据处理方法。

3）掌握对所测动态应力曲线及对应的冷却曲线的认识与分析方法。

二、原理概述

液态合金浇入铸型后，在形成铸件的凝固过程中，一方面铸件各部位温度不均衡而存在温差，造成其相应收缩或因合金相变引起的膨胀在时间上不同步而产生应力；另一方面，铸件的结构、浇注系统以及铸型（芯）造成的阻碍或约束，而产生内应力。以上统称为铸造应力。

铸造应力按其成因又分为热应力、机械阻碍应力和相变应力。铸造过程中形成的应力大都属于区域应力，即宏观应力。铸件的某一部分有拉应力，另一部分必然存在压应力。在整个铸件中，力是平衡的。当形成铸件应力的原因不存在时，其应力随之消失，就称其为临时应力。反之，仍保留在铸件中的，则称为残余应力。

1. 铸造应力实验研究的重要性

铸造应力对铸件质量影响很大，是铸件产生变形或冷裂的主要原因。铸造应力实验研究具有非常重要的生产参考价值，主要体现在以下几个方面：

1）测定铸件残余应力的数值，以研究各种工艺参数对铸件残余应力大小的影响。

2）测定铸件退火过程中的应力变化，以研究制定消除铸造应力的最佳退火工艺。

3）测定铸件凝固过程中应力产生及变化的过程，以探讨应力形成机理及其影响因素。

4）在相同工艺条件下，用同样的试样或仪器测定不同合金的铸造应力变化过程、特点，以优选适当成分的合金。

2. 铸造应力测试方法

由于实际铸件在形状、结构、大小以及合金成分上千差万别，铸造工艺条件不尽相同，这就使得直接测定铸件铸造应力及其变化和分布情况难以进行。长期以来，人们一直使用应力框试样法测定合金残余应力的大小，并以此间接推算铸件的残余应力倾向。虽然这一方法在测定结果和方法上比较原始，但它能简单有效地反映铸造应力倾向大小，对铸造生产有一定的指导作用。应力框的形状，尺寸种类很多，但结构上的共性是：有粗细杆两种截面，粗细杆两端封闭，以便造成互相制约。图 31-1 所示为几种常见的应力框试样。

使用应力框测定铸造残余应力的方法都是通过破坏所浇应力框试样中受拉应力的粗杆。通过测量试样上的标志段破坏前后的长度 L_0 和 L_X 的差值 ΔL，然后根据公式，可近似求出应力框粗细杆的应力值 σ_{I} 和 σ_{II}。

$$\sigma_{\mathrm{I}} = -E\frac{\Delta L}{L_0\left(1+\dfrac{2A_{\mathrm{I}}}{A_{\mathrm{II}}}\right)} \tag{30-1}$$

$$\sigma_{\mathrm{II}} = E\frac{\Delta L}{L_0\left(1+\dfrac{A_{\mathrm{II}}}{2A_{\mathrm{I}}}\right)} \tag{30-2}$$

式中，$\Delta L=L_X-L_0$；A_{I}、A_{II} 分别为细杆和粗杆的截面积；E 为金属的弹性模量。

尽管应力框法得到普遍应用，但仍存在以下问题：

1）它只能测出变形量，通过公式计算出残余应力。无法满足深入研究热应力特别是高温阶段热应力形成和发展的情况。

2）测量工作量大，一般需要人工切断试样，费时费力，周期较长。

3）计算公式只是近似的，因此测量精度较差。

近年来出现的动态应力曲线测试法可以测出不同合金在相同工艺条件和测试仪器上铸造应力产生变化的情况、特征和规律。特别是高温阶段的情况，并形象地展示出弹塑性转变区域，与对应的冷却曲线在一起，为深入研究合金的应力倾向大小，寻求研制低应力合金及热处理工艺提供了新的方法和手段。作为教学实验，由于所测曲线形象、直观，有利于学生对铸造应力这一章内容的理解和认识。

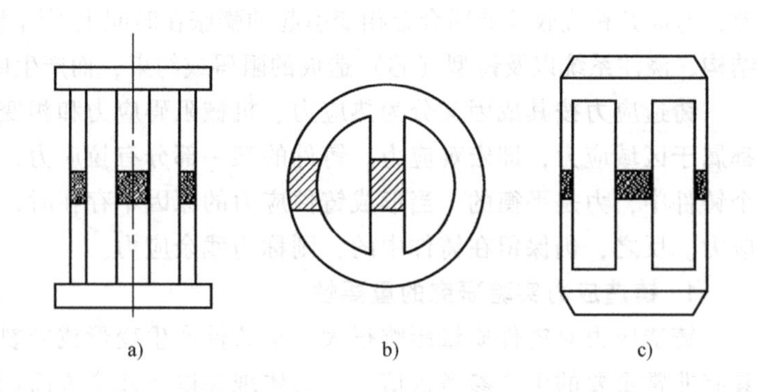

图 31-1　几种常见的应力框试样

三、实验设备及材料

1）SZY-A 型合金铸造动态应力测试仪。

2）井式坩锅电阻炉及配套控温仪器。

3）专用型板、砂箱、型砂及造型工具。

4）ZL102 合金。

5）记录仪、热电偶、涂料。

6）冷却水管、连接导线、侧头螺钉等。

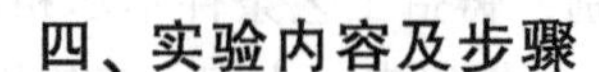

四、实验内容及步骤

1. 实验内容

1）熔炼 ZL102 合金。

2）使用 SZY-A 型合金铸造动态应力测试仪测试合金的动态应力曲线和冷却曲线。

3）整理分析所测曲线并将其绘制成带坐标分度值的动态应力曲线。

2. 实验装置及方法

图 31-2 所示为 SZY-A 型合金铸造动态应力测试仪的原理图。液态合金充满铸型后，合金液与仪器连接螺母 5 上的螺钉 6 头铸接，使得仪器的三根测杆与反 E 形试样构成了封闭的应力框。由于试样两侧为细杆，中间为粗杆，凝固开始阶段，细杆的冷却速度 $dT/d\tau$ 大于粗杆，因此，其收缩倾向也大于粗杆，故粗杆受压力，细杆受拉力，在随后的冷却过程中，粗杆的冷却速度 $dT/d\tau$ 大于细杆，粗杆反受拉力而细杆受压力。在这种力方向变化过程中，有一应力为零的时刻。上述状况在无相变的合金，如 ZL102、ZL104 等合金的测试曲线上表现得很清楚。

如果合金在凝固过程中有一次相变发生，则在所测曲线中应多一次力方向的变化。在普通灰铸铁的测试曲线中，可以得到充分的验证。

SZY-A 型应力测试仪只在中间测杆上设置了测力传感器，这是根据力学平衡原理，两侧杆受力之和在任何时刻与中间杆均大小相等，方向相反。因此，只要测得中间粗杆的受力曲线，细杆的受力曲线便可根据力平衡原理对应绘出。

3. 实验步骤

1）在专用型板上使用带三个半圆缺口的砂箱造型，半圆缺口处砂子不易紧实，应用手塞堵，并用压勺修平。

2）下箱可捣紧些，上箱应捣松些。上箱带直浇口，并应在取模后从型内往外扎出安放热电偶的孔。

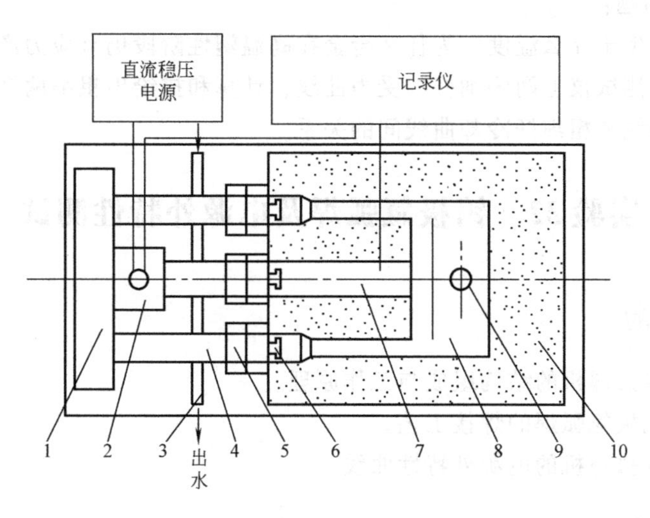

图 31-2　SZY-A 型合金铸造动态应力测试仪的原理图

1—仪器横梁　2—测力传感器　3—冷却水管　4—连接管　5—螺母　6—螺钉　7—热电偶
8—反 E 形试样型腔　9—直浇口　10—铸型

3）造好型后应先把侧头螺钉与仪器测杆上的连接螺母连成一体，一定要拧紧，不能有间隙松动。然后把托板向外拉出，安放铸型，上下型合箱并将箱身螺母旋紧。然后连同托板、铸型向里推紧，测头连接处应紧密无缝隙。

4）安放热电偶时应注意限定热电偶焊点应保证在型腔中部位置。方法可以从砂箱的分型面上量出热电偶的插入深度，用鳄鱼卡或其他东西夹住上型面处，达到定位目的。

5）浇注前应检查冷却水流通是否通畅。

6）记录仪表量程开关应选择适当。一般方法是先估算出被测量的最大值，根据此值和传感器的物理量/电量转换关系计算出最大的电量值。记录仪量程应选择略大于该值即可。

7）记录仪的走纸速度就是所测曲线的横坐标时间。由于铸造应力测试要从浇注温度测至较低温度（200~300℃），时间约 40min。因此，走纸速度选择 8~16mm/min 较为适宜。

注意事项：

1）造型时用力不可过猛，工具不可随手乱放，学生配合时需要默契，小心砸伤，扎气孔时小心扎伤手臂。

2）合箱时一定要保证合箱完好，拧紧锁箱螺母，防止出现跑火现象。

3）取样时，须戴上手套，用钳子轻摇晃取样，不可用手直接取样。

五、实验报告要求

1）写出实验目的及内容。

2）根据所测曲线和实验数据描绘出粗细两杆的应力-时间曲线及相应两杆的冷却曲线（坐标应带有分度值）。

3）分析应力开始产生的温度，应力变化的规律和原因。

4）分析两杆的冷却曲线变化规律与原因。

5）回答以下问题：

① 应力最初产生于什么温度？为什么合金在高温塑性阶段仍有应力产生？

② 试画出应力测试仪上两侧细杆的受力曲线，计算和描绘出粗细两杆的应力曲线。

③ 分析应力曲线和粗细杆冷却曲线间的关系。

实验32　钨极氩弧焊及电源外特性测试

一、实验目的

1）了解钨极氩弧焊机的结构组成与工作原理。

2）初步掌握钨极氩弧焊的焊接工艺。

3）测试钨极氩弧焊机的电源外特性曲线。

二、原理概述

1. 钨极氩弧焊及特点

钨极氩弧焊是以钨棒作为非熔化电极，采用惰性气体作为保护气体，利用钨极与焊件之间产生的电弧热作为热源，加热并熔化焊件和填充金属的一种直接电弧焊方法。

由于钨极氩弧焊是利用从喷嘴流出的氩气在电弧及焊接熔池的周围形成连续封闭的气流，保护钨极（或焊丝）和焊接熔池不被氧化，避免了空气对熔化金属的有害作用，同时，由于氩气是惰性气体，它与熔化金属不起化学反应也不溶解于金属，因此，钨极氩弧焊的焊接质量较高。再者，钨极氩弧焊具有良好的电弧稳定性和良好的保护性能，是目前焊接非铁金属材料及其合金、不锈钢、高温合金和难熔活性金属的理想方法，特别适合不开坡口、不加填充金属的薄板及全位置焊。

2. 钨极氩弧焊机及结构

钨极氩弧焊机根据电源特性可分为直流、交流和脉冲三种。焊接时，应根据被焊构件的材质和焊接要求来选择电源种类。焊接铝、镁及其合金应优先选择交流电源，其他金属一般选择直流正极性。

一台完整的钨极氩弧焊机应包括焊接电源、焊枪、供气系统、供水系统以及焊接控制系统等几个部分（见图32-1）。

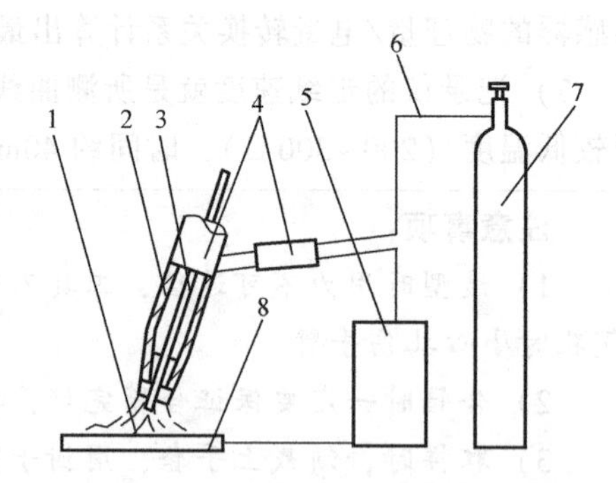

图32-1　钨极氩弧焊机布置示意图

1—氩气　2—导电体　3—钨极　4—带绝缘外套的焊枪　5—电源　6—通气管道　7—气瓶　8—焊件

3. 钨极氩弧焊焊接参数对焊缝成形和焊接过程的影响

钨极氩弧焊焊接参数主要有焊接电流、焊接速度、电弧长度、钨极直径和形状、气体流量以及喷嘴直径等，正确选择焊接参数是焊缝成形良好和焊接过程稳定的重要保证。对于不加填充焊丝的钨极氩弧焊，焊缝成形的主要参数是焊缝宽度 B、凹陷深度 n 和熔透深度 h；而对于有填充焊丝的钨极氩弧焊，焊缝没有凹陷深度，主要参数是焊缝高度 a 及熔透深度 h。

（1）焊接电流　随着焊接电流的增大（或减小），n、h 以及 B 都相应增大（或减小），而 a 相应减小（或增大）。当焊接电流太大时，则焊缝容易产生焊穿和咬边。反之，当焊接电流太小时，焊缝容易产生未焊透。

（2）焊接速度　随着焊接速度的增大（或减小），n、h 以及 B 都相应减小（或增大）。当焊接速度太快时，则气体保护受到破坏，焊缝容易产生未焊透和气孔。反之，当焊接速度太慢时，焊缝也容易产生焊穿和咬边现象。

（3）电弧长度（电弧电压）　随着电弧长度的增大（或减小），则 B 稍微增大（或减小），n 和 h 稍微减小（或增大）。当电弧长度太长时，则焊缝容易产生未焊透和氧化，因此在保证电弧不短路的情况下，尽量采用短弧焊接，这样气体保护效果好，热量集中，电弧稳定，焊透均匀以及焊件变形最小。

（4）钨极直径和形状　钨极直径要根据焊件厚度和焊接电流的大小来决定，钨极端头形状的选择要根据焊件熔透程度和焊缝成形的要求来决定。采用直流钨极氩弧焊时，必须将钨极端头磨成平底锥形，具体可参考有关资料。

（5）气体流量　它与保护性能有关，也与焊接速度、电弧长度、喷嘴口径、钨极外伸长度及接头形态等因素有关，一般随焊接速度、电弧长度，喷嘴口径、钨极外伸长度的增大（或减小），气体流量相应地也要增大（或减小）。当气体流量太大时，则气体流速增大，会产生气体紊流，使保护性能显著下降，导致电弧不稳定，焊缝产生气孔和氧化。反之，当气体流量太小时，空气容易侵入熔池，而使焊缝产生气孔和氧化现象。

三、实验设备及材料

1）WSE5-315 型交直流钨极氩弧焊机一套。

2）电压表、电流表、电流互感器各一个。

3）不锈钢、铝若干。

四、实验内容及步骤

1. 实验内容

1）对 WSE5-315 型焊机的外特性曲线进行测试。

2）按给定条件正确选择氩弧焊焊接参数（直流，不锈钢；交流，铝），并进行氩弧焊操作，焊出对接焊缝。

3）对焊缝做初步的宏观质量评定。

2. 实验步骤

（1）电源外特性测试方法（原理图如图 32-2 所示）。

1）至少应在额定焊接电流（I_e）、最大焊接电流（120%I_e）及最小焊接电流（25%I_e）三个状态下测定静态外特性。

2）短路过载状态要尽量快速读取数值（也可不做短路点）。

3）在纵坐标为电压、横坐标为电流的坐标纸上，选取适当比例，标点绘出并圆滑连线，即得到该调节状态下外特性曲线。

（2）钨极氩弧焊操作

1）焊接准备及检查。钨极氩弧焊（焊机布置如图 32-1 所示）的焊前准备及检查主要

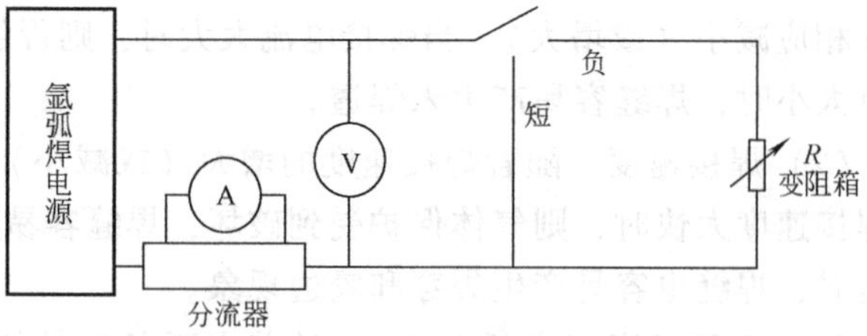

有焊件与焊丝表面的清理、坡口形状的选择、焊接夹具的准备、焊接参数的确定以及焊机的工作状态是否正常。

图 32-2　电源外特性测试原理图

2）引弧。在钨极与焊件之间保持一定的距离，接通引弧器，在高频电流或高频脉冲电流的作用下，使氩气电离而引弧。

3）定位焊。为固定焊件的位置和防止焊件的变形，必须根据焊件厚度、材料性质以及焊件结构等因素，进行定位焊。对定位焊点的大小和间距应有一定的要求，在保证焊透的情况下，定位焊点应尽量小而薄。

4）焊接。当进行对接缝和搭接缝平焊时，为使氩气能很好地保护熔池，选择焊枪的倾角 $\alpha=70°\sim85°$，填充焊丝的夹角 $\beta=10°\sim15°$ 为宜。氩弧焊时普遍采用左焊法进行焊接。在焊接过程中，焊枪应保持匀速直线运动。

5）填充焊丝送入方法。在平焊和环缝焊接时，填充焊丝的送入方法有两种：一种是将填充焊丝做往复运动，当填充焊丝末端送入电弧区熔池边缘（离熔池前缘 1/4 处）被熔化后，将填充焊丝移出熔池，然后再将焊丝重复送入熔池（不能离开氩气保护区）；另一种是将填充焊丝末端紧靠熔池的前缘连续送入，采用这种方法焊接时，送丝速度必须与焊接速度对应，此法适应于搭接焊缝和角焊缝的焊接。

6）收弧。焊接结束时，由于收弧方法不正确，在收弧处容易发生弧坑裂纹、气孔以及焊穿等缺陷。WES5-315 型交直流钨极氩弧焊机，采用电流自动衰减装置，焊接结束时，再按焊枪上的按钮，焊机即按预置参数结束焊接程序。

注意事项：

1）按照《焊接安全操作规程》进行焊接操作，不得私自拆装焊接设备或工具。

2）按照安全要求穿戴好工作帽、工作服、绝缘鞋后方可进入焊接实训室，禁止穿化纤制品的工作服。

3）实验结束后，应立即切断电源，盘好电缆线（电缆线应单相盘好，以免误操作造成短路）、气管，关好气瓶，把所用工具放回工具箱，物料摆放整齐，清扫工作现场。

五、实验报告要求

1）写出实验目的及内容。

2）写出氩弧焊机焊接参数调节方法。

3）整理实验数据，并进行分析。

4）对所焊的焊缝进行质量检验。

实验 33　低碳钢的焊接及常见组织缺陷观察

一、实验目的

1）分析焊接接头宏观与微观组织的特征。

2）掌握焊接接头的组织特点与性能的关系。

3）了解焊接接头中常见缺陷的形态及形成原因。

二、原理概述

焊接成形也是一种非常重要的材料加工方法。有许多产品或零部件都有焊接工艺环节，如锅炉、压力容器、高压管道、船舶桥梁和高层建筑等重要的焊接结构。如果焊接接头强度和韧性不足会导致整个焊接结构的提前失效，甚至导致灾难性的后果。因此，对焊接接头进行组织检验是非常重要的一个环节。

1. 焊接接头的形成过程

熔焊时，在高温热源的作用下，母材将发生局部熔化，并与熔化了的焊丝金属搅拌混合而形成焊接熔池（Weld Pool）。当焊接热源离开后，熔池金属便开始凝固（结晶）形成焊缝。焊缝与母材共同形成一个焊接接头。

2. 焊接接头的宏观组织

焊接接头的宏观组织由中心焊缝区、靠近焊缝的热影响区及两边未受影响的母材金属三个区域所组成。图 33-1 所示为低碳钢板埋弧焊焊接接头的宏观组织。

3. 焊接接头的显微组织

（1）焊缝区的显微组织　焊缝凝固后的组织主要特征之一是形成柱状晶，其生长有明显的方向性，与散热最快方向相反，即垂直于熔合线向焊缝中心发展。对于常用的焊接结构钢（如低碳钢），从液态到固态的一次结晶形成柱状晶奥氏体，然后进一步冷却至室温还要经历二次结晶过程，呈柱状晶的奥氏体在冷却过程中分解为铁素体和珠光体，如图 33-2 所示。由于含碳量较低，首先共析铁素体沿奥氏体晶界析出，把原奥氏体的柱状晶轮廓画出来，又称为柱状铁素体。柱状铁素体十分粗大，其间隙中为少量珠光体，往往呈魏氏组织形态。

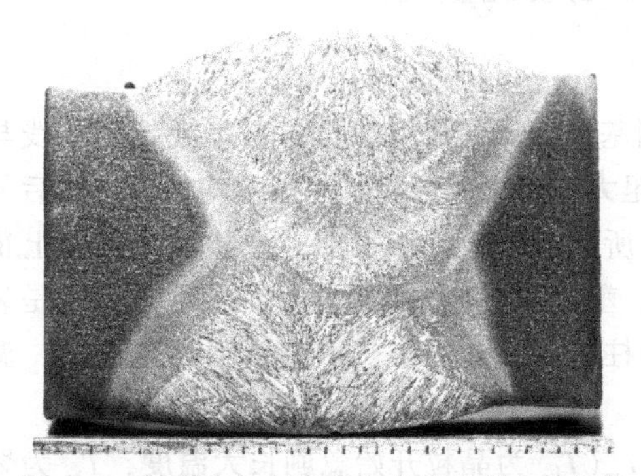

图 33-1　低碳钢板埋弧焊焊接接头的宏观组织

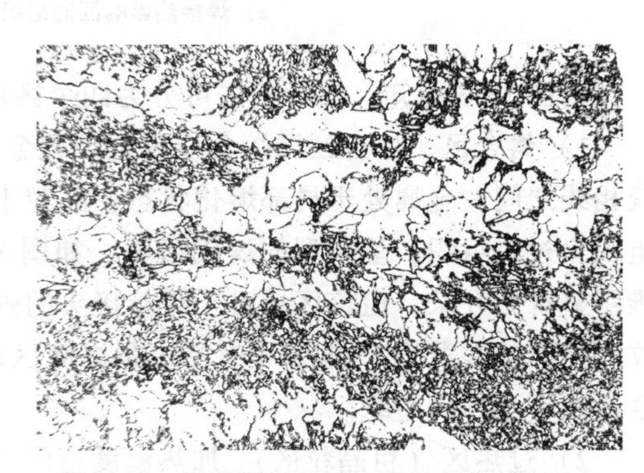

图 33-2　低碳钢焊缝区柱状晶组织（250×）

若为多层焊接，焊接二次结晶组织变为细小铁素体加少量珠光体组织。这是由于后一层焊缝对前一层焊缝进行再加热，使其发生相变重结晶，从而柱状晶消失，形成细小的等轴晶。

合金钢焊缝二次结晶的组织，由于受合金元素和焊接条件的影响会出现不同的组织。一般焊缝中合金元素含量少时，类似于低碳钢焊缝组织。当焊缝中合金元素较多、淬透性较好或冷却速度快时出现贝氏体-马氏体组织。

（2）热影响区的显微组织　在焊接过程热循环（加热和冷却）的作用下，焊缝附近的热影响区相当于经历了“特殊的热处理”过程。热影响区各部分由于离熔池距离不同而被加热到不同的温度，焊后冷却时又以不同的冷却速度冷却，因此使该区组织变得复杂。

用于焊接的结构钢可分为两类：一类是低碳钢和普通低合金钢，如 20 钢、Q345（16Mn）、15MnTi 等，属于不易淬火钢；另一类是中碳钢和调质合金钢等，属于易淬火钢。

现以 20 钢为例分析不易淬火钢热影响区的组织变化。图 33-3 所示为钢的焊接热影响区和铁碳合金相图之间的关系。

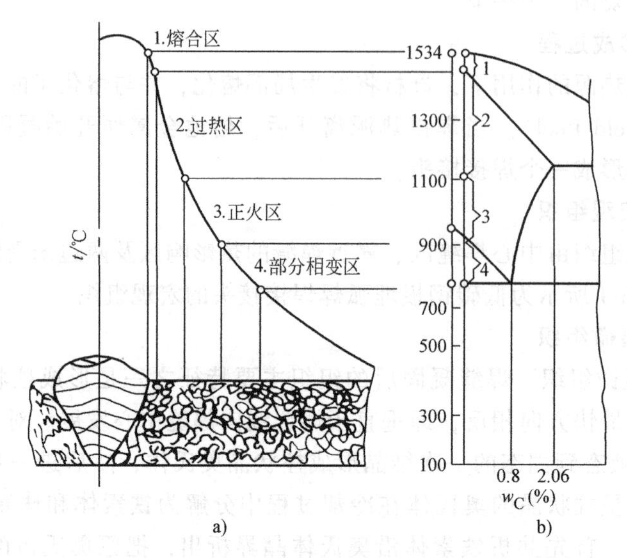

图 33-3　钢的焊接热影响区和铁碳合金相图之间的关系

a）焊接热影响区的组织示意图　b）铁碳合金相图

由图 33-3 可知，热影响区可分为四个区域：

1）熔合区。熔合区即熔合线附近焊缝金属到基体金属的过渡部分，温度处在固相线与液相线之间，金属处于局部熔化状态，晶粒十分粗大，化学成分和组织极不均匀，冷却后的组织为过热组织，呈典型的魏氏组织，如图 33-4 所示。这段区域很窄，金相观察实际上很难明显区分开来，但该区域对于焊接接头的强度、塑性都有很大影响，往往熔合线附近是裂纹和脆断的发源地。图 33-4 中左边是焊缝区域的柱状晶，右边是热影响区半熔化区段，温度最高，呈魏氏组织。

2）过热区（粗晶粒区）。加热温度范围 $T_{ks}\sim T_m$（T_{ks} 为晶粒开始急剧长大温度，T_m 为熔点）。当加热至 1100℃以上至熔点，尤其在 1300℃以上，奥氏体晶粒急剧粗化，焊后空冷条件下呈粗大的魏氏组织，如图 33-5 所示，塑性、韧性降低。

3）正火区（细晶粒区）。正火区即相变重结晶区，加热温度为 $Ac_3\sim T_{ks}$，为 900～1100℃，全部为奥氏体，空冷后得到均匀细小的铁素体+珠光体组织（见图 33-6），相当于热处理中的正火组织，故又称为正火区。

4）部分相变区。部分相变区即不完全重结晶区，加热温度范围 $Ac_1\sim Ac_3$，约 750～900℃，钢被加热到奥氏体+部分铁素体区域，冷却后的组织为细小铁素体+珠光体+部分大块未变化的铁素体，如图 33-7 所示。

温度在 Ac_1 以下的区域，组织仍保持母材的原始组织：铁素体+珠光体，如图 33-8 所示。

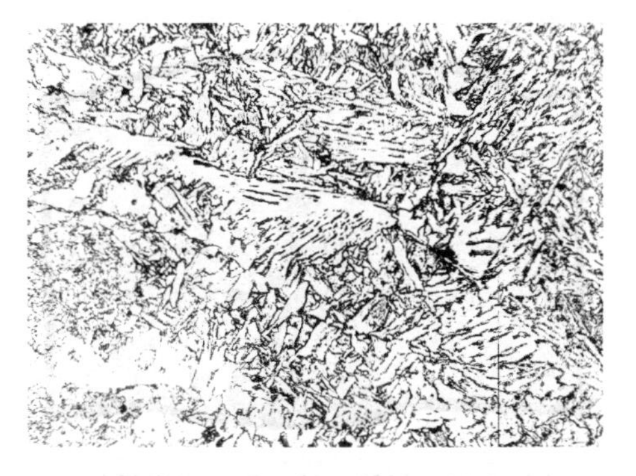

图 33-4　熔合区组织（250×）

图 33-5　过热区组织（250×）

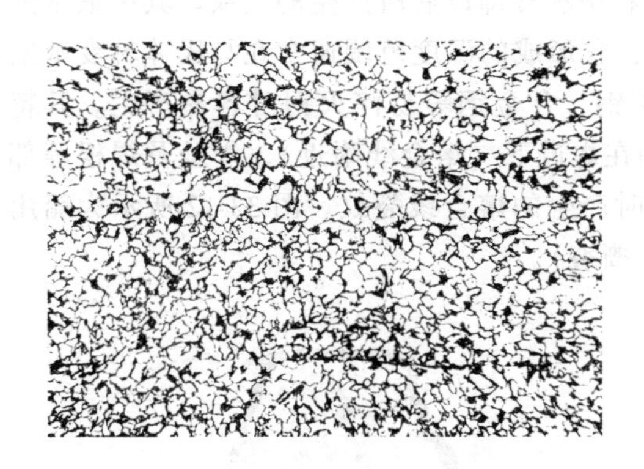

图 33-6　正火区组织（250×）

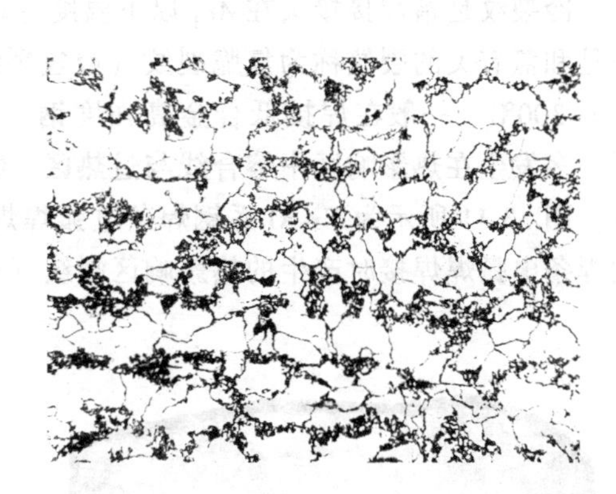

图 33-7　部分相变区组织（250×）

4. 焊接接头的常见缺陷

在焊接过程中，由于材质和焊接工艺不当等因素，焊接接头会产生各种缺陷，主要有裂纹、气孔、夹渣、未熔合等。裂纹是焊接接头中危害最大的一种缺陷，它破坏了金属的连续性和完整性，降低了接头的抗拉强度，尤其裂纹端部是一个尖缺口，将引起应力集中，促使焊件在较低应力下发生脆性破坏。

图 33-8　母材原始组织（250×）

(1) 裂纹　裂纹按尺寸的大小可分为宏观裂纹与微观裂纹；裂纹按形成温度不同可分为热裂纹与冷裂纹。

热裂纹是指从凝固温度至 Ar_3 以前所产生的裂纹。产生的原因是应力因素和冶金因素。在焊缝金属凝固后期，固相晶粒长大并开始接触，而液相逐渐减少并残留在晶粒的间隙内，形成液相薄膜，在焊接应力作用下，很容易使液膜破裂，形成裂纹，由此原因而形成的裂纹称为结晶裂纹，经常出现在焊缝中心（见图 33-9）。图 33-10 所示为焊缝中结晶裂纹宏观形貌。

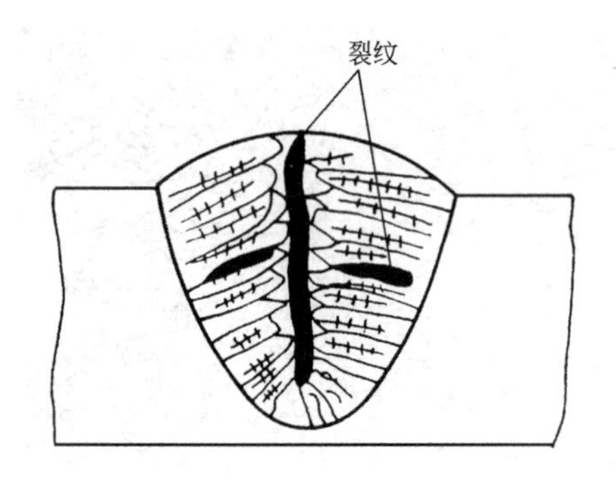

图 33-9　焊缝中结晶裂纹分布

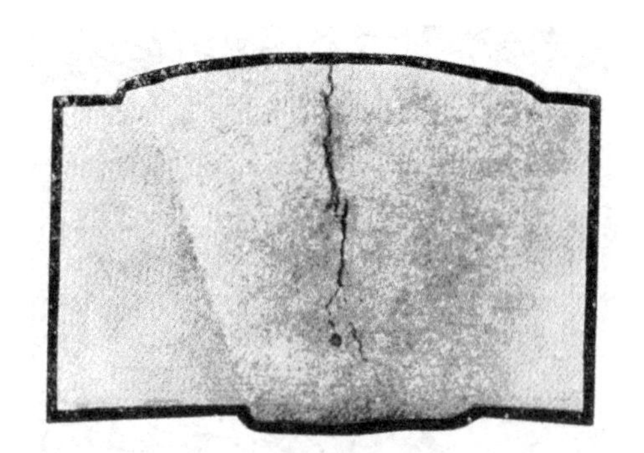

图 33-10　焊缝中结晶裂纹宏观形貌

冷裂纹是指焊接接头在 Ar_3 以下温度冷却过程中和冷却以后所产生的裂纹。其中最常见的是和氢有关的裂纹称为氢脆裂纹（或氢裂纹），它形成的温度范围通常在马氏体转变范围 200~300℃，一般在焊接低合金高强度钢、中碳钢、合金钢等易淬火钢时容易产生。其特征：多发生在热影响区中熔合线与过热区，特别在焊道下（熔合线附近）、焊趾及焊根等部位。图 33-11 所示为 Cr-Al 系钢焊条电弧焊焊接时产生的熔合线裂纹。图 33-12 所示为船用钢焊条电弧焊焊接时产生的热影响区裂纹（焊根撕裂）。

图 33-11　Cr-Al 系钢焊条电弧焊焊接时产生的熔合线裂纹

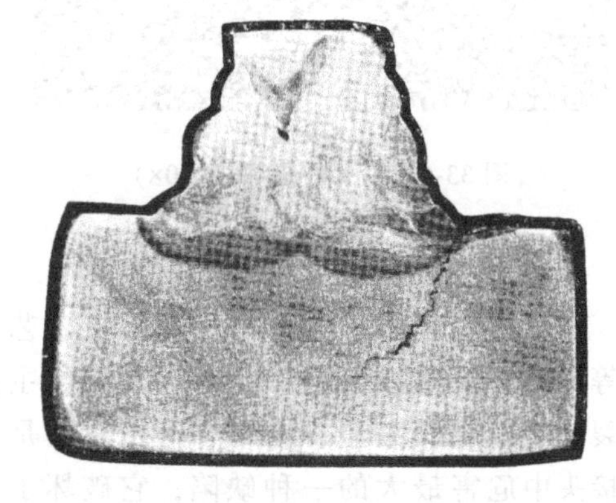

图 33-12　船用钢焊条电弧焊焊接时产生的热影响区裂纹（焊根撕裂）

冷裂纹不一定在焊接时就产生，延迟几小时、几天、几周甚至更长时间才发生，逐渐出现，越来越多。这种延迟性裂纹具有更大的危险性。

（2）未熔合（未焊透）　熔化金属和基体金属之间或相邻焊道之间，未完全熔化结合的部分称为未熔合。它使焊缝截面削弱，降低焊接接头强度，引起应力集中，导致裂纹扩展，故不允许存在。

（3）夹渣　由于焊缝坡口不清洁，或前一道焊缝的焊渣没有清除干净，或焊接工艺不当，往往会使熔渣来不及排出而留在焊缝中。显微镜下可以看到不同程度的呈灰白色的氧化

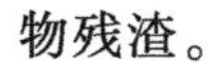

物残渣。

（4）气孔　由于焊缝坡口不清洁，有锈蚀、油污、潮湿等，致使在焊接过程中产生大量气体，在焊缝凝固过程中来不及逸出而留在焊缝金属内，便形成气孔。气孔在焊缝表面和内部都会存在，形状一般呈椭圆形，有时也呈针状。

三、实验设备及材料

1）金相显微镜、放大镜。

2）低碳钢的焊接接头宏观试样与微观金相试样若干，具有焊缝缺陷的金相试样若干。

四、实验内容及步骤

1）观察分析低碳合金钢焊接接头的宏观与微观缺陷组织的特征及形成原因，并画出组织示意图。

2）观察分析低碳合金钢焊接接头的宏观与微观组织，并画出焊缝、熔合区、过热区、正火区、部分相变区及母材的组织示意图。

提示： 实验结束后，关闭设备电源，盖好实验仪器罩，打扫清理实验室卫生。

五、实验报告要求

1）写出实验目的及内容。

2）画出各组织示意图，并分析形成原因。

3）哪一种母材容易产生焊道下的裂纹？

4）分析从焊接接头所观察到的焊接缺陷类型及形成原因。

实验 34　塑性成形设备的工作原理及操作

一、实验目的

1）了解液压机和曲柄压力机的工作原理和用途特点。

2）熟悉液压机和曲柄压力机结构组成、重要零部件工作原理及功能。

3）掌握液压机和曲柄压力机的主要技术参数和使用方法。

二、原理概述

1. 液压机

（1）液压机的工作原理　帕斯卡原理：静压下密闭容器中，液体压力是等值传递的。液压机是一种利用液体压力传递能量的锻压设备。设备力量等于液体压力与工作缸横截面积的乘积。

（2）YT32-200 型液压机的用途特点　液压机是塑性成形中应用最广泛的设备之一，与其他成形设备相比具有显著的特点：

1）容易获得大的工作压力和较大的工作行程。

2）在全行程任意位置产生最大工作压力，任意位置可回程。

3）工作压力可调，可实现保压，防止过载。

4）速度可调，可调整油液流量。

5）工作平稳，劳动环境好。

实验所用设备YT32-200型液压机就是一种典型的液压机械。该液压机适用于金属材料的压制加工，如弯曲、翻边、延伸、挤压成形等，也可从事校正、压装、粉末制品的压制成形，以及非金属材料，如塑料、玻璃钢、绝缘材料和磨料制品的压制成形。

YT32-200型液压机有独立的动力机构和电气系统，并采用按钮集中控制，可实现点动、手动和半自动三种操作方式。

YT32-200型液压机的工作压力、压制速度和行程范围可根据需要在规定范围内任意调节，并能完成定压成形和定程成形两种工作方式。在半自动操作时，两种工作方式均具有压制后保压延时及自动回程动作。

（3）YT32-200型液压机的结构组成　YT32-200型液压机为立式结构四柱液压机，由机身、主液压缸、顶出缸、行程限位装置、管路系统及电气系统连接起来构成一个整体，如图34-1所示。

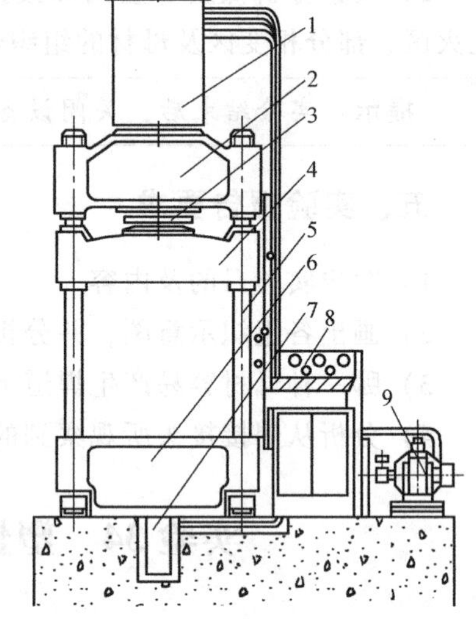

图34-1　YT32-200型液压机外形总图

1—充液筒　2—上横梁　3—主液压缸　4—活动横梁　5—立柱　6—下横梁　7—下液压缸（顶出缸）　8—电气操纵箱　9—动力机构

1）机身。机身由上横梁、活动横梁及下横梁用四根立柱连接起来，通过螺母固紧而组成一个封闭的刚性框架，承受液压机工作时的作用力，活动横梁和主液压缸活塞杆连接，以立柱为导向做上下移动。

活动横梁下平面和下横梁上平面开有T形槽，供安装模具用。

2）主液压缸。主液压缸由缸体、活塞头、活塞杆、导套及密封圈等零件组成，缸体由锻钢制成。主液压缸靠下部台肩和上部锁紧螺母紧固于上横梁内，活塞杆下端通过连接螺母及螺栓与活动横梁连接，当主液压缸上腔或下腔进油时，带动活动横梁上行或回程。

3）顶出缸。顶出缸安装于下横梁内用螺母固定，其结构为通底式活塞式液压缸，动作原理与主液压缸相同。

4）行程限位装置。行程限位装置由导向板、撞块、支架及行程开关等组成。调节不同撞块的位置，即可改变活动横梁在上、下端的停止位置以及快速转慢速的转换位置，调好后，将锁紧螺母锁紧。在定压成形中，下限位开关只能做下端极限位置的控制（起保护作用），不能做压制行程的控制。在定程成形中，下限位开关控制压制行程，电接点压力表起超压保护作用。

（4）YT32-200液压机的主要技术参数

1）公称压力2000kN、顶出力400kN。

2）最大净空距（开口高度）（实测）。

3）活动横梁最大行程700mm，顶出活塞最大行程250mm。

4）活动横梁速度。空载下行：≈120mm/s，压制：10~15mm/s，回程：≈80mm/s。

5）工作台尺寸（实测）。

（5）液压系统动作说明 液压系统由能量转换装置（泵、液压缸）、能量调节装置（阀）、能量传输装置（油箱、管路）等组成。借助电气系统的控制，驱动活动横梁和顶出缸活塞运动，完成各种工艺动作循环。YT32-200型液压机的动作有：

1）点动。即按压相应按钮，得到相应动作。

2）手动。即按压相应按钮，得到要求的连续动作，手松，动作不停。

3）半自动。即按压半自动按钮，使活动横梁完成一个从快速下行到回程停止的动作循环。半自动动作循环如图34-2所示。

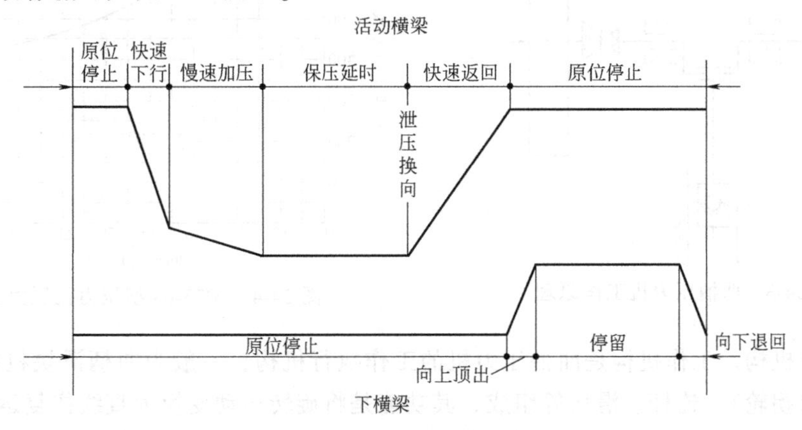

图34-2 半自动动作循环

2. 曲柄压力机

（1）曲柄压力机的工作原理 曲柄压力机是以曲柄滑块作为工作机构，其工作原理如图34-3所示。电动机通过带传动将动能传递给大带轮，再通过同轴的小齿轮传递给啮合的大齿轮（飞轮），大齿轮通过离合器与曲柄滑块机构相连接，离合器接合时，曲柄滑块机构将电动机的圆周旋转运动转变为滑块的往复直线运动，从而带动模具进行冲压或其他工艺，制成工件。传动曲柄连杆机构是刚性的，因此滑块的运动是强制性的，滑块的运动曲线固定不变。利用曲柄连杆机构具有力的放大性质和飞轮的力矩放大和快速释放能量的作用，满足曲柄压力机的峰值压力和能量的需要。

（2）曲柄压力机的用途特点 曲柄压力机是采用机械传动的锻压机械，在锻压生产中得到广泛的应用，可以完成板料冲压、模锻、挤压、精压和粉末冶金等工艺。

实验用JC23-63型压力机是用于薄板冲压的通用压力机，适用于各种冲压工艺，如剪切、冲孔、落料、弯曲和浅拉深等，但不适用于压印工作。压力机的机身可以倾斜，以便于冲压成品或废料从模具上滑下，装上自动送料机构后，则可进行半自动冲压工作。

本压力机的公称力发生在距离下死点前6mm处，用户应根据压力曲线图来选定压力机的工作范围。选定时，使用压力P_a（kN）与对应的曲柄转角α（°）的交点，必须在强度范围以内。JC23-63型压力机压力曲线图如图34-4所示。

（3）曲柄压力机的结构组成 曲柄压力机一般由以下几部分组成：

1）传动系统。由带传动和齿轮传动等机构组成；包括带轮、带、齿轮和传动轴及相应的轴承，其功能是按一定的要求将电动机的运动和能量传给工作机构，如图34-3所示。

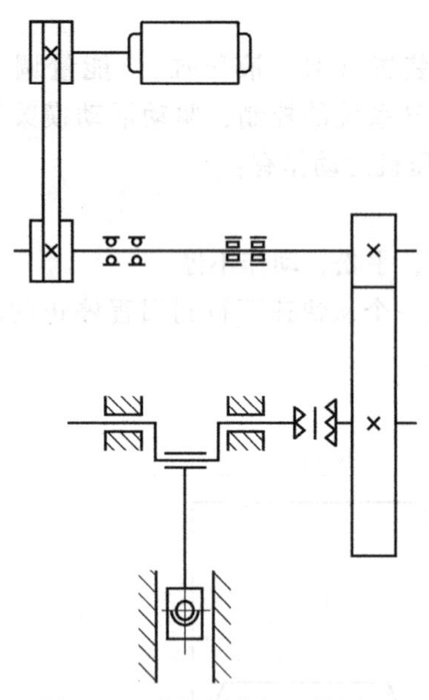

图 34-3 曲柄压力机工作原理

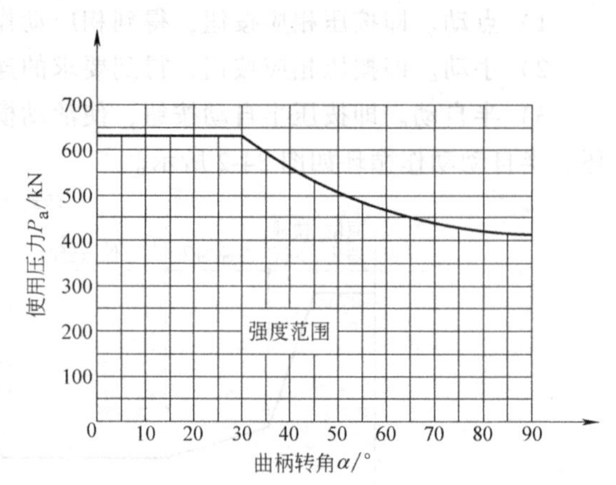

图 34-4 JC23-63 型压力机压力曲线图

2）工作机构。工作机构是曲柄压力机的工作执行机构，一般为曲柄滑块机构，由曲柄（偏心轮、曲拐轮）、连杆、滑块等组成，其功能是将旋转运动变换为直线往复运动。

3）支承部分。如机身，其功能是用于连接和固定所有零部件，在曲柄压力机工作时平衡工件载荷和各运动零件之间的相互作用力，保证各运动零件的正确位置和运动关系。

4）能源系统。能源系统包括电动机和飞轮，其中电动机提供动力源；飞轮则储存和释放能量，起调节电动机机械载荷的作用。

5）操作控制系统。操作控制系统由离合器、制动器、电子电器检测控制装置等组成。其中离合器和制动器的主要作用是在电动机开动的条件下控制曲柄和滑块的运动或停止。

6）辅助系统和附属装置。压力机上辅助系统和附属装置分为两类：一类是保证曲柄压力机正常运转的，如气路系统、润滑系统、过载保护系统、滑块平衡系统、电路系统等；另一类是为了工艺方便和扩大曲柄压力机工艺应用范围的，如快速换模装置、气垫、顶件装置等。

（4）曲柄压力机的主要技术参数 曲柄压力机的技术参数反映了曲柄压力机的工艺能力、加工零件的尺寸范围以及有关生产率等指标，是正确选择曲柄压力机和设计模具的基本依据。

1）公称压力及公称压力行程。公称压力是指滑块离下死点前某一特定距离（此特定距离称为公称压力行程或额定压力行程）或曲柄旋转到离下死点前某一特定角度（此特定角度称为公称压力角或额定压力角）时，滑块所允许承受的最大作用力。例如：JA31-315B 型曲柄压力机在距离下死点 13mm 时，滑块允许承受 3150kN 的作用力，即公称压力行程为 13mm，公称压力为 3150kN。通用曲柄压力机以公称为主参数，其他技术参数称为基本参数。

2）滑块行程。滑块行程是指滑块从上死点到下死点之间的距离，它的大小反映了压力机的工艺用途范围。行程较长，则能生产高度较高的零件，通用性较大。

3）滑块行程次数。它是指滑块每分钟从上死点到下死点，然后再回到上死点所往复的次数。行程次数越高，生产率越高，但次数超过一定数值后，必须配备自动化机械送料装置，否则不可能实现高生产率。

4）最大装模高度和装模高度调节量。装模高度是指滑块在下死点时，滑块下表面到工作台垫板上表面的距离，是压力机上允许安装模具的高度尺寸范围。为适应模具高度的制造偏差和模具修磨后的高度变化，装模高度可调。当装模高度调节装置将滑块调到最上位置时，装模高度达到最大值，称为最大装模高度；当将滑块调到最下位置时，装模高度达到最小值，称为最小装模高度；装模高度调节装置所能调节的距离，称为装模高度调节量。有些资料用封闭高度表示压力机安装模具的高度空间。封闭高度是指滑块在下死点，滑块下表面到工作台上表面的距离。在设计模具时，模具的封闭高度不得超过压力机的最大装模高度。

5）工作台板和滑块底面尺寸。它是指工作台板及滑块底面工作空间的平面尺寸。它的大小直接影响所能安装模具的平面尺寸及模具安装固定方式。

三、实验设备及材料

1）YT32-200 型液压机一台、上下平砧、JC23-63 型曲柄压力机一台、0.5t 开式曲柄压力机。

2）冲裁模具一套、钳子、扳手、螺钉旋具、钢直尺等。

3）2mm 的钢板及铅块。

四、实验内容与步骤

1）对照设备，认识设备结构和各个组成部分的作用。

2）在 YT32-200 型液压机的上下平砧间对铅块进行镦粗实验，对液压机各个工艺动作进行实际操作，体会液压机工作原理和塑性成形工艺过程。

3）拆装 0.5t 开式曲柄压力机，观察典型曲柄滑块机构和离合器、制动器及操作机构的内部结构。

4）在曲柄压力机上进行冲裁模具的安装与调整，操作曲柄压力机进行钢板试冲，观察曲柄压力机及模具的动作过程，与液压机对比，体会两种加工工艺过程的差别。

5）对设备技术参数进行测量和记录（滑块行程、最大装模高度、最小装模高度以及工作台板和滑块底面尺寸、模柄孔尺寸），加深对设备主要技术参数的理解，进一步了解模具与设备、加工工艺的关系。

注意事项：

1）按照《压力机安全操作规程》进行操作。操作时须保证压力机滑块下行无障碍，严禁将身体部位置于压力机滑块下方。

2）实验结束后，关闭电源，清理现场。

五、实验报告要求

1）写出实验目的及内容。

2）简述液压机、曲柄压力机的工作原理、用途特点。

3）画出 YT32-200 型液压机、JC23-63 型曲柄压力机的结构示意图，标识出各部分名称。

4）列出 YT32-200 型液压机、JC23-63 型曲柄压力机主要技术参数，并说明其含义。

5）简述 YT32-200 型液压机半自动循环的动作过程。

6）写出实验体会或实验改进意见。

实验35　冲压模具结构与拆装

一、实验目的

1）了解典型模具结构及工作原理。

2）熟悉模具的拆装顺序和各拆装工具的使用。

3）巩固和加深模具结构设计理论知识。

二、原理概述

1. 冲模的基本形式

冲模的种类和结构形式多种多样，通常可以按照不同的特征进行分类：按工艺性质分为冲裁模、弯曲模、拉深模等；按工艺的复合程度分为单一工序的简单模、多工序的连续模和复合模。另外还有按自动化程度、按导向方式和按卸料装置等特征进行分类的。

按工序的复合程度对模具进行分类，使模具结构类型清晰、特征明显、规律性比较统一，适合研究模具结构、设计、制造和应用。

（1）简单模　模具在一次冲程中，只完成一道工序，称为简单模或单工序模。图 35-1 和图 35-2 分别为导板式和导柱式简单冲裁模。

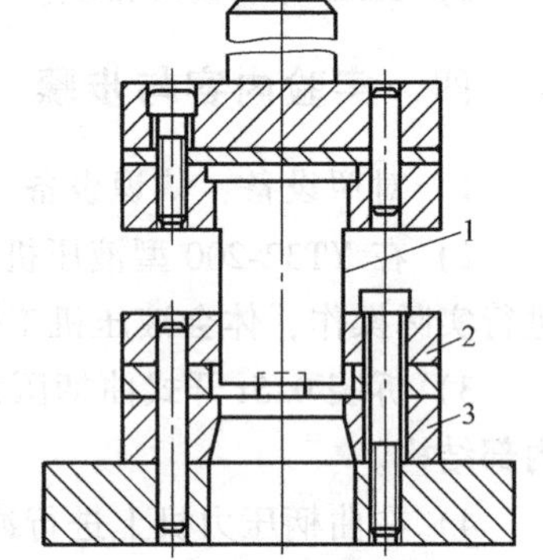

图 35-1　导板式简单冲裁模

1—凸模　2—导板　3—凹模

（2）复合模　模具在一次冲程中，在模具同一位置同时完成两道及以上工序，称为复合模。图 35-3 所示为冲制垫圈零件的复合模。垫圈零件的冲孔、落料两道工序在模具同一位置一次即可完成，如果采用简单模进行冲裁则需要两套模具。复合模结构复杂，制造成本高，但冲件精度高。

（3）连续模　在一次冲程中，在模具不同位置同时完成两道及以上工序，称为连续模或级进模，如图 35-4 所示。连续模可以集几十道工序于一体，与简单模和复合模相比，可以减少模具和设备数量，提高生产率，而且容易实现自动化，但是制造难度大，成本高。

2. 冲模的主要零件

组成冲模的主要零件，根据其功用可以分为两大类：

（1）工艺结构零件　这类零件直接参与完成工艺过程，并且与毛坯直接发生作用，其主要包括工作零件、定位零件和压料、卸料、出件零件。

（2）辅助结构零件　这类零件不直接参与完成工艺过程，也不与毛坯直接作用，只是对完成工艺过程起辅助作用，使模具的功能更加完善，其主要包括导向零件、固定零件和紧固及其他零件。冲模主要零件的分类见表 35-1。

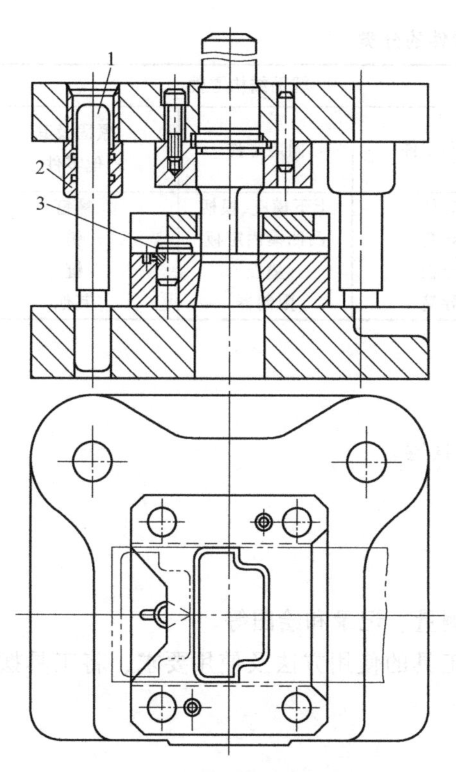

图 35-2 导柱式简单冲裁模

1—导柱 2—导套 3—挡料销

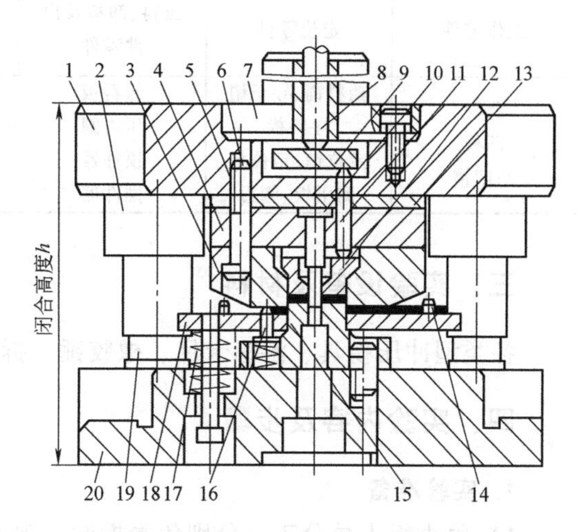

图 35-3 冲制垫圈零件的复合模

1—上模座 2—导套 3—凹模 4—凸模固定板 5—螺栓 6—销 7—模柄 8—打杆 9—打板 10—冲头 11—打件杆 12—打件块 13—垫板 14—导料销 15—凸凹模 16—挡料销 17—拉杆弹簧 18—托板 19—导柱 20—下模座

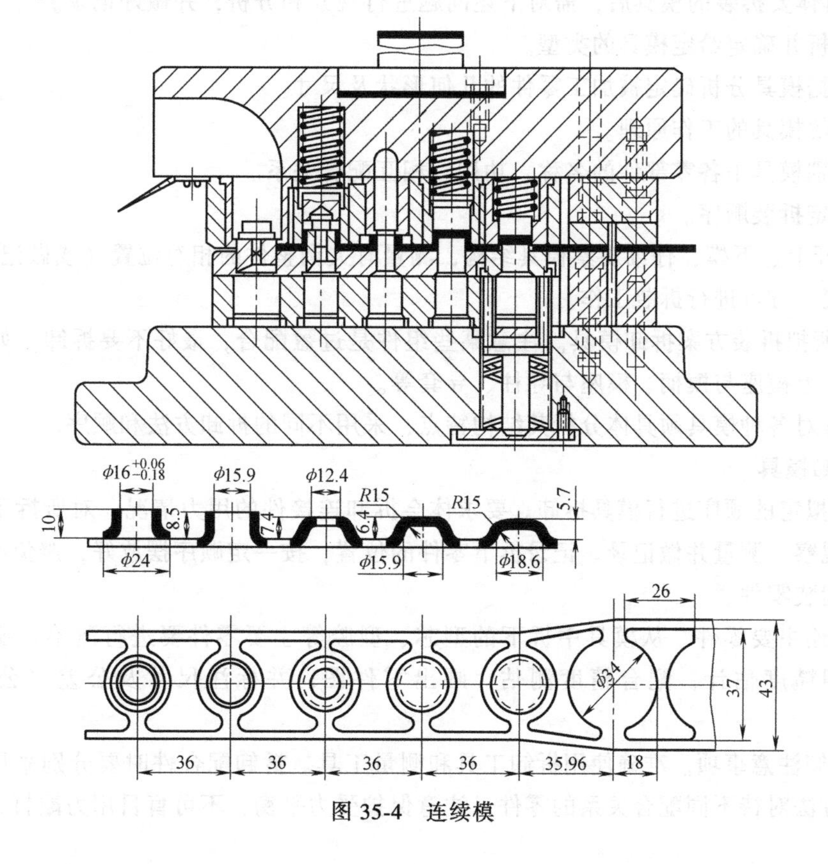

图 35-4 连续模

表 35-1　冲模主要零件的分类

工艺结构零件			辅助结构零件		
工作零件	定位零件	压料、卸料及出件零件	导向零件	固定零件	紧固及其他零件
凸模 凹模 凸凹模	挡料销、导正销 导料板 定位销、定位板 侧压板、侧刃	卸料板 压边圈 顶件器 推件器	导柱 导套 导板 导筒	上下模座、模柄 凸凹模固定板 垫板 限制器	螺钉 销 键 其他

三、实验设备及材料

各类型冲压模具、游标卡尺、橡胶锤、拆装工具等。

四、实验内容及步骤

1. 实验准备

1）每小组人员分工，分别负责拆卸、观察、测量、记录和绘图等。

2）领用并清点拆装和测量所用的工具，了解工具的使用方法及使用要求，将工具摆放整齐。

3）拆装实训时带齐绘图仪器和纸张。

2. 拆装前的记录

接到具体要拆装的模具后，需对下述问题进行观察和分析，并做好记录。

1）分析并确定给定模具的类型。

2）根据模具分析确定被加工零件的几何形状及尺寸。

3）了解模具的工作原理。

4）识别模具中各零部件的名称、功用、相互配合关系。

5）确定拆装顺序。

① 打开上、下模，仔细观察模具结构，测量有关调整件的相对位置（或做记号），并拟定拆装方案，方可进行拆装工作。

② 按所拟拆装方案拆卸模具。注意某些组件是过盈配合，最好不要拆卸，如凸模与凸模固定板、上模座与模柄、模座与导柱、导套等。

具体针对各种模具须具体分析其结构特点，采用不同的拆卸方法和顺序。

3. 拆卸模具

1）按拟定的顺序进行模具拆卸。要求体会拆卸连接件的用力情况，对所拆下的每一个零件进行观察、测量并做记录。记录拆下零件的位置，按一定顺序摆放好，避免在组装时出现错误或漏装零件。

2）测绘主要零件。从模具中拆下的型芯、型腔等主要零件要进行测绘。要求测量尺寸，进行粗糙度估计，配合精度测估，画出零件图，并标注尺寸及公差（公差按要求估计）。

3）拆卸注意事项。准确使用拆卸工具和测量工具。拆卸配合件时要分别采用拍打、压出等不同方法对待不同配合关系的零件。注意保护受力平衡，不可盲目用力敲打，严禁用铁

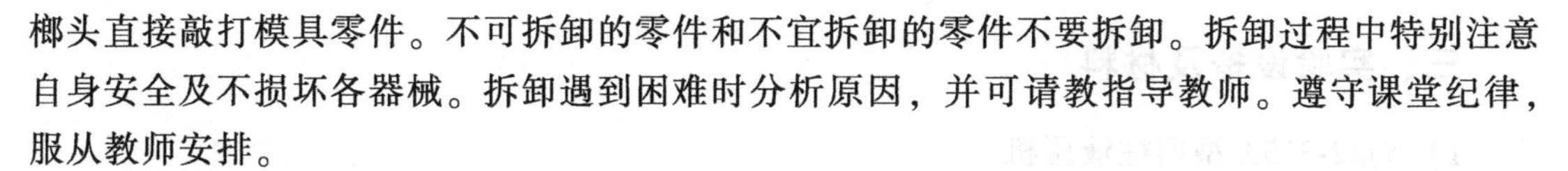

榔头直接敲打模具零件。不可拆卸的零件和不宜拆卸的零件不要拆卸。拆卸过程中特别注意自身安全及不损坏各器械。拆卸遇到困难时分析原因，并可请教指导教师。遵守课堂纪律，服从教师安排。

4. 组装模具

1）拟定装配顺序。以先拆的零件后装、后拆的零件先装为一般原则拟定装配顺序。

2）按顺序装配模具。按拟定的顺序将全部模具零件装回原来的位置，注意正反方向，防止漏装。其他注意事项与拆卸模具相同。遇到零件受损不能装配时，应学习使用工具修复受损零件后再装配。

3）装配后的检查。观察装配后的模具和拆卸前是否一致，检查是否有错装或漏装等。

4）绘制模具总装草图。绘制模具草图时在图上记录有关尺寸。

提示：实验结束后，按清单清点工具，交指导老师验收，清理实验室卫生。

五、实验报告要求

1）写出实验目的及内容。

2）绘制所拆装模具的装配图和主要零件图。

3）对所拆装模具进行分析（包括模具类型、名称、成形零件的结构特点、模具工作原理等）。

4）写出对冲压模具拆装实验的体会。

实验 36　挤压变形力变化规律与金属流动性

一、实验目的

1）掌握挤压时研究金属流动的网格法。

2）观测各种工艺因素对金属流动与挤压力的影响。

二、原理概述

金属锭坯在挤压过程中，金属质点的流动与所需挤压力 F 受许多工艺因素影响，最重要的有挤压方法、锭坯长度、定径带长度、变形程度、挤压速度、变形温度、表面摩擦状态及金属品种等。当各种挤压工艺条件使锭坯处于最佳流动状态时，不仅金属流动与变形比较均匀，制品组织、性能较均匀，而且挤压力也较小。

实验分成六个小组，各小组实验内容分别为：

1）不同的挤压方法——当其他条件一定时，采用正挤压与反挤压两种方法。

2）不同的锭坯长度——当其他条件一定时，采用不同长度的锭坯。

3）不同的定径带长度——当其他条件一定时，使用定径带长度不同的几个模子。

4）不同的变形程度——当其他条件一定时，采用几种不同的挤压比。

5）不同的挤压速度——当其他条件一定时，采用几种不同的挤压速度。

6）不同的润滑条件——当其他条件一定时，采用几种不同的表面摩擦状态。

三、实验设备及材料

1）YJ32-315A 型四柱液压机。

2）挤压工具 1 套、游标卡尺和钢直尺 1 把、锯弓 1 把、断锯片 1 条、砂纸和颜料若干。

3）ϕ31.5mm×75mm 剖分式铅锭 6 只。

4）蓖麻油、肥皂水、机油、滑石粉等。

5）坐标纸 1 张，秒表 1 块。

四、实验内容及步骤

1. 锭坯准备

1）擦拭干净剖分式铅锭组合面。

2）在组合面上画出正方形网格。

3）用汽油轻轻擦拭干净网格组合面上的油污，然后涂上色彩，描出网格，干燥后待用。

2. 挤压实验

1）分别按六个小组不同的实验内容进行相应的实验。

2）从锭坯开始受力时起控制挤压行程 35mm，第二组则控制压余长 30mm。

3）做好实验记录。

提示：实验时注意安全，实验结束后，关闭电源，清理现场环境。

五、实验报告要求

1）写出实验目的及内容。

2）描绘压余组合面上的网格图，并比较本组实验条件下的金属流动情况。

3）描绘坐标纸上的几条曲线，分析这些曲线不能重合的原因，即分析本组的某工艺条件改变对挤压力大小的影响。

4）将记录及计算的实验数据填入表 36-1 中。

5）列出其他小组的实验结果并简述规律性。

表 36-1　实验数据表

锭坯尺寸 $D\times L$/mm				
挤压筒直径 D_0/mm				
挤压比 λ				
挤压速度				
总时间				
总行程				
润滑条件				
挤压方法				
模孔尺寸	d/mm			
	L/mm			

（续）

死区高度 h_s/mm				
F/N	F_{max}			
	F_{min}			
摩擦应力	τ_1/MPa			
	τ_2/MPa			
流动类型				

实验 37　金属压缩过程中数值模拟及摩擦因数的测定

一、实验目的

1）了解利用圆环压缩法测定摩擦因数的基本原理。

2）采用物理模拟与数值模拟联合应用的研究方法初步研究摩擦对金属塑性流动的影响规律。

二、原理概述

金属塑性成形时，变形金属和模具接触面上的摩擦作用，对模具寿命、制品的加工精度和成形质量的影响很大。为了减轻摩擦引起的种种不良影响，人们使用润滑剂来降低摩擦作用。如何测定变形金属与模具接触面的摩擦因数是一个重要的基础问题。

本实验采用的圆环压缩法，它是目前测定金属塑性成形过程中变形金属与模具接触面摩擦因数的一种简单、有效的方法，适用于测定各种温度及变形速度下的摩擦因数。采用有限元方法对圆环压缩过程进行数值模拟，既可以直观地观察到摩擦对金属塑性成形的一般影响规律，预测金属的流动过程，实现非物理的检测与验证，又能与物理实验的结果相互印证。物理模拟与数值模拟联合应用的研究方法可以更为有效、经济、快速地解决复杂的工程问题，具有广泛的应用前景。

1. 圆环压缩法测定摩擦因数的原理

实验时把一定尺寸的圆环试样放在模具间进行压缩，由于摩擦因数（μ）的不同，圆环的内、外径尺寸在压缩过程中将有不同的变化。当接触面上的摩擦因数很小或无摩擦时，圆环上每一质点均沿径向做辐射状向外流动，变形后内外径均扩大，如图 37-1a 所示。

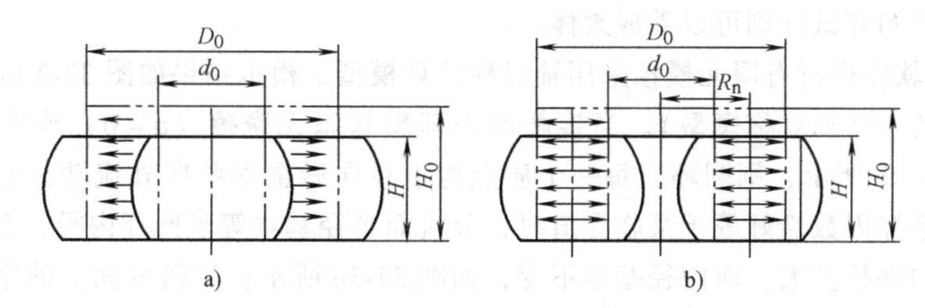

图 37-1　圆环压缩时的金属流动

a）μ 较小时　b）μ 较大时

当接触面上的摩擦因数增大到某一临界值后，靠近内径处金属质点向内流动的阻力小于向外流动的阻力，根据最小阻力定律，这部分金属将改变流动方向，在圆环中出现一个半径为 R_n 的分流面（中性层）。该面以内的金属质点向中心方向流动，该面以外的金属质点向外流动，变形后内径缩小，外径扩大，如图 37-1b 所示。图 37-1 中双点画线表示压缩前的圆环试样，实线表示压缩后的圆环试样，箭头表示金属流动方向。根据上限法、变形功法或应力分析法等理论方法可求出分流面半径 R_n、摩擦因数 μ 和圆环尺寸的理论关系式。

这样可以绘制如图 37-2 所示的理论校准曲线。测定摩擦因数时，将试样放在模具间进行多次压缩。每次压缩后，测量并记录圆环内径 d 和高度 H。取得数据后在理论校准曲线图的坐标网格上描出各点，再用拟合法绘出试验曲线，利用图 37-2 即可求得待测接触面的摩擦因数。

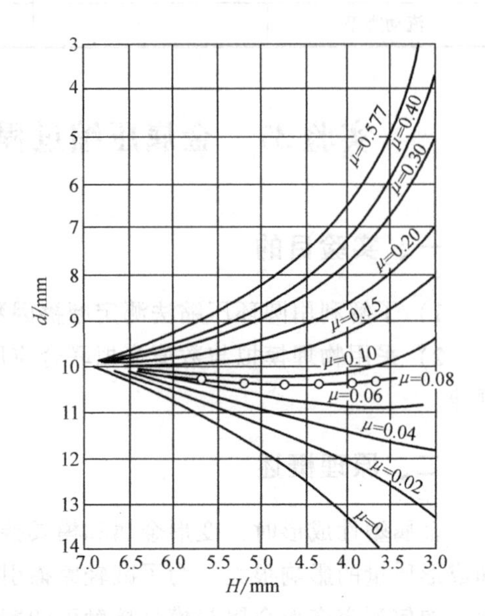

图 37-2　圆环压缩的理论校准曲线

2. 圆环压缩过程的有限元数值模拟

利用 ANSYS 或其他有限元分析软件可对圆环压缩过程进行数值模拟。用 ANSYS 软件（大型通用有限元分析软件）进行有限元分析的一般步骤为：

1）建立实际工程问题的计算模型：①利用几何、载荷的对称性简化模型；②建立等效模型。

2）选择适当的分析模块，侧重考虑以下几个方面：①多物理场耦合问题；②大变形；③网络重划分。

3）预处理（Preprocessing）：①建立几何模型；②有限单元划分与网格控制。

4）求解（Solution）：①给定约束和载荷；②求解方法选择；③计算参数设定。

5）后处理（Postprocessing）。后处理的目的在于分析计算模型是否合理，提出结论，包括：①用可视化方法（等值线、等值面、色块图）分析计算结果（包括位移、应力、应变、温度等）；②最大最小值分析；③特殊部位分析。

在有限元方法中，圆环压缩问题可以归于接触问题的范畴。接触问题是一种高度非线性行为，并且大多数接触问题需要考虑摩擦，摩擦使问题的收敛性变得困难。为了进行更为有效的计算，理解问题的特殊性和建立合理的模型是非常重要的。

圆环压缩是刚体和柔体的接触。压缩模具可以看成刚体，因为与圆环试样相比模具的刚度要大得多，而圆环试样则可以看成柔体。

用 ANSYS 软体进行有限元模拟采用轴对称计算模型，模拟结果如图 37-3 所示（图中显示为圆环试样的 1/2 轴对称模型）。当接触面为理想状态无摩擦（$\mu=0$）或摩擦因数很小时，如图 37-3a、b 所示，则圆环上每一个质点均沿径向做辐射状向外流动，变形后内、外径均扩大；当摩擦因数恰好等于某临界值时，分流面半径基本等于圆环内径，金属材料均向外流动，圆环的外径扩大，而内径基本不变，如图 37-3c 所示；当接触面上的摩擦因数大于某一临界值后，靠近内径处的金属质点向内流动阻力小于向外流动阻力，从而改变了流动力方向，这时在圆环中出现一个半径为 R_n 的分流面（中性层），该面以内的金属质点向中心方向流动，该面以外的金属质点向外流动，变形后内径缩小，外径扩大，如图 37-3d 所示。通过数值模拟可以直观地观察到摩擦对金属塑性成形时金属流动的一般影响规律。

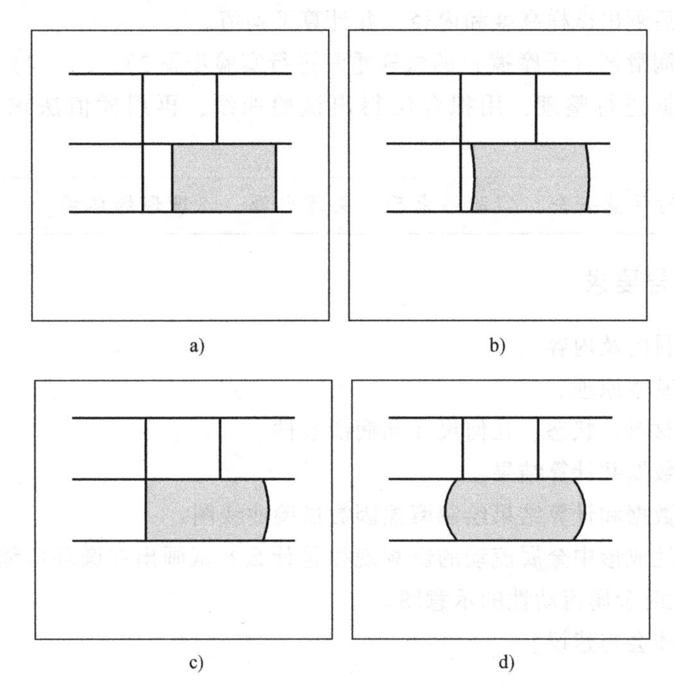

图 37-3 不同摩擦因数下的金属流动性情况

a）$\mu=0$ b）μ 为较小值 c）μ 为临界值 d）μ 为较大值

三、实验设备及材料

1）YJ32-315A 型四柱液压机、摩擦因数测定专用模具、游标卡尺等。

2）圆环试样材料：工业纯铝 1060、10 钢。试样尺寸：外径 20mm，内径 10mm，高度 7mm。加工成不同表面粗糙度试样若干。

3）MoS_2 润滑剂、丙酮清洗剂等。

四、实验内容及步骤

1. 实验内容

1）用 ANSYS 软件对圆环压缩过程的有限元数值模拟进行讲解和演示。

2）分别在干摩擦（不加任何润滑剂）和在 MoS_2 润滑剂条件下，用圆环压缩法测定不同工业纯铝和 10 钢常温压缩时的摩擦因数。

2. 实验步骤

1）实验原理讲解。

2）用 ANSYS 软件对圆环压缩过程的有限元数值模拟进行讲解和演示。

3）分组选择不同实验内容，领取试样，讨论并制定常温压缩实验方案。

4）圆环压缩前，测量并记录圆环试样的外径、内径和高度。

5）熟悉并掌握液压机的基本操作。

6）对需用润滑剂的试样按讨论方案添加 MoS_2，开动液压机做好防护后对多个试样分别进行压缩，最大压缩量控制在60%以下。

7）每次压缩后测出试样高度和内径，并计算平均值。

8）对不添加润滑剂（干摩擦）的试样重复进行实验步骤2）、3）、4）。

9）对记录数据进行整理，用拟合法得出试验曲线，再用插值法求得该材料的摩擦因数。

提示：实验时注意安全，实验结束后，关闭电源，清理现场环境。

五、实验报告要求

1）写出实验目的及内容。

2）简述实验基本原理。

3）写出试样材料、状态、几何尺寸和润滑条件。

4）处理实验数据并计算结果。

5）根据实验数据和计算结果绘制摩擦因数试验曲线图。

6）摩擦对塑性成形中金属流动的影响规律是什么？试画出在圆环压缩试验中摩擦因数为零、较小和较大时金属流动性的示意图。

7）写出实验体会与建议。

实验38　激光加工工艺实验

一、实验目的

1）了解激光加工的基本原理、加工过程及工艺特点。

2）了解JHM-GXY-500W型激光加工机及其功能。

3）掌握激光工艺参数对切割和焊缝成形的影响规律。

二、原理概述

1. 激光加工原理及特点

激光是利用辐射激发光放大原理而产生的一种单色（单频率）、方向性好、能量密度高的光束。经透射或反射镜聚集后可获得直径小于0.01mm、功率密度高达$10^{13}W/m^2$的能束。当激光束照射到工件表面时，光能被加工表面吸收并转换成热能，在材料表层瞬时高温达到熔化、汽化温度，并在冲击波的共同作用下，使材料汽化蒸发或熔融溅出。激光加工是利用激光的高功率密度，在极小区域内实现材料形状、尺寸及表面性质的改变，属于无接触加工。

激光加工技术是近十几年发展起来的一项高新技术，激光加工与传统机械加工相比有如下特点：

1）加工速度快。

2）热变形及热影响区小。

3）适合加工高熔点、高硬度、特种材料。

4）可对零部件进行局部热处理。

5）可对复杂形状的零件、微小件加工，还可在真空中进行加工。

6）加工无噪声、对环境无污染。

7）易于实现自动化，由于加工方法先进，可改进现有产品结构和材料。

2. 激光加工基本设备及其工作原理

激光加工设备包括激光器、电源、导光系统（或称为光系统）和工作机床四大部分，统称为激光加工系统，如图38-1所示，各部分的作用如下：

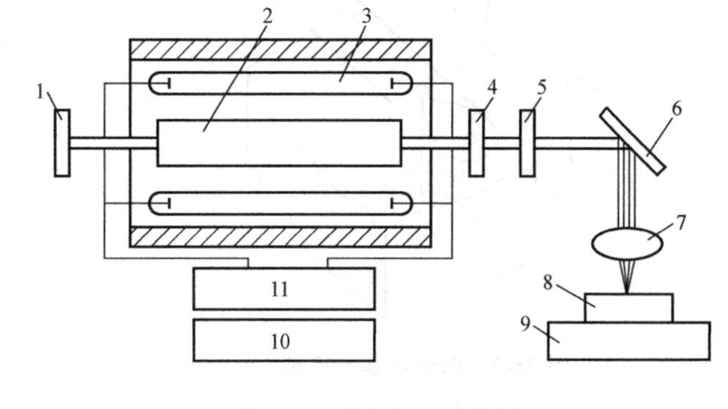

图38-1　激光加工示意图

1—反射镜　2—激光器　3—灯　4—部分反射镜　5—光阑　6—反射镜　7—聚焦镜　8—工件　9—工作台　10—控制盘　11—电源

（1）激光器　激光器的作用是把电能转换成光能，产生激光束。

（2）电源　电源为激光器提供所需的能量，包括电压控制、时间控制、储能电容及触发器等。

（3）导光系统　导光系统是将激光引导到被加工工件表面的装置，通过调整聚焦点位置，使激光以小光点打到工件上。该系统由功率监控、光阑、可见光同轴瞄准、发射式或透镜式聚焦、吹风水冷等系统组成。

（4）工作机床　用于固定工件和保证其在加工过程中的位移、旋转运动的装置。工作机床品种繁多，有专用和通用两大类，一般采用步进电动机或伺服电动机驱动，控制系统多采用单板机CNC系统。

3. 激光加工内容

激光加工按其加工方法可分为切割、焊接、热处理及表面处理、雕刻、打孔、刻蚀以及激光成形和激光快速成形等。本实验主要实现切割及焊接。

（1）激光切割　激光切割可分为汽化切割、熔化切割、氧助熔化切割和控制断裂。这里主要介绍熔化切割和氧助熔化切割。

1）熔化切割。用激光加热使金属熔化，然后通过与光束同轴的喷嘴喷吹非氧化性气体，依靠气体压力使液态金属排除形成切口。熔化切割不需要使金属完全汽化，所需能量只是汽化切割的1/10，主要用于不易氧化的材料或活性金属的切割，如不锈钢、钛、铝及其合金等。

2）氧助熔化切割。其原理类似氧乙炔切割。它是用激光作为预热热源，用氧气等活性气体作为切割气体。喷吹的气体一方面与被切割金属发生氧化反应，放出大量的氧化热，另一方面把熔化的氧化物和熔化物从反应区吹除，在金属中形成切口。由于氧化反应产生大量热量，所以切割所需能量只是熔化切割的1/2，而切割速度远大于汽化切割和熔化切割，适用于铁基合金、钛等易氧化材料。

（2）激光焊接　激光焊接是一种利用高能密度的激光束进行材料连接的方法。它是一种焊接变形很小的精密焊接方法，具有很小的热影响区和很窄的焊缝。

激光焊接可以两种模式进行：一种是基于小孔效应的深熔焊（功率密度高于 $10^5 W/cm^2$）；另一种是基于热传导方式的激光传热焊（功率密度低于 $10^5 W/cm^2$）。其基本原理如图 38-2 和图 38-3 所示。深熔焊具有较大的熔深和深宽比，而传热焊则熔深很小。

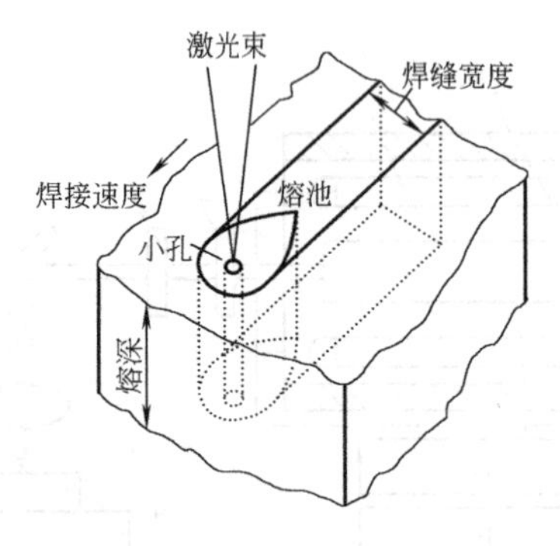

图 38-2　深熔焊基本原理

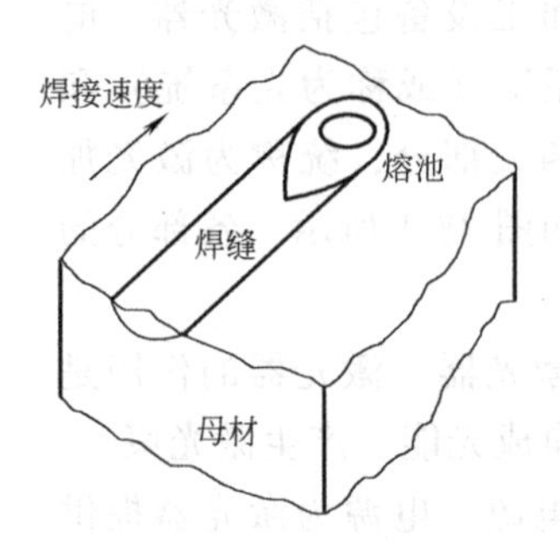

图 38-3　传热焊基本原理

焊缝成形参数主要包括熔深和焊缝宽度（图 38-4），激光功率、焊接速度和焊点位置是影响焊缝成形的主要因素。

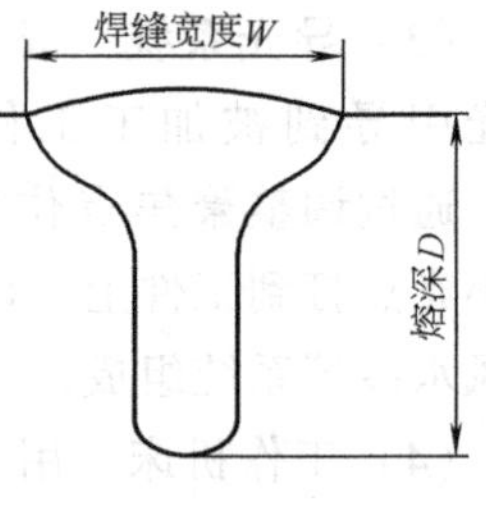

焊缝宽度W
熔深D

图 38-4　熔深和焊缝宽度含义的图示

三、实验设备及材料

1）JHM-GXY-500W 型激光加工机。

2）低碳钢板、铝板，厚度均为 1~2mm。

四、实验内容及步骤

1）了解 JHM-GXY-500W 型激光加工机的结构及主要性能参数。

2）激光切割。

① 切割 1~2mm 低碳钢板，观测离焦量对切口宽度和切口质量的影响。

② 切割铝板（1~2mm）观察并分析切割工艺参数与切割同厚度低碳钢板之间的差异。

3）激光焊接。在不同焊接工艺条件下焊接低碳钢试样，焊后制备焊缝横断面金相试样，测试焊缝熔深和焊缝宽度随离焦量的变化规律。

注意事项：加工时眼睛勿直接观察激光工作台；实验结束后，关闭电源，清理现场环境。

五、实验报告要求

1）写出实验目的及内容。

2）记录实验过程中观察到的现象并进行分析。

3）画出切口宽度随离焦量变化的曲线，并分析产生该规律的原因。

4）分析切割不同材料所需参数不同的原因。

5）画出焊缝熔深和焊缝宽度随离焦量的变化曲线，并进行分析。

实验39　粉体成形工艺实验

一、实验目的

1）了解粉体成形的过程。

2）掌握钢模压制粉体材料成形的方法。

3）掌握钢模设计、选材及技术要求。

二、原理概述

粉体成形是指将粉末状的材料制成具有一定形状、尺寸、孔隙率以及强度的预成形坯体的加工过程。不同材料因其物理化学特性不同，所采用的成形方法与技术并不完全相同，主要成形方法有模压成形、等静压成形和轧制成形。钢模压制成形方式有三种：单向压制、双向压制以及浮动凹模压制，如图39-1所示。本实验采用单向压制。

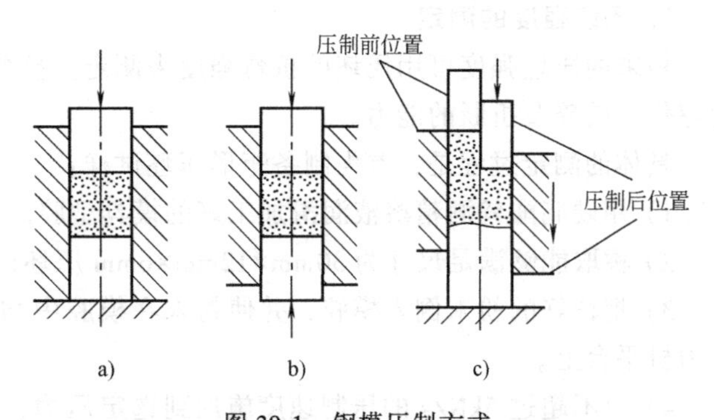

图39-1　钢模压制方式

a）单向压制　b）双向压制　c）浮动凹模压制

单向压制是压力施加在粉末坯料的上顶部。因此，粉末坯料与凹模之间的摩擦，使得在经单向压制所得到的预成形坯中，底部与顶部的密度有很大差别。这种密度差随预成形坯高度的增加而增加，随直径的增大而减小，降低高径比，会使压力沿高度的差异相对减小，使密度分布更加均匀。若使用润滑剂，可以减少粉末坯料与模壁之间的摩擦力，也可以降低沿高度方向的密度不均匀程度。

1. 冷压模具

冷压模具的制造材料有CrWMn、Cr12、Cr12MoV、3Cr2W8V等，热处理后的硬度要求大于等于60HRC。

模具的上、下模配合公差应为0.01~0.02mm，一般凹模的下方稍低于凸模下冲高度，有30′左右角度的喇叭口，以利于脱模。由于材料在高硬度时韧性较低，为了防止在冷压成形时模具开裂伤人，大多数情况下在凹模外加一Q235钢或45钢制成的套，该套不经过热处理。

2. 粉末压制过程

粉末压制在600kN压力机上进行，将松散的粉末装在钢压模内，当对压模中粉末施加压力后，粉末颗粒间将发生相对移动，粉末颗粒将填充孔隙，使粉末体的体积减小，粉末颗粒迅速达到最紧密的堆积，直到达到所要求的密度。随着压制力的继续增大，当压力达到和超过粉末颗粒的强度极限时，粉末颗粒发生塑性变形（对于脆性粉末来说，不发生塑性变形，而出现脆性断裂），直到达到具有一定密度的坯块。

由于粉末体对压模壁的侧压力，使压模内靠近模壁的外层粉末与模壁之间产生摩擦力，这种摩擦力的出现会使压坯在高度方向存在明显的压力降。在接近加压端面的部分压力最大，随着远离加压端面，压力逐渐降低。由于这种压力分布的不均匀性，造成了压坯各个部分粉末致密化不均匀。

压坯在压模中，当去除压力，压坯仍会紧紧地固定在压模内，为了从压模中取出压坯，还需施加一个脱模压力，当把压坯脱出压模后，由于压坯内聚集了很大的内应力，压坯会产生弹性后效现象。

总之，压制是一个十分复杂的过程，粉末体在压制中之所以能够压制成形，关键在于粉末体本身的特征，而影响压制过程的各种因素中，压制压力又起着决定性的作用。

3. 压坯强度的测定

粉末的压坯强度可用压坯的抗弯强度来测定。抗弯强度表示压坯在搬运时，压坯抵抗外力擦伤、破碎及折断的能力。

具体的测定过程是，首先制备矩形压坯试样：

1）用硬脂酸锌酒精溶液润滑加工好的模具型腔。

2）称取能够满足尺寸为30mm×12mm×6mm 压坯试样的粉末质量（保证压制成功3个）。

3）把称好的粉末倒入模腔，并使粉末在模腔中均匀分布，放置上模冲，将模具放置在压力机平台上。

4）以不超过 5kN/s 的压制速度施加到选定压力，然后将压坯从模具中脱出，注意当试样压至规定密度以后，3 个试样之间的最大偏差不应超过0.1g/cm^3。

将制备好的压坯试样平稳安放在横向断裂试验夹具中，压坯的中心线与两个支承圆柱的中心线一致，并与支承圆柱体垂直，将夹具放在压力试验机的平台上，然后以匀速施加压力，使压坯试样在不少于 10s 的时间内断裂，记下断裂力 F（精确到 2N），最后计算的压坯强度为

$$S=\frac{3\times F\times L}{2\times t^2\times W}$$

式中，F 为断裂所需的力（N）；L 为夹点间跨距，(25±0.2)mm；t 为试样厚度（mm）；W 为试样宽度（mm）。

在提供报告时，应注明压坯的密度、压制压力及粉末润滑情况。

三、实验设备及材料

1）天平、600kN 压力机、磁性表座及百分表、卡尺等。

2）ϕ23mm、ϕ21mm 圆柱模。

3）纯铜粉、钨粉，粒度为 150~200 目。

四、实验内容及步骤

1. 实验内容

分别对铜粉、钨粉进行压制成形并进行性能测试。

2. 实验步骤

1）将铜粉称取 50g，钨粉称取 100g。

2）测量模具无粉时凹模的伸出高度 h_0 并记录。

3）将铜粉装入模具，施压20kN卸载，取下测量凸模伸出高度h_1并记录，这时粉体加压20kN后的高度应为$h_{20kN}=h_1-h_0$。

4）将模具重新放在试验机上，加压至20kN，装表座及百分表，并将百分表对零。

5）继续加压至40kN、60kN、80kN、…、400kN，每增加20kN读出百分表的指示值。

6）卸压垫马蹄形铁，施压脱模至压坯脱离，并测量加压400kN后粉体的实际高度h_2。

7）对钨粉重复以上试验。

8）粉体密度计算，密度依据公式

$$\rho=\frac{m}{V}=\frac{m}{A_0h}$$

式中，ρ为密度；m为粉体质量；V为粉体体积；A_0为粉体底面积；h为粉体的高度，其中$h=h_{20kN}-h_{表}+h_{弹}$，$h_{弹}=h_2-(h_{20kN}-h_{400表})$（$h_2$为脱模后压坯的实测高度，$h_{表}$为每个力值下的百分表的读数，$h_{400表}$表示400kN力值下百分表的读数）。

注：压坯的弹性变形量随着压坯的密度增大而增大，这里计算$h_{弹}$时取压力最大时弹性变形量，径向弹性变形量忽略不计。

提示：实验时注意安全，实验结束后，关闭电源，清理现场环境。

五、实验报告要求

1）写出实验目的及内容。

2）简述粉体成形的原理及过程。

3）绘制出两种粉体密度-压力关系曲线并进行分析。

实验40　硬质合金、特种陶瓷及复合材料组织观察

一、实验目的

1）熟悉常见硬质合金及特种陶瓷的组织形态。

2）了解金属基复合材料的显微组织特征。

二、原理概述

1. 硬质合金

硬质合金（又称为金属陶瓷）是用微米数量级的难熔高硬度金属碳化物粉末（如WC、TiC、TaC、NbC等），以钴或镍、钼等金属作为黏结剂，经高温烧结制备而成的粉末冶金材料。它具有熔点高、硬度高、高的耐磨性及热硬性，可做刀具、耐磨零件或模具。硬质合金常用的种类有钨钴合金类、钨钴钛合金类。

（1）钨钴硬质合金　常用的牌号有YG3、YG6、YG8、YG20等，钴的质量分数为3%～20%，为液相烧结，包括三个阶段：液相流动和WC颗粒重排阶段、溶解与析出阶段、固相烧结阶段。

钨钴硬质合金烧结后的组织主要由WC相和Co相两相组成。WC相为多边形的白色颗

粒，Co相是黏结相，易腐蚀，呈黑色。图40-1所示为YG8（硬质合金刀片）的微观组织，WC相晶粒已经再结晶，该组织具有过热倾向。

（2）钨钴钛硬质合金　常用的牌号有YT5、YT15、YT30、YW1、YW2，其中YT5、YT15、YT30分别含有质量分数为5%、15%、30%的TiC，其余的是WC和Co。YW1和YW2含有质量分数6%的TiC和质量分数为4%的TaC。YT15经过压制、烧结后的组织如图40-2所示。组织中各种灰色几何形状为WC相，灰色圆形为TiC相，白色为黏结相，个别深黑色为孔隙。

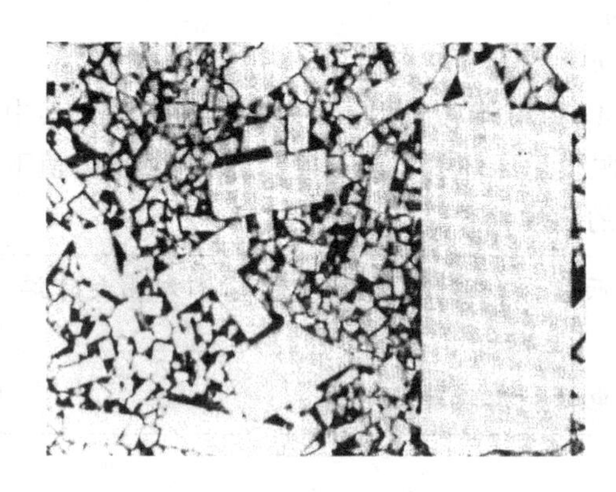
图40-1　YG8的微观组织（1500×）

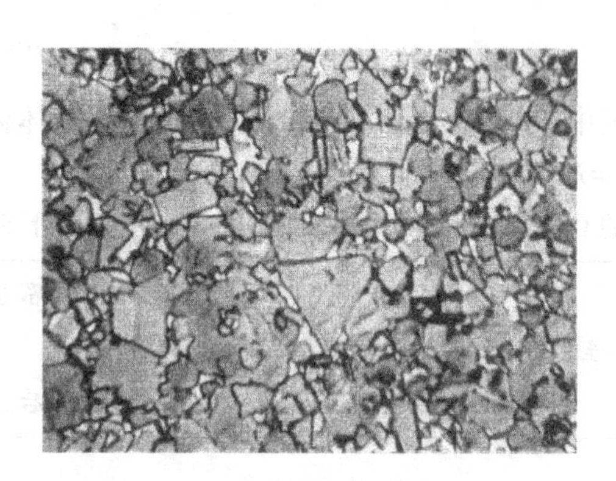
图40-2　YT15的微观组织（1500×）

2. 特种陶瓷

（1）氧化铝陶瓷　用工业氧化铝为原料制造的陶瓷，称为氧化铝陶瓷。其中Al_2O_3的质量分数在95%以上（其余以SiO_2为主），且以α-Al_2O_3（刚玉）为主晶相时，称为刚玉瓷，少于95%的通常称为高铝瓷。氧化铝瓷坯体中Al_2O_3的含量不同，其显微结构特征将有明显的差异，主要表现为：

1）主晶相刚玉的晶形存在差异。95陶瓷中呈短轴状晶体，97陶瓷中也以柱状为主，而99陶瓷和透明氧化铝陶瓷中则均呈粒状，多趋向六边形颗粒，如图40-3所示。

2）玻璃相对晶形的影响。瓷坯中玻璃相的含量随Al_2O_3含量的增加而减少，在95陶瓷中玻璃相约占5%，而99陶瓷中明显减少，晶粒间接触更紧密。

3）烧结温度随Al_2O_3含量的增加而提高。95陶瓷的烧结温度通常为1600℃左右，而99陶瓷的烧结温度则为1700℃以上。

氧化铝陶瓷的晶体缺陷：

1）异常长大。氧化铝陶瓷的二次重结晶长大（见图40-4）是一种常见的现象。原料自身大小不均匀，存在个别大晶粒；成形时压力不均匀；烧结温度偏高，使瓷坯中出现不均匀的局部液相等，均会出现个别重结晶长大的刚玉晶粒。

2）气孔。在95陶瓷和97陶瓷的坯体中一般均有气孔存在，对氧化铝陶瓷的性能有较大影响。气孔有存在于刚玉晶粒内部和晶粒之间的晶内气孔和晶间气孔两类。晶间气孔对陶瓷力学性能影响较大，它的形成主要是制坯时成形压力不足或烧结温度不合理。Al_2O_3含量越高的瓷坯中气孔应越少。

（2）氧化锆陶瓷　氧化锆陶瓷主晶相是锆石（ZrO_2），有单斜锆石（m型）、四方锆石（t型）和立方锆石（c型）三种稳定的变体。

图 40-3　氧化铝陶瓷的显微结构（扫描电镜）

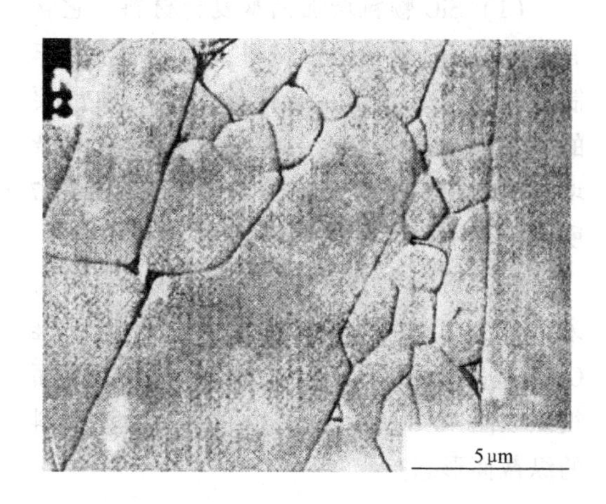

图 40-4　95 陶瓷中刚玉重结晶异常长大

氧化锆显微结构有等粒状结构和不等粒状结构两类，斜锆石有时呈短柱状。当添加过量的 MgO 或 CaO 时，常出现粒状立方锆石和短柱状四方锆石两种晶相。还会出现晶形不完整，晶粒内包含许多气孔及油滴状包裹物等，如图 40-5 所示。

（3）金红石陶瓷　金红石陶瓷是高频温度补偿电容器陶瓷材料，介电常数 $\varepsilon = 80 \sim 90$，介电损耗很小。金红石陶瓷的化学成分主要是二氧化钛，主晶相为金红石，结晶的二氧化碳有板钛矿、锐钛矿和金红石三个变体，板钛矿和锐钛矿分别在 642℃ 和 915℃ 不可逆转地转变为金红石。金红石具有简单双晶（见图 40-6）或聚片双晶的显微结构。瓷坯中金红石的晶形比较完整，呈柱状或短柱状自行晶或半自行晶，晶粒在 10~15μm 之间，大小比较均匀，有少量钡质玻璃相，显微结构呈玻璃斑状结构。

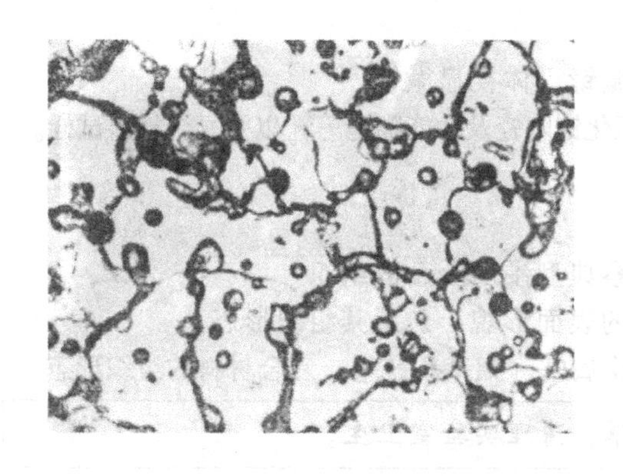

图 40-5　氧化锆陶瓷的缺陷（单偏光 320×）

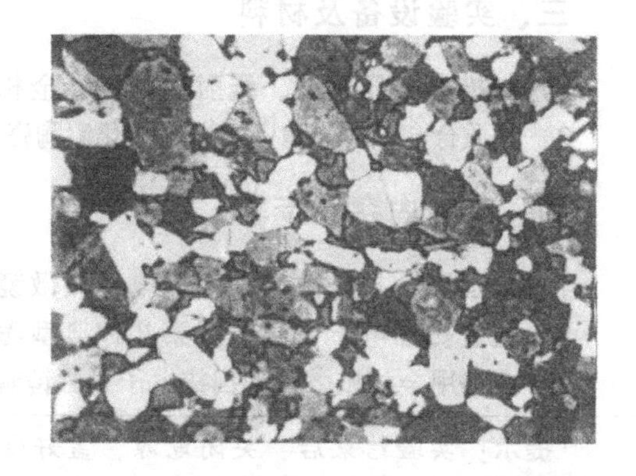

图 40-6　金红石的简单双晶（正交偏光 400×）

3. 金属基复合材料

金属基复合材料是以金属及其合金为基体，与一种或几种金属或非金属增强相人工结合而成的复合材料。其可按基体、增强相以及增强相的加入方式等分类方法分类。按增强相分为颗粒、层状以及纤维增强复合材料。许多复合材料由于增强相细小，其形态要借助于电子显微镜来观察。

（1）SiC 颗粒增强铝基复合材料　它含有分散的 SiC 颗粒铸铝材料，常应用于汽车制造行业，如活塞、连杆等，是一种重要的商用颗粒增强复合材料。大小颗粒混杂增强的 SiC_p/7075 铝基复合材料如图 40-7 所示，其中 SiC_p 的质量分数为 10%。

（2）纤维增强镁基复合材料　利用粉末冶金法（湿混）制备的含有 3% 碳纤维 C_f 镁基复合材料（C_f/2024 镁）的横截面组织如图 40-8 所示，图 40-9 所示为该材料的纵截面形态。

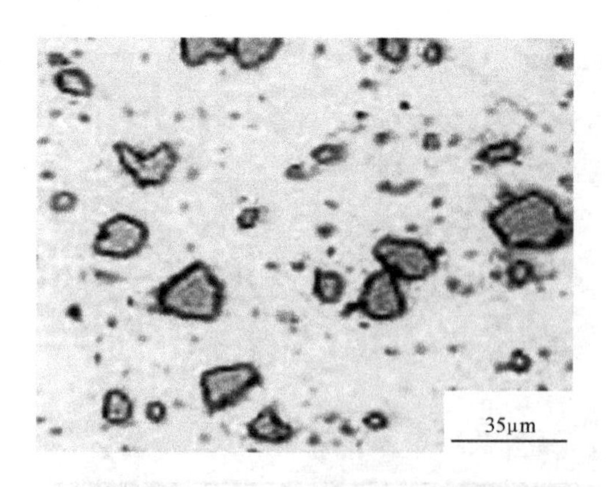

图 40-7　SiC_p/7075 铝基复合材料

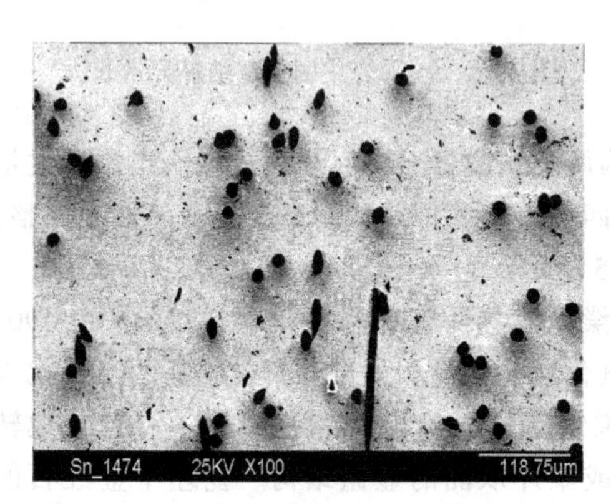

图 40-8　纤维增强镁基复合材料（横截面）

图 40-9　纤维增强镁基复合材料（纵截面）

三、实验设备及材料

1）扫描电子显微镜、溅射镀膜机、金相显微镜、体视显微镜。

2）硬质合金试样、陶瓷试样（氧化铝陶瓷、氧化锆陶瓷及功能陶瓷等）以及复合材料试样。

四、实验内容及步骤

1）分别用金相显微镜和扫描电子显微镜观察典型硬质合金的组织。

2）通过扫描电子显微镜观察几种典型陶瓷的表面形貌，熟悉其组织形态。

3）分别用金相显微镜和扫描电子显微镜观察金属基（铝基和镁基）复合材料的组织形态。

提示：实验结束后，关闭电源，盖好仪器罩，清理实验室卫生。

五、实验报告要求

1）写出实验目的及内容。

2）绘制出硬质合金（碳化钨）显微组织。

3）绘制氧化铝陶瓷、氧化锆陶瓷的显微形貌，分析烧结温度对氧化铝陶瓷结构的影响，并指出氧化铝陶瓷中存在的主要缺陷及其形成原因。

4）对比分析纤维和颗粒增强复合材料的组织特征。

第五章　金属材料及热处理实验

实验 41　碳素钢的普通热处理

一、实验目的

1）掌握碳素钢的普通热处理（退火、正火、淬火及回火）基本过程与操作方法。

2）分析碳含量、加热温度、冷却速度、回火温度对碳钢硬度的影响。

二、原理概述

热处理是一种很重要的金属热加工工艺方法，也是充分发挥金属材料性能潜力的重要手段。它的主要目的是改变钢的性能。

热处理是采用适当的方式对材料或工件进行加热、保温和冷却以获得预期的组织结构与性能的工艺。它主要包括退火、正火、淬火及回火。

实施热处理操作时，加热温度、保温时间和冷却方式是最重要的三个基本工艺因素，正确选择这三个工艺因素是热处理成功的基本保证。

1. 加热温度的选择

（1）退火工艺　退火工艺按照加热温度不同可分为完全退火和不完全退火。

1）完全退火。完全退火是将钢加热到 Ac_3 和 Ac_{cm} 以上 30~50℃，保温一定时间，然后随炉冷却到 500℃以下出炉空冷或随炉冷却至室温的一种工艺（见图 41-1）。完全退火后的组织接近平衡组织。亚共析钢多采用完全退火。

2）不完全退火。不完全退火是将钢加热到 Ac_1 ~ Ac_{cm} 之间（通常为 Ac_1 以上 30~50℃），保温一段时间，而后随炉冷却至 500℃以下或 Ac_1 以上某一温度恒温停留一定时间，而后随炉冷却至 500℃以下出炉空冷的一种工艺。共析钢、过共析钢的退火多采用不完全退火。不完全退火后的组织为球状珠光体，故又称为球化退火。该工艺的目的是获得球状珠光体组织，降低硬度，改善高碳钢的切削性能，同时为最终热处理做好组织准备。

（2）正火工艺　将钢加热到 Ac_3 或 Ac_{cm} 以上 30~50℃，保温一定时间，然后在空气中冷却的工艺方法，称为正火（见图 41-1）。正火的速度比退火快，可获得较为细密的索氏体组织，因而比退火组织具有较高的强度和硬度。

（3）淬火工艺　钢的淬火是将钢加热到相变温度（Ac_3 或 Ac_1）以上，保温一定时间后，快速冷却的一种工艺，通常淬火钢的基体是马氏体。将钢加热到 Ac_3 以上称为完全淬火，加热到 Ac_1 以上为不完全淬火。碳素钢的正常淬火加热温度范围如图 41-2 所示。冷却介质一般用油、水和盐水，这三种介质的冷却能力依次增强。由于碳素钢的碳含量不同、淬火加热温度不同、冷却介质不同时所得到的组织不同，因而性能也不同。

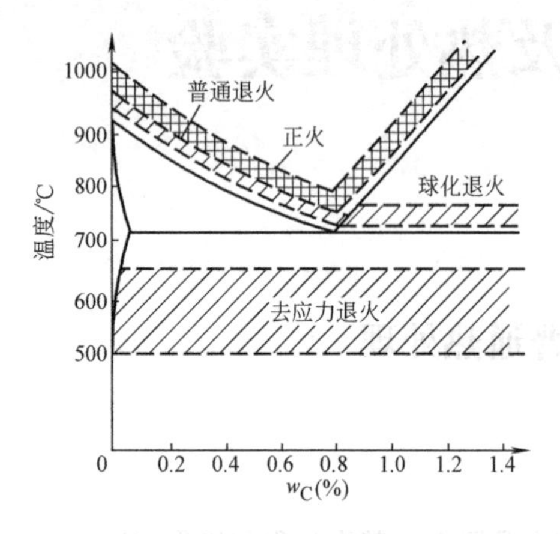

图 41-1　退火和正火的加热温度范围

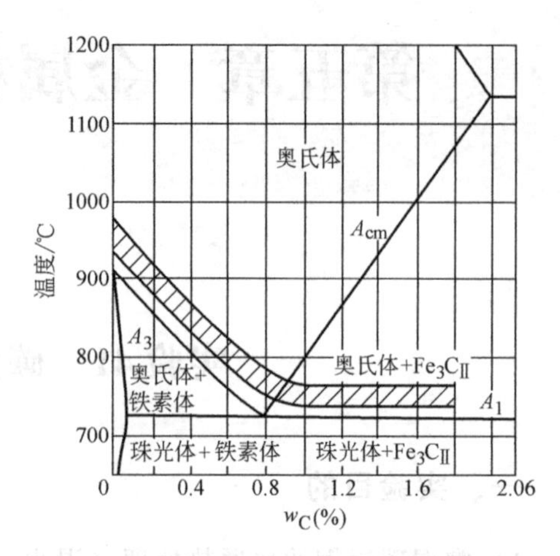

图 41-2　碳素钢的正常淬火加热温度范围

（4）回火工艺　将淬火钢重新加热到 Ac_1 以下某一温度，并保温一定时间而后重新冷却至室温的工艺过程称为回火，根据保温温度的高低分为三类。

1）低温回火。保温温度为 150~250℃，所得组织为回火马氏体，硬度为 57~60HRC，其目的是降低淬火应力，降低钢的脆性，并保持淬火钢的高硬度。它一般用于切削工具、量具、滚动轴承钢以及渗碳钢等。

2）中温回火。保温温度为 350~500℃，所得组织为回火托氏体，硬度为 40~48HRC，其目的是获得高的弹性极限，同时有高的韧性。因此它主要用于各种弹簧及热锻模具。

3）高温回火。保温温度为 500~600℃，所得的组织为回火索氏体，其目的是获得一定强度、硬度、又有良好的冲击韧性的综合力学性能，硬度为 25~35HRC。通常把淬火后经高温回火的处理称为调质处理，一般用于柴油机连杆、螺栓、汽车半轴以及机床主轴等。

常用碳素钢不同温度回火后的硬度值见表 41-1。

表 41-1　常用碳素钢不同温度回火后的硬度值

温度/℃	材料		
	45	T8	T12
	硬度 HRC		
150~200	58~56	63~60	65~61
200~300	56~49	60~54	61~55
300~400	49~39	54~44	55~45
400~500	39~31	44~34	45~35
500~600	31~21	34~24	35~25

回火保温时间要足够，以保证工件热透并使组织充分转变。生产中回火保温时间一般为 1~3h。采用小试样进行实验时，可采用 0.5~1h。

2. 保温时间的确定

通常将钢件升温和保温所需要的时间计算在一起，称为加热时间。在具体生产过程中，工件加热时间与钢的成分、原始组织、工件几何形状和尺寸、加热介质、炉温、装炉方式、热处理的目的等因素有关。具体时间可参考有关热处理手册。

实际工作中多根据经验大致估算加热时间。一般规定，在空气介质中，升到规定温度后的保温时间，对于碳素钢，按每毫米工件厚度 1~9min 估算；合金钢按每毫米工件厚度 2min 估算；在盐浴炉中，保温时间可缩短 1~2 倍。

3. 冷却方式与方法

退火采用随炉冷却，正火采用空气冷却，大件可采用吹风冷却。对于淬火冷却非常关键，一方面冷却速度要大于临界冷却速度，以保证得到马氏体；另一方面又希望冷却速度不要太快，以减少内应力，避免变形和开裂，应根据材料的等温转变（等温转变图）来确定冷却速度，图 41-3 所示为理想的冷却曲线。淬火工件必须在过冷奥氏体最不稳定温度范围（650~550℃）进行快冷，以超过临界冷却速度，而在 *Ms*（300~200℃）点以下，尽可能慢冷以降低内应力。为保证淬火质量，应适当选用淬火介质和淬火方法。

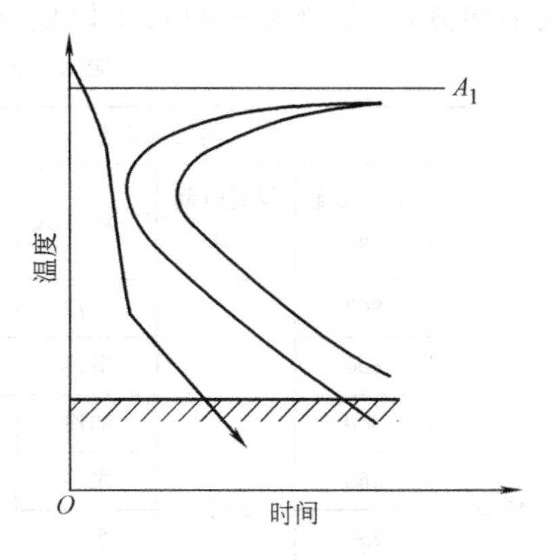

图 41-3　理想的冷却曲线

淬火时除了要选用合适的淬火介质外，还应采用不同的淬火冷却方式。对于形状简单的工件，采用简单的单液淬火，碳素钢用水或盐水溶液冷却介质，合金钢常用油作为冷却介质；对于形状复杂的工件，采用双液淬火法；对于一些不仅形状复杂而且要求变形较小的工件，则可采用分级淬火、等温淬火等不同的冷却方式。

三、实验设备及材料

1）箱式电阻炉和控温仪表。

2）洛氏硬度计。

3）45 钢、T12 钢试样，尺寸分别为 $\phi10\times12$mm。

4）淬火水槽、油槽。

5）钳子、铁丝、夹钳、钢号字头、木炭粉、砂纸、帆布手套等。

四、实验内容及步骤

1. 实验内容

按表 41-2 中所列的材料及热处理工艺进行热处理操作，并对热处理后的各试样进行硬度测定，将其值填入表 41-2 中。

2. 实验步骤及注意事项

1）15、16 人为一组，每人一块试样（45 钢试样 8 块，T12 钢试样 8 块），每人执行一个工艺（炉温由实验指导人员预先升好），并测其硬度值。

2）将同一加热温度的 45 钢和 T12 钢试样放入 860℃和 780℃炉内加热，保温 15~20min 后，分别进行水冷、油冷、空冷及炉冷操作。45 钢 750℃水冷试样待 780℃炉中试样处理完后再进行。对 T12 钢 1100℃加热处理时，由于试样加热温度高，在入炉时应放入铁盒中，表面以木炭粉覆盖，以防（或减少）表面氧化脱碳。

3）将水冷试样各取出 3 块 45 钢和 T12 钢试样，分别放入 200℃、400℃、600℃的炉内进行回火，回火保温时间为 30min。

4）淬火时，试样要用钳子夹住，动作要快，并不断在水中搅动，以免影响热处理效果。取放试样时要事先将炉子电源关闭。

5）热处理后的试样用砂纸磨去两端面氧化皮，然后测量硬度值（每个试样测 3 点，取其平均值），并填入表 41-2 中以供分析。

表 41-2 实验采用的材料与热处理工艺

材料	热处理工艺				硬度 HRC 或 HRB					组织
	加热温度/℃	保温时间/min	冷却方式	回火温度/℃	处理前平均值	处理后 1	2	3	平均	
45 钢	860	15~20	炉冷							
	860		空冷							
	860		油冷							
	860		水冷							
	750		水冷							
	860		水冷	200						
	860		水冷	400						
	860		水冷	600						
T12	780	15~20	炉冷							
	780		空冷							
	780		油冷							
	780		水冷							
	1100		水冷							
	780		水冷	200						
	780		水冷	400						
	780		水冷	600						

注：保温时间可按 1min/mm 直径计算；回火保温时间均为 30min，再取出空冷。

提示：实验时穿戴好工作帽、工作服和耐热手套，放取试样时关闭热处理炉的电源，处理试样时按要求执行，以免烫伤。实验结束后，关闭所使用设备的电源，清理实验室卫生。

五、实验报告要求

1）写出实验目的及内容。

2）列出全部实验数据，填入表 41-2 中。

3）绘制回火温度-硬度曲线，并分析碳含量、加热温度、冷却速度及回火温度对碳钢硬度的影响。

4）分析淬火加热温度与冷却速度对钢的组织和硬度的影响。

5）总结实验中出现的问题，并分析产生的原因。

实验 42　碳钢热处理后的显微组织观察与分析

一、实验目的

1）观察和分析碳钢经不同热处理后的显微组织特征。

2）加深理解不同热处理工艺对碳钢组织和性能的影响。

二、原理概述

钢的组织决定了钢的性能，在化学成分相同的条件下，改变钢的组织的主要手段是通过热处理工艺来控制钢的加热温度和冷却过程，从而得到所希望的组织和性能。钢在热处理条件下所得到的组织与钢的平衡组织有很大差别。

1. 退火组织

完全退火热处理工艺主要适用于亚共析钢，退火后的组织接近平衡态的组织，40 钢的退火组织为铁素体+珠光体（见实验 12 图 12-4）。

不完全退火热处理工艺（又称为球化退火工艺）主要适用于共析钢与过共析钢，球化退火工艺为：将钢加热到 Ac_1 以上 30~50℃，较长时间保温，然后缓慢冷却到 500℃以下再出炉空冷。其目的是使钢中的碳化物形成球状，以降低硬度改善切削加工性能，并为淬火做好组织准备。球化退火后得到球状碳化物均匀分布在铁素体基体上的组织，这种组织称为粒状珠光体（又称为球状珠光体），图 42-1 所示为 T12 钢 780℃加热球化退火组织。

2. 正火组织

正火的冷却速度大于退火的冷却速度。因此，在相同含碳量的情况下，正火比退火得到的组织要细小。45 钢的正常加热温度范围为 840~860℃，正火得到的组织为索氏体+铁素体（呈断续网状分布），如图 42-2 所示。

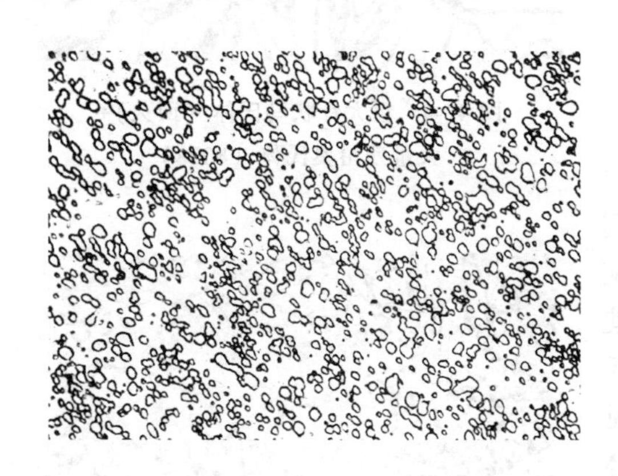

图 42-1　T12 钢 780℃加热球化退火组织（500×）

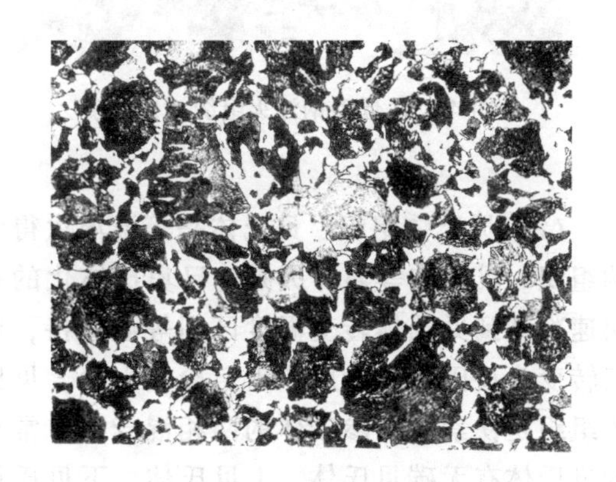

图 42-2　45 钢正火组织（400×）

3. 淬火组织

不同成分的钢在不同的加热温度、保温时间和冷却条件下会得到不同的淬火组织。淬火组织有以下几种基本形态。

（1）马氏体组织　马氏体是由马氏体相变产生的无扩散的共格切变型转变产物的统称，

有两种典型形态：板条马氏体和片状马氏体。

板条马氏体（又称为位错马氏体）是在含碳量较低（w_C<0.2%）的钢中形成的具有板条状形貌的马氏体，板条内存在高密度的位错（在透射电镜下可观察到位错），其显微组织特征在光学显微镜下是由一束束相互平行排列的板条状组织成群分布（马氏体群），在一个奥氏体晶粒内可有几个不同取向的马氏体群。低碳钢（截面尺寸较小）经920℃加热，淬盐水，得到板条马氏体组织，如图42-3所示。由于板条马氏体形成温度较高，在形成过程中常有碳化物出现，即产生自回火现象，故在试样浸蚀时，易被腐蚀而呈现较深的颜色。

片状马氏体（又称为孪晶马氏体）是在含碳量较高（w_C>0.6%）的钢中形成的具有针状或竹叶状形貌的马氏体，其微观亚结构主要为孪晶（在透射电镜下可观察到孪晶）。显微组织的主要特征是在光学显微镜下呈针状或竹叶状，其立体形貌为双凸透镜状。T12经渗碳后，其表面碳的质量分数达到1.8%，经1100℃加热淬火、200℃回火，得到粗大针状马氏体针，白色区域为残留奥氏体，如图42-4所示。当奥氏体中碳的质量分数大于0.5%时，淬火时总有一定量的奥氏体不能转变为马氏体，而被保留到室温，成为残留奥氏体，它不易受硝酸酒精溶液的浸蚀，在显微镜下呈白色，分布在马氏体间，无固定形状。残留奥氏体的量随着含碳量的增加和淬火加热温度的升高而增加。当w_C=0.2%~0.6%时，淬火组织中会出现两种马氏体的混合组织，45钢正常淬火得到混合马氏体（见图42-5）。

图42-3 低碳钢淬火组织（200×）

图42-4 粗大针状马氏体（回火）+大量残留奥氏体（800×）

（2）贝氏体组织 贝氏体是等温淬火得到的组织。贝氏体等温淬火是将已奥氏体化的钢快速冷却到贝氏体转变温度区间等温保持，使其转变为贝氏体，然后取出空冷或水冷。贝氏体组织是铁素体和渗碳体的两相混合物。常见的贝氏体有无碳贝氏体、上贝氏体、下贝氏体和粒状贝氏体，这里仅介绍上贝氏体（$B_上$）和下贝氏体（$B_下$）。

上贝氏体是在较高温度（350~450℃）等温形成，其组织是由成束平行排列的条状铁素体和在铁素体之间呈断续细条状分布的渗碳体

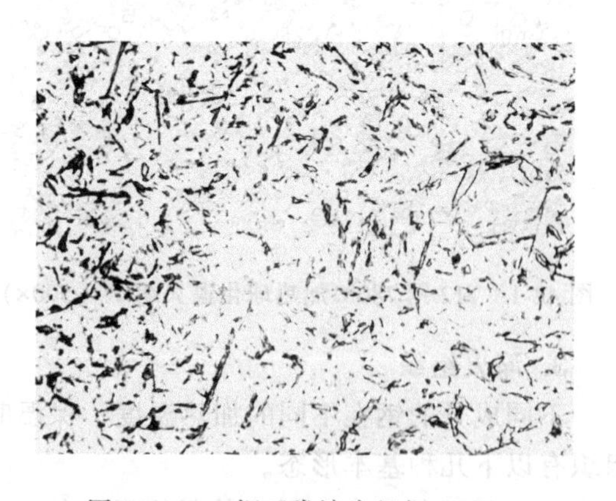

图42-5 45钢正常淬火组织（500×）

所组成。当转变量不多时，在光学显微镜下可看出成束的铁素体由奥氏体晶界内伸展，具有羽毛特征。上贝氏体中铁素体的亚结构是位错。T8 钢经奥氏体化后，在 350℃时等温得到的上贝氏体，如图 42-6 所示。

下贝氏体是在较低温度（250~280℃）等温形成，其组织是具有一定过饱和的针状铁素体内部析出有碳化物的组织，碳化物大致与铁素体的长轴呈 55°~60°的角度分布。由于下贝氏体易受浸蚀，所以在显微镜下铁素体针呈黑色。下贝氏体中铁素体的亚结构是位错。T8 钢奥氏体化后，在 280℃时等温得到的下贝氏体，如图 42-7 所示。

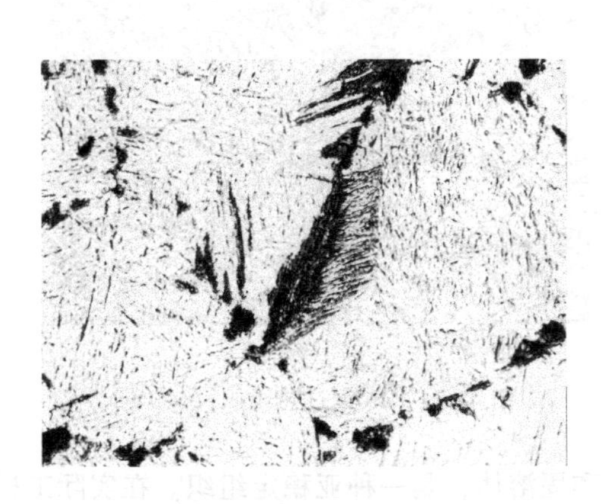

图 42-6 T8 钢上贝氏体（羽毛状）（500×）

图 42-7 T8 钢下贝氏体（针状）（500×）

（3）几种其他淬火组织

1）不完全淬火组织。将 45 钢加热到 750℃保温（Ac_1 以上 Ac_3 以下），水冷。根据相图，45 钢在该相区是未溶铁素体与奥氏体，淬火后得到的组织为未溶块状铁素体和混合马氏体的混合组织，如图 42-8 所示。

将 T12 钢加热到 780℃保温（Ac_1 以上 Ac_{cm} 以下），水冷。根据相图 T12 钢在该相区是未溶颗粒状渗碳体与奥氏体，淬火后得到的组织为未溶颗粒状渗碳体和细小的针状马氏体+少量残留奥氏体的混合组织，如图 42-9 所示。

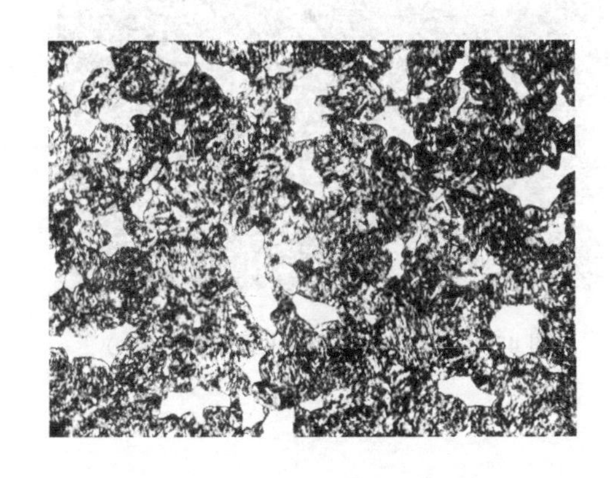

图 42-8 45 钢不完全淬火组织（500×）

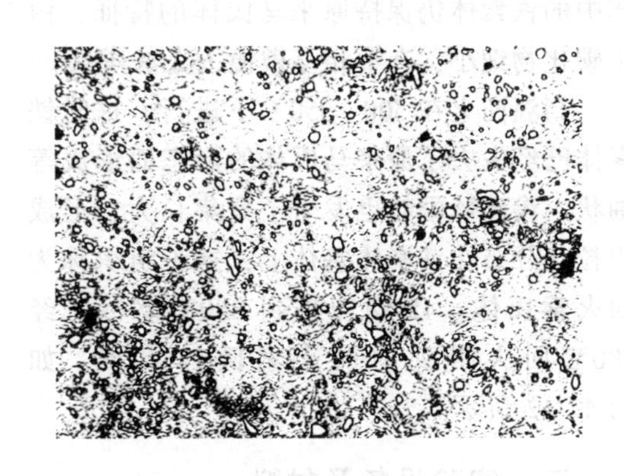

图 42-9 T12 钢不完全淬火组织（500×）

2）油冷组织。将 45 钢加热到正常加热温度范围（840~860℃），油冷。由于冷速比水冷慢，沿奥氏体晶界首先析出托氏体，并呈网状分布。在随后的冷却过程中剩余的奥氏体转变成混合马氏体（板条马氏体和针状马氏体），如图42-10所示。

3）过热组织。将45钢加热到Ac_1+50℃以上，保温后水冷。由于加热温度高，奥氏体晶粒粗大，因此冷却后得到粗大的马氏体组织。45钢加热到1100℃后水冷获得粗大的马氏体组织（见图42-11），由于加热温度高，因而原奥氏体晶界明显可见。

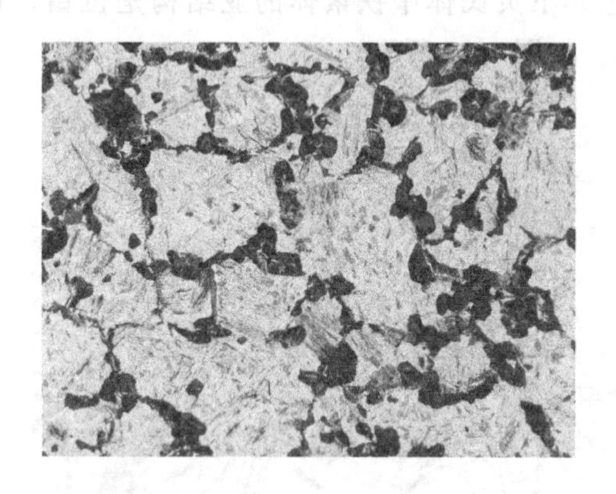

图42-10　45钢油冷组织（500×）

图42-11　45钢过热组织（500×）

4）回火组织。马氏体是碳在α-Fe中的过饱和固溶体，是一种亚稳定组织。在实际工程中，淬火钢都需要经过回火后才能使用。按照回火温度不同，分为低温、中温和高温三种回火方式。

低温回火在150~250℃进行，这时马氏体内的过饱和碳原子析出，并形成ε碳化物，与马氏体母相保持共格关系，弥散分布在基体中。这种组织称为回火马氏体。回火马氏体仍保持马氏体的特征，由于碳化物的析出使组织容易受浸蚀而呈暗黑色。

中温回火在300~500℃下进行，形成在铁素体基体上弥散分布着极细小的碳化物颗粒，这种组织被称为回火托氏体。回火托氏体中的铁素体仍保持原来马氏体的特征，由于碳化物细小，在金相显微镜下无法辨认。

高温回火在500~650℃下进行，这时铁素体已经失去了原来马氏体的形态而形成等轴状，渗碳体颗粒也发生了聚集长大，形成粗粒状分布在铁素体基体上，这种组织称为回火索氏体。45钢加热到860℃水冷，经600℃回火得到的回火索氏体组织，如图42-12所示。

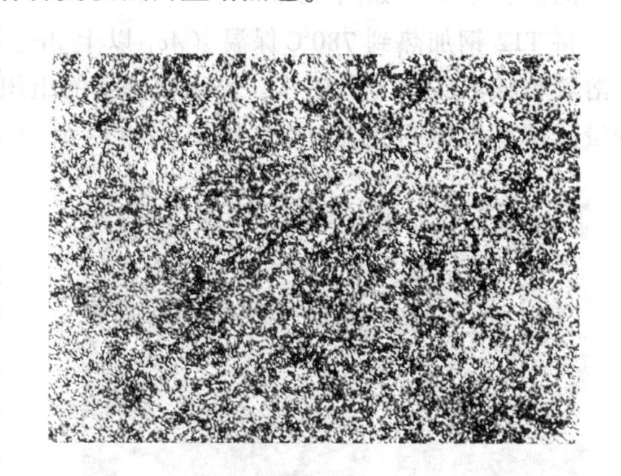

图42-12　45钢高温回火组织（500×）

三、实验设备及材料

1）金相显微镜。

2）常用碳钢的不同热处理金相试样、金相图谱等。

四、实验内容及步骤

1）观察分析表 42-1 中所列出的显微组织，并根据 $Fe\text{-}Fe_3C$ 相图和等温转变图来分析不同热处理条件下各种组织的形成原因。

2）通过相同成分采用不同的热处理工艺所得到的组织和不同成分采用类似热处理工艺所得到的组织进行纵横比较。

3）绘制所观察到的典型热处理显微组织。

表 42-1　碳钢不同热处理后的显微试样

编号	材料	热处理工艺	显微组织特征	浸蚀剂
1	20 钢	920℃加热水冷	板条马氏体	4%硝酸酒精溶液
2	45 钢	860℃退火	铁素体+珠光体	
3		860℃正火	索氏体+铁素体	
4		860℃油冷	托氏体+混合马氏体	
5		860℃水冷	混合马氏体	
6		860℃水冷 600℃回火	回火索氏体	
7		750℃水冷	未溶铁素体+混合马氏体	
8		1100℃水冷	粗大马氏体	
9	T12 钢	780℃球化退火	球状珠光体	
10		780℃水冷 200℃回火	未溶渗碳体+针状马氏体	
11		1100℃水冷 200℃回火	粗大针状马氏体+残留奥氏体	
12	T8 钢	350℃等温淬火	上贝氏体	
13		280℃等温淬火	下贝氏体	

提示：实验结束后，关闭设备电源，盖好仪器罩，清理实验室卫生。

五、实验报告要求

1）写出实验目的及内容。

2）画出所观察到的典型热处理显微组织特征。

3）分析不同热处理条件下显微组织的形成原因、组织特征以及对性能的影响。

4）分析 45 钢 750℃加热水冷与 860℃加热油冷淬火组织的区别。若 45 钢淬火后硬度不足，如何根据组织来分析其原因是淬火加热温度不足还是冷却速度不够？

5）分析 T12 钢 780℃加热水冷 200℃回火与 T12 钢 1100℃加热水冷 200℃回火的组织与性能的区别。说明过共析钢淬火温度如何选择。

实验 43　奥氏体晶粒度的测定

一、实验目的

1）了解奥氏体晶粒的显示方法。

2）学会用直接浸蚀法显示奥氏体晶粒。

3）掌握用比较法评定奥氏体晶粒度的方法。

二、原理概述

钢的晶粒度是指钢经奥氏体化后的晶粒大小的尺度，是表征材料性能的主要指标之一。金属及合金的晶粒大小对金属材料的力学性能、工艺性能及物理性能有很大的影响。一般来说，在常温下使用的金属材料，晶粒越细，硬度与强度越高。

通常使用长度、面积、体积或晶粒度级别数来表示不同方法评定或测定的晶粒大小，而使用晶粒度级别数表示的晶粒度与测量方法和使用单位无关。显微晶粒度级别数 G 定义为

$$N_{100}=2^{G-1}$$

式中，G 为显微晶粒度级别数；N_{100} 为 100 倍下 645.16mm^2 内晶粒个数。

奥氏体晶粒度的测定包括两个步骤：奥氏体晶粒的显示和奥氏体晶粒尺寸的测定或评定。按照 GB/T 6394—2017《金属平均晶粒度测定方法》执行。

1. 奥氏体晶粒的显示

按照国家标准，奥氏体晶粒的显示方法有相关法、渗碳法、模拟渗碳法、铁素体网法、氧化法、直接淬硬法、渗碳体网法、细珠光体（托氏体）网法。

本实验采用铁素体网法、氧化法、直接淬硬法、渗碳体网法来显示奥氏体晶粒。

1）铁素体网法。适用于碳的质量分数为 0.20%～0.60%的碳钢及合金钢，除非另有规定，一般碳的质量分数不大于 0.35%的试样在 890℃±10℃加热；碳的质量分数大于 0.35%的试样在 860℃±10℃加热，保温最少 30min，然后空冷、炉冷或等温淬火。冷却后，切取试样面、经磨制抛光及适当的浸蚀（3%～4%硝酸酒精溶液或 5%苦味酸酒精溶液）后显示出在晶界上析出的铁素体所勾画的奥氏体晶粒大小。

2）氧化法。适用于碳的质量分数为 0.25%～0.60%的碳钢及合金钢。钢在氧化气氛下加热，氧化优先沿晶粒边界发生。通常将试样的一个面抛光（推荐使用约 400 粒度或 15μm 研磨剂）。将试样抛光面向上放置在炉中，除非另有规定，碳的质量分数不大于 0.35%，试样在 890℃±10℃加热；碳的质量分数大于 0.35%，试样在 860℃±10℃加热，保温 1h，冷水或盐水中淬火。经磨制抛光去掉氧化皮，使原奥氏体晶粒边界因氧化物的存在而显示。为了显示清晰，可用 15%盐酸乙醇溶液进行浸蚀。根据氧化情况，试样适当倾斜 10°～15°进行研磨和抛光，尽可能完整显示出氧化层的奥氏体晶粒。

3）直接淬硬法。适用于碳的质量分数通常在 1.00%以下的碳钢及合金钢。除非另有规定，碳的质量分数不大于 0.35%，试样在 890℃±10℃加热的质量分数大于 0.35%，试样在 860℃±10℃加热，保温 1h 后以完全硬化的冷却速度淬火。冷却后，切取试样面，磨制抛光，浸蚀显示出马氏体组织。浸蚀前可在 230℃±10℃加热保温 15min 回火，以改善对比度。浸蚀剂推荐使用 1g 苦味酸、5mL 的 HCl 和 95mL 乙醇，或者含有十三烷基苯磺钠（或十二烷基类）润湿剂的饱和苦味酸水溶液。

4）渗碳体网法。适用于碳的质量分数超过 1.00%以上的碳钢及合金钢。通常使用直径或边长约 25.4mm 试样做实验。除非另有规定，试样在 820℃±10℃加热保温 30min，然后以

足够慢的冷却速度随炉冷却到临界温度以下，使碳化物从奥氏体晶粒边界析出。冷却后，切取试样面，磨制抛光及适当的浸蚀后显示出在晶界上析出的碳化物所勾画的原奥氏体晶粒度。

2. 奥氏体晶粒尺寸的测定或评定

按照国家标准，晶粒度的测量基本方法有比较法、面积法和截点法，在有争议时以截点法为仲裁方法。

本实验采用比较法评定奥氏体晶粒度。此方法简单方便，是生产上常用的方法，尤其适用于评定具有等轴晶粒的材料。在 100 倍显微镜下观察奥氏体晶粒，与图 43-1 所示标准晶粒度级别图（无孪晶）相比较，来确定晶粒的大小。

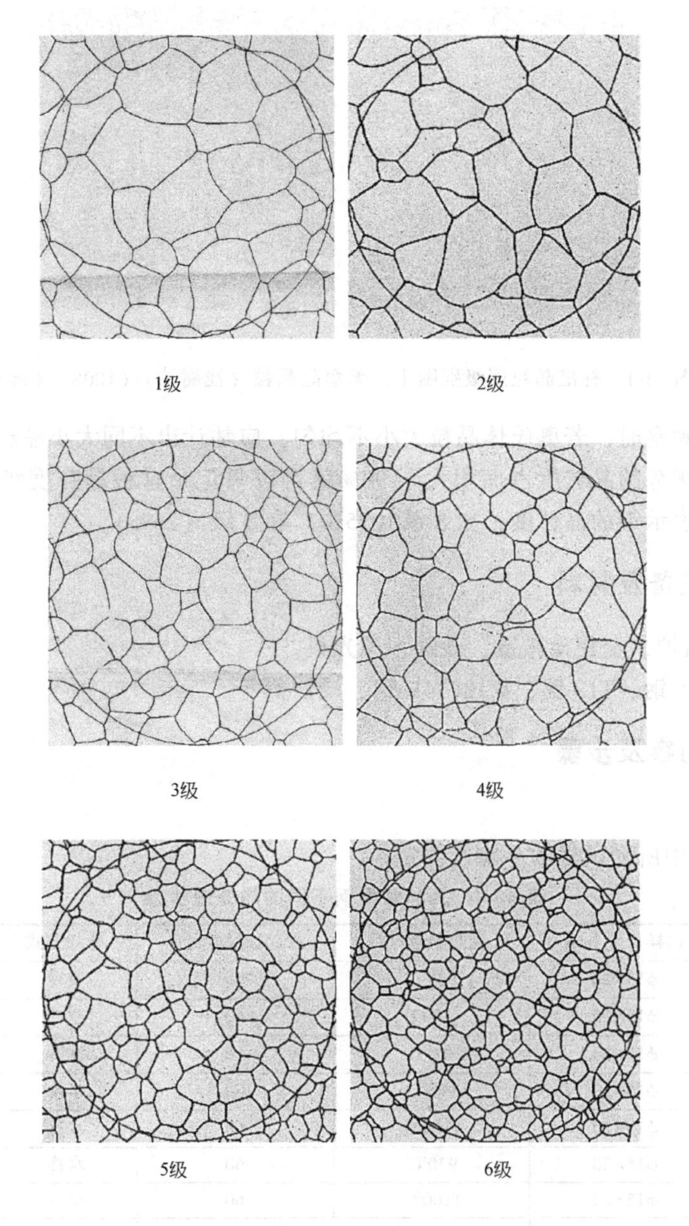

图 43-1　标准晶粒度级别图Ⅰ：无孪晶晶粒（浅腐蚀）（100×）

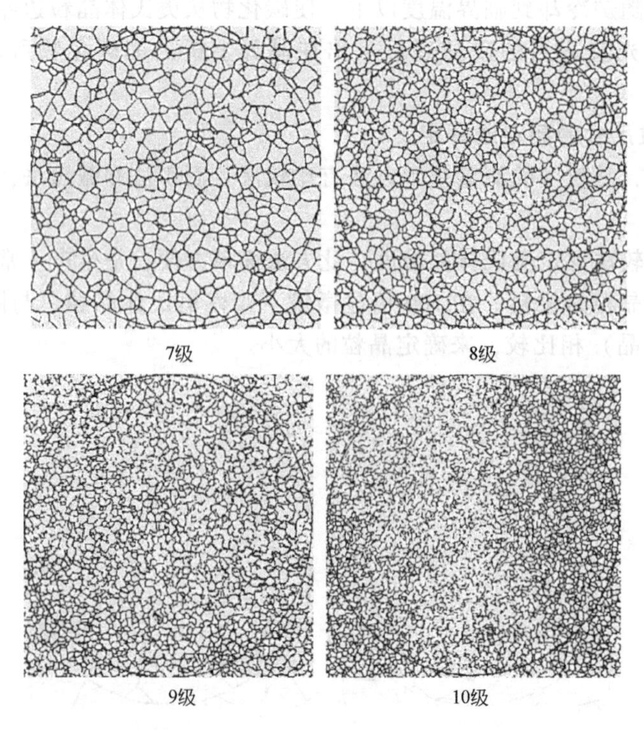

图 43-1 标准晶粒度级别图Ⅰ：无孪晶晶粒（浅腐蚀）（100×）（续）

在显微镜下观察时，若奥氏体晶粒大小不均匀，应估计出不同大小晶粒在视场中各占面积百分比，若占优势的晶粒所占面积大于90%就可以只记录这种晶粒度级别，否则应该用不同级别来分别表示钢的晶粒度，如8级（75%）和5级（25%）。

三、实验设备及材料

1）箱式电阻炉、金相显微镜、砂纸、抛光机。
2）20钢、45钢、T12钢、W18Cr4V钢、浸蚀剂等。

四、实验内容及步骤

1. 实验内容

完成表43-1中所列试样的晶粒度测定。

表 43-1 几种常用钢不同的热处理状态

材料	试样尺寸/mm	加热温度/℃	保温时间/min	冷却方式	晶粒度级别
20钢	φ15×20	930℃	60	空冷	
20钢	φ15×20	1100℃	60	空冷	
45钢	φ15×20	860℃	60	水冷	
45钢	φ15×20	930℃	60	水冷	
45钢	φ15×20	1100℃	60	水冷	
T12	φ15×20	930℃	60	水冷	
T12	φ15×20	1100℃	60	空冷	
W18Cr4V	φ15×20	1280℃	60	油冷	

2. 实验步骤及注意事项

1）实验小组每人从表43-1中选取试样一块，按要求进行热处理工艺。

2）按金相试样的制备和显微组织的显示方法制备试样，浸蚀剂为过饱和苦味酸水溶液加少量洗涤剂或4%~30%硝酸酒精溶液。

3）在100倍的金相显微镜下观察，并和标准图比较评出本实验用钢的晶粒度级别。

4）将晶粒度级别填入表43-1中。

5）注意各种处理方法的操作要点。

注意事项：

1）实验时穿戴好工作帽、工作服和耐热手套，放取试样时关闭热处理炉的电源，处理试样时按要求执行，以免烫伤。

2）浸蚀试样时应在通风橱下进行，实验结束后，请将所用过的溶液倒入相应废液桶内，请勿直接倒入下水道内，清洗好玻璃容器，摆放好实验仪器，清理实验室卫生。

五、实验报告

1）写出实验目及内容。

2）写出自己所选用试样的材料、热处理状态、浸蚀剂以及如何进行显示。

3）将实验小组的数据进行列表汇总并比较。

4）分析加热温度对晶粒大小的影响。

实验44 钢的等温转变图测定

一、实验目的

1）掌握金相法和硬度法测定钢的等温转变图。

2）了解奥氏体在不同过冷度下转变所得的显微组织和硬度的差别。

二、原理概述

1. 过冷奥氏体等温转变图的定义及意义

钢的过冷奥氏体等温转变图也称为TTT图或IT图（或曲线），等温转变图是研究钢在不同温度下处理后的组织状态的重要依据，可根据钢的等温转变图来确定热处理工艺，估计钢的淬透性，恰当地选择淬火介质和淬火方法，确定工艺参数，特别是各种钢的退火、正火、等温处理、分级淬火、形变热处理等工艺参数的选择更离不开等温转变图的指导。

2. 过冷奥氏体等温转变图及测定

将钢奥氏体化后，使其在不同的过冷度下发生等温转变，然后在温度-时间坐标图上，把各个转变开始、终止点分别连成曲线，即得到等温转变图如图44-1所示。图中横坐标表示时间，一般取对数，纵坐标表示温度；左边的曲线表示过冷奥氏体转变开始曲线；右边的曲线表示过冷奥氏体转变终止曲线；左边曲线以左区域，过冷奥氏体处于孕育期中，可以看到，在等温转变图拐弯“鼻子”处（见图44-1中550℃左右），孕育期最短，过冷奥氏体在此温度范围最不稳定，容易分解；右边曲线以右区域为产物区；两曲线之间为奥氏体转变正在进行区域；*Ms* 温度以下为马氏体转变区。

常用的等温转变图的测定方法有热膨胀法、热分析法、金相及硬度法和磁性法。本实验采用金相及硬度法。

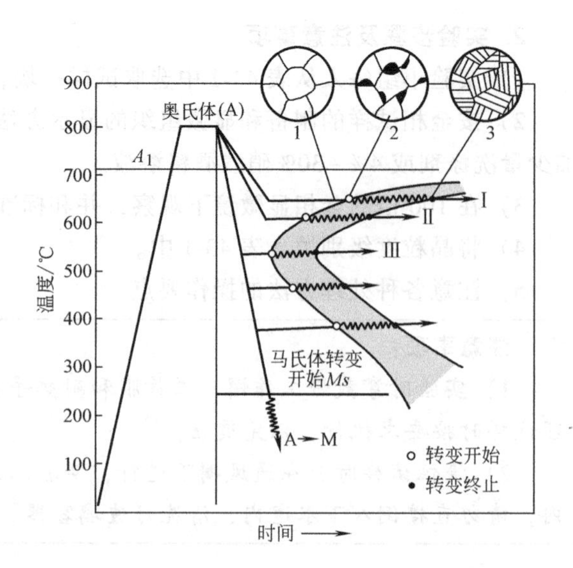

图 44-1 共析钢等温转变图及实验方法

选用 $w_C=0.8\%$的共析钢制成很多小薄片圆形试样（ϕ10mm×1.5mm），加热到临界点 Ac_1 以上某一温度，使其得到均一的奥氏体，再迅速冷却到 Ar_1 以下某一温度的等温浴炉中（相当图 44-1 所示的冷却曲线Ⅰ、Ⅱ、Ⅲ等）观测过冷奥氏体的转变。例如：660℃等温浴炉中（冷却曲线Ⅰ），试样 1、2、3 分别等温保持 t_1、t_2、t_3 后，急速淬入水中，然后磨制成金相试样，在金相显微镜下观察它们的组织：等温 t_1 的 1 号试样未出现珠光体，因此过冷奥氏体淬入水中全部转变为马氏体，但等温 t_2 的 2 号试样发现在奥氏体晶界上开始形成珠光体（约为 1%～2%），这样在白亮的马氏体基体上出现少量的黑色珠光体（硝酸酒精浸蚀），用金相法是很容易辨别的，其他试样随着等温时间继续延长，珠光体越来越多，直到 t_3 的 3 号试样全部为珠光体，可测出在 660℃恒温下奥氏体转变为珠光体的开始时间 t_2 和终止时间 t_3。这里需要说明，随着珠光体转变量的增多，用金相法来辨别增加的数量就不准确了，因此需要硬度法来补充，因为奥氏体转变终止，在珠光体基体上有少量马氏体对硬度是很灵敏的。为此，每一试样水淬后除了进行金相组织检查外，均要进行洛氏硬度试验，测定硬度值，并在硬度-时间（s）的坐标上绘出曲线，如图 44-2 所示。

设有 5 个试样，它们在浴炉中的停留时间：1 号试样为 *ab*，2 号试样为 *ac*，3 号试样为 *ad*，4 号试样为 *ae*，5 号试样为 *af*。由图 44-2 可知，停留 *ab* 一段时间后，在水中淬火，所得的组织全部是马氏体，且获得最高硬度值。在等温温度下所停的时间如小于 *ac* 线段，就不会发生等温转变。在停留 *ad* 时间后，有一部分奥氏体转变为铁素体和渗碳体的混合物（珠光体或贝氏体），另一部分奥氏体在水中冷却时转变为马氏体。试样的组织既含有马氏体又含有珠光体或贝氏体，其硬度比纯马氏体低，但比纯珠光体（或贝氏体）高。在停留相当于 *e* 点的时间后，全部奥氏体转变为珠光体或贝氏体，其硬度也最低。在 *f* 点可以得到珠光体或贝氏体，而没有马氏体，其硬度与停留 *ae* 时间后相同。因此，在硬度-时间曲线上

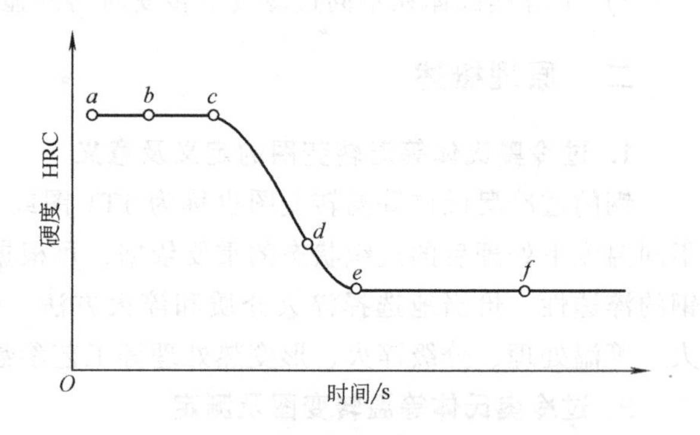

图 44-2 不同等温处理时间与硬度的关系曲线

明显示出 *c* 点（奥氏体转变开始）与 *e* 点（奥氏体转变终止）间硬度变化的急剧转折。同样在金相显微镜下可观察到 *c* 点刚出现珠光体或贝氏体（在马氏体基体上发现有 1~2“个”转变产物），*e* 点全部为珠光体或贝氏体（转变量为 98%）。所以奥氏体在浴炉恒温停留一定时间后，在水中淬火可以找出转变开始和转变终止的时间。

用同样的方法，也可以找到在其他温度下过冷奥氏体等温转变的开始点和终止点，把各种等温下的转变开始点和终止点依次连接起来（如图 44-1 所示的∘点相连，•点相连）即成“C”字形过冷奥氏体等温转变图。

马氏体点（*Ms*）的测定，需要三个浴炉，可用上述规格的试样。试样在第一个浴炉中奥氏体化后，迅速淬入第二个浴炉中，炉温为估算得出 *Ms* 点的温度 *T*，若此温度低于实际 *Ms* 点，则试样将有部分奥氏体转变为马氏体。在温度 *T* 等温数秒后，即迅速转入温度略高于第二浴炉炉温 30~50℃的第三浴炉中进行回火（等温时间不要超过下贝氏体形式的孕育期），保温数秒（2~5s）后，淬火马氏体即被回火而形成回火马氏体，未转变的仍为奥氏体。最后从第三个浴炉中取出淬入水中或 10%NaOH 的水溶液中。此时未转变的奥氏体大部分转变为马氏体，经过上述处理后，试样上观察到的回火马氏体的数量就是在温度 *T* 时奥氏体转变为马氏体的数量。因此，凡是观察到回火马氏体（马氏体片呈暗黑色），即表示温度 *T* 低于 *Ms* 点，而观察不到回火马氏体，则表示温度 *T* 高于 *Ms* 点，这样升高或降低第二个浴炉的温度 *T*，经过反复试验使试样上回火马氏体量为 1%左右，则此时第二个浴炉的温度即为 *Ms* 点。

三、实验设备及材料

1）坩埚炉若干以及温度控制仪。

2）洛氏硬度计、金相显微镜、5%~10%的食盐水溶液淬火槽、预磨机与抛光机、秒表、砂纸及硝酸酒精等。

3）共析钢试样若干个（实验材料建议选用 GCr15 或 CrWMn，试样的化学成分一定要均匀），将试样制成直径 15mm、厚 1.5mm 的圆片形，并编号。在试样边缘钻一个小孔，并用 100~150mm 的细铁丝一端穿过此孔缠结。

四、实验内容及步骤

为了得到等温转变图的基本形状，应在 5 个以上的温度进行等温转变研究，建议选在 700℃、650℃、600℃、550℃、500℃、400℃、350℃等温度下进行试验。

本实验共分两个大组，每个大组各作一个共析钢的等温转变图。每个组分为三个小组，每小组各作两个温度等温转变。实验步骤如下：

1）试样编号。每个等温温度取 10 个试样，按顺序编号，以防处理过程中搞混。

2）预计各试样的停留时间参照表 44-1 及图 44-1，确定各试样在等温温度下的停留时间，并填入表 44-2 中（作为分子）。

3）试样进行等温处理并淬水。将试样在坩埚炉中加热到奥氏体化温度（885℃）保温 15min 后，然后在 1s 内迅速将试样转移到预定温度的等温炉中停留，等温停留时间达到预计时间后，取出迅速放入盐水中淬火。

4）测定淬火后的硬度。在砂纸上去除黏结物，进行洛氏硬度测定，各个试样测三个硬度值，取平均值，填入表44-2中（作为分母）。

表44-1　共析钢等温转变数据

等温转变温度/℃	转变开始/s	转变终止/s	金相组织	硬度HRC
700	180	3600	珠光体（片距0.6~0.7μm）	15
662	10	90	索氏体（片距约0.25μm）	31
580	1	5	托氏体（片距约0.1μm）	41
496	1.5	10	上贝氏体（羽毛状）	42
400	8	100	贝氏体	44
288	100	1300	下贝氏体（针状）	56
240以下			马氏体（针状）	58~65

表44-2　各试样在等温炉中停留时间及淬火后硬度

等温温度	编号									
	1	2	3	4	5	6	7	8	9	10

注：以分子为停留时间（s），分母为淬火后硬度（HRC）填入上表。

5）制备淬火后的金相试样，在500×显微镜下进行金相组织检查。

6）根据同一等温温度的硬度值作硬度-时间的变化曲线，结合金相组织检查，就可确定出各等温温度下转变的开始（时间）与终止（时间）点。各小组将所测得的转变开始点与转变终止点的时间填入表44-3中。

7）建立等温转变图。根据表44-3中结果和已知临界点（Ac_1或Ac_3）及用经验公式估算的马氏体转变开始点（Ms）的位置，便可作等温转变图。所取的等温温度越多，测出的等温转变图越准确。

表44-3　等温转变测定结果

等温温度/℃	特性点	
	转变开始点	转变终止点

提示： 实验时穿戴好工作帽、工作服和帆布手套，放取试样时关闭热处理炉的电源，处理试样时按要求执行，以免烫伤。实验结束后，关闭所使用设备的电源，清理实验室卫生。

五、实验报告要求

1）写出实验目的及内容。

2）简述建立等温转变图的基本原理和方法。

3）根据数据画出自己所测硬度-时间曲线。

4）根据实验所得数据绘制等温转变图，标注各线名称，填出各区域的组织。

5）分析讨论影响测试等温转变图准确性的因素，写出对本次实验的体会。

实验 45 钢的淬透性测定

一、实验目的

1）掌握末端淬火试验方法测定钢淬透性的方法。

2）了解影响淬透性的因素以及淬透性曲线的应用。

二、原理概述

1. 淬透性的概念

钢的淬透性是指在给定的冷却条件下，在一定的硬化层深度内，过冷奥氏体转变一定百分比马氏体的能力。它是钢材本身固有的一个属性。

淬透性的大小常用淬透性曲线、淬硬层深度或临界淬透直径来表示。钢的淬硬层深度是指钢件淬火后，从表面全部马氏体组织到半马氏体组织（50%马氏体+50%其他高温转变组织）的深度。在相同淬火条件下，淬硬层越深，就表明钢的淬透性越好。

淬透性与淬硬性有所不同。淬透性是淬硬层深度的尺度而不是获得的最大的硬度值，它决定了钢件淬火后从表面到心部硬度分布的情况。

2. 淬透性的测定及表示方法

测定钢的淬透性方法有末端淬火法、断口检验法、U 形曲线法、临界直径法以及计算法等。目前测定钢的淬透性最常用的方法是末端淬火试验法。它简便而且经济，又能较完整地提供钢的淬火硬化特性，适用于优质碳素钢、合金结构钢、弹簧钢、轴承钢及合金工具钢等的淬透性测量。

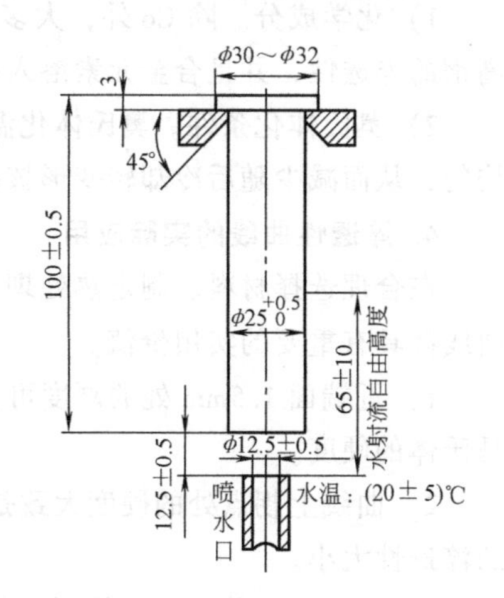

图 45-1 末端淬火试验方法示意图

按照国家标准 GB/T 225—2006/ISO642：1999《钢淬透性的末端淬火试验方法（Jominy 试验）》规定，钢的淬透性用末端淬火试验法测定时，将标准试样（见图 45-1）先按规定的奥氏体化条件加热后，迅速取出放入末端淬火试验机的试样架孔中，立即由末端喷水冷却。因试样的末端被喷水冷却，故水冷端冷得最快，越向上冷得越慢，头部的冷却速度相当于空冷。由于沿试样长度方向上冷却速度不同，获得的组织和性能也将不同。冷却完毕，沿试样长度方向磨一深度为 0.4～0.5mm 的窄条平面，测量离开淬火端面 1.5mm、3mm、5mm、7mm、

9mm、11mm、13mm、15mm 前 8 个测量点和以后间距为 5mm 的硬度值（见图 45-2），即可绘制表示硬度变化的曲线，如图 45-3 所示。

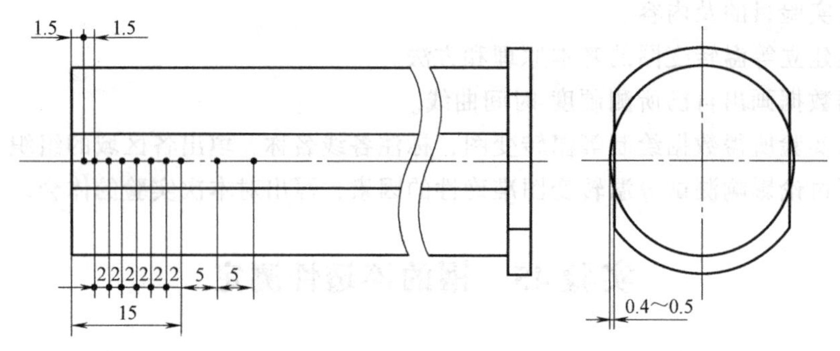

图 45-2　硬度测量用试样的制备及硬度测量的位置

根据国家标准，也可测量位于距淬火端规定的一个或多个点上的硬度值。距淬火端任一规定距离的硬度应为前述两个测试平面距离上的测量结果的平均值，该值应按 0.5HRC 或 10HV 修约。测量结果可用“J××-*d*”来表示，其中：××表示硬度值，或为 HRC，或为 HV30；*d* 表示从测量点至淬火端面的距离，单位为 mm。

示例：J45-15 表示距淬火端 15mm 处硬度值为 45HRC；JHV550-10 表示距淬火端 10mm 处硬度值为 550HV30。

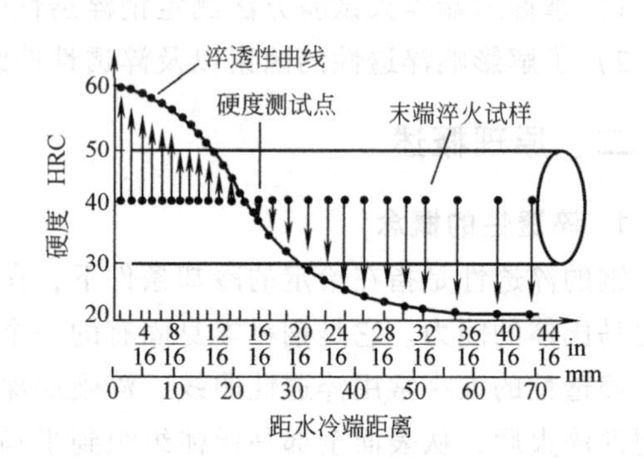

图 45-3　末端淬透性曲线

3. 淬透性的影响因素

影响淬透性的因素很多，最主要的是钢的化学成分，其次为奥氏体化温度、晶粒度等。钢的淬透性与过冷奥氏体稳定性有密切关系，实质上凡影响过冷奥氏体稳定性的因素，均影响钢的淬透性。

1）化学成分。除 Co 外，大多数合金元素溶入奥氏体，均使钢的等温转变图右移，提高钢的淬透性，并且合金元素溶入的量越多，影响越大。

2）奥氏体化条件。奥氏体化温度越高、保温时间越长，则奥氏体晶粒越粗大、成分越均匀，从而减少随后冷却转变形核率和临界冷却速度，淬透性增强。

4. 淬透性曲线的实际应用

在合理选择材料、制定热处理工艺规范以及预测材料的组织与性能等方面，钢的淬透性曲线都具有重要的实用价值。

1）近端面 1.5mm 处的硬度可代表钢的淬硬性。因这点的硬度在一般情况下表示 99.9% 马氏体的硬度。

2）曲线上拐点处的硬度大致是 50% 马氏体的硬度。该点离水冷端距离的远近即表示钢的淬透性大小。

3）可确定钢件截面上的硬度分布情况。整个曲线上的硬度分布情况，特别是在拐点附

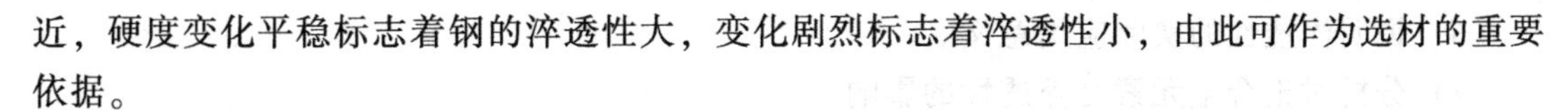

近，硬度变化平稳标志着钢的淬透性大，变化剧烈标志着淬透性小，由此可作为选材的重要依据。

4）确定钢的临界淬透直径。

三、实验设备及材料

1）末端淬火试验机、电阻炉、洛氏硬度计、砂轮机、游标卡尺、金相显微镜。

2）末端淬透性测定用45钢与40Cr钢标准试样。

四、实验内容及步骤

1. 实验内容

1）采用末端淬火试验方法测定45钢和40Cr钢的淬透性曲线。

2）利用所测定的淬透性曲线确定45钢和40Cr钢的临界淬透直径。

3）观察已制备好的末端淬火金相组织。

2. 实验步骤及注意事项

1）实验小组（3~5人）为单位，领取试样，制定实验步骤。

2）将试样埋入装有铸铁屑的铁罐内，放入箱式炉中加热，加热温度850±10℃，加热时间按照铁罐直径1.0~1.5min/mm计算。按照国家标准，试样在加热温度下的保温时间为30~35min。

3）试样加热保温完毕，迅速取出放在符合国家标准的末端淬火试验机支架上，立即进行末端淬火（注意：试样从炉中取出到喷水淬火之间不得超过5s，淬火过程中水温应保持在20℃±5℃范围）。喷水时间至少为10min，此后可将试样浸入冷水中完全冷却。

4）淬火后的试样在平行于试样轴线方向上磨制出窄条平面，用于测量硬度，磨削深度应为0.4~0.5mm（见图45-2）。在此平面上测量离开淬火端面1.5mm、3mm、5mm、7mm、9mm、11mm、13mm、15mm前8个测量点和以后间距为5mm的硬度值（见图45-2）。横坐标为距离，纵坐标为相应的硬度值绘制淬透性曲线，建议使用如下标尺：在横坐标上，10mm相当于5mm距离，对低淬透性钢来说10mm相当于1mm的距离；在纵坐标上，10mm相当于5HRC或50HV。

5）在显微镜下观察已制备好的末端淬火金相组织，研究50%马氏体+50%其他高温转变产物距末端距离和硬度变化的关系。

> **提示：**实验时穿戴好工作帽、工作服和耐热手套，以免烫伤，实验结束后，关闭所使用设备的电源，清理实验室卫生。

五、实验报告要求

1）写出实验目的及内容。

2）简述末端淬火试验方法的试验原理和方法。

3）在同一坐标系中绘出45钢和40Cr钢的淬透性曲线，比较这两种钢的淬透性。

4）画出已端淬试样（沿试样长度方向）金相组织示意图。

5）确定45钢和40Cr钢的临界淬透直径。

6）说明淬透性的实际应用意义。

7）分析讨论合金元素对淬透性的影响。

8）总结本次实验出现的问题，写出体会与建议。

实验46 渗碳及渗碳层深度的测定

一、实验目的

1）了解渗碳工艺及渗碳后热处理的组织特征。

2）掌握金相法测定渗碳层深度的方法。

二、原理概述

渗碳是将钢件放入提供活性碳原子的介质中加热保温，使碳原子渗入工件表层的化学热处理工艺。渗碳的目的是使钢件获得硬而耐磨的表面，同时又使心部保持一定的韧性和强度。渗碳的钢材是碳的质量分数一般都小于0.3%的低碳钢和低碳合金钢，渗碳后的工件主要用于受严重磨损和较大冲击载荷的零件，如齿轮、曲轴、凸轮轴等。渗碳温度一般取860~930℃，不仅使钢处于奥氏体状态，而又不使奥氏体晶粒显著长大。近年来，为了提高渗碳速度，也有将渗碳温度提高到1000℃左右。渗碳层的深度根据钢件的性能要求决定，一般为1mm左右。按照渗碳介质的状态，可分为固体渗碳、液体渗碳和气体渗碳三种，常用固体和气体渗碳。

1. 渗碳工艺

将渗碳件置入具有活性碳气氛中加热到860~930℃，保温一定时间，再将渗碳后的钢件按照性能要求不同，进行不同的热处理工艺。热处理工艺有直接淬火、一次淬火和二次淬火三种。

2. 渗碳及渗碳淬火后的金相组织

钢在渗碳后冷却方式不同，可得到平衡状态组织或非平衡状态组织。

（1）平衡状态的渗碳组织　钢渗碳缓冷后的显微组织符合铁-碳平衡相图，表面到中心依次是过共析区、共析区、亚共析区和心部（图46-1所示为20钢渗碳后的平衡组织）。渗碳的过程是碳原子在γ-Fe中的扩散过程。根据扩散的菲克第二定律，如炉内的碳势一定，则渗碳层深度与渗碳时间和渗碳温度有如下关系，即

$$X=K\sqrt{D\tau}$$

其中：

$$D=D_0\mathrm{e}^{-\frac{Q}{RT}}$$

1）过共析区。这是渗碳零件的最表面层，该区碳的质量分数一般为0.8%~1.2%，其组织为珠光体+网状二次渗碳体。

2）共析区。由表面过共析区往心部就是共析区，该区碳的质量分数一般为0.77%，其组织为珠光体。

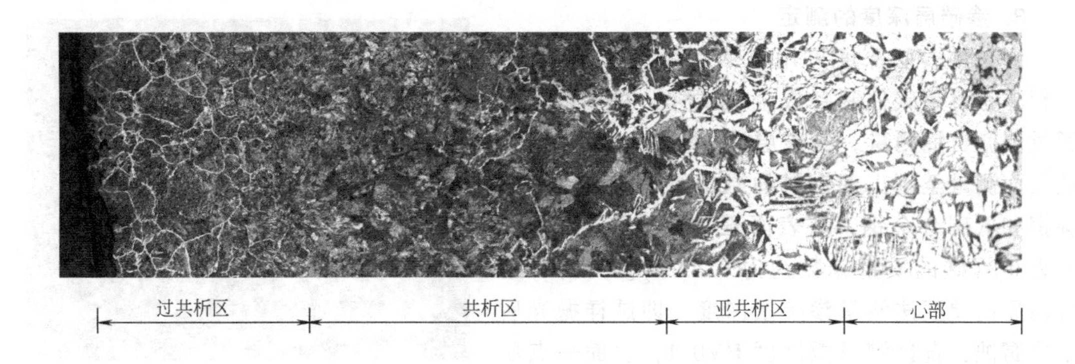

图 46-1　20 钢渗碳后的平衡组织（100×）

3）亚共析区。由共析区往心部紧接着是亚共析区，该区的碳含量由表及里逐渐降低，直至过渡到心部原始成分，组织为珠光体和铁素体的混合组织，越接近心部，铁素体量越多而珠光体量越少。

4）心部。该区是渗碳件的原始组织，对于低碳钢，组织由铁素体和珠光体组成。

（2）非平衡状态的渗碳组织　渗碳改变了工件表面层的含碳量，但为了获得不同的组织和性能而满足渗碳件的使用要求，还必须进行适当的淬火与低温回火处理。其中常用的淬火方法是直接淬火、一次淬火法、二次淬火等。工件渗碳淬火后，由于淬火工艺和材料等有差异而得到不同组织。但自工件表面至心部的基本组织为：马氏体+碳化物（少量）+残留奥氏体→马氏体+残留奥氏体→马氏体→心部低碳马氏体（或托氏体、索氏体+铁素体）。图 46-2 所示为 20 钢渗碳后 1100℃高温淬火回火的组织：粗大针状马氏体+大量残留奥氏体，此类组织在工件中是不允许存在的。

渗碳件的性能主要取决于淬火后的组织，因此渗碳件的质量检验中，规定了淬火马氏体针粗细、碳化物分布特征、残留奥氏体数量以及心部游离铁素体含量的金相组织检验标准。渗碳件正常热处理工艺采用不完全淬火+低温回火，淬火后的组织通常应为：渗碳层中有适量的粒状碳化物均匀分布在隐针（或细针）回火马氏体基体，如图 46-3 所示，具有较大粒状碳化物分布的如图 46-4 所示，另有少量（<5%）残留奥氏体，心部为低碳马氏体或托氏体与索氏体，不允许有过多的大块状铁素体。

图 46-2　20 钢经渗碳后 1100℃高温淬火回火组织（400×）

图 46-3　渗碳件正常淬火回火组织（400×）

3. 渗碳层深度的测定

测量渗碳层深度可用显微硬度法和金相法。金相法是将渗碳件制备成金相试样，在显微镜下通过测微目镜测量。渗碳层深度：合金渗碳钢是从表面测量至刚出现钢材的原始组织为止，对于碳钢和低碳合金钢，从表面测量至过渡层的 1/2 处为止（碳的质量分数约为 0.45%）。另外，还可用显微硬度法测量渗碳层深度，即试样抛光后不要腐蚀，直接测显微硬度 HV0.1，表面一点压痕离试样表面 0.05mm 为宜，这一点也可作为表面硬度值，然后向里每移动 0.10mm 测一压痕，一直测到心部或低于 450HV 处为止，然后将各点所测硬度值绘制成硬度分布曲线，并求有效硬化层深度。有效硬化层深度是由表面垂直至 550HV 处的距离，用 CHD 表示，单位为 mm。

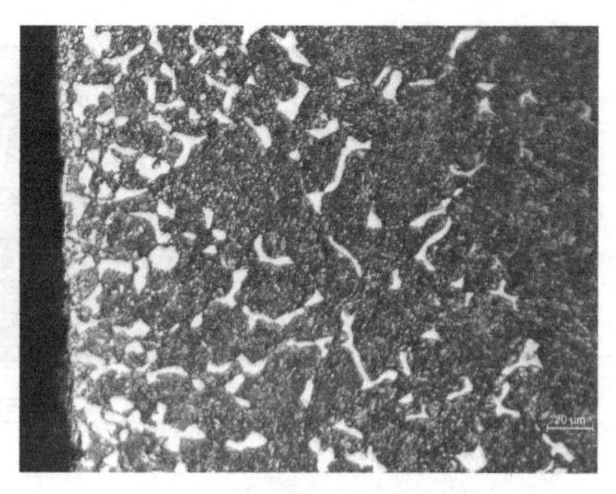

图 46-4　渗碳件碳化物颗粒较大的组织（500×）

三、实验设备及材料

1）井式渗碳炉、维氏硬度计、金相显微镜（带测微目镜）、冷却剂（水、10 号机油）、砂轮机、抛光机等。

2）20 钢、20CrMnTi 钢、浸蚀剂等。

四、实验内容及步骤

1）渗碳处理。20 钢经 930℃ 渗碳处理后，分别进行缓冷和淬火（直接淬火、一次淬火）+180℃ 回火。20CrMnTi 钢经 880℃、930℃ 渗碳缓冷和渗碳淬火（直接淬火、一次淬火）+180℃ 回火处理。渗碳时间分别为 1、2、4、8h，用钢印做好记号。

2）将上述试样进行金相试样制备，试样制备时应使用试样夹，以免倒角。

3）观察渗碳层及心部组织特征。

4）在显微镜 100 倍下对渗碳缓冷试样进行渗碳层深度测量。

5）用维氏硬度计对渗碳淬火件进行渗碳层深度进行测定。

提示：实验时穿戴好工作帽、工作服和耐热手套，放取试样时关闭热处理炉的电源，处理试样时按要求执行，以免烫伤，实验结束后，关闭所使用设备的电源，清理实验室卫生。

五、实验报告要求

1）写出实验目的及内容。

2）简述渗碳层深度的测量方法、要求及步骤。

3）画出一定渗碳温度下的渗碳时间与渗碳层深度的曲线，并分析实验结果。

4）画出渗碳层及心部组织特征，并说明形成原因及渗碳后热处理工艺对组织和性能的影响。

5）比较用显微硬度法和金相法测得的渗碳层深度。

6）制备渗碳试样时应注意哪些事项？

实验47　金属热处理综合实验

一、实验目的

1）了解常用热处理设备及温度控制方式。

2）学会根据材料成分，按常规用途制定合理的热处理工艺并正确操作。

3）观察不同热处理后组织形态和缺陷特征，加深理解组织对性能（硬度）的影响。

4）理解材料的成分-工艺-组织-性能的关系。

二、实验设备及材料

1）热处理炉、各类硬度计、金相显微镜（数码摄影）、砂轮机、预磨机、抛光机、浸蚀剂等。

2）20钢、45钢、65Mn钢、T8钢、T12钢、20CrMnTi钢若干套。

3）试样尺寸为ϕ10~ϕ12mm、长10~15 mm或12mm×12mm×15mm。

三、实验内容、步骤及要求

1. 区分钢种及热处理前的组织准备

将20钢、45钢、65Mn钢、T8钢、T12钢试样混在一起加热至1000℃，保温20~30min，随炉冷却至500℃，出炉再空冷至室温。每组领取随机的一块试样，进行试样制备、组织观察分析并拍摄金相照片，测其硬度（根据组织状态选择合适的硬度测试类型）。

根据所观察到的组织形态和测试的硬度值，首先判别所制备试样属于上述材料中的哪一种？再次检验该组织是否属于这种钢正常的淬火原始组织？如果不是，属于哪一种缺陷组织？在此基础上设计能获得该钢淬火所需要的正常原始组织的热处理工艺，实施工艺并进行组织分析检验。

2. 缺陷组织分析及制定材料最终热处理工艺

将20钢、45钢、65Mn钢、T8钢、T12钢试样加热到1000℃，保温20~30min，进行油冷。进行试样制备、组织观察分析并拍摄金相照片时，测试其硬度（根据组织状态选择合适的硬度测试类型）。

检验所观察的组织是否为该材料的常规淬火组织，如果不是，属于何种缺陷组织？设计能满足组织与性能要求的最终热处理工艺，实施该工艺，并进行组织观察与分析、拍照，分析其是否正常？存在哪些缺陷？并提出消除缺陷组织的办法。

3. 钢的渗碳化学热处理及分析

制定20钢、20CrMnTi钢的固体渗碳工艺以及渗碳剂，分析观察渗碳后退火状态下由表及里的显微组织特征。

制定20钢、20CrMnTi钢的固体渗碳后的热处理工艺，测定从渗碳层到中心的硬度变化，确定渗碳层深度。

分析相同渗碳条件下，合金元素对渗碳层组织、深度及硬度的影响。

四、实验分组情况与实施

1）每个班分3组，每个小组完成1个实验内容，最后3个小组将3个实验内容及结果进行汇总分析。

2）要求每组学生自己查阅资料，拟定实验方案，教师审批后方可实施实验。

3）实验后由教师组织学生进行交流讨论和总结。

提示：热处理过程中，放置或取出试样时，首先切断电源，打开炉门操作时注意安全，戴上帆布手套，不要被高温炉和试样烫伤，试样冷却过程中，在达到室温温度前，不要用裸手触摸。

五、实验报告要求

1）写出实验目的及内容。

2）叙述实验方案设计，包括基本思想、工艺流程、工艺方案、基本依据与原理、使用设备、关键技术、进度等。

3）记录实验数据，分析实验结果。

4）围绕材料的成分-工艺-组织-性能的关系，进行分析讨论。

5）总结实验过程中出现的问题以及解决的办法。

6）写出体会与建议。

实验48 合金钢、工具钢及不锈钢组织观察与分析

一、实验目的

1）掌握典型合金钢、工具钢及不锈钢的显微组织特征及组成。

2）分析金属材料显微组织与性能之间的关系。

二、原理概述

1. 合金结构钢

合金结构钢包含合金渗碳钢、合金调质钢、合金弹簧钢和滚动轴承钢。这里主要介绍合金调质钢和滚动轴承钢。

(1) 合金调质钢　合金调质钢是调质钢中加入合金元素Cr、Ni、Mn、Si等，经调质处理后具有良好的综合力学性能的钢。Cr元素的加入，使等温转变图右移，大大提高了钢的淬透性。40Cr的淬透性比40钢大，直径在25~30mm工件在油中可淬透，截面在50mm以下，油冷后无先共析铁素体析出。40Cr调质处理（淬火+高温回火）后组织为回火索氏体。

(2) 滚动轴承钢　GCr15钢是生产中采用最广泛的轴承钢，主要用于制造滚动轴承，属于过共析钢，添加的主要元素是Cr。使用过共析钢的主要目的是为了满足轴承的高硬度、

高耐磨以及高的接触疲劳强度要求。轴承的热处理分为预热处理和最终热处理，预热处理是锻后的正火和球化退火。正火是为了消除锻后的网状碳化物，球化退火是为了降低硬度、改善切削加工性并为淬火做好准备。退火后的组织为细球状珠光体（见图 48-1）。最终热处理为淬火+低温回火，其组织为隐针或细针回火马氏体（黑色）、细小均匀分布的碳化物（白亮色颗粒）以及少量残留奥氏体（见图 48-2）。

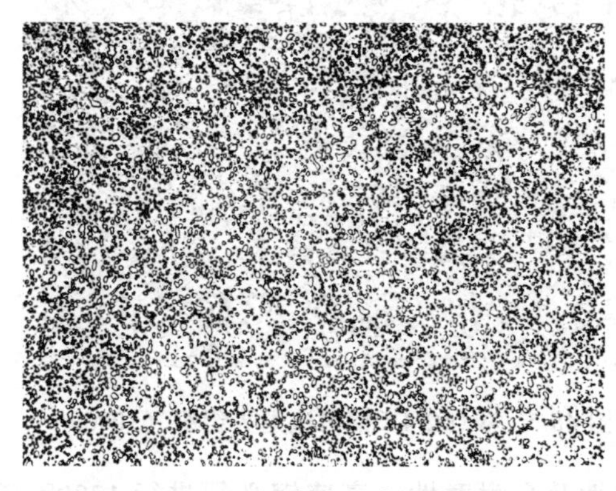

图 48-1　GCr15 钢球化退火组织（500×）

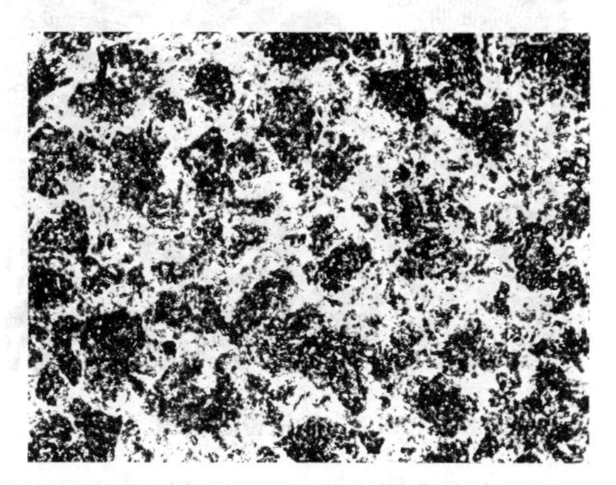

图 48-2　GCr15 钢（淬火+低温回火）组织（500×）

2. 工具钢

工具钢在化学成分上为高碳高合金，以便获得高的硬度、热稳定性、耐磨性以及足够的强度和韧性。工具钢包括合金刃具钢（低合金刃具钢和高速钢）、合金模具钢（冷作模具钢和热作模具钢）和合金量具钢。这里只要介绍高速钢和冷作模具钢。

（1）高速钢　W18Cr4V 钢是一种常用高速钢，是用于制造高切削刃具的钢。典型钢种还有 W6Mo5Cr4V2 钢，两者在组织上有相似性，这里主要介绍 W18Cr4V 钢，它是一种高合金工具钢，又称为莱氏体钢。

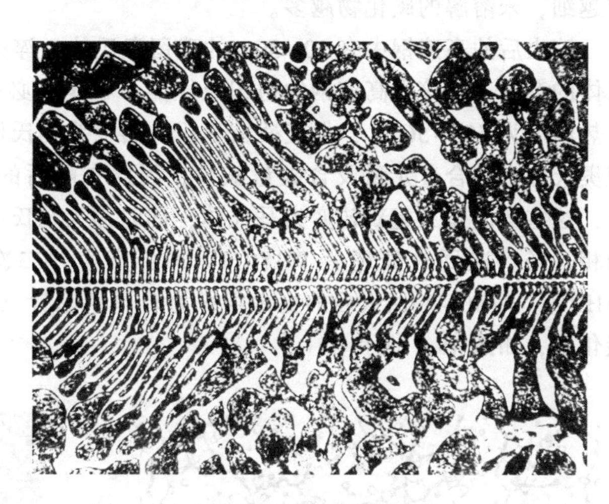

图 48-3　典型的鱼骨状共晶碳化物（800×）

1）铸态组织。如图 48-3 与图 48-4 所示，由图 48-4 可知，显微组织含三个特征部分：①晶界附近区域的鱼骨状莱氏体共晶组织；②晶粒外层的马氏体及残留奥氏体，因为其不易被浸蚀而呈亮色，常称为白色组织；③晶粒心部的 δ 共析体，为极细的共析组织，易受浸蚀而呈黑色，通常称为黑色组织，介于白色组织与黑色组织之间的组织为索氏体组织，比黑色组织颜色略浅。铸态组织中碳化物的分布极不均匀，其中共晶碳化物以 Fe_4W_2（M_6C）为主，呈粗大的极脆的骨骼状碳化物（见图 48-3）。

2）锻造退火组织。W18Cr4V 钢铸态组织中碳化物的总量（质量分数）占 28%左右，尤其是共晶碳化物，即使加热到 1300℃的高温，也难溶入奥氏体中，因此，无法通过热处理改变其形态。为了改善碳化物的不均匀性，生产上采用反复锻造的方法将共晶碳化物击碎并使其分布均匀。为了去除锻造内应力，清除不平衡组织，降低硬度，改善切削加工性，为淬火提供良好的原始组织，必须对高速钢进行退火处理。经锻造及860~880℃加热退火后的组织如图48-5所示，共晶碳化物呈大小不等的块状或小卵石状分布在索氏体基体上。

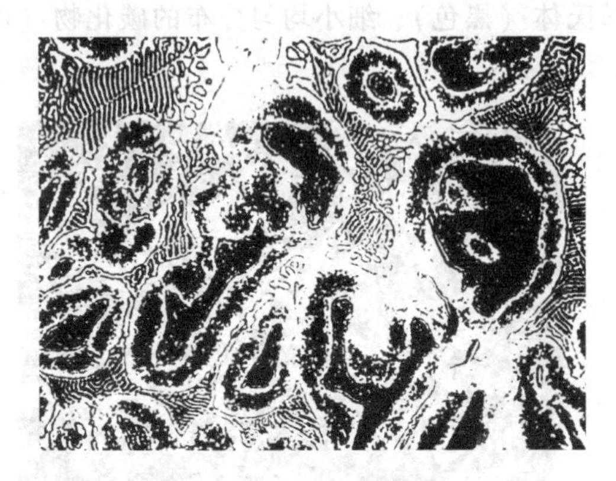

图48-4　W18Cr4V钢铸态组织（400×）

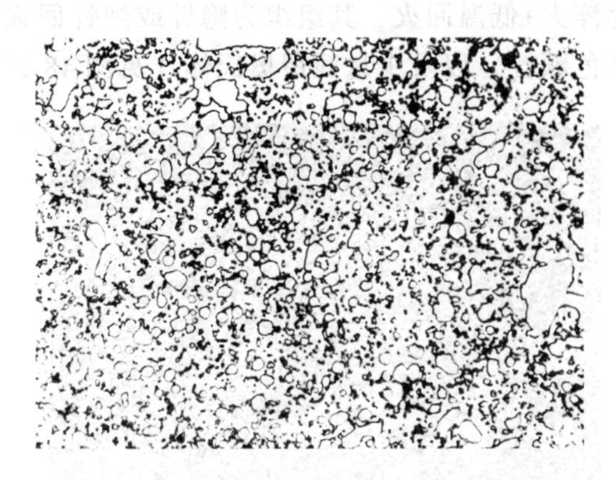

图48-5　W18Cr4V钢锻造退火组织（1000×）

3）淬火及回火组织。为了保证高速钢的热硬性及高耐磨性，高速钢必须进行1280℃淬火（油冷或分级）及560℃三次回火处理。淬火后的组织由淬火马氏体（隐针）、残留奥氏体及未溶碳化物组成，经10%硝酸酒精溶液浸蚀后，马氏体和残留奥氏体呈白色，难以区分，但可以看到奥氏体的晶界和粒状碳化物，如图48-6所示。一般生产中，由奥氏体晶界可以确定淬火后奥氏体晶粒的大小，从而判断淬火温度的高低。淬火温度越低，奥氏体的晶粒越细，未溶解的碳化物越多。

淬火后的高速钢中有20~30%的残留奥氏体，淬火后的硬度为60~62HRC。大量残留奥氏体的存在，使淬火高速钢的组织及性能不稳定，必须进行多次高温回火，即一般为三次，加热温度为550~560℃，促使残留奥氏体转变为马氏体。每次回火保温过程中因碳化物析出使奥氏体中的合金元素及含碳量减少，因此在随后的回火冷却过程中，在马氏体转变温度下，这些奥氏体又重新转变为马氏体，同时淬火马氏体经回火析出具有沉淀强化作用的碳化物相，经多次回火处理后W18Cr4V钢会产生“二次硬化”现象，这时钢的硬度达63~65HRC。W18Cr4V回火后的显微组织为暗黑色隐针马氏体基体上分布着白色块状及颗粒状碳化物，如图48-7所示。

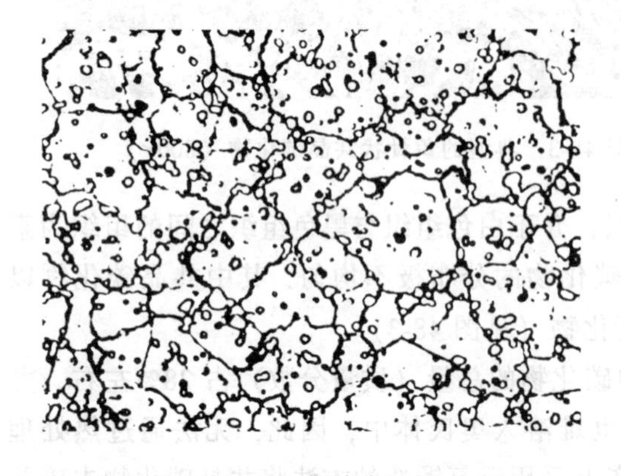

图48-6　W18Cr4V钢淬火组织（500×）

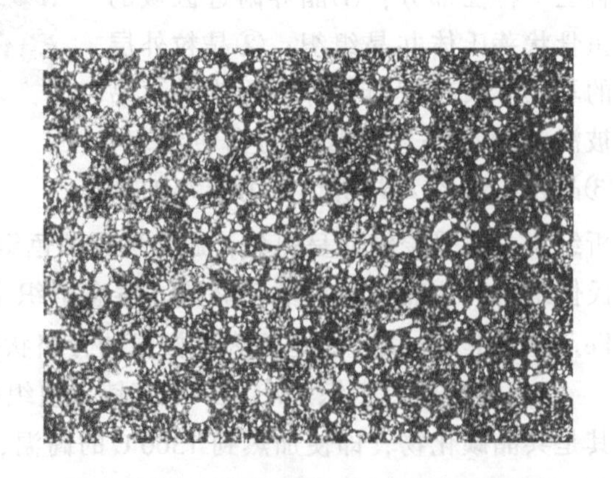

图48-7　W18Cr4V淬火及回火组织（500×）

(2) 冷作模具钢 冷作模具钢含有较高的碳，主加合金元素为 Cr，碳的质量分数高达12%，具有高的硬度和耐磨性、足够的强度和韧度，主要用于制造冲模、冷墩模等。Cr12MoV 和 Cr12 是常用的冷作模具钢。

热处理工艺为：淬火+低温回火。热处理后的组织为：回火马氏体+合金碳化物。冷作模具钢经常会出现网状碳化物、带状碳化物（图48-8 所示为 Cr12MoV 钢带状碳化物偏析）和碳化物液析等缺陷组织。

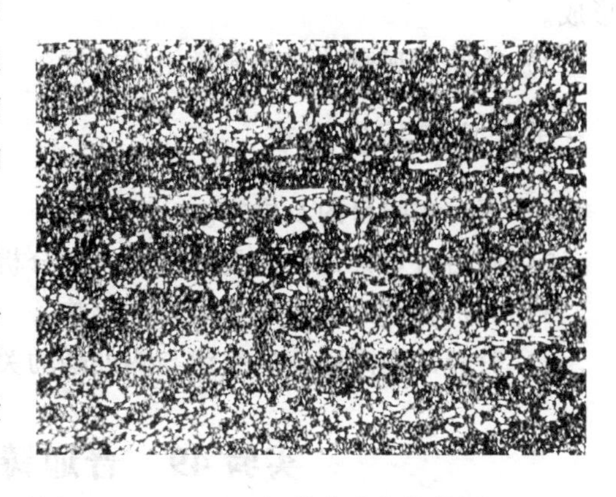

图 48-8 Cr12MoV 钢带状碳化物偏析（100×）

3. 不锈钢

不锈钢是在大气、海水及其他浸蚀性介质条件下能稳定工作的钢种，主要加入的合金元素是 Cr、Ni。常用不锈钢分为马氏体型不锈钢、铁素体型不锈钢、奥氏体型不锈钢和双相型不锈钢，这里主要介绍马氏体型不锈钢和奥氏体型不锈钢。

(1) 马氏体型不锈钢 马氏体型不锈钢在高温下都能得到单相奥氏体，淬火后得到马氏体组织。常用的马氏体型不锈钢有 12Cr13、20Cr13、30Cr13、40Cr13 和 68Cr13。

含碳量低的 12Cr13 和 20Cr13 热处理工艺是淬火+高温回火，组织为回火索氏体。

含碳量高的 30Cr13、40Cr13 和 68Cr13 的热处理工艺是淬火+低温回火，组织为回火马氏体。

(2) 奥氏体型不锈钢 1Cr18Ni9Ti 钢是奥氏体型不锈钢应用最广泛一种。这种钢的耐蚀性较高，抗氧化性也好，具有较高的塑性以及良好的焊接性等，因而应用广泛。这类钢含碳量较低，铬、镍含量较高是保证耐蚀性的主要因素，镍的另一作用是扩大 γ 相区，以在室温获得单相的奥氏体组织，加钛的目的是防止晶间腐蚀。为获得单一奥氏体组织以提高耐蚀性和力学性能，必须进行固溶处理，即钢加热到 1050～1150℃，使碳化物全部溶解，然后快速冷却，通常为水淬，在室温下获得单一奥氏体组织，如图 48-9 所示。由此图可见，在奥氏体晶粒内有明显的孪晶。

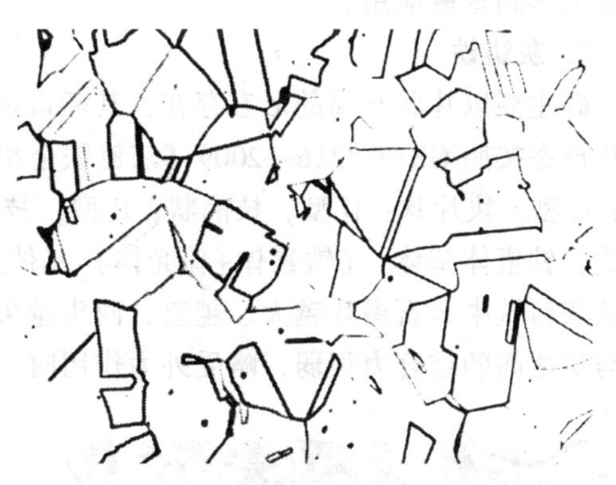

图 48-9 1Cr18Ni9Ti 固溶处理（200×）

三、实验设备及材料

1）金相显微镜。

2）合金钢、工具钢及不锈钢金相试样若干。

四、实验内容及步骤

1）观察所给的合金钢、工具钢及不锈钢金相试样，分析各组织组成物的形态特征及形成。

2）绘制所观察试样的显微组织特征。

五、实验报告要求

1）写出实验目的及内容。

2）画出所观察试样的显微组织，并分析组织特征及性能特点。

3）分析合金元素对显微组织的影响。

4）分析讨论高速钢的组织与热处理的关系，为什么要进行三次回火？

实验 49 普通铸铁组织观察与分析

一、实验目的

1）熟悉常用铸铁的显微组织特征。

2）理解铸铁中的石墨形态及其对性能的影响。

二、原理概述

铸铁是 w_C>2.11%的铁碳合金。铸铁与钢相比，从成分上：铸铁含碳量和含硅量较高，含杂质元素硫、磷较多；在性能上：铸铁强度、塑性、韧性较差，但却有优于钢的许多特性，如优良的减振性、耐磨性、铸造性和可加工性，而且生产工艺和熔化设备简单，因此在工业上得到普遍应用。

1. 灰铸铁

碳主要以片状石墨的形态存在，其断口呈暗灰色的铸铁，简称为灰铸铁。普通灰铸铁石墨片形态按照 GB/T 7216—2009《灰铸铁金相检验》可分为六种：A 型，片状；B 型，菊花状；C 型，块片状；D 型，枝晶状；E 型，枝晶片状；F 型，星状。普通灰铸铁基体有三种形式：铁素体基体、（铁素体+珠光体）基体（见图 49-1）和珠光体基体（见图 49-2）。在片状灰铸铁中，石墨片越大、越直、两头越尖，性能就越差。因为石墨以片状结构存在时，层与层之间的结合力很弱，略受外力作用时，石墨很容易呈鳞片状脱落，所以石墨本身的强

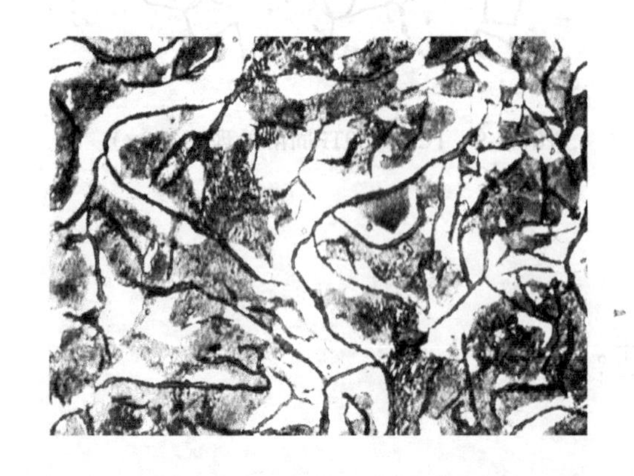

图 49-1 （铁素体+珠光体）基体+片状石墨（200×）

图 49-2 珠光体基体+片状石墨（400×）

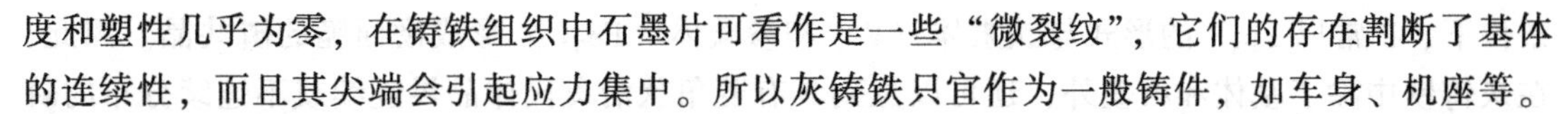

度和塑性几乎为零，在铸铁组织中石墨片可看作是一些“微裂纹”，它们的存在割断了基体的连续性，而且其尖端会引起应力集中。所以灰铸铁只宜作为一般铸件，如车身、机座等。

2. 可锻铸铁

可锻铸铁是白口铸铁进行可锻化退火处理后，全部或部分渗碳体转变为团絮状石墨分布于铁素体基体或珠光体基体上，从而具有良好塑性和韧性的铸铁，又称为展性铸铁。它广泛应用于生产汽车和拖拉机等大批量的薄壁中小件。可锻铸铁按热处理条件不同，可分为黑心和白心可锻铸铁，黑心可锻铸铁是由白口铸铁经长时间的高温石墨化退火得到，其组织为铁素体基体+团絮状石墨，如图 49-3 所示。由于该材料的断口中心呈暗灰色，表面层（由于有些脱碳）呈灰白色，故称为黑心可锻铸铁。白心可锻铸铁是由白口铸铁经石墨化退火氧化脱碳得到，其组织为（铁素体+珠光体）基体+团絮状石墨，如图 49-4 所示。由于断口中心呈灰白色，表面层呈暗灰色故称为白心可锻铸铁。

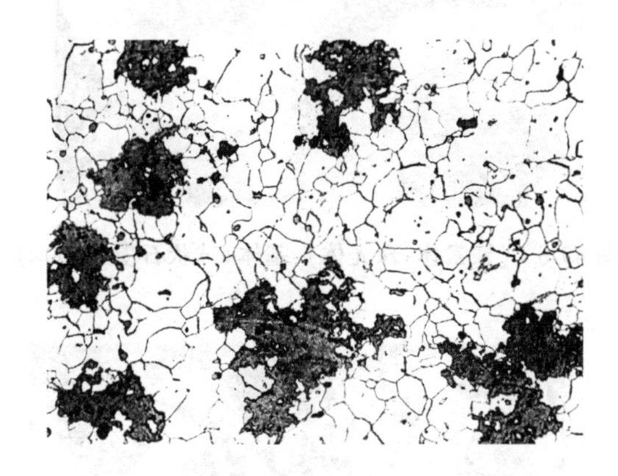

图 49-3 铁素体基体+团絮状石墨（200×）

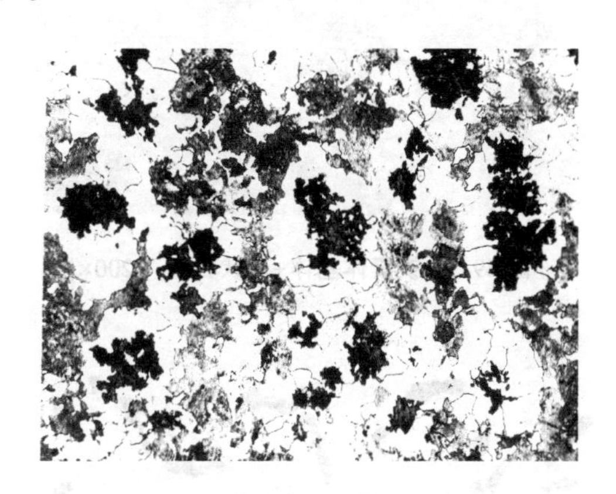

图 49-4 （铁素体+珠光体）基体+团絮状石墨（100×）

3. 球墨铸铁

球墨铸铁简称为“球铁”。它是灰铸铁铁液球化和孕育处理后，石墨主要以球状存在的高强度铸铁，是一种优质铸铁。在浇注前加入球化剂（稀土镁）和孕育剂（硅铁），使石墨结晶成球状（见图 49-5），由于球状石墨对基体的割裂作用很小，因而可以充分强化基体（如热处理）以提高其强韧性。球墨铸铁的力学性能取决于石墨球的大小、数量和分布。石墨球数量越少、越细小、分布越均匀，球墨铸铁的力学性能越高，基体的利用率越高。其中（铁素体+珠光体）基体+球状石墨如图 49-6 所示（又称为牛眼状石墨，它是加稀土镁球化剂而形成），其应用最广。

4. 蠕墨铸铁

石墨形态为介于球状和片状之间的蠕虫状的铸铁称为蠕墨铸铁。它是在浇注前加入蠕化剂（稀土硅铁），使石墨结晶成蠕虫状（见图 49-7），其是介于片状石墨和球状石墨之间的石墨形态，这种过渡形态极像“蠕虫”，片短而厚，头部较圆。蠕墨铸铁的密度、塑性、韧性远比普通灰铸铁高，铸造性能比球墨铸铁好，且具有良好的热传导性、抗热疲劳性，铸造工艺简单，成品率高。它主要用作内燃机上的缸盖和缸套等耐热构件。

5. 磷共晶

在铸铁中当含磷（P）量较高时，由于 P 在铸铁中几乎完全不溶于奥氏体，在实际铸造条件下，P 常以 Fe_3P 的形式与铁素体（F）和渗碳体（Fe_3C）形成硬而脆的磷共晶。因此，在灰铸铁中除了基体和石墨外，还可以见到具有菱角状沿奥氏体晶界连续或不连续分布的磷共晶。磷共晶主要有三种类型：二元磷共晶（Fe_3C 基体上分布着粒状的奥氏体分解产物：铁素体或珠光体），如图 49-8 所示；三元磷共晶（Fe_3C 基体上分布着呈规则排列的奥氏体分解产物的颗粒及细针状的渗碳体），如图 49-9 所示；三元复合磷共晶（二元或三元磷共晶基体上嵌有条块状的渗碳体），如图 49-10 所示。

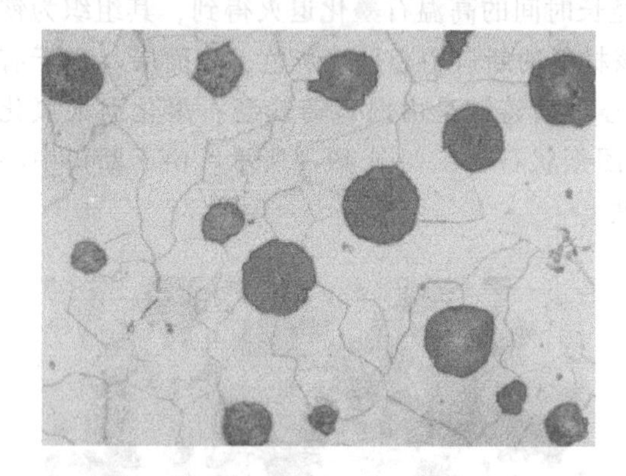

图 49-5　铁素体基体+球状石墨（200×）

图 49-6　（铁素体+珠光体）基体+球状石墨（500×）

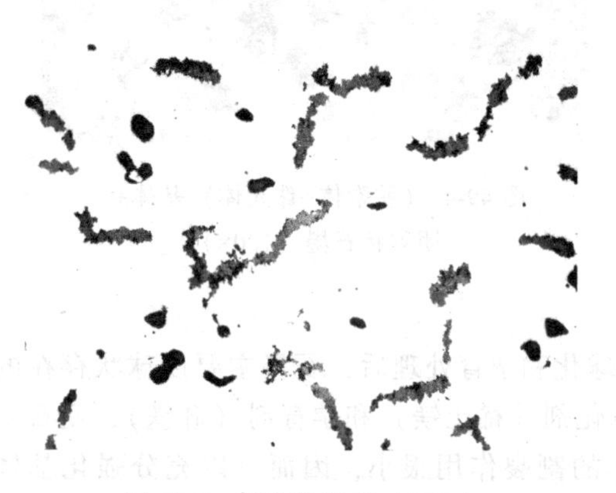

图 49-7　蠕虫状石墨（100×）

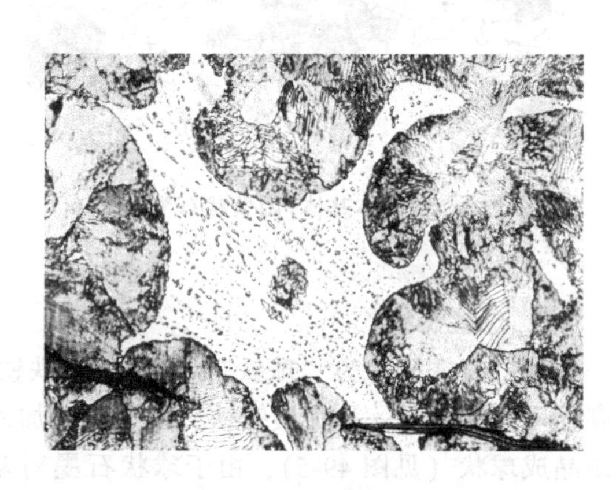

图 49-8　二元磷共晶（500×）

图 49-9　三元磷共晶（500×）

图 49-10　三元复合磷共晶（650×）

三、实验设备及材料

1）金相显微镜、测微目镜。

2）不同石墨类型与基体的铸铁试样。

四、实验内容及步骤

1）在金相显微镜下观察表49-1中所列铸铁试样的显微组织，注意石墨形态，并分析其形成过程，注意观察灰铸铁中的磷共晶类型及形态。

表 49-1　观察的铸铁试样

编号	材料	显微组织	浸蚀剂	放大倍数
1	灰铸铁	A、B、C、D、E、F石墨类型	未浸蚀	100
2	灰铸铁	铁素体、铁素体+珠光体、珠光体基体的片状石墨	4%硝酸酒精	100
3	球墨铸铁	铁素体、铁素体+珠光体、珠光体基体的球状石墨	4%硝酸酒精	100
4	可锻铸铁	铁素体、铁素体+珠光体基体的团絮状石墨	4%硝酸酒精	100
5	蠕墨铸铁	蠕虫状石墨	未浸蚀	100

2）在带有测微目镜的金相显微镜100倍下，测量石墨的长度。测量时在同一个试样上分别测定不同视场的石墨长度，沿不同方向随机进行，并记录。

提示：实验结束后，关闭设备电源，盖好仪器罩，打扫清理实验室卫生。

五、实验报告要求

1）写出实验目的及内容。

2）画出所观察的铸铁组织示意图，并注明组成物的名称、特征，分析其形成过程。

3）汇总石墨长度或尺寸数据，并借助国家标准进行评定。

4）分析比较不同铸铁的组织形貌对性能的影响。

实验50　常用非铁金属材料组织观察与分析

一、实验目的

1）掌握常用铝合金、铜合金、钛合金、滑动轴承合金的显微组织特征。

2）分析金属材料显微组织与性能之间的关系。

二、原理概述

1. 铝合金

这里主要介绍铸造铝合金与变形铝合金（硬铝合金）。

（1）铸造铝合金　在铸造铝合金中应用最广泛的是铸造铝硅合金（$w_{Si}=10\%\sim13\%$），典型的牌号为ZL102。从Al-Si合金相图可知，其成分在共晶点附近，具有优良的铸造性能，即流动性好，铸件致密，不容易产生铸造裂纹。但铸造后得到的组织是粗大针状硅晶体和α固溶体所组成的共晶体，如图 50-1 所示。这种粗大的针状硅晶体会严重降低合金的塑性和韧性。

为了提高铝合金的力学性能，通常进行变质处理，即在浇注前向合金溶液中加入占合金质量 2%～3%的变质剂（常用 2/3NaF+1/3NaCl）。由于钠盐能促进硅的形核，并能吸附在硅的表面阻碍它长大，使其组织大大细化，同时使共晶点右移，使原合金成分变为亚共晶成分，所以变质处理后的组织由初生α固溶体枝晶（白亮）及细小的（α+Si）共晶体（暗色）组成，如图 50-2 所示。由于共晶体中的硅呈细小圆形颗粒，因而使合金的强度与塑性得到显著改善。

图 50-1　ZL102 铸态组织（100×）

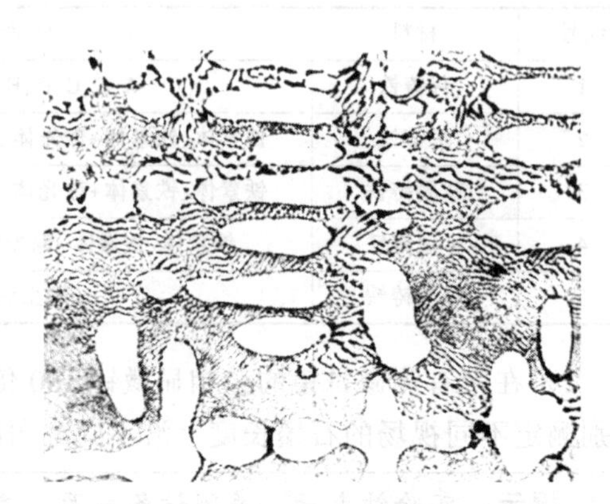
图 50-2　ZL102 变质处理组织（200×）

（2）变形铝合金（硬铝合金）　硬铝合金属于 Al-Cu-Mg 系合金，具有强烈的时效强化作用，经时效处理后具有很高的硬度、强度。这类合金具有优良的加工性能和耐热性，但塑性和韧性低、耐蚀性差。

硬铝合金按照合金元素含量及性能不同，可分为三种类型：低强度硬铝，如 2A01、2A10 等合金；中强度硬铝，如 2A11 等合金；高强度硬铝，如 2A12 等合金。其中 2A12 是使用最广的高强度硬铝。

硬铝合金人工时效比自然时效具有更大的晶间腐蚀倾向，硬铝的时效强化一般采用自然时效。时效后的组织为α固溶体+θ相（细小颗粒）+S 相和其他金属间化合物。

2. 铜合金

按照化学成分不同，铜合金可分为黄铜、青铜和白铜。这里主要介绍黄铜。

黄铜是以锌为主要合金元素的铜合金。最简单的黄铜是铜锌二元合金，简称为普通黄铜。由相图可知，$w_{Zn}<39\%$的黄铜组织为单相α固溶体，这种铜称为α黄铜或单相黄铜（单相黄铜具有良好的塑性，可进行各种冷变形）。单相黄铜 H70 经变形及退火后，其α晶粒呈多边形，并有大量退火孪晶，如图 50-3 所示。双相黄铜 H62（$w_{Zn}=39\%\sim45\%$）的铸态组织为α+β′，α相呈亮白色，如图 50-4 所示，在低温下硬而脆，但在高温下有较好的塑性，所以双相黄铜可以进行热压力加工，冷变形能力较差。

3. 钛合金

按照退火组织不同，钛合金可分为α、β和α+β三大类，其中 TA 代表α钛合金，TB 代表β钛合金，TC 代表α+β钛合金，三类合金符号后面的数字表示顺序号。这里主要介绍

α 钛合金和 α+β 钛合金。

图 50-3　单相黄铜退火组织（100×）

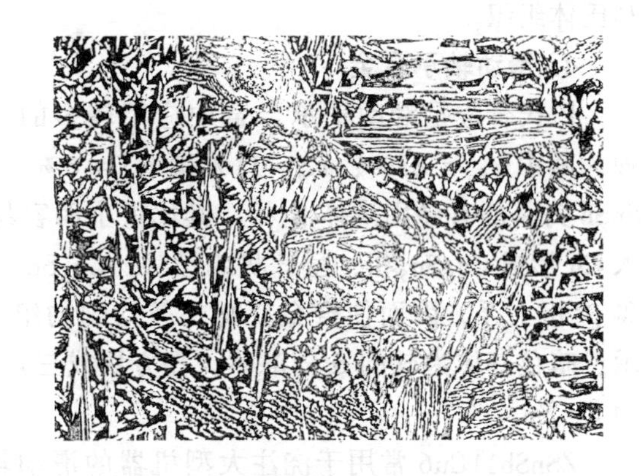
图 50-4　双相黄铜铸态组织（100×）

（1）α 钛合金　α 钛合金牌号为：TA1～TA6，为 Ti-Al 二元合金，TA7 是在 Ti-Al 中加入 $w_{Sn}=2.5\%$的钛合金。α 钛合金的特点是不能热处理强化，通常是在退火或热轧状态下使用。

α 钛合金的组织与塑性加工及退火条件有关。在 α 相区塑性加工和退火，可以得到细等轴晶粒（见图 50-5），如自 β 相区缓冷，α 相则转变片状魏氏组织；自 β 相区淬火可以形成针状六方马氏体 α′（如图 50-6 所示 TA7 淬火得到的针状 α）。α 钛合金经热轧后的组织为等轴状 α 组织。由于合金的含铝量较高（$w_{Al}=5.0\%$），沿晶界出现了少量 β 相。

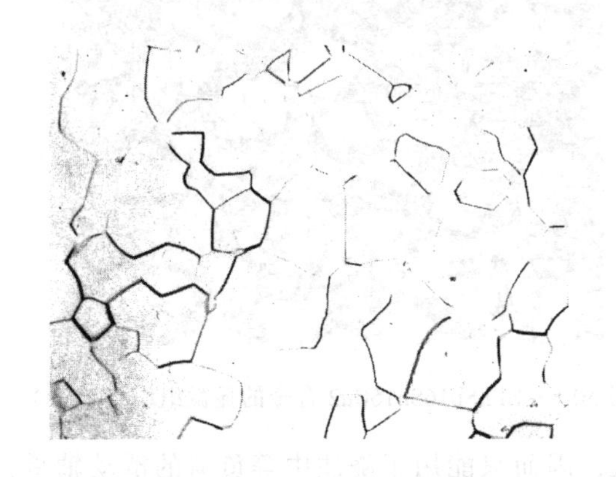
图 50-5　α 钛合金退火组织（100×）

图 50-6　TA7 淬火得到的针状 α（100×）

（2）α+β 钛合金　α+β 钛合金是目前最重要的一类钛合金，一般含有质量分数为 4%～6%的 β 稳定元素，它可在退火或淬火时效态使用，可在 α+β 相区或 β 相区进行热加工，所以其组织和性能有较大的调整余地。其合金牌号有十多种，分别属于下列几个合金系：

1）Ti-Al-Mn 系，如 TC1 和 TC2。

2）Ti-Al-V 系，如 TC3、TC4 和 TC10。

3）Ti-Al-Cr 系，如 TC6。

4）Ti-Al-Mo 系，如 TC9。

目前国内外应用最广泛的 α+β 钛合金是 Ti-Al-V 系的 Ti-6Al-4V，即 TC4 合金。TC4 合金组织受塑性加工和热处理条件的影响具有很大的不同。在 β 相区锻造或加热后缓冷得到魏氏组织。在 α+β 两相区锻造或退火后得到等轴晶粒的两相组织。在 α+β 两相区淬火得到马氏体组织。

4. 滑动轴承合金

巴氏合金是滑动轴承合金中应用较多的一种。锡基巴氏合金 ZSnSb11Cu6 是常用的一种，其中 $w_{Sn}=83\%$、$w_{Sb}=11\%$ 和 $w_{Cu}=6\%$，组织是以 Sb 溶入 Sn 中的 α 固溶体为基体和以 SnSb 为基的有序固溶体 β′相，其比重小而容易上浮造成比重偏析。因此，在合金中特地加入 Cu 形成 Cu_6Sn_5 相，呈针状或星状，Cu_6Sn_5 在液体冷却时最先结晶形成树枝状晶体，能阻碍 β′相上浮，因而使合金获得比较均匀的组织。ZSnSb11Cu6 合金的显微组织如图 50-7 所示，暗色基体为软的 α 固溶体，亮方块或三角形为硬的 SnSb 化合物，亮色针状或星状晶体为 Cu_6Sn_5。

ZSnSb11Cu6 常用于浇注大型机器的滑动轴承，如汽轮机以及汽车发动机的滑动轴承。但因含有稀缺元素锡，价格昂贵，所以尽可能用铅基合金代替。

常用的铅基合金是 ZPbSb16Sn16Cu2 合金，其中 $w_{Pb}=66\%$、$w_{Sn}=16\%$、$w_{Sb}=16\%$、$w_{Cu}=2.0\%$，其显微组织如图 50-8 所示，组织中花纹状基体为共晶体 α(Pb)+β，而硬的质点是白色方块状的 β 相（SnSb）。加入质量分数为 16%的 Sn，其作用是生成硬的 SnSb 质点和溶入 Pb 中使基体强化，加入质量分数为 2%的 Cu 能生成 Cu_2Sb 软质点，增加耐磨性或减轻合金的比重偏析。

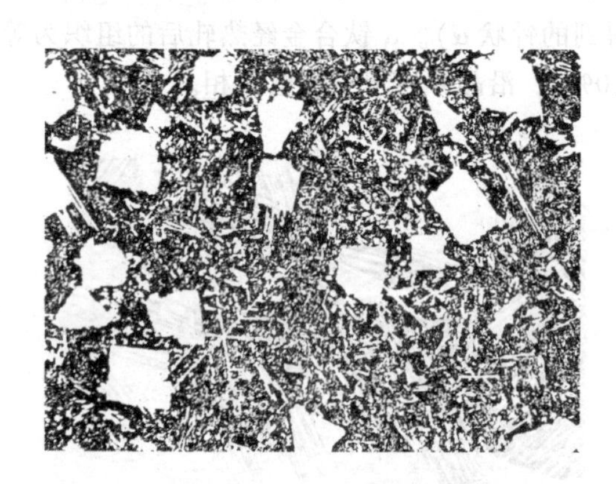

图 50-7　ZSnSb11Cu6 合金的显微组织（100×）

图 50-8　ZPbSb16Sn16Cu2 合金的显微组织（100×）

铅基合金的硬度、强度和韧性比锡基合金低，因而只能用于浇注中等负荷的滑动轴承，如汽车、拖拉机轴承以及电动机轴承等。

三、实验材料及设备

1）金相显微镜。

2）铝合金、铜合金、钛合金以及滑动轴承合金金相试样若干。

四、实验内容及步骤

1）观察铝合金、铜合金、钛合金以及滑动轴承合金金相试样的显微组织，分析各组织组成物的形态特征以及形成。

2）绘制所观察试样的显微组织特征。

提示：实验结束后，关闭设备电源，盖好仪器罩，打扫清理实验室卫生。

五、实验报告要求

1）写出实验目的及内容。

2）画出所观察试样的显微组织，并分析组织特征及性能特点。

3）分析讨论：

① 变质处理对铝硅合金组织及性能的影响。

② 分析钛合金的相变特点和组织特征。

③ 简述滑动轴承合金组织与性能的特点。

实验 51 常见热加工缺陷组织观察与分析

一、实验目的

1）熟悉铸造、锻造、热处理等热加工工艺过程中的常见缺陷。

2）掌握常见缺陷的形成原因、影响因素及对性能的影响。

二、原理概述

1. 铸造缺陷

铸造缺陷是由于铸造原因造成的铸件表面或内部疵病的总称，如空洞、微孔（缩松、气孔）、裂纹、冷隔、夹杂和偏析等。这些缺陷会直接影响铸件的质量。所以，理解铸件凝固过程中各种缺陷形成的原因以及认识形貌特征，对于防止产生铸造缺陷、改善铸件组织、提高铸件性能以及获得健全优质铸件，有着十分重要的意义。

（1）缩孔与缩松　缩孔是金属与合金在凝固时体积收缩得不到补充而最后凝固部位形成的空腔。容积大而集中的孔洞称为集中缩孔，简称为缩孔。缩孔的形状不规则、表面不光滑（见图 51-1）。缩松是铸件缓慢凝固区出现的细小孔洞，是合金组织中的一种不致密性。缩松按其形态分为宏观缩松（可以看到发达的树枝晶，如图 51-2 所示）和微观缩松。微观缩松产生在枝晶与分枝之间，与微观气孔很难分辨，且经常同时产生，只有在显微镜下才能观察到（如图 51-3 所示高铬铸铁中的微观缩松）。

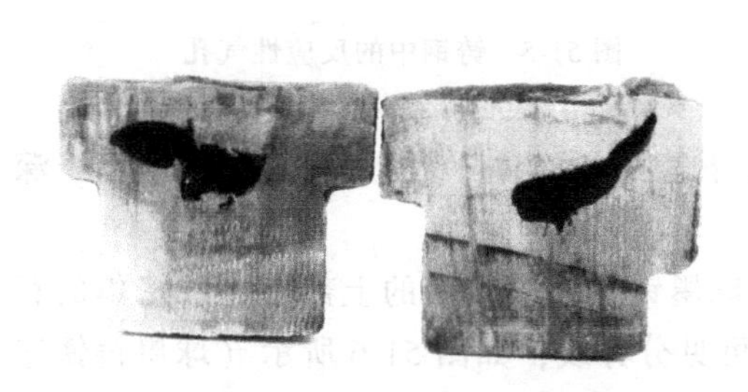

图 51-1　铸钢中的集中缩孔

图 51-2　铸钢的缩孔及树枝晶宏观形貌

在铸件中存在任何形态的缩孔和缩松，都会由于它们减少受力的有效面积，以及在缩孔和缩松处产生应力集中现象，而使铸件的力学性能显著降低，同时还降低铸件的气密性和物理化学性能。缩孔和缩松是铸件的重要缺陷之一。

（2）气孔　金属液中往往有各种气体以不同的形式存在。当金属中的气体含量超过溶解度或侵入的气体不被溶解，则以分子态（即气泡形式）存在于金属液中，若凝固前来不及排除，铸件将产生气孔。因此，在铸件凝固过程中，气泡造成的孔洞称为气孔。气孔主要有析出性气孔与反应性气孔两类。

1）析出性气孔。金属液在冷却和凝固过程中，因气体溶解度下降，析出的气体来不及排出，铸件由此而产生的气孔，称为析出性气孔。这类气孔的特征是铸件断面上呈大面积分布，而靠近冒口（见图 51-4）、热节等温度较高区域的分布较密集，形状呈团球形或裂纹状多角形或断裂纹状等。通常金属含气量较少时，呈裂纹状，含气量较多，则气孔较大，且呈团球形。析出性气孔主要来自氢气，其次是氮气。

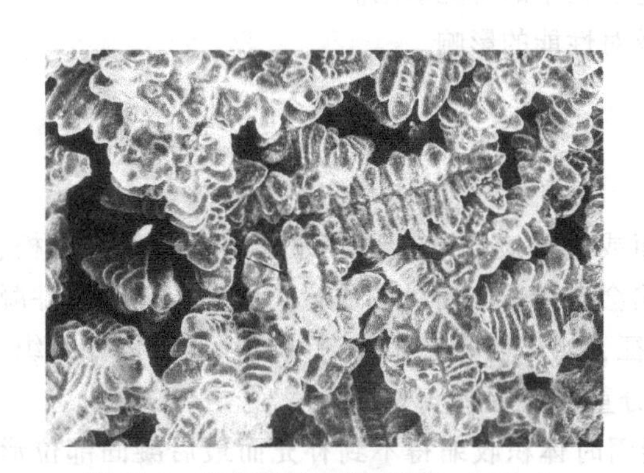

图 51-3　高铬铸铁中微观缩松（500×）

图 51-4　灰铸铁中的析出性气孔

2）反应性气孔。金属液与铸型之间或在金属液内部发生化学反应所产生的气孔，称为反应性气孔（图 51-5 所示为铸钢中的反应气孔）。

图 51-5　铸钢中的反应性气孔

金属液与铸型间的反应性气孔，通常分布在铸件表面皮下 1~3mm（有时只在一层氧化皮下面），表面经过加工或清理后，就暴露出许多小气孔，所以通常称为皮下气孔。其形状有球形或梨状（通常发生在球墨铸铁件中）。但皮下气孔多呈细长状，垂直于铸件表面，深度可达 10mm，如实验 13 图 13-1 所示的底部。

（3）石墨漂浮　石墨漂浮是组织不均匀性，球墨铸铁件纵断面的上部有一层密集的石墨黑斑，和正常的银白色断面组织相比，有清晰可见分界线，如图 51-6 所示（球墨铸铁连铸坯的石墨漂浮宏观形貌）。微观组织特征为石墨球破裂，如图 51-7 所示。

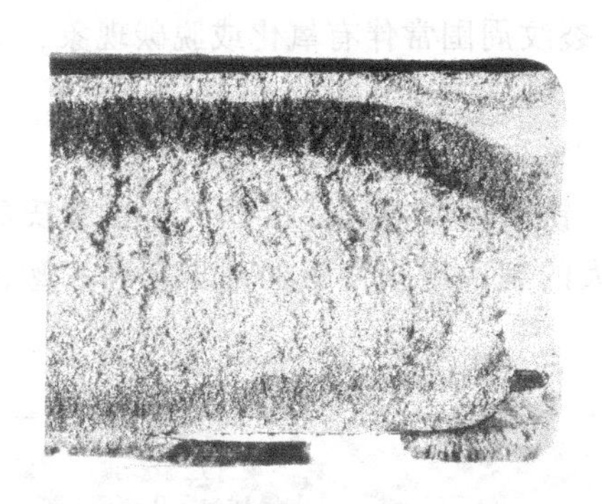

图 51-6　石墨漂浮的宏观组织

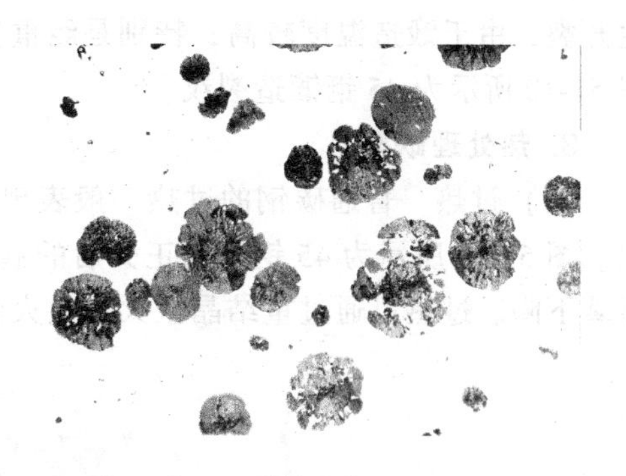

图 51-7　石墨漂浮微观组织（500×）

2. 锻造缺陷

（1）流线分布不良　流线是枝晶偏析和非金属夹杂物在热加工过程中沿加工方向延伸的结果，如图 51-8 所示。由于流线的存在，使钢的性能出现方向性，流线的横向塑性、韧性远比纵向低。因此零件在热加工时力求流线沿零件轮廓分布，使其与零件工作时要求的最大拉应力方向平行，而与外加切应力或冲击力的方向垂直。

（2）带状组织　带状组织是在具有多相组织的合金材料中，某种相互平行于特定方向而形成的条带状偏析组织。例如：亚共析钢终锻温度过低，在 A_3 与 A_1 之间的温度时，正处于（$\gamma+\alpha$）相区范围，在锻造过程中，析出的铁素体按金属加工流动方向呈带状分布，而奥氏体也被带状分布的铁素体分割呈带状，当继续冷却到 A_1 以下时，奥氏体分解转变的珠光体则保持原奥氏体的带状分布。此外，钢中非金属夹杂物的存在可促使带状组织的形成，因此夹杂物被热加工时按金属变形流方向延伸排列，当温度降低至 A_3 以下时，它们可以成为铁素体的结晶核心，所以铁素体围绕夹杂物呈带状分布，然后奥氏体分解的珠光体也必然存在于带状铁素体之间。图 51-9 所示为 35 钢的带状组织。

具有带状组织缺陷的钢材，其性能有显著的方向性。热加工引起的带状组织可通过完全退火消除。

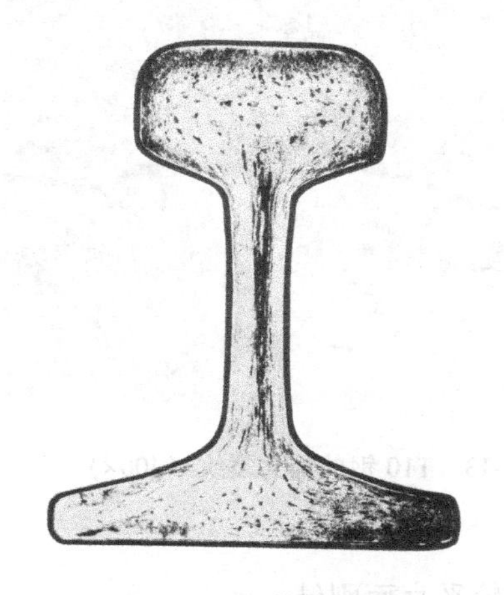

图 51-8　流线分布不良

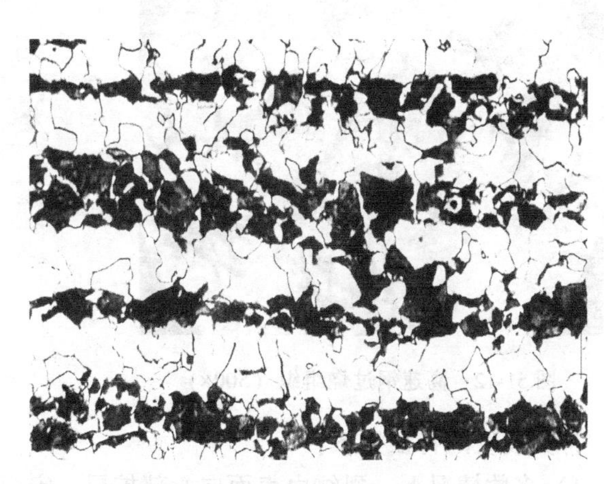

图 51-9　35 钢的带状组织（200×）

（3）锻造裂纹　钢在较低温度下进行锻打，钢内发生相变会使钢的热塑性显著下降，而金属内部的相变应力不断增加，锻打变形时产生的拉应力超过当时材料的局部强度时即发生开裂，由于锻造温度较高，特别是经重复锻造加热，裂纹周围常伴有氧化或脱碳现象，如图 51-10 所示为 45 钢锻造裂纹。

3. 热处理缺陷

（1）过热　普通碳钢的过热一般表现为晶粒粗大，铁素体或渗碳体沿晶界析出魏氏组织。图 51-11 所示为 45 钢高温正火后的魏氏组织。粗大的魏氏组织使钢的冲击韧性和塑性显著下降。过热可通过重结晶正火或退火消除。

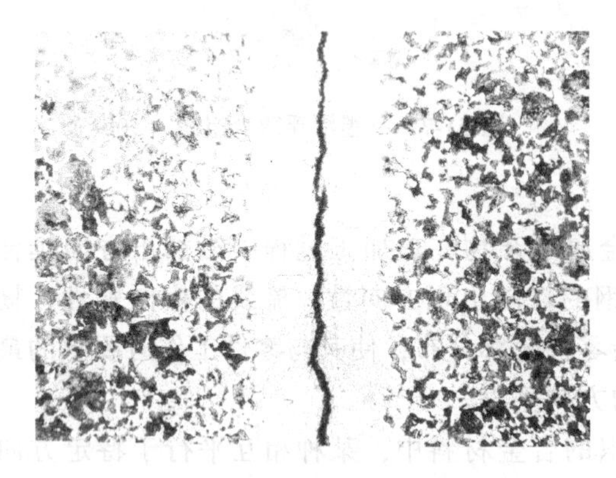

图 51-10　45 钢锻造裂纹（50×）

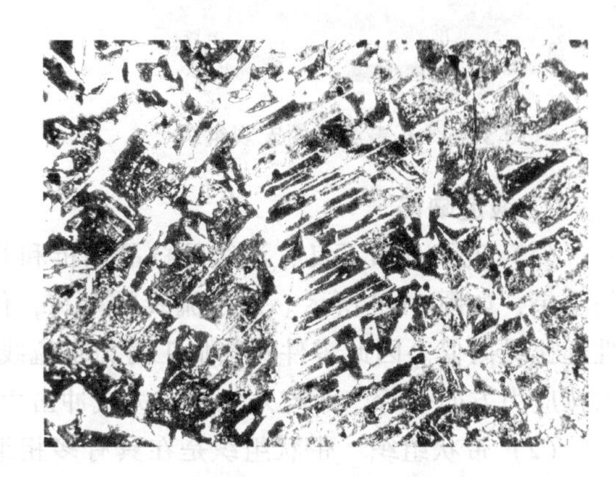

图 51-11　45 钢高温正火后的魏氏组织（50×）

（2）过烧　过烧是在过热的基础上进一步加热恶化的结果，它和过热的区别在于过烧钢的粗大晶界已被脆性的硫化物等夹杂的质点和金属熔化的空洞所分隔开，即奥氏体晶界开始熔化。例如：W18Cr4V 高速钢在 1350℃ 加热 30min 后，沿奥氏体晶界烧损析出大量的共晶组织（鱼骨状网络），如图 51-12 所示。工件一旦过烧就无法挽救，只能报废。

（3）淬火裂纹　淬火裂纹是淬火冷却时形成的拉应力超过当时材料的局部强度而引起的局部开裂，T10 钢经 920℃ 加热淬火后产生的淬火裂纹，如图 51-13 所示。

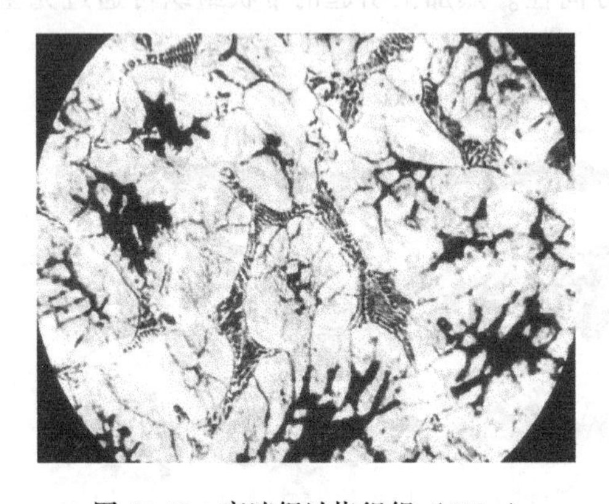

图 51-12　高速钢过烧组织（500×）

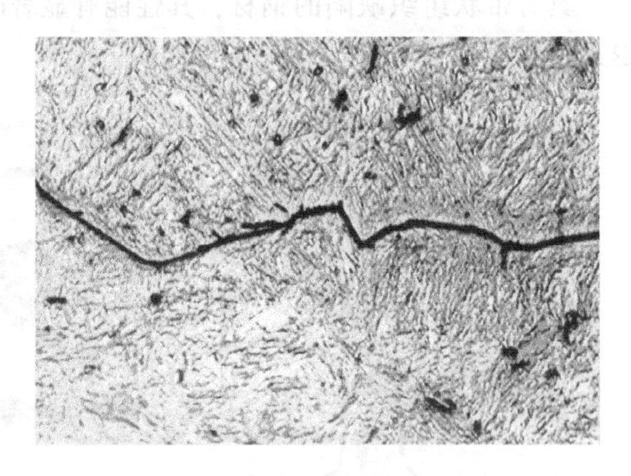

图 51-13　T10 钢的淬火裂纹（400×）

淬火裂纹的特征如下：

1）多数情况下，裂纹由表面向心部扩展，宏观形态较平直而刚健。

2）从宏观和微观看，裂纹两侧均无氧化、脱碳现象，这是区别淬火裂纹与非淬火裂纹的重要依据。

3）在显微镜下观察，淬火产生的裂纹大多沿奥氏体晶界产生，裂纹由粗变细，尾部细尖。

淬火裂纹产生的原因可从两方面来考虑：①造成较大的拉应力因素；②材料有缺陷。

（4）脱碳 钢件在氧化介质（如 O_2、CO_2、H_2O 等）中进行长时间加热保温，使其表面含碳量全部或部分损失的现象称为脱碳。脱碳是工具钢、弹簧钢、轴承钢等重要钢件的主要缺陷之一。它使其表面硬度、耐磨性、疲劳强度都显著降低。T8 钢在 900℃空气介质下加热 8h 退火后的脱碳组织如图 51-14 所示，在空气介质下加热往往伴随着氧化现象。组织由表及里（图 51-14 中从左向右）含碳量逐渐升高，依次为氧化层+严重脱碳层（铁素体+少量珠光体）+部分脱碳层（珠光体+呈断续网状铁素体）+心部组织（珠光体）。按照 GB/T 224—2008《钢的脱碳层深度测定法》，金相法测定脱碳层时，具有退火或正火（铁素体+珠光体）组织的脱碳层深度一般从表层测至心部。

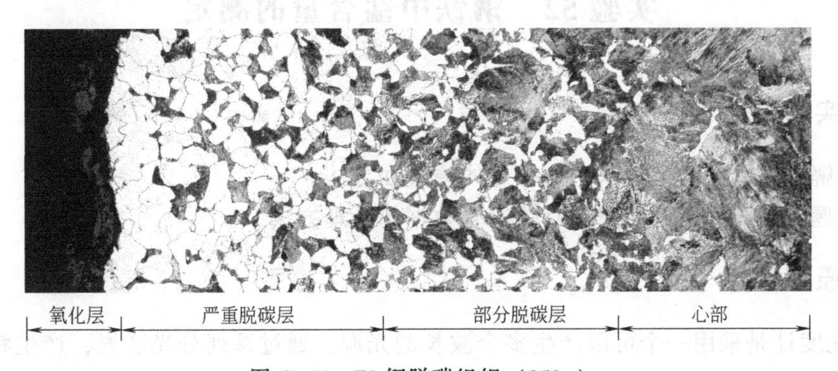

图 51-14 T8 钢脱碳组织（250×）

三、实验材料及设备

1）金相显微镜、放大镜、缺陷图谱等。

2）铸造、锻造及热处理各类宏观与微观缺陷试样。

四、实验内容及步骤

观察所给的宏观缺陷以及显微缺陷试样，并分析其形成原因以及这些缺陷对材料质量的影响和消除办法。

提示：实验结束后，关闭设备电源，盖好仪器罩，打扫清理实验室卫生。

五、实验报告要求

1）写出实验目的及内容。

2）画出实验内容中的缺陷组织，指出主要特征、形成原因以及防止办法。

3）分析各类缺陷对材料性能的影响。

4）讨论如何识别锻造裂纹与淬火裂纹。

第六章　材料化学基础实验

实验 52　钢铁中锰含量的测定

一、实验目的

1）了解用比色法测定钢铁中锰含量的原理和方法。

2）掌握分光光度计的使用及有关实验数据的处理方法。

二、原理概述

分光光度计是采用一个可以产生多个波长的光源，通过系列分光装置，产生特定波长的光源，光源透过测试的试样后，部分光源被吸收，计算试样的吸光值，从而得到试样的浓度。试样的吸光值与试样的浓度成正比。

少量锰是钢中有益元素，它可以使钢的硬度和可锻性提高；炼钢时锰是良好的脱氧剂和脱硫剂。钢中的锰除以金属状态存在于金属熔体中外，主要以 MnS 状态存在。测定锰含量时，试样用硝酸溶解，在催化剂 $AgNO_3$ 作用下，以 $(NH_4)_2S_2O_8$ 为氧化剂，将溶液煮沸，使 Mn^{2+} 氧化为紫红色 MnO_4^-，其反应式为

$$Fe+6HNO_3 = Fe(NO_3)_3+3NO_2+3H_2O$$

$$Mn+4HNO_3 = Mn(NO_3)_2+2NO_2+2H_2O$$

$$2Mn(NO_3)_2+5(NH_4)_2S_2O_8+8H_2O = 2HMnO_4+5(NH_4)_2SO_4+5H_2SO_4+4HNO_3$$

钢溶解后产生的 $Fe(NO_3)_3$ 为黄褐色，影响比色的进行。为了消除这种影响，可以加入少量 H_3PO_4，将 Fe^{3+} 配合为无色的配位化合物，即

$$Fe(NO_3)_3+2H_3PO_4=H_3[Fe(PO_4)_2]+3HNO_3$$

生成的 MnO_4^- 在分光光度计上选择波长 530nm 测定吸光度，通过标准曲线即可求算出锰的含量。

三、实验仪器、试剂及材料

1. 仪器

精密仪器：723N 型可见光分光光度计、分析天平。常用仪器：电热套、烧杯（100mL）、表面皿、量筒（50mL）、容量瓶（50mL、1000mL）、移液管（5mL 和 10mL）、洗耳球、洗瓶、吸量管、比色皿和玻璃棒。

2. 试剂及材料

1）混合酸。将 25mL 浓 H_2SO_4 在搅拌下小心缓慢地加入到 550mL 水中，冷却后，加入浓 HNO_3 30mL，浓 H_3PO_4 30mL，用水稀释至 1L。

2）锰标准溶液。称取 $MnSO_4 \cdot H_2O$（分析纯）0.3077g 溶于少量水中，定量转移入 1000mL 容量瓶中，用去离子水稀释至刻度，摇匀，得 $\rho(Mn)=100mg \cdot L^{-1}$ 标准溶液。

3）钢样（普通碳钢）。

4）其他。2mol/L H_2SO_4、1%$AgNO_3$（用硝酸酸化）、15%（$(NH_4)_2S_2O_8$）（新鲜配制）。

四、实验内容及步骤

1. 钢样的溶解

天平上准确称取钢样 0.3g 于 100mL 烧杯中，加混酸 20mL，放入电热套中加热溶解，煮沸除去氮的氧化物。冷却后定量移入 50mL 容量瓶中，用去离子水稀释至刻度，摇匀。

2. Mn^{2+}的氧化

用移液管吸取 10mL 上述钢样溶液，置于 100mL 烧杯中，加入 5mL$(NH_4)_2S_2O_8$ 溶液和 3mL$AgNO_3$ 溶液，盖上表面皿，放入电热套中加热至沸腾，煮沸 30s 后停止加热，掀开表面皿，赶尽烧杯中的气体，取下烧杯，冷至室温，移入 50mL 容量瓶中，用去离子水稀释至刻度，摇匀。重复上述步骤，再制备 50mL 氧化后的钢样溶液待用。

3. 标准曲线的制作

（1）系列标准 MnO_4^- 溶液的配制　用 5mL 吸量管分别吸取锰标准溶液 1.00mL、2.00mL、3.00mL、4.00mL、5.00mL，分别置于已编号的洁净干燥的 100mL 烧杯中，然后用吸量管分别吸取 5.0mL 的 2mol/L H_2SO_4 溶液、5.0mL 的（$(NH_4)_2S_2O_8$）溶液、3.0mL 的 $AgNO_3$ 溶液于上述各烧杯中。加热煮沸并保持 30s 并冷却到室温，将它们分别转移到已编号的 50mL 容量瓶中，用去离子水稀释至刻度，摇匀。

（2）标准曲线的制作　根据 723N 型分光光度计进行测定的实验步骤，调整好仪器，选用波长为 530nm、1cm 比色皿。以去离子水作为空白，先将去离子水冲洗过的比色皿用配制的锰标准溶液荡洗 3 遍，然后装入锰标准溶液到 2/3 体积处，并用镜头纸仔细地将比色皿透光面擦净，按编号依次放入比色皿框内，分别测定各溶液的吸光度。在坐标纸上，以吸光度 A 为纵坐标，锰的毫克数为横坐标作图，绘制标准曲线。

4. 钢样溶液中吸光度的测定及锰含量的计算

保留装有去离子水的比色皿，将其余比色皿取出、洗净。再用配制好的两份待测溶液荡洗 3 次，分别测定其吸光度。记录数据，并取平均值。在标准曲线上查出待测溶液中对应锰的毫克数，并按下式计算钢中的锰含量，即

$$w_{Mn}=\frac{m_{Mn}}{m_{钢样}\times\frac{V_1}{V_2}\times10^3}\times100\% \tag{52-1}$$

式中，w_{Mn} 为钢中锰的质量分数（%）；$m_{钢样}$ 为钢样质量（g）；V_1 为所取钢样溶液的体积（mL）；V_2 为钢样溶液的总体积（mL）；m_{Mn} 为由标准曲线上查得的锰的毫克数（mg）。

提示：

1）配置混酸溶液时一定要按实验步骤顺序进行，切记要将浓硫酸注入冷水中，并用玻璃棒搅拌散热，并注意用酸安全。

2）实验结束后，请将所用废溶液倒入相应废液桶内回收，请勿直接倒入下水道内，清洗好玻璃容器，按原位置摆放好实验仪器，打扫清理实验室卫生。

五、实验报告要求

1）写出实验目的、实验原理、实验步骤及实验结果。

2）测定钢中锰的含量，除了本方法，还有哪些化学方法？

3）溶解钢铁时为什么要用混合酸？硫酸和硝酸各起什么作用？

4）怎样绘制标准曲线？作图时有哪些应注意之处？

实验 53　钢铁表面磷化处理

一、实验目的

1）掌握磷化的原理和方法。

2）理解磷化膜的生长过程。

二、原理概述

磷化是一种可以提高金属表面耐蚀性、简单可靠、费用低廉、操作方便的工艺方法，因此被广泛地应用于实际生产。其目的是给基体金属提供保护，在一定程度上防止金属被腐蚀；用于涂漆前打底，提高漆膜层的附着力与耐蚀能力；在金属冷加工工艺中起减摩、润滑作用。磷化主要应用于金属表面，非铁金属材料（如铝、锌）也可以应用磷化。

在含有 Zn^{2+}、$PO_4{}^{3-}$、$NO_2{}^{-}$、Fe^{2+}的溶液中，维持一定的 pH 条件下，钢铁表面可进行如下反应，即

$$Fe+2H_3PO_4 = Fe(H_2PO_4)_2+H_2$$

$$Fe+Fe(H_2PO_4)_2 = 2FeHPO_4+H_2$$

$$Fe+2FeHPO_4 = Fe_3(PO_4)_2+H_2$$

磷化膜主要成分就是 $Fe_3(PO_4)_2$。

溶液中 $NO_2{}^{-}$主要起催化作用，能加速铁的溶解，使晶核增多，加快磷化反应。

三、实验仪器、试剂及材料

1. 仪器

集热式磁力搅拌器、2000mL 烧杯、250mL 烧杯、玻璃棒、毛刷。

2. 试剂及材料

磷酸、氧化锌、硝酸、亚硝酸钠、Q235 钢。

四、实验内容及步骤

1）磷化液的配制。在烧杯中按表 53-1 的比例配制磷化液，先将氧化锌用 500mL 水溶解，然后加硝酸，溶解完后，再加入磷酸，搅拌均匀后加入 1500mL 剩余的水（见表 53-1）。

表 53-1　磷化液的配制

原料	氧化锌	硝酸	磷酸	水	亚硝酸钠
用量	150g	150mL	240mL	2000mL	少量

2）将 Q235 钢试样用盐酸进行清洗，除去表面锈迹。

3）将清洗好的 Q235 钢试样放入配好的磷化液中，加热至 40~60℃，每隔 1min 取出观察膜的成长，记录膜的生长、成长、部分连片、完全连片几个过程的时间。

4）将磷化好的试样用水洗、毛刷刷，观察是否能退去表面磷化膜。

5）在原磷化液中加少量的亚硝酸钠，重复上述实验步骤。

6）将实验数据记录在表 53-2 中，并以时间为横坐标，磷化膜生长过程为纵坐标绘制曲线图。

表 53-2　数据记录

阶段	生长	成长	部分连片	完全连片	增厚
时间/min					

提示： 实验结束后，请将所用废溶液倒入相应废液桶内回收，请勿直接倒入下水道内，清洗好玻璃容器，按原位置摆放好实验仪器，打扫清理实验室卫生。

五、实验报告要求

1）写出实验目的及内容。

2）简述实验原理、步骤及结果。

3）钢铁表面生长磷化膜的原因是什么？

4）磷化膜的黏结强度如何？毛刷能否刷去？

5）亚硝酸钠在磷化液中起到什么作用？

实验 54　钢铁零件氧化发黑处理

一、实验目的

1）了解碱性氧化发黑的原理和方法。

2）了解零件表面化学除锈和除油过程。

3）掌握钢铁零件的氧化发黑处理。

二、原理概述

将钢铁零件放入含 NaOH 和 $NaNO_2$ 等药品的浓溶液中，在一定温度范围内使零件表面生成一层很薄（0.5~1.5μm）的蓝黑色 Fe_3O_4 氧化膜的过程称为发黑（发蓝）处理。这层 Fe_3O_4 氧化膜组织致密，能牢固与金属表面结合，而且色泽美观，有较大的弹性和润滑性，能防止金属锈蚀。因此，在机械工业中得到广泛应用。

氧化膜（磁性 Fe_3O_4）生成的原理，可用反应方程式表示如下，即

$$3Fe+NaNO_2+5NaOH = 3Na_2FeO_2+NH_3+H_2O$$

$$6Na_2FeO_2+NaNO_2+5H_2O = 3Na_2Fe_2O_4+NH_3+7NaOH$$

$$Na_2FeO_2+Na_2Fe_2O_4+2H_2O = Fe_3O_4+4NaOH$$

三、实验仪器、试剂及材料

1. 仪器

氧化槽、烧杯（250mL 和 500mL）、电热套、坩埚钳和滤纸。

2. 试剂及材料

NaOH、$NaNO_2$、$K_4[Fe(CN)_6]$、$K_2Cr_2O_7$、HCl、肥皂、机油（10 号）、3% $CuSO_4$、0.2% H_2SO_4、0.1%的酚酞酒精溶液和发黑件。

四、实验内容及步骤

1. 发黑液的配制

按每升溶液中加入 625g 的 NaOH、225g 的 $NaNO_2$ 和 15g 的 $K_4[Fe(CN)_6]$ 进行配制。先把 NaOH 放入氧化槽，加少量冷水，并加热至 100℃左右，溶解后再放入适量水。再加入 $NaNO_2$ 和 $K_4[Fe(CN)_6]$，补充水至所需要量。加热至溶液沸腾（约 140℃左右）待用。新配制的溶液乳白色，使用后颜色会加深。

2. 发黑前零件表面的预处理

发黑件表面必须光洁，不得有油脂、金属氧化物或其他污物，以免在发黑中生成不均匀、不连续的氧化膜，甚至生不成氧化膜。因此，发黑件表面必须彻底清理。清理包括机械清理、除油和酸洗。

（1）机械清理　零件表面锈迹多时，可用细砂纸仔细擦拭，直至表面光洁。

（2）除油　把零件放入除油液中 20min 左右，取出用流动清水冲洗，除净残碱液。

（3）酸洗　零件放入 15%~30%（体积分数）的 HCl 溶液里（含 0.5%~1%的甲醛缓蚀剂）浸泡 5~10min，取出在流动清水中洗净残酸。

3. 氧化发黑处理

把预处理好的零件立即放进温度 140℃的发黑液里。放入后会发现反应缓慢发生，随着温度的升高反应便剧烈进行。当温度升至 145℃以上时，零件表面就形成了黑色氧化膜。为了增加膜的厚度，氧化时间应不少于 30min。在氧化过程中要经常活动零件，以使氧化膜均匀。如果 20min 后，零件仍不变色或颜色成不连续状，说明油污未除净，需拿出重新预处理或调整发黑液成分。

4. 发黑后的处理工作

（1）冲洗　零件从发黑液中拿出后，应立即在流动清水里冲洗，把残留的碱性发黑液冲净。是否冲净可用质量分数为 0.1%的酚酞酒精溶液滤纸，贴在零件表面，如不显红色，说明残液已经冲净，若出现红色，需要重新冲洗，必要时需用热水冲洗。

（2）皂化或钝化　把冲净的零件放在质量分数为20%～30%的肥皂液里进行皂化处理，以提高氧化膜的耐蚀性。皂化温度控制在80～90℃，时间2～4min。或者用质量分数为3%～5% $K_2Cr_2O_7$ 溶液进行钝化处理，温度为90～95℃，时间约10min。零件皂化或钝化处理后，需立即在沸水中冲洗去掉残液，然后晾干或烘干。

（3）浸油　为了提高膜的耐蚀性，填充孔隙，增强美观，干燥后的零件应再浸入热油中以形成一种薄油膜。为了提高浸油效果，通常在油中加入质量分数为5%的凡士林。浸油温度以油沸为好，时间为3～5min。

上述整个过程可归纳于表54-1中。

5. 氧化膜的质量检查

质量检查包括氧化膜的色泽、致密性、耐蚀性、耐磨性以及清洗质量和工作尺寸。

（1）氧化膜的色泽　根据零件材料成分不同，可以是蓝黑色、深蓝色，若是铸铁零件和高合金零件可呈现棕黑色。

（2）氧化膜的致密性　把未浸油的零件浸入3% $CuSO_4$ 的中性溶液中1min，以零件表面不出现铜色斑点为合格（零件棱边除外）。

（3）氧化膜的耐蚀性　把未皂化浸油的零件浸到质量分数为0.2%的 H_2SO_4 溶液中2min后，用水清洗，零件应保持氧化色不变为合格。

表54-1　钢铁零件发黑处理工序过程

工序名称	溶液配比	处理温度/℃	处理时间/min
化学除油	$NaOH/(g\cdot L^{-1})$　50～60 $Na_2CO_3/(g\cdot L^{-1})$　70～80 $Na_2SiO_3(g\cdot L^{-1})$　10～15	105～110	20～30
清洗	流动水	温室或50	1～2
酸洗	$HCl/(g\cdot L^{-1})$　15～30 $HCHO/(g\cdot L^{-1})$　0.5～1.5	室温	5～10
清洗	流动水	室温	1～2
氧化发黑	$NaOH/(g\cdot L^{-1})$　625 $NaNO_2/(g\cdot L^{-1})$　225 $K_4[Fe(CN)_6]/(g\cdot L^{-1})$　15	140～150	30～60
清洗	流动水	室温	1～2
清洗	热水	90～100	1～2
皂化、钝化	肥皂液(%)　20～30 $K_2Cr_2O_7$(%)　3～5	80～90 90～95	2～4 5～10
清洗	热水	90～100	1～2
烘干	日光或烘箱	50	—
浸油	10号机油	沸油	3～5

提示：实验结束后，请将所用废溶液倒入相应废液桶内回收，请勿直接倒入下水道内，清洗好玻璃容器，按原位置摆放好实验仪器，打扫清理实验室卫生。

五、实验报告要求

1）写出实验目的及内容。

2）简述实验原理、步骤及结果。

3）简述高温碱性发黑的机理和工艺流程。

4）检测氧化膜的外观及耐蚀性，并分析影响氧化膜外观及耐蚀性的因素及工艺参数。

5）已知在标准大气压下水的沸点为100℃，而钢铁零件高温碱性发黑液的温度约为140℃，如何解释？

实验55　铝及铝合金的阳极氧化处理

一、实验目的

1）理解铝及铝合金阳极氧化处理的一般步骤及基本原理。

2）了解铝及铝合金阳极氧化处理的意义。

3）掌握铝及铝合金阳极氧化处理的具体操作方法。

二、原理概述

铝的天然氧化膜虽然致密，但厚度只有几十埃，机械强度低，不能有效地保护基体，因此无法满足日益增长的工业和建筑行业对铝及铝合金的各种需要。经过阳极氧化的铝型材，表面氧化膜厚度可达几十到数百微米，它们具有硬度高、耐磨性好，与基体结合牢固、吸附能力强和耐蚀等特点，大大扩展了铝及铝合金在建筑、日用、军工和太阳能材料等方面的应用。

把经过预处理的铝或铝合金试样作为阳极，在适当的电解液中，在外加电场/电流作用下生成氧化膜（Al_2O_3层）的过程称为铝的阳极氧化。它是铝的溶解、离子迁移、离子在电极上放电以及其他反应过程进行的结果。反应式可写为

$$Al \longrightarrow Al^{3+}+3e$$

$$2Al^{3+}+3O^{2-} \longrightarrow Al_2O_3$$

$$Al+3H^+ \longrightarrow Al^{3+}+3/2H_2$$

$$2Al^{3+}+3H_2O+3SO_4{}^{2-} \longrightarrow Al_2O_3+3H_2SO_4$$

$$Al^{3+}+xH_2O+ySO_4{}^{2-} \longrightarrow Al(OH)_x \cdot (SO_4)_y+xH^+$$

Al^{3+}来自金属点阵，在强大外电场力的作用下逸脱并越过金属/氧化膜界面进入氧化膜，而电解液/氧化膜界面上形成的O^{2-}向相反的方向迁移，也进入氧化膜，当他们相遇时形成氧化膜Al_2O_3，不过O^{2-}来自什么基团还不太清楚，有可能来自OH^-。OH^-可按以下方式解离，即

$$6OH^- \longrightarrow 3H_2O+3O^{2-}$$

三、实验设备及材料

1）电解液槽、直流电源、氧化膜层厚度测试仪、表面粗糙度测试仪、导线、吹风机、6061铝合金。

2）塑料桶（或塑料盒）烧杯、量杯、98%浓硫酸、10% NaOH 溶液、10% HNO_3 溶液、化学抛光液。

四、实验内容及步骤

1. 实验溶液配置

在 500mL 烧杯中放入 400mL 去离子水，然后缓慢倒入 30~40mL 浓硫酸，同时用玻璃棒搅拌，最后用去离子水稀释至 500mL，配置成 10%~15% H_2SO_4 溶液。

2. 试样制备

用铝丝夹紧试样或用焊好夹子的导线夹紧试样；将试样放入 60~70℃ 的 10%NaOH 溶液中浸泡 1min；清水洗净并干燥；化学抛光液中抛光、热水冲洗、冷水冲洗；出光处理：10% HNO_3 溶液中常温浸泡 10min，清水冲洗并干燥。

3. 阳极氧化处理

在塑料桶（或塑料盒）中加入冷水和冰块，使其温度保持在 0~8℃，将配置好的 10%~15% H_2SO_4 溶液倒入不锈钢电解液槽中，并将电解液槽放入冰水中，用不锈钢片作为阴极，6061 铝合金作为阳极；打开直流电源使用电流控制模式（稳流模式），电流设定为 0. 8A，电压一般维持在 20V 左右，阳极氧化持续时间为 30min，温度维持在 0~5℃，电流密度达 2~3A/dm^3，处理完成后用冷水冲洗并干燥。

4. 阳极氧化膜层参数测试

利用专用氧化膜层厚度测试仪和表面粗糙度测试仪对制备的阳极氧化膜层的厚度和表面粗糙度进行测量，测量 5 个点，取平均值作为实验数据最终值。

> **提示：**
>
> 1）配置 10%~15% H_2SO_4 溶液时，切记要将浓硫酸注入冷水中，并用玻璃棒搅拌散热。在电源关闭的前提下，拆装实验试样和线路。
>
> 2）实验结束后，请将所用废溶液倒入相应废液桶内回收，请勿直接倒入下水道内，清洗好玻璃容器，按原位置摆放好实验仪器，打扫清理实验室卫生。

五、实验报告要求

1）写出实验目的及内容

2）简述实验原理、步骤及结果。

3）观察阳极氧化后的试样，评价其氧化膜的外观质量。

4）查阅文献，列举影响阳极氧化的几个因素及影响机理。

5）通过检测仪器对阳极氧化膜层的厚度及表面粗糙度进行测试，并将实验结果填入表 55-1 中。

6）阳极氧化可否在常温状态下处理？冷水环境对阳极氧化有什么影响？

表 55-1 阳极氧化膜层实验结果记录表

试样点	1	2	3	4	5	平均值
氧化膜层厚度/μm						
表面粗糙度值/μm						

实验56 盐雾实验

一、实验目的

1）了解盐雾腐蚀的基本原理和盐雾腐蚀箱的结构与使用方法。

2）掌握盐雾气氛中金属腐蚀的实验方法。

二、原理概述

盐雾实验是评价金属材料耐蚀性以及涂层材料对基体金属保护程度的一种加速实验方法。该方法已广泛用于确定各种保护涂层的厚度均匀性和孔隙度，作为评定批量产品或筛选涂层的主要实验方法。近年来，循环酸性盐雾实验已被用来检验铝合金的剥落腐蚀敏感性。盐雾实验也被认为是模拟海洋大气对不同金属（有保护涂层或无保护涂层）最有用的实验室加速腐蚀实验方法。盐雾实验一般包括中性盐雾（NSS）实验、醋酸盐雾腐蚀（ASS）实验及铜加速的醋酸盐雾（CASS）实验。中性盐雾实验是常用的加速腐蚀实验方法。

1. 中性盐雾实验

中性盐雾实验适用于很多金属和电镀层的质量控制。有孔隙的镀层可进行极短的盐雾喷雾，以免由于腐蚀而产生新的孔隙。根据美国材料实验协会标准，中性盐雾实验条件为：5%（质量比）NaCl，95%（质量比）蒸馏水，喷雾溶液的 pH 为 6.5~7.2，雾化压缩空气的压力为 0.07~0.18MPa，喷雾腐蚀箱的温度为 35℃±1℃，盐雾降落速度为 1.6~2.5mL/(h·dm²)。

2. 盐雾腐蚀的基本原理

盐雾腐蚀的基本原理实际上就是失重或增重实验的原理，只不过是做成一定形状和大小的金属试样处于一定浓度的盐雾中，金属试样经过一定的时间加速腐蚀后，取出并测量其质量和尺寸的变化，计算其腐蚀速度。对于失重法，可由式（56-1）计算腐蚀速度，即

$$v_{失}=\frac{m_0-m_1}{St} \tag{56-1}$$

式中，$v_{失}$为金属的腐蚀速度（$g \cdot m^{-2} \cdot h^{-1}$）；$m_0$ 为试样腐蚀前的质量（g）；m_1 为腐蚀并经除去腐蚀产物后试样的质量（g）；S 为试样暴露在腐蚀环境中的表面积（m^2）；t 为试样腐蚀的时间（h）。

对于增重法，即当金属表面的腐蚀产物全部附着在上面，或者腐蚀产物脱落下来可以全部被收集起来时，可由式（56-2）计算腐蚀速度，即

$$v_{增}=\frac{m_1-m_0}{St} \tag{56-2}$$

式中，$v_{增}$为金属的腐蚀速度（$g \cdot m^{-2} \cdot h^{-1}$）；$m_1$ 为带有腐蚀产物的试样的质量（g）；其余符号同式（56-1）。

对于密度相同的金属，可以用上述方法比较其耐蚀性。对于密度不同的金属，尽管单位表面积的质量变化相同，其腐蚀深度却不同，对此，用腐蚀深度表示腐蚀速度更合适，其换算公式如下

$$v_{深}=\frac{24\times365}{1000}\times\frac{v_{失}}{\rho_1}\times8.76\times\frac{v_{失}}{\rho} \tag{56-3}$$

式中，$v_{深}$为用年腐蚀深度表示的腐蚀速度（$mm\cdot y^{-1}$）；ρ为金属的密度（$g\cdot cm^{-3}$）；$v_{失}$为腐蚀的失重指标（$g\cdot m^{-2}\cdot h^{-1}$）。

试样放入盐雾腐蚀箱时，应使受检验的主要表面与垂直方向成15°~30°。试样间的距离应使盐雾能自由沉降在所有试样上，且试样表面的盐水溶液不应滴在任何其他试样上。试样彼此互不接触，也不得和其他金属或吸水材料接触。

三、实验设备及材料

1）盐雾腐蚀箱，主要由箱体、气源系统、盐水补给系统、喷雾装置及电控系统组成。

2）铝试样、金相试样抛光机、精密pH试纸、光学分析天平（1/10000）、盐酸、氯化钠、氢氧化钾、游标卡尺、吹风机。

四、实验内容及步骤

1）腐蚀溶液的制备。将氯化钠溶于蒸馏水，并用盐酸和氢氧化钾调节pH为6.5~7.2。

2）腐蚀试样制备。将要被腐蚀的试样彻底洗净并去除污垢，对于无需喷雾的地方应使用油漆、石蜡、环氧树脂等加以保护。

3）在光学分析天平上称重，用游标卡尺测量长度、宽度和高度。

4）合上盐雾腐蚀箱的电源开关，指示面板上电压应为380V/220V。将报警开关合上，报警指示灯亮，铃响，约30s以后，报警指示灯停、铃停。

5）合上起动按钮，打开鼓风机开关，鼓风机工作，再将调温冷却、加热1、加热2开关合上。

6）工作温度的控制（实验中所需的温度为35℃）。用磁钢把报警电接点水银温度计（上限）温度控制在35.5℃，把调温冷却（下限、上限）两只电接点水银温度计先调到某一温度值（与控制点温度差3~5℃）。

7）用尼龙丝将试样挂在试样架上，放入箱内，注意试样不能相互接触，而且不得与其他任何金属或能引起干扰的物质接触，放的位置应使所有试样能喷上盐雾，试样表面的盐水不能滴在其他试样上。

8）开始喷雾时，其方式为连续/间断，时间由试样的腐蚀程度而定，喷雾结束之后，按开始开关的反顺序关闭，并取出试样。

9）记录试样腐蚀情况，清除腐蚀产物，干燥后再称重。

提示：实验结束后，请清洗干净玻璃容器，按原位置摆放好实验仪器，打扫清理实验室卫生。

五、实验报告要求

1）写出实验目的及内容

2）简述实验原理、步骤及结果。

3）实验数据填入表56-1中，并算出铝试样在盐雾条件下的腐蚀速度。

4）比较腐蚀前后试样表面状态的变化。

表 56-1　实验数据记录表

试样编号：

测试内容	测试结果
长/mm	
宽/mm	
高/mm	
表面积/mm^2	
腐蚀溶液的成分及 pH	
腐蚀前 m_0/g	
除掉腐蚀产物后 m_1/g	
质量损失/g	
腐蚀速度/$g \cdot m^{-2} \cdot h^{-1}$	

喷雾方式：　　喷雾温度：　　放入箱的时间：
取出箱的时间：　　试样材质：　　试样密度：

实验 57　线性极化法测定金属的腐蚀速度

一、实验目的

1）了解线性极化法测量金属腐蚀速度的基本原理。
2）掌握电化学工作站的使用方法。

二、原理概述

线性极化法也称为极化电阻法，是基于金属腐蚀过程的电化学本质而建立起来的一种快速测定腐蚀速度的电化学方法。从腐蚀金属极化方程式［式（57-1）］出发，有

$$i=i_k\left\{\exp\left[\frac{2.3\times(E-E_k)}{b_a}\right]-\exp\left[\frac{2.3\times(E_k-E)}{b_c}\right]\right\} \tag{57-1}$$

通过微分和适当的数学处理可导出

$$R_p=\left(\frac{\Delta E}{\Delta i}\right)E_k=\frac{1}{i_k}\times\frac{b_a b_c}{2.3\times(b_a+b_c)} \tag{57-2}$$

式中，R_p 为极化阻力（$\Omega \cdot cm^2$）；ΔE 为极化电位（V）；Δi 为极化电流密度（A/cm^2）；i_k 为金属自腐蚀电流密度（A/cm^2）；b_a、b_c 分别为常用对数条件下的阳极、阴极塔菲尔（Tafel）常数（V）；E_k 为金属的自腐蚀电位（V）。

式（57-1）是根据斯特恩（Stern）和盖里（Geary）的理论推导的，对于活化极化控制的腐蚀体系导出的极化阻力与腐蚀电流之间存在的关系式。在电化学测量的每一个时刻，i_k、b_a、b_c 都是定值。显然在 E-I 极化曲线上，于腐蚀电位附近（<10mV）存在一段近似线

性区，ΔE 与 Δi 成正比，此直线的斜率$\left(\frac{\Delta E}{\Delta i}\right)E_k$ 就是极化阻力，从而引入了“线性极化”一词。即有

$$R_p=\left(\frac{\Delta E}{\Delta i}\right)E_k \tag{57-3}$$

R_p 恒等于腐蚀电位附近极化曲线线性段的斜率。

令：

$$B=\frac{b_a b_c}{2.3\times(b_a+b_c)}$$

$$R_p=\frac{B}{i_k} \tag{57-4}$$

$$i_k=\frac{B}{R_p} \tag{57-5}$$

式（57-5）为线性极化方程式，很显然极化阻力 R_p 与腐蚀电流 i_k 成反比。但要计算腐蚀电流，还必须知道体系的塔菲尔常数 b_a 和 b_c，再从实验中测得 R_p 代入式（57-2）得到。对于大多数体系可以认为腐蚀过程中 b_a 和 b_c 总是不变的。确定 b_a 和 b_c 的方法有以下几种：

1）极化曲线法。在极化曲线的塔菲尔直线段求直线斜率 b_a、b_c。

2）根据电极过程动力学基本原理，由 $b_a=\frac{2.3RT}{(1-a)\ n_aF}$和 $b_c=\frac{2.3RT}{an_cF}$公式求 b_a、b_c。

3）查表或估计 b_a 和 b_c。对于活化极化控制体系，b 值范围很宽，一般为 0.03~0.18V，大多数体系落在 0.06~0.12V，如果不要求精确测定体系的腐蚀速度，只是进行大量筛选材料和缓蚀剂以及现场监控时，求其相对腐蚀速度，这还是一个可用的方法。一些常见的腐蚀体系，已有许多文献资料介绍了 b 值，可以查表，关键是要注意使用相同的腐蚀体系、相同的实验条件和相同的测量方法的数据，才能尽量减小误差。

如果求腐蚀速度，可按下列公式进行计算

$$v=\frac{i_{corr}}{F}\frac{W}{n}\frac{i_{corr}}{F}N=3.73\times10^{-4}i_{corr}N \tag{57-6}$$

式中，W 为金属的原子质量（g）；n 为金属离子的价数；N 为化学摩尔质量（g）；F 为法拉第常数，96500C/mol；i_{corr} 为腐蚀电流密度（A/m^2）；v 为腐蚀速度［$g/(m^2\cdot h)$］。

金属腐蚀速度深度表示法，其表达与式（56-3）相同。

三、实验设备及材料

1）电化学工作站（普林斯顿 P4000）、电解槽、参比电极（饱和甘汞电极）、辅助电极（Pt 电极）。

2）黄铜、金属镍或不锈钢试样，3.5%NaCl 溶液，砂纸，丙酮。

四、实验内容及步骤

1）试样准备。本实验工作电极采用黄铜、金属镍或不锈钢电极，其电极为三电极系统。

2）试样处理。实验前应将试样的工作面积用 400 号砂纸打磨至光亮，除油（丙酮擦

洗），清洗（蒸馏水），用吹风机吹干，留出工作面积为 $1cm^2$，其余封蜡（透明胶带纸封或AB 胶封）。

3）接上三电极体系，并用电化学工作站分别测出黄铜、金属镍或不锈钢在 3.5% NaCl 溶液中的极化曲线，用腐蚀分析软件 Cview 系统求出腐蚀电流，最后计算出金属的腐蚀速度。

提示： 实验结束后，请清洗干净玻璃容器，按原位置摆放好实验仪器，打扫清理实验室卫生。

五、实验报告要求

1）写出实验目的及内容。

2）根据实验所得数据填写表 57-1，并计算出各自的腐蚀速度。

表 57-1 实验数据记录表

项目	黄铜	金属镍	不锈钢
极化阻力			
腐蚀速度			

3）简述用线性极化法测量金属腐蚀速度的基本原理。

4）在应用线性极化法测金属腐蚀速度时，分析讨论影响测量准确性的因素。

实验 58 金属钝化及极化曲线的测定与分析

一、实验目的

1）掌握电化学工作站测定阳极极化曲线的原理和方法。

2）通过阳极极化曲线的测定，判定实施阳极保护的可能性，初步选取阳极保护的技术参数。

3）掌握电化学工作站的使用方法。

二、原理概述

阳极电位和电流的关系曲线称为阳极极化曲线。为了判定金属在电解质溶液中采取阳极保护的可能性，选择阳极保护的 3 个主要技术参数——致钝电流密度、维钝电流密度和钝化区的电位范围，需要测定阳极极化曲线。

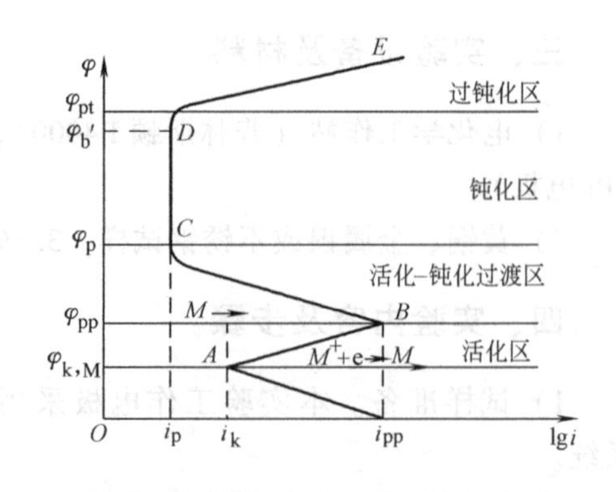

图 58-1 可钝化金属的阳极极化曲线

阳极极化曲线可以用恒电位法和恒电流法测定。图 58-1 所示为可钝化金属的阳极极化曲线。曲线 *ABCDE* 是恒电位法（即维持电位恒定，测定相对应的电流值）测得的阳极极化曲线。当电位从 A 点逐渐向正向移动到 B 点时，电流也随之增加到 B 点，当电位过 B 点后，电流反而急剧减小，这是因为在金属表面生成了一层高电阻耐蚀的钝化膜，开始发生钝化。当电位继续增高，电流逐渐衰减到 C。在 C 点之后，电位若继续增高，由于金属完全进入了钝态，电流维持在一个基本不变的很小的值——维钝电流密度 i_p，当电位增高到 D 点以后，金属进入了过钝化状态，电流又重新增大。从 A 点到 B 点称为活化区，从 B 点到 C 点称为活化-钝化过渡区，从 C 点到 D 点称为钝化区，过 D 点以后称为过钝化区。对应于 B 点的电流密度称为致钝电流密度 i_{pp}，对应于 CD 段的电流密度称为维钝电流密度 i_p。

若把金属作为阳极，通于致钝电流使之钝化，再用维钝电流去保护其表面的钝化膜，可使金属腐蚀速度大大降低，这是阳极保护原理。

三、实验设备及材料

1）电化学工作站（普林斯顿 P4000）、吹风机、饱和甘汞电极、铂电极、试样固定夹具、电解池（500ml）、铁夹、铁架、砂纸、游标卡尺。

2）碳钢试样（如 ϕ8mm×20mm）、2mol/L 硫酸溶液、3.5%氯化钠溶液、20%氨水、丙酮、乙醇。

四、实验内容及步骤

1）将加工到一定粗糙度的试样依次用 400 号、600 号及 800 号耐水砂纸打磨，用游标卡尺测量试样的尺寸，把试样安装在夹具上，分别用丙酮和乙醇清除表面的油脂，用吹风机吹干待用。

2）按图 58-2 所示接好测试线路，检查各电极接头是否正确，电路是否导通。电极一般采用三电极系统，分别为工作电极、辅助电极、参比电极，绿色夹头接工作电极，红色夹头接辅助电极，白色夹头接参比电极。

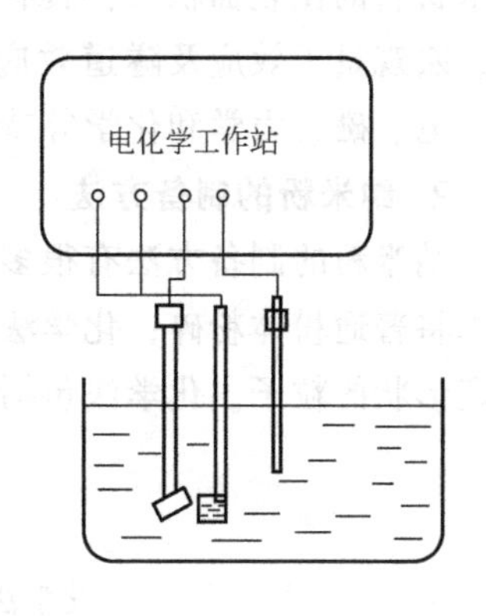

图 58-2 电化学工作站测极化曲线装置

3）双击电脑上的 P4000 软件打开软件界面，在菜单中单击 Technique 命令，系统出现一系列实验技术，单击塔菲尔曲线（Tafel），设置实验参数，单击保存按钮。

4）设置初始电压为-0.25V（相对开路电位），终止电压为 1.25V（相对开路电位），扫描速率为 5mV/s，然后单击运行按钮，开始测量。

5）测量完成后，单击工具栏上数据按钮，复制实验所需要的数据，然后粘贴在 EXCEL 或 TXT 文档中，单击保存。

6）将试样在 2mol/L 硫酸溶液、3.5%氯化钠溶液和 20%氨水溶液中都分别按步骤 2)-5) 操作，测量塔菲尔曲线的塔菲尔曲线。

7）将测量数据在 ORIGIN 软件上作图，得到碳钢试样在三种溶液中 φ-lg$i$ 极化曲线。

提示：实验结束后，请将所用溶液倒入相应废液桶内回收，请勿直接倒入下水道内，清洗好玻璃容器，按原位置摆放好实验仪器，打扫清理实验室卫生。

五、实验报告要求

1）写出实验目的及内容。

2）简述实验原理、步骤及结果。

3）分析阳极极化曲线各线段和各拐点的意义。

4）初步确定碳钢在三种溶液介质中进行阳极保护的 3 个主要技术参数。

5）在实验所得到的 ϕ-lg$i$ 极化曲线图中标记出阳极极化的各区域。

实验 59　溶胶-凝胶法和沉淀法制备纳米粉

一、实验目的

1）掌握溶胶-凝胶法和沉淀法制备纳米粉的合成工艺。

2）了解 X 射线衍射对无机物的表征方法和应用。

3）熟悉并掌握配位滴定的基本原理和操作。

二、原理概述

1. 纳米材料的定义与特性

纳米材料是指构成材料的独立单元尺寸大小为 1~100nm 的新型材料，与常规材料相比，纳米材料的比表面积大，具有高的表面效应与体积效应，因而纳米块体材料则具备小尺寸效应、宏观量子效应及隧道效应等特殊的物理性能，有着优异的物理、化学性质以及优异的光、电、磁、力学和化学等特性。

2. 纳米粉的制备方法

纳米粉的制备方法有很多种，一般可分为物理法和化学法。物理法是指利用特殊的粉碎技术将普通粉体粉碎；化学法是指控制一定条件，从原子或分子成核，生成具有纳米尺寸和一定形状的粒子。化学法包括固相法、气相法和液相法。

- 化学法
  - 固相法
  - 气相法
    - 化学气相沉积（CVD）
    - 激光气相沉积（LCVD）
    - 真空蒸发和电子束或射频束溅射
  - 液相法
    - 溶胶-凝胶（Sol-Gel）法
    - 水热（Hydrothermal Synthesis）法
    - 共沉淀（Co-Precipitation）法

本实验采用溶胶-凝胶法与共沉淀法制备纳米粉。

（1）溶胶-凝胶法基本原理及 $BaTiO_3$ 纳米粉制备　溶胶-凝胶法具有操作简单、不需要极端条件和复杂设备、适应性强等特点。制备时由于各组分在溶液中能实现分子级混合，因此可制备出组分复杂但分布均匀的各种纳米粉，还可制备纤维、薄膜和复合材料。

溶胶-凝胶法制备原理：将一些易溶解的金属化合物（金属醇盐或无机盐）在某种有机溶剂中与水发生反应；经过水解与缩聚而形成凝胶膜；再经过干燥、预烧热分解，除去凝胶中残余的有机物和水分；最后通过热处理形成所需要的纳米粉或晶态膜。

$BaTiO_3$ 是重要的电子材料，具有压电效应和铁电效应，主要用于制作陶瓷电容器、多层膜电容器、铁电存储器和压电换能器等。采用溶胶-凝胶法制备 $BaTiO_3$ 纳米粉的压电效应比普通 $BaTiO_3$ 提高 2 倍以上。钛酸四丁酯和醋酸钡在冰醋酸的催化作用下，经过水解与缩聚过程而形成 $BaTiO_3$ 凝胶，凝胶经干燥、热处理和研细即可得到结晶态 $BaTiO_3$ 粉体。

(2) 共沉淀法制备纳米氧化锌基本原理　直接沉淀法和均匀沉淀法是液相法制备纳米氧化锌最常用的方法。直接沉淀法是以可溶性锌盐为原料，草酸铵（草酸）、碳酸铵（碳酸氢铵）、氨水或强碱等为沉淀剂，首先合成沉淀前驱体，然后经过煅烧得到产物，反应式为

$$Zn(NO_3)_2+(NH_4)_2C_2O_4 \longrightarrow ZnC_2O_4+2NH_4NO_3$$

$$2ZnC_2O_4+O_2 \xrightarrow{\Delta} 2ZnO+4CO_2$$

均匀沉淀法也是以可溶性盐为原料，同时用尿素、六甲基四胺等物质的受热分解产物为沉淀剂合成沉淀前驱体，然后经过煅烧得到产物。反应温度、加热时间和物料配比对氧化锌产率、纯度及性能具有一定的影响，同时添加表面活性剂可防止纳米氧化锌颗粒的团聚，反应式为

$$CO(NH_2)_2+3H_2O \xrightarrow{\Delta} CO_2+2NH_3 \cdot H_2O$$

$$3Zn^{2+}+CO_3^{2-}+H_2O+4OH^- \xrightarrow{\Delta} ZnCO_3 \cdot 2Zn(OH)_2 \cdot H_2O$$

$$ZnCO_3 \cdot 2Zn(OH)_2 \cdot H_2O \xrightarrow{\Delta} 3ZnO+CO_2+3H_2O$$

纳米氧化锌中的主要成分是 ZnO。用酸溶解试样后，可用 EDTA 标准溶液直接测定试液中锌的含量，然后推算 ZnO 的纯度。

三、主要仪器和试剂

1. 仪器

恒温磁力搅拌器、烧杯、锥形瓶、温度计、湿度计、氧化铝小坩埚、箱式电炉、干燥箱、真空泵、吸滤瓶、布氏漏斗、研钵、马弗炉、电子天平（0.01g）、酸式滴定管（50mL）、移液管（25mL）、容量瓶（250mL）、X 射线仪。

2. 试剂

钛酸四丁酯、无水醋酸钡、冰醋酸、正丁醇、硝酸锌（0.2mol/L、0.5mol/L）、草酸铵（0.2mol/L）、聚丙烯酸钠（5%）、无水乙醇、HCl（2mol/L）、$NH_3 \cdot H_2O$-NH_4Cl 缓冲溶液（pH≈10）、EDTA 标准溶液（0.01mol/L）、铬黑 T（1%）、$NH_3 \cdot H_2O$（1∶1）。

四、实验内容及步骤

1. 溶胶-凝胶法制备 $BaTiO_3$ 纳米粉

1）准确称取钛酸四丁酯约 7.0g 置于小烧杯，倒入 30mL 正丁醇使其溶解，搅拌下加入 10mL 冰醋酸，混合均匀。

2）另称取等物质的量的已干燥过的无水醋酸钡，溶于 15mL 蒸馏水中，形成醋酸钡水

溶液。将其加入到钛酸四丁酯的正丁醇溶液中，边加入边搅拌，混合均匀后用冰醋酸调其pH值为3.5，即得到淡黄色透明澄清的溶胶。将烧杯口扎紧，室温下静置24h，即得到透明凝胶。

3）将凝胶捣碎，置于烘箱，100℃温度下充分干燥24h，去除溶剂和水分，即可得干凝胶。

4）将干凝胶置于氧化铝坩埚进行热处理，开始以4℃/min的速度升温至250℃，保温1h，以彻底除去粉料中的有机溶剂。然后再以8℃/min的速度升温至800℃，保温2h，自然降温至室温，得到白色淡黄色固体，研细即可得到结晶态$BaTiO_3$粉体。

5）对纳米粉进行X射线衍射检测，对照标准谱图确定是否为结晶态（$BaTiO_3$室温下为四方结构，120℃以上转变为立方结构），并计算平均粒径。$BaTiO_3$纳米粉的平均粒径的计算公式为

$$D=0.9\lambda/\beta\cos\theta \tag{59-1}$$

式中，D为平均粒径；λ为入射X射线波长（Cu靶0.1542nm）；θ为布拉格角（以度计）；β为θ角处衍射峰的半高宽（以弧度计）。

由公式可知：θ角处衍射峰的半高宽与平均粒径成反比，当β增大时，平均粒径减小。

2. 沉淀法制备氧化锌纳米粉

（1）直接沉淀法　取0.5mol/L的硝酸锌溶液50mL，加入5%的聚丙烯酸钠0.5mL，按草酸铵与锌离子物质的量比为1.05：1，在搅拌下向锌离子溶液中缓慢加入相同浓度的草酸铵溶液，然后70℃反应2.5h，将所得沉淀抽滤，用0.01mol/L稀氨水溶液洗涤数次，再用无水乙醇洗涤，100℃烘干，得前驱化合物草酸锌，在马弗炉中500℃煅烧2h，产品称重并计算产率。

（2）均匀沉淀法　取0.2mol/L的硝酸锌溶液200mL，按照尿素与锌离子的摩尔比3：1，加入5%的聚丙烯酸钠1mL，在90℃下搅拌反应3h，然后将所得沉淀抽滤，并用去离子水反复洗涤，最后用无水乙醇洗涤，100℃下烘干，在马弗炉中500℃煅烧2h，产品称重并计算产率。

> **注：**为节约成本、能源和时间，同时防止产品因反应时间过长，物料浓度过大而发生团聚现象，一般在保证产率的情况下，尽量缩短反应时间、降低反应浓度和物料比。

3. 氧化锌纯度的测定

（1）试液的制备　在电子天平上准确称取计算量的氧化锌产品于小烧杯中，加入2mol/L HCl将其完全溶解，然后定量转移到250mL容量瓶中，稀释到刻度，摇匀。

（2）氧化锌含量分析　准确移取25mL试液于锥形瓶中，用1：1的$NH_3\cdot H_2O$滴加至开始出现白色沉淀，加入pH≈10的$NH_3\cdot H_2O-NH_4Cl$缓冲溶液20mL，再加入铬黑T指示剂，用EDTA标准溶液滴定，计算锌的含量，并计算出产品的纯度。

> **注：**粗氧化锌中的铜 铁杂质常以尖晶石形式的化合物存在，这些化合物在通常酸度和较低温度下不会溶解。

> **提示：**实验结束后，请将所用废溶液倒入相应废液桶内回收，请勿直接倒入下水道内，清洗好玻璃容器，按原位置摆放好实验仪器，打扫清理实验室卫生。

五、实验报告要求

1）写出实验目的及内容。

2）记录产品的质量、颜色性状及产率。根据产率选出较优实验条件。

3）分析并确定 $BaTiO_3$ 纳米粉的晶态，并计算其平均粒径。

4）列表记录实验数据并计算氧化锌纳米粉的纯度。

5）普通的溶胶-凝胶法中，溶胶中的金属有机物是通过吸收空气中的水分而分解，而本实验的溶胶虽已存在一定量的水分，但钛酸四丁酯并未快速水解而形成水合二氧化钛沉淀，请考虑其中的因素。

第七章　材料现代分析测试方法实验

实验 60　X 射线衍射仪结构原理与物相分析

一、实验目的

1）了解 X 射线衍射仪（XRD）的结构和工作原理，熟悉 X 射线衍射实验参数及其选择。
2）掌握 X 射线衍射物相定性分析的原理和方法，熟悉分析软件。

二、原理概述

1. X 射线衍射仪的结构与工作原理

X 射线衍射仪一般由 X 射线源、测角仪、计数测量与数据采集系统、冷却系统等部分构成。图 60-1 所示为岛津 XRD-7000 型 X 射线衍射仪及其结构。

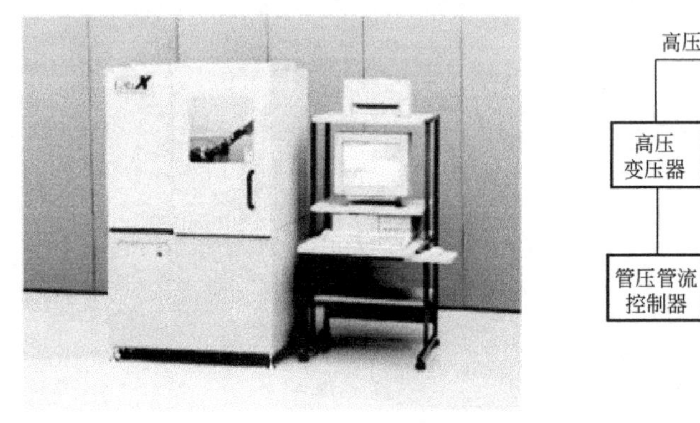

a)

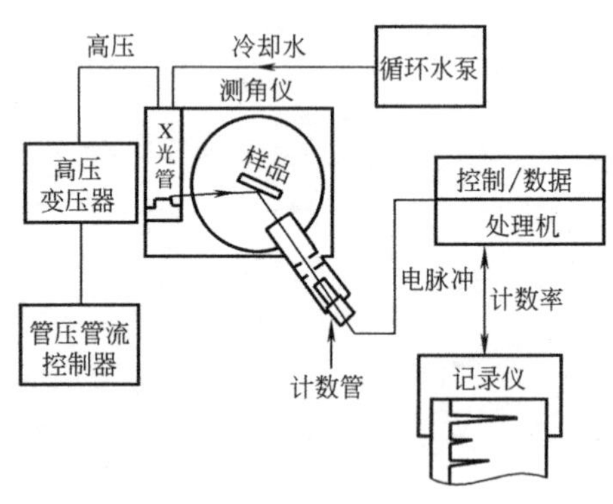

b)

图 60-1　岛津 XRD-7000 型 X 射线衍射仪及其结构

测角仪是衍射仪的核心，其结构及其几何布置如图 60-2 所示。

X 射线源由高压系统和 X 光管组成，由 X 光管发射出的单色特征 X 射线是进行 XRD 分析的入射光源。在测角仪中，X 光管的焦点与计数管窗口分别位于测角仪圆周上，试样位于测角仪圆的中心。在入射和反射光路上还设有梭拉狭缝、发射狭缝、防散射狭缝和接收狭缝等。为了获得靶材的单色 Kα 线的衍射，有的衍射仪还在计数管前装有单色器。

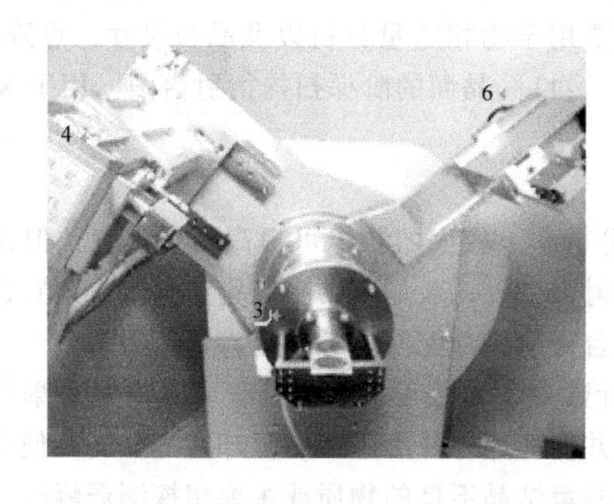

a)

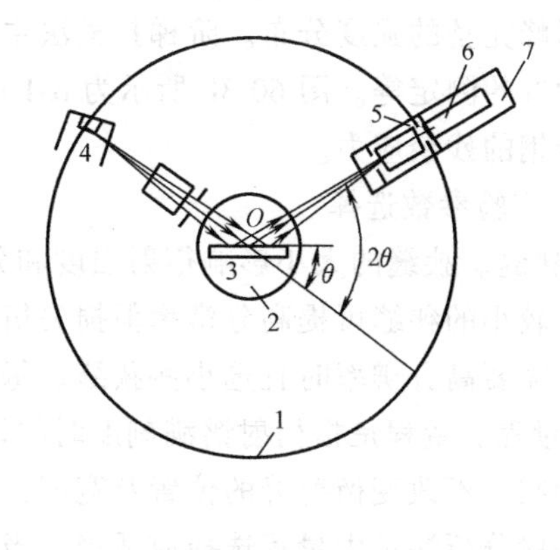

b)

图 60-2 XRD-7000 型 X 射线衍射仪的测角仪结构及其几何布置

1—测角仪圆 2—试样台 3—试样 4—X 光管 5—接收狭缝 6—计数管 7—支架

当给 X 光管加以高压，产生的 X 射线经由发射狭缝射到试样上时，晶体中与试样表面平行的晶面，在符合布拉格条件时即可产生衍射而被计数管接收。当计数管在测角仪圆所在平面内扫射时，如果 X 光管固定，计数管与试样以 θ-2θ 联动；如果试样固定，计数管与 X 光管以 θ-θ 联动。计数管在沿测角仪圆扫描过程中，逐点记录下每 2θ 角下对应的进入接收狭缝的 X 射线强度 I，经处理后绘制成 X 射线衍射图（2θ-I 曲线）。

2. X 射线衍射仪实验方法与参数选择

（1）计数测量方法 在 X 射线衍射仪中，对衍射强度的计数测量有连续扫描和阶梯扫描两种方式。

连续扫描是指 X 射线探测器在测角仪圆上从接近零度到最大 180°连续扫描，获得衍射强度随 2θ 变化的分布曲线，如图 60-3a 所示。连续扫描主要用于物相的定性分析。

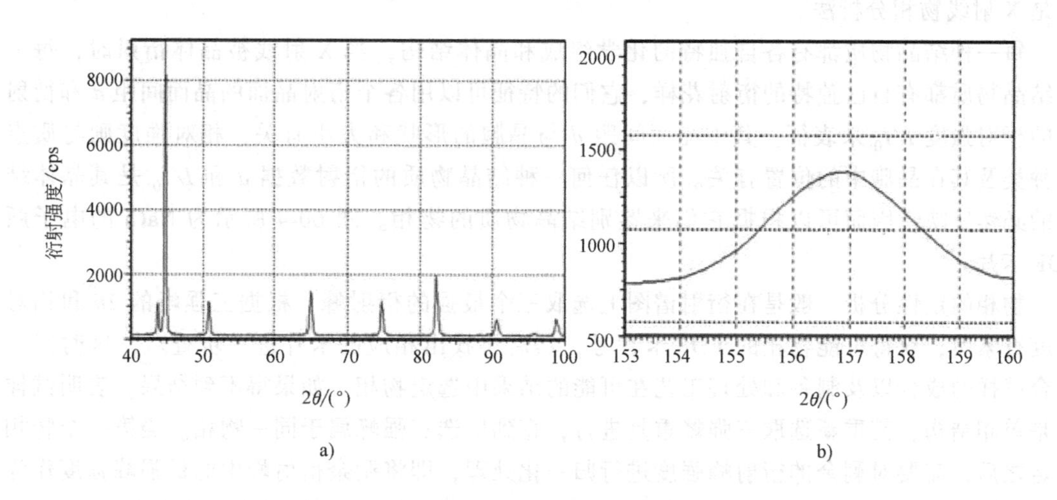

图 60-3 X 射线衍射谱图

a）钢的连续扫描衍射谱图 b）α-Fe {211} 晶面的阶梯扫描衍射谱图

阶梯扫描是指 X 射线探测器沿测角仪圆在某个选定的衍射峰出现的位置附近扫描，记录该衍射峰完整的强度分布。阶梯扫描法主要用于物相定量分析以及晶粒尺寸、点阵畸变、残余应力等的测定等。图 60-3b 所示为 α-Fe {211} 晶面的阶梯扫描衍射谱图，用于 X 射线衍射测定钢的残余应力。

（2）实验参数选择

1）狭缝。狭缝的大小影响衍射强度和分辨率。较大的狭缝可提高衍射强度，但使分辨率降低；较小的狭缝可提高分辨率但损失衍射强度。一般如需要提高衍射强度，则宜选取大些狭缝，需要高分辨率时宜选小些狭缝。每台衍射仪都配有多种狭缝以供选用。

2）量程。量程是指衍射谱满刻度时的计数（率）强度。改变量程可表现为 X 射线记录强度的增减，不改变衍射峰的位置及宽度，并使背底和峰形平滑，但却能掩盖弱峰使分辨率降低，一般分析测量中量程选择应适当。当测量结晶不良的物质或主要想探测弱峰时，宜选用小量程。当测量结晶良好的物质或主要想探测强峰时，量程可以适当大些。

3）时间常数。连续扫描测量中的时间常数是指计数率仪中脉冲平均电路对脉冲响应的快慢程度。时间常数大，脉冲响应慢，对脉冲电流具有较大的平整作用，不易辨出电流随时间变化的细节，因而，强度线形相对光滑，峰形变宽，高度下降，峰形移向扫描方向；时间常数过大，还会引起线形不对称，使一条线形的后半部分拉宽。反之，时间常数小，能如实绘出计数脉冲到达速率的统计变化，易于分辨出电流时间变化的细节，使弱峰易于分辨，衍射线形和衍射强度更加真实。

4）扫描速度和步进。连续扫描采用的扫描速度是指计数管转动的角速度。慢速扫描可使计数管在某衍射角度范围内停留时间更长，接收的脉冲数目更多，使衍射数据更加可靠，但需要花费较长的时间。对于精细测量应采用慢扫描，物相的预检或常规定性分析可采用快扫描，在实际应用中可根据测量需要选用不同的扫描速度。

步进扫描中用步宽来表示计数管每步扫描的角度，有多种方式表示扫描速度。

3. X 射线衍射物相定性分析

根据晶体对 X 射线的衍射特征——衍射线的方向及强度来鉴定结晶物质物相的方法，就是 X 射线物相分析法。

每一种结晶物质都有各自独特的化学组成和晶体结构，当 X 射线被晶体衍射时，每一种结晶物质都有自己独特的衍射花样，它们的特征可以用各个衍射晶面的晶面间距 d 和衍射峰的相对强度 I/I_0 来表征。其中晶面间距 d 与晶胞的形状和大小有关，相对强度则与质点的种类及其在晶胞中的位置有关。所以任何一种结晶物质的衍射数据 d 和 I/I_0 是其晶体结构的必然反映，因而可以根据它们来鉴别结晶物质的物相。图 60-4 所示为 NaCl 的电子版 PDF 卡片。

物相的定性分析一般是在衍射谱图上选取三个最强的衍射峰，根据三强峰的 2θ 和相对强度查索引，获得可能物相的 PDF 卡片号，然后再找出相应的卡片进一步查对，这时需要结合试样的成分以及制备和处理工艺在可能的结果中选定物相。如果得不到结果，表明试样不是单相结构，需重新选取三强峰重复进行，直到所选三强峰属于同一物相。当第一个物相确定之后，需要对剩余的衍射峰强度进行归一化处理，即将剩余衍射峰中的最强峰强度作为 100，其余衍射峰强度按相同的比例放大。如此重复，直到将全部物相逐个分析出来。

物相定性分析原理简单，但人工检索比较烦琐。目前这一过程已经计算机化，有不少应

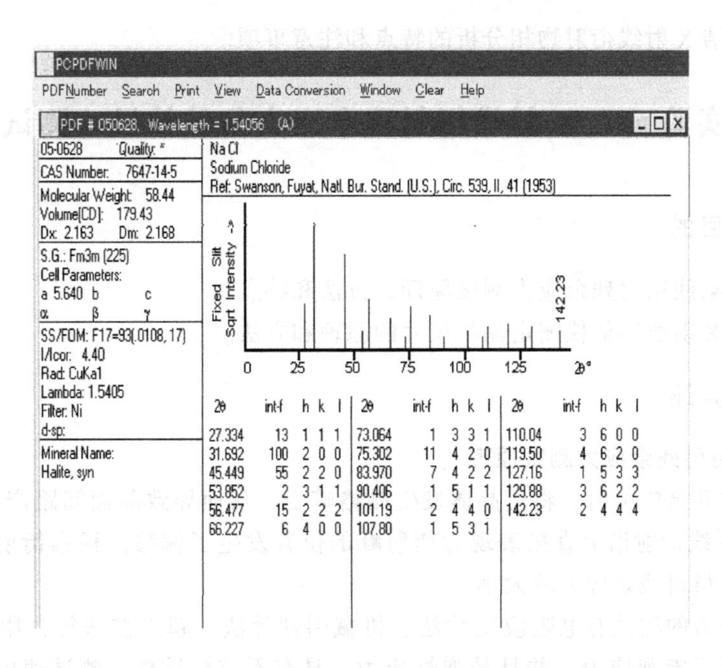

2θ	int-f	h	k	l	2θ	int-f	h	k	l	2θ	int-f	h	k	l
27.334	13	1	1	1	73.064	1	3	3	1	110.04	3	6	0	0
31.692	100	2	0	0	75.302	11	4	2	0	119.50	4	6	2	0
45.449	55	2	2	0	83.970	7	4	2	2	127.16	1	5	3	3
53.852	2	3	1	1	90.406	1	5	1	1	129.88	3	6	2	2
56.477	15	2	2	2	101.19	2	4	4	0	142.23	2	4	4	4
66.227	6	4	0	0	107.80	1	5	3	1					

图 60-4　NaCl 的电子版 PDF 卡片

用软件都可以迅速准确地完成这一工作，计算机物相定性分析的原理与人工检索完全相同。

物相鉴定时，依据的是衍射角 2θ 和相对强度，其中以 2θ 为关键依据，而相对强度仅作为参考。因为实际试样中由于结晶、生长或变形等因素会引起择优取向，使得某些衍射峰的相对强度与 PDF 卡片偏离较大。

三、实验设备及材料

1）X 射线衍射仪。

2）PCPDFWIN 卡片检索软件以及 X 射线衍射数据分析软件。

3）Cu、Si、SiC、Al_2O_3 等粉末试样。

四、实验内容及步骤

1）了解 X 射线衍射仪的结构及测角仪工作原理。

2）每组 3~5 人，选择一个多相粉末混合物试样，在教师指导下装入试样并调节高度。

3）设置实验参数（管电压、管电流、扫描速度、扫描范围、步进等）。

4）采集 XRD 谱图。

5）谱图分析处理。

提示：实验结束后，关闭设备电源，打扫清理实验室卫生。

五、实验报告要求

1）写出实验目的及内容。

2）对实验测试谱图中包含的物相进行定性分析，说明原理。

3）分析总结X射线衍射物相分析的特点和注意事项。

实验61　X射线衍射残余应力与晶粒尺寸测试

一、实验目的

1）掌握X射线衍射残余应力测试原理、方法和特点。

2）了解用X射线衍射仪测定晶粒尺寸的原理和方法。

二、原理概述

1. X射线衍射残余应力测试原理

当材料存在残余应力时，将使晶体发生晶格畸变，从而导致晶面间距产生微小的变化，这一变化在X射线衍射谱上直接表现为衍射峰的位置发生了偏移。根据衍射峰偏移的多少可以计算出晶体材料残余应力的大小。

材料残余应力的测试有电阻应变片法、机械引伸计法、超声波法等，用X射线衍射测试的残余应力属于宏观应力，并且是弹性应力，具有不破坏试样、测试速度快的特点。而且，X射线衍射可以实现对1~2mm微区的应力测试，可以测试多相混合物材料中不同物相中存在的应力。X射线衍射测试应力为表面应力，通过剥层还可以得到应力沿深度的分布。

可以推导出X射线表面残余应力测试的基本公式为

$$\sigma_{\phi}=\frac{E}{(1+\nu)\sin^2\psi}\left(\frac{d_{\psi}-d_{n}}{d_{n}}\right) \quad (61\text{-}1)$$

式中，E为试样材料的弹性模量；ν为材料的泊松比；ψ为给定的一个任意角度；d_n为应力作用下与试样表面平行的某（hkl）晶面的晶面间距；d_{ψ}为应力作用下与表面夹角为ψ的相同（hkl）晶面的晶面间距。d_n和d_{ψ}分别由X射线衍射测定，如图61-1所示。

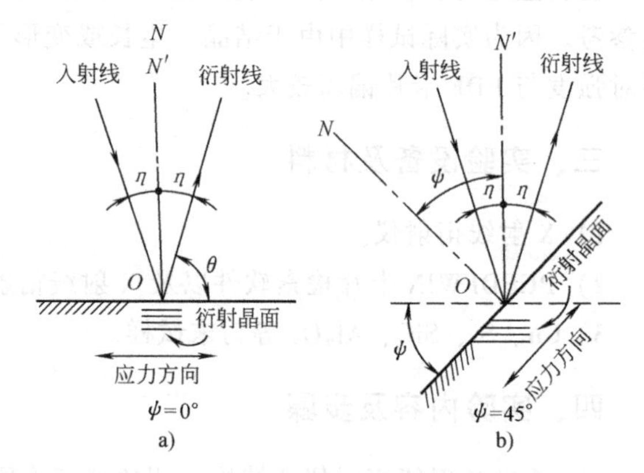

图61-1　应力测试时的入射方向

a）测定d_n　b）测定d_{ψ}

2. X射线衍射残余应力测试方法

利用XRD测试残余应力有衍射仪法和应力仪法。衍射仪法适用于实验室测试，应力仪法适用于现场大型零件或结构的测试。应力仪法原理与衍射仪法相同，只不过通过倾转入射方向来改变ψ角。

在实际工作中常使用$\sin^2\psi$法测定应力，其计算公式为

$$\sigma_{\phi}=\frac{E\cot\theta_0}{2\times(1+\nu)}\left(\frac{\partial 2\theta_{\psi}}{\partial \sin^2\psi}\right) \quad (61\text{-}2)$$

式中，$\frac{E\cot\theta_0}{2\times(1+\nu)}$为材料常数，称为$\sin^2\psi$法应力常数；$\frac{\partial 2\theta_{\psi}}{\partial \sin^2\psi}$为$\sin^2\psi$-$2\theta_{\psi}$直线斜率。

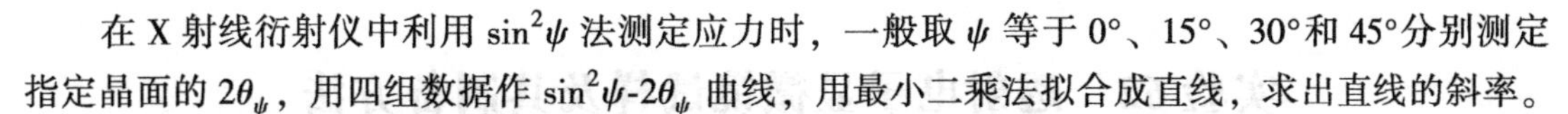

在 X 射线衍射仪中利用 $\sin^2\psi$ 法测定应力时，一般取 ψ 等于 0°、15°、30°和 45°分别测定指定晶面的 $2\theta_\psi$，用四组数据作 $\sin^2\psi$-$2\theta_\psi$ 曲线，用最小二乘法拟合成直线，求出直线的斜率。

3. 晶体晶粒大小和晶格畸变的测定

理论上应用 X 射线衍射仪对结晶粉末进行测试，扫描出来的图谱中峰应该是一条线而不是一个具有某一宽度的峰，但实际上我们做实验扫描出来的图谱中每一个峰都具有一定的宽度。峰的宽化有仪器原因和试样本身的微晶两个原因产生。

根据 Scherrer 公式，峰的宽化与 X 射线的波长、试样微晶的平均尺寸以及衍射角 θ 有以下关系，即

$$W_{\text{size}} = \frac{k\lambda}{L \cdot \cos\theta} \tag{61-3}$$

式中，L 为试样中晶相的统计平均宽度，即晶粒度；W_{size} 为微晶产生的峰的宽化；k 为比例系数；λ 为 X 射线的波长；θ 为衍射角。

如果试样为多晶块状材料，并且结晶完整，则峰的宽化由微观应变引起。晶格的畸变度为

$$\psi = \frac{W_{\text{strain}}}{4\tan\theta} \tag{61-4}$$

式中，ψ 为晶格的畸变度；$W_{\text{strain}} = \sqrt{W_b^2 - W_s^2}$，为晶格变形产生的峰的宽化；$W_b$、$W_s$ 分别为谱图中峰的宽度与仪器产生的峰的宽化。

说明：谱图中峰的宽化是由两种原因造成的，所以实际微晶产生的峰的宽化大小是由谱图中峰的宽度减去仪器产生的宽化表示，即 $W_{\text{size}} = W_b - W_s$。

三、实验设备及材料

1）X 射线衍射仪。
2）X 射线衍射应力测试附件及分析软件。
3）焊接接头、表面淬火零件或冷轧钢板等试样。
4）纳米 TiO_2 粉末试样。

四、实验内容及步骤

1）了解 X 射线衍射仪应力测试附件结构及安装方法。
2）测试方法选择与实验参数设置。
3）四种 ψ 倾转角度下 XRD 谱图采集及应力计算。
4）粉末试样晶粒尺寸测定。

提示： 实验结束后，关闭设备电源，打扫清理实验室卫生。

五、实验报告要求

1）写出实验目的及内容。
2）说明 $\sin^2\psi$ 法原理和步骤。
3）作 $\sin^2\psi-2\theta_\psi$ 曲线，计算其斜率、应力大小，分析应力状态及产生原因。
4）计算粉末试样衍射峰的半高宽，用 Scherrer 公式计算晶粒尺寸。

实验62　透射电子显微镜试样及其制备方法

一、实验目的

1）了解透射电子显微镜（TEM）试样的基本要求，熟悉各类试样的特点和适用范围。

2）掌握金属、陶瓷、半导体以及复合材料等透射电子显微镜试样的制备方法。

3）了解各类透射电子显微镜试样制备设备的原理和特点。

二、制样方法与要求

透射电子显微镜试样为ϕ3mm的薄片，薄区厚度应小于100nm。要求试样性质稳定、干燥、导电导热、耐电子束轰击、真空下不挥发等。

试样在透射电子显微分析中占有重要的地位，其制备一般都要经过减薄，制备过程复杂、操作精细，而且在制样过程中不能有氧化、变形、相变等现象发生，同时还要避免在制样过程中引入假象。

透射电子显微镜试样按原材料的类型和分析测试要求分为薄膜试样、粉末试样、复型试样等，不同试样有不同的特点和用途，其制备过程也有较大的区别。

1. 金属薄膜试样及制备

金属薄膜透射电子显微镜试样制备的一般步骤为：切片→机械减薄→冲取ϕ3mm圆片→双喷电解减薄。

（1）切片　采用线锯、线切割、砂轮锯等从大块材料上切取0.3~0.5mm的薄片。

（2）机械减薄　用金相砂纸将薄片磨至50~80μm。最后一道砂纸应1000号以上，而且要保证薄片厚度均匀一致。

（3）冲取ϕ3mm圆片　使用专用工具冲取ϕ3mm圆片。

（4）双喷电解减薄　金属薄膜透射电子显微镜试样的最终减薄一般采用电解抛光，典型的仪器为双喷电解减薄仪，其结构示意图如图62-1所示。

将预减薄的直径为ϕ3mm的试样放入试样夹具上（见图62-2），保证试样与铂丝接触良

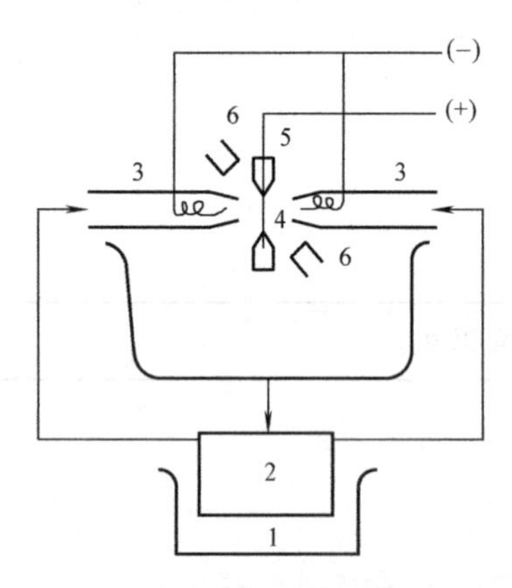

图62-1　双喷电解减薄仪结构示意图

1—冷却设备　2—泵、电解槽　3—喷嘴

4—试样　5—夹具　6—光导纤维管

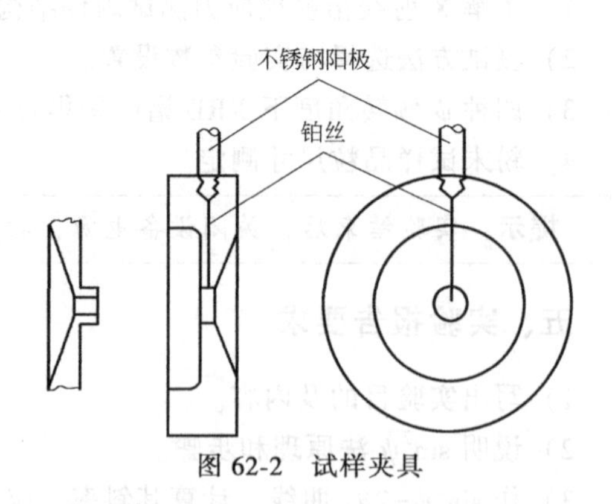

图62-2　试样夹具

好。将试样夹具放在两个喷嘴之间，调整试样夹具、光导纤维管和喷嘴在同一水平面上，喷嘴与试样夹具距离大约15mm且垂直于试样。电解液循环泵转速应调节到能使电解液喷射到试样上。需要在低温条件下电解抛光时，可先放入干冰或液氮冷却，温度控制在-40~-20℃，或采用半导体冷阱等专门装置。电解抛光进行过程中，一根光导纤维管把外部光源传送到试样的一个侧面。当试样刚一穿孔，透过试样的光通过在试样另一侧的光导纤维管传到外面的光电管，切断电解抛光射流，并发出报警声响。试样双喷减薄后应立即在酒精中漂洗两次，以免残留电解液腐蚀金属薄膜表面。

需根据试样材料的不同，选择不同的电解液。表62-1列出了某些金属材料双喷电解抛光规范。

表62-1　某些金属材料双喷电解抛光规范

材　料	电　解　液	电解抛光参数		
		电压/V	电流/mA	温度/℃
铝及铝合金	10%高氯酸乙醇溶液	45~50	30~40	—
钛合金	10%高氯酸甲醇溶液	40	30~40	—
Ti-Al合金	甲醇：丁醇：高氯酸=60：35：5	30~50	50~80	-20
Cu-Ni合金	30mL硝酸+50mL醋酸+10mL磷酸	2.9	—	20
镁合金	1%高氯酸+99%乙醇	30~50	—	-55
不锈钢	10%高氯酸乙醇溶液	70	50~60	-20
马氏体时效钢	10%高氯酸乙醇溶液	80~100	80~100	—
Ni基高温合金	20%高氯酸+80%乙醇	22	—	0
6%Ni合金钢	10%高氯酸乙醇溶液	80~100	80~100	—

2. 非金属薄膜试样及制备

对于陶瓷、矿物、半导体、高分子材料、复合材料、多层材料等试样，由于受导电性、均匀性和致密性差，脆性大等因素的影响，无法用上述方法进行冲片和电解减薄。其制备过程一般为：切片→机械预减薄→超声波切ϕ3mm圆片→凹坑研磨→离子减薄。

（1）切片　用线锯、金刚石低速锯等从大块材料上切取约0.5mm的薄片。

（2）机械预减薄　用砂纸将薄片磨至0.1~0.2mm。

（3）超声波切ϕ3mm圆片　使用超声波圆片切割机，切取ϕ3mm的圆片。

（4）凹坑研磨　用热熔胶将ϕ3mm的圆片粘贴在试样台上，选择合适的磨轮和研磨膏（粉）将试样的中心研磨至10μm以下。

（5）离子减薄　离子减薄是利用高速运动的氩离子轰击试样，使试样原子之间的结合键破坏而溅射，直到将试样穿透出现小孔。离子减薄适用于各种材料的最终减薄，如金属用双喷法穿孔后，孔边缘过厚或试样表面氧化，也可用离子减薄继续减薄直至试样厚薄合适或去掉氧化膜为止。

离子减薄装置由工作室、控制系统、真空系统等组成。工作室是离子减薄装置的一个重要组成部分，它是由离子枪、试样台、显微镜、微型电动机等组成的。在工作室内沿水平方向有一对离子枪，试样台上的试样中心位于两枪发射出来的离子束中心，离子枪与试样的距离为25~30mm。两个离子枪均可以倾斜，根据减薄的需要可调节枪与试样的角度，通常调节成 7°～20°。试样台能在自身平面内旋转，以使试样表面均匀减薄。为了在减薄期间随时观察试样被减薄情况，在试样下面装有光源，在工作室顶部安装有显微镜，当试样被减薄透光时，打开光源在显微镜下可以观察到试样透光情况。

3. 纳米粉末透射电子显微镜试样制备

纳米粉末、纳米线等纳米结构透射电子显微镜试样制备相对比较简单，只要取纳米粉（线）少许放入烧杯，选择适当的溶剂制成悬浮液，用超声波清洗机将粉末充分分散后，用带有支持膜的铜网在分散好的悬浮液中捞取一滴，待溶剂挥发完全即可。

4. 微米粉末透射电子显微镜试样制备

上述用铜网直接捞取悬浮液的方法只能用于小于 0.1μm 粉末的透射电子显微镜试样，而对于 0.2μm 以上的微米级粉末就不能得到薄区，需要先用环氧树脂将粉末分散包埋后固化，然后按照制备非金属材料的方法制备透射电子显微镜试样，其最终减薄必须使用离子减薄。

5. 复型试样及其制备

复型是指用塑料或非晶碳膜作为复型材料，将试样表面的显微形貌复制下来进行透射电子显微镜观察的技术。由于是复制品，只能用于表面形貌分析。复型试样分为碳一级复型、塑料一级复型、塑料-碳二级复型和萃取复型四种，其中塑料-碳二级复型较为常用。

塑料-碳二级复型的制备方法如图 62-3 所示。在腐蚀好的金相试样表面滴上一滴丙酮，贴上一张稍大于金相试样表面的 AC 纸（醋酸纤维素制成的薄膜），制备出塑料一级复型，如图 62-3a 所示。然后以塑料一级复型为中间复型，在其上制备碳复型，在真空镀膜机中倾斜方向“投影”铬，垂直方向沉积碳，如图 62-3b、c 所示。最后将复型剪成 2mm×2mm 的小方片，用丙酮将 AC 纸从碳复型上全部溶解掉，清洗后将塑料-碳二级复型捞取在铜网上即可。如图 62-3d、e 所示。

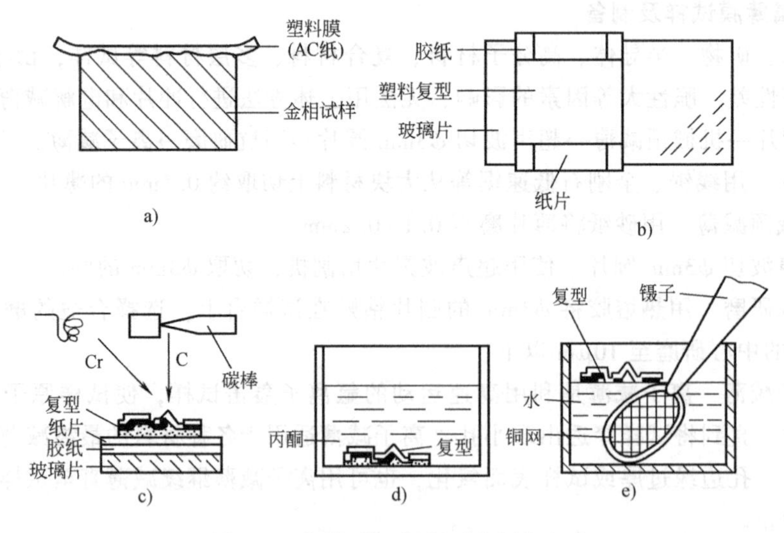

图 62-3　塑料-碳二级复型的制备方法

三、实验设备及材料

1）双喷电解减薄仪。

2）离子减薄仪。

3）超声波清洗器。

4）600~1200 号砂纸、铜网、烧杯、镊子、高氯酸、无水乙醇、液氮等。

四、实验内容及步骤

本实验主要掌握金属和纳米粉末透射电子显微镜试样的制备方法。

1. 金属透射电子显微镜试样制备

1）了解离子减薄、双喷电解减薄等各种制样设备的结构与工作原理。

2）将 0.3mm 厚的金属薄片用 600~800 号砂纸机械减薄至 100μm。

3）用专用工具从薄片上冲取 ϕ3mm 的圆片。

4）将圆片镶入专用工具上，用 1000~1200 号细砂纸将圆片减薄至 50~80μm。

5）根据试样的成分选择适当的电解液配方（见表 62-1），并配制电解液。

6）用双喷电解减薄仪对圆片进行电解减薄直至中心穿孔，用无水乙醇清洗试样准备电子显微镜观察。

7）对于容易氧化的试样，双喷电解减薄后可采用离子减薄小角度溅射 10~30min，清除试样表面的氧化层和其他污染，进一步扩大薄区。

2. 纳米粉末透射电子显微镜试样制备

1）取纳米粉末少许，放入小烧杯中。

2）向烧杯中倒入无水乙醇制成粉末的悬浮液。

3）用超声波清洗器将悬浮液振荡 3~5min，使粉末充分分散。

4）用带有碳膜的铜网在分散后的悬浮液中捞取一滴，待乙醇挥发后即可放入电子显微镜观察。

> **提示：**实验结束后，关闭设备电源，请将所用废溶液倒入废液桶内回收，请勿直接倒入下水道内，清洗好玻璃容器，按原位置摆放好实验仪器，清理实验室卫生。

五、实验报告要求

1）写出实验目的及内容。

2）简述金属薄膜透射电子显微镜试样制备和纳米粉末试样制备的一般步骤。

3）说明透射电子显微镜试样制备过程中的注意事项。

实验 63　透射电子显微镜结构、成像原理与图像观察

一、实验目的

1）熟悉透射电子显微镜结构与成像原理。

2）了解物镜、中间镜、物镜光阑、选区光阑的作用。

3）掌握选区电子衍射和明暗场操作步骤。

4）了解质厚衬度和衍射衬度形成原理与图像特点。

二、原理概述

1. 透射电子显微镜结构与成像原理

透射电子显微镜一般由电子光学系统（镜筒）、电源系统、真空系统、冷却系统等构成。电子光学系统（镜筒）是透射电镜的主体，其结构如图 63-1 所示。

电子光学系统（镜筒）主要由照明系统、成像放大系统和显像记录系统构成。其中照明系统由电子枪、聚光镜和聚光镜光阑等构成，主要作用是提供具有一定强度和尺寸的照明源。成像放大系统由试样室、物镜、中间镜、投影镜、物镜光阑、选区光阑等组成，主要作用是获得显微形貌像和电子衍射花样。

透射电子显微镜的成像原理与透射式光学显微镜完全相同，其成像过程充分体现了阿贝成像原理和高斯成像原理。

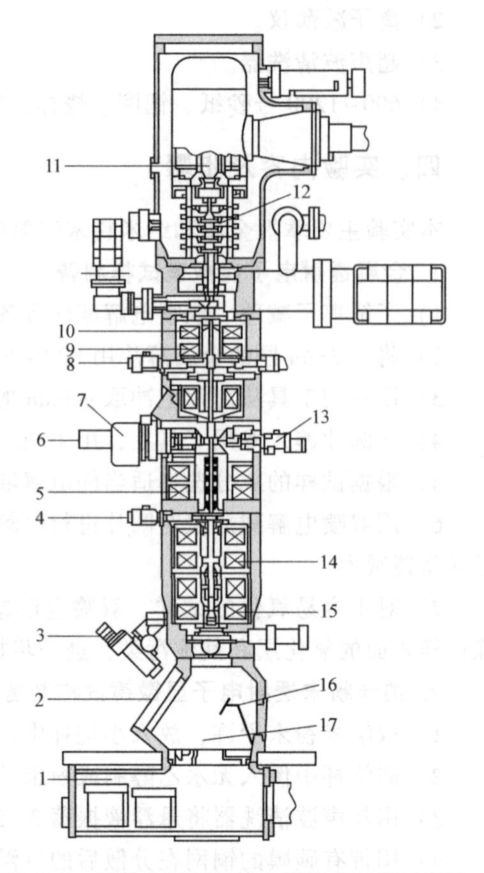

图 63-1 透射电子显微镜电子光学系统示意图

1—照相室 2—观察室 3—放大镜 4—选区光阑 5—物镜 6—试样台 7—测角台 8—聚光镜光阑 9—第二聚光镜 10—第一聚光镜 11—电子枪 12—加速管 13—物镜光阑 14—中间镜 15—投影镜 16—小荧光屏 17—大荧光屏

2. 透射电子显微镜图像衬度

透射电子显微镜形貌像衬度（俗称为对比度或反差）的形成有质厚衬度、衍射衬度、相位衬度三种机制。其中质厚衬度是由于相邻微区试样的厚度不同或原子序数不同造成的图像反差，衍射衬度是由于相邻微区试样满足布拉格条件的程度不同造成的图像反差，前两者属于振幅衬度。图 63-2 所示为典型的透射电子显微镜衬度图像。

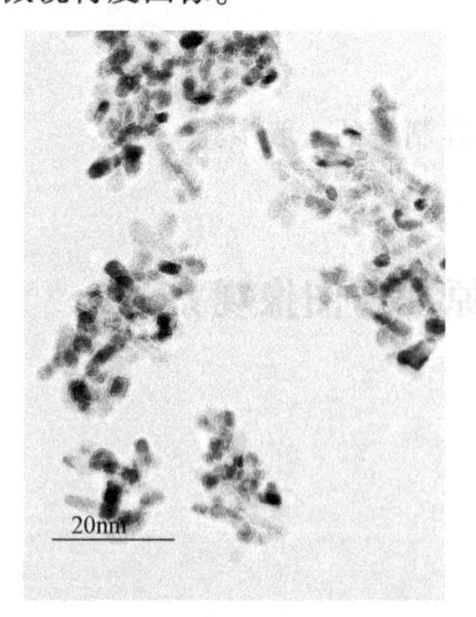

a)

b)

c)

图 63-2 典型的透射电子显微镜衬度图像

a）陶瓷粉末的衍射衬度图像 b）Al-Cu 合金的衍射衬度图像 c）$TiNbO_x$ 单晶相位的衬度图像

3. 选区电子衍射原理与方法

透射电子显微镜成像过程中，在物镜的像平面上形成一次放大像，同时在物镜的后焦面上形成电子衍射花样。中间镜起衍射镜作用。当中间镜的物平面与物镜的像平面重合时，在荧光屏上得到形貌放大像；当中间镜的物平面与物镜的后焦面重合时，在荧光屏上将得到电子衍射花样的放大像。

选区电子衍射是在物镜的像平面上插入一个选区光阑来套住感兴趣区，挡掉选区之外的散射束。其操作步骤是：

1）选择感兴趣区，物镜精确聚焦使成像清晰。

2）插入选区光阑套住感兴趣区，中间镜微调使光阑孔边缘成像清晰。

3）按下“衍射”按键，抽出物镜光阑，在荧光屏上得到选区电子衍射花样。

图 63-3 所示为单晶和多晶的选区电子衍射花样。

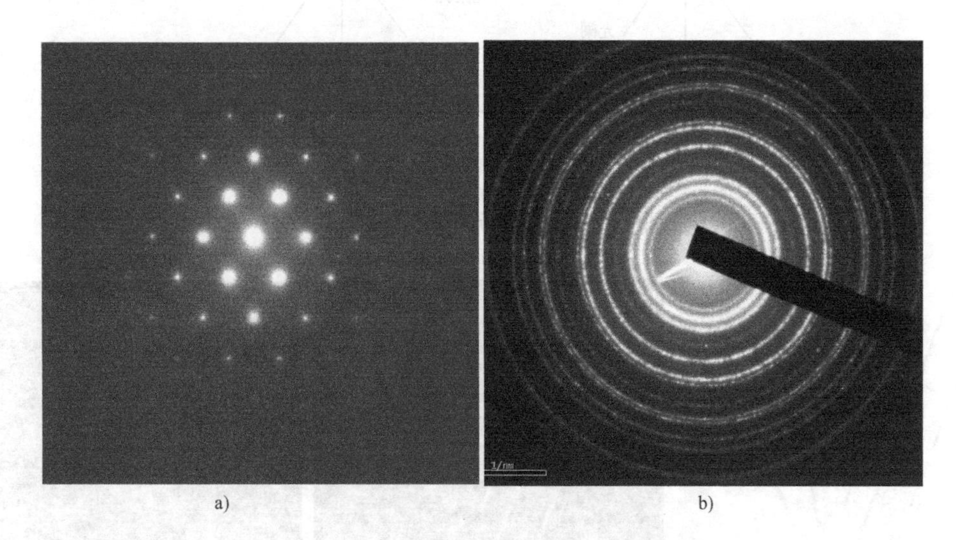

a) b)

图 63-3 单晶和多晶的选区电子衍射花样

a）Si 单晶电子衍射花样 b）γ-Fe 多晶电子衍射花样

4. 明场像与暗场像

（1）明、暗场成像原理 晶体薄膜试样明、暗场像的衬度是由于晶体试样不同微区的结构或取向差导致衍射强度不同而形成的，因此称其为衍射衬度，以衍射衬度机制为主而形成的图像称为衍衬像。如果只允许透射束通过物镜光栏成像，称其为明场像；如果只允许某支衍射束通过物镜光栏成像，则称为暗场像。明、暗场成像的光路原理如图 63-4 所示。

（2）暗场像的获得 暗场像有移动光阑暗场和中心暗场两种成像方式。中心暗场成像是通过倾斜入射电子束使衍射束与主光轴平行。由于使用了孔径角很小的旁轴光成像，可以有效降低中心暗场像的球差，提高图像的分辨率。透射电子显微镜中心暗场像的基本操作步骤为：

1）在明场像下寻找感兴趣的视域。

2）插入选区光阑套住感兴趣区，获得选区内晶体的衍射花样。

3）倾斜入射电子束方向，使用于成像的衍射束与电子显微镜光轴平行，此时该衍射斑点应位于荧光屏中心。

4）插入物镜光阑套住荧光屏中心的衍射斑点，返回成像模式，退出选区光阑。此时，荧光屏上显示的图像即为该衍射束形成的暗场像。

图 63-5 所示为 TiAl 金属间化合物中的孪晶形貌。图 63-6 所示为位错的衍射衬度像，位错的衬度与晶体位向密切相关。图 63-7 所示为层错的衍射衬度像，明暗相间的平行条纹是层错的典型衬度。

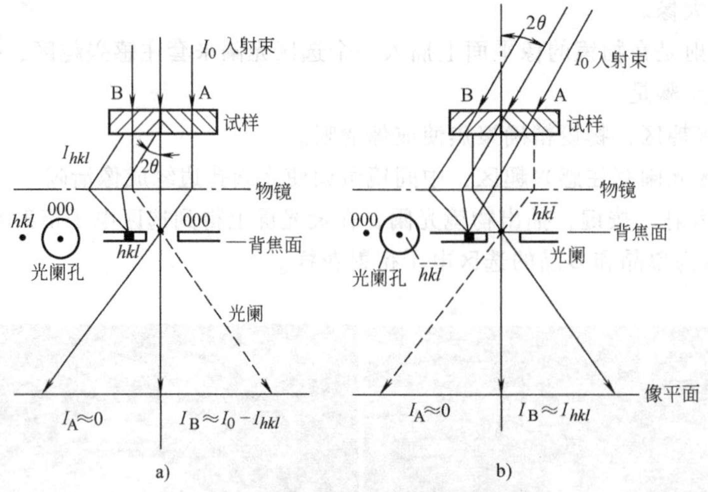

图 63-4 明、暗场成像的光路原理

a）明场成像 b）中心暗场成像

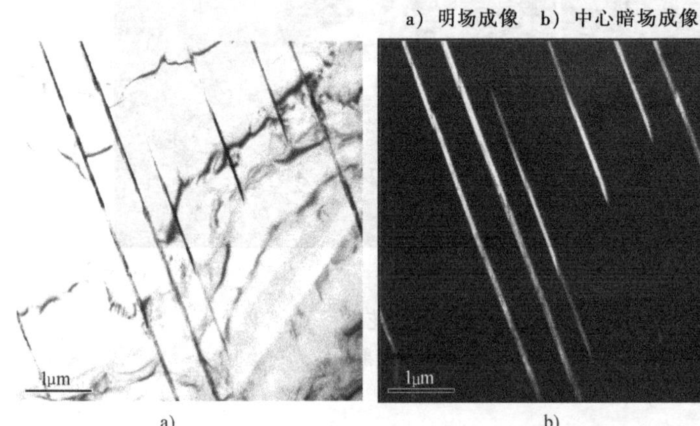

图 63-5 TiAl 金属间化合物中的孪晶形貌

a）明场像 b）暗场像 c）选区电子衍射

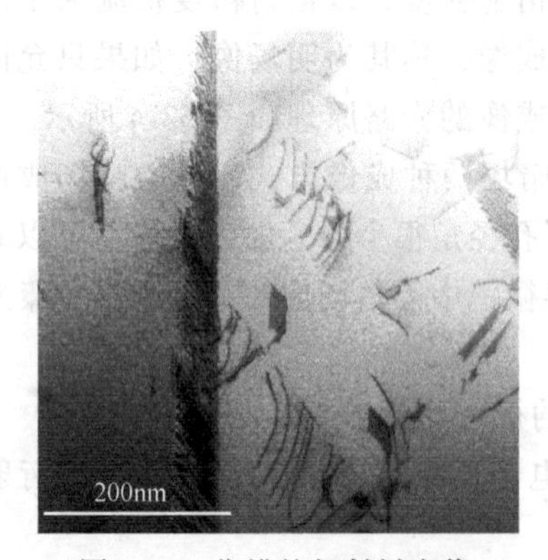

图 63-6 位错的衍射衬度像

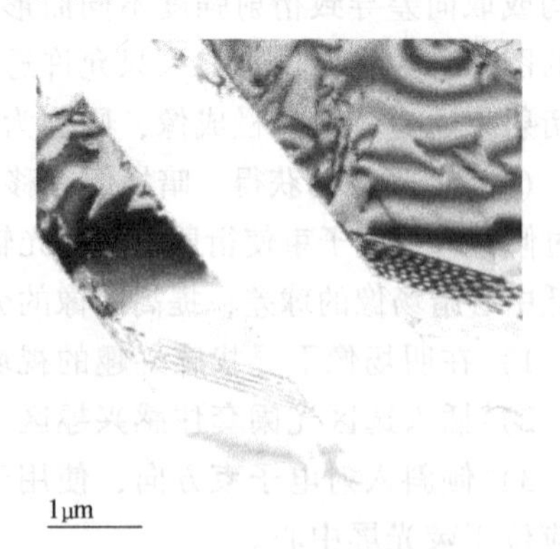

图 63-7 层错的衍射衬度像

三、实验设备及材料

1）透射电子显微镜。

2）双倾试样台。

3）金属或合金的薄膜透射电子显微镜试样、纳米粉末透射电子显微镜试样。

四、实验内容及步骤

1）了解透射电子显微镜的结构与成像原理。

2）观察金属薄膜试样的衍射衬度像（明、暗场像）。

3）观察选区电子衍射操作，拍摄电子衍射花样，分析基体与第二相的结构。

4）观察纳米粉末试样，观察粉末的形状、粒径，进行电子衍射粉末晶体结构分析。

提示：进入实验室按照要求穿好鞋套，实验结束后，关闭设备电源，清理实验室卫生。

五、实验报告要求

1）写出实验目的及内容

2）说明透射电子显微镜结构与成像原理。

3）说明选区电子衍射原理，标定实验中拍摄的单晶电子衍射花样。

实验 64　扫描电子显微镜结构、成像原理与图像观察

一、实验目的

1）了解扫描电子显微镜的结构与成像原理。

2）通过对实际试样的观察与分析，熟悉扫描电子显微镜在材料分析中的应用。

二、原理概述

1. 扫描电子显微镜结构与成像原理

扫描电子显微镜（SEM）是介于透射电子显微镜与光学显微镜之间的一种微观形貌观察手段，其主要优点是：①分辨率高，目前高性能扫描电子显微镜的分辨率已达 1nm；②较高的放大倍数，并且放大倍数可以从十几倍至几十万倍之间连续变化；③景深大，图像立体感强，适合观察凹凸不平表面的显微形貌，图像非常直观；④试样制备简单。目前的扫描电子显微镜都配有 X 射线能谱仪装置，这样可以同时进行显微形貌的观察和微区成分分析，因此它是当今用途十分广泛的电子显微分析仪器。

扫描电子显微镜是利用细聚电子束在试样表面扫描，激发出各种物理信号（如二次电子、背散射电子和吸收电子等），用相应的探测器检测这些信号，将信号按顺序成比例地放大并转换成视频信号，最后在荧光屏上显示反映试样表面各种特征的图像。

扫描电子显微镜的放大倍数等于荧光屏的宽度与电子束在试样上的扫描宽度之比，通过

减小电子束在试样上的扫描宽度就可以实现放大。扫描电子显微镜的电子光学系统与透射电子显微镜的完全不同，其作用只是为了获得扫描电子束，并不参与成像。

扫描电子显微镜的基本结构可分为电子光学系统、信号检测放大系统、图像显示和记录系统、真空系统和电源及控制系统等。图 64-1 所示为扫描电子显微镜结构示意图。

2. 试样制备

扫描电子显微镜具有试样制备简单的优点，只要形状尺寸符合要求，就可以直接进行观察。对于表面有油污和灰尘污染的试样，可使用有机溶剂（乙醇或丙酮）在超声波清洗器中清洗干净。如果试样表面锈蚀或严重氧化，可采用化学清洗或电解的方法将表面清理干净。对于不导电的试样，需在表面溅射一层 5～10nm 厚的导电金属（如 Au 或 Pt）薄膜。

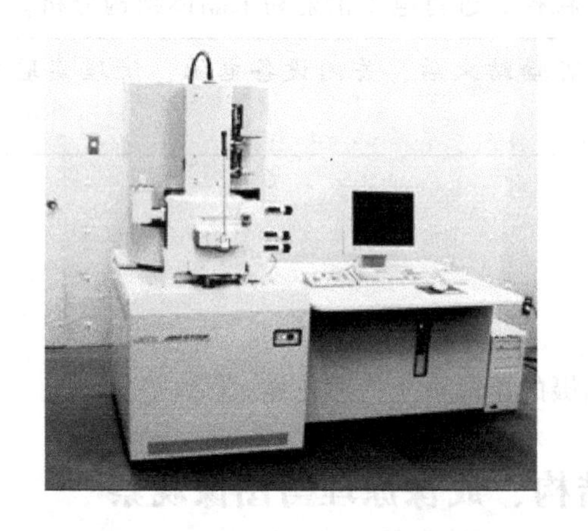

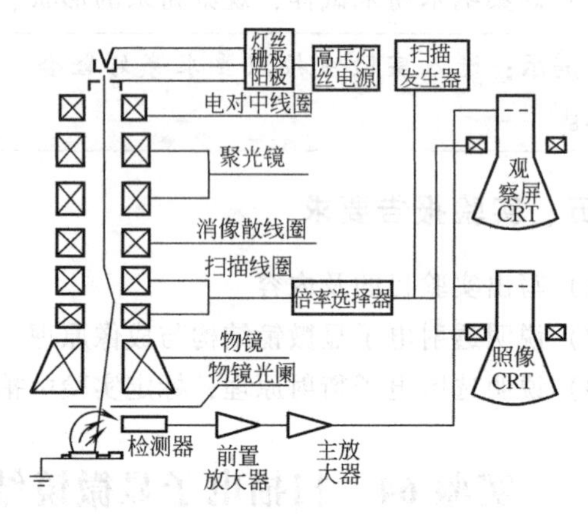

图 64-1 扫描电子显微镜结构示意图

3. 扫描电子显微镜图像的衬度观察

扫描电子显微镜成像信号主要有二次电子和背散射电子。二次电子来自于试样表面层 5～10nm，对试样的表面特征十分敏感，而且分辨率高，目前可达到的最佳分辨率为 1nm，适合显示表面形貌衬度。背散射电子对试样表面的原子序数十分敏感，而对表面形貌不够敏感。背散射电子像主要用于显示原子序数衬度，可进行定性成分分析。

扫描电子显微镜图像表面形貌衬度几乎可以用于显示任何试样表面的微观信息，其应用已渗透到许多科学研究领域，在失效分析、刑事案件侦破、病理诊断等技术部门也得到广泛应用。

在材料科学研究领域，扫描电子显微镜在断口分析方面显示出突出的优越性。利用试样或零部件断口的表面形貌特征，可以获得有关裂纹起源、裂纹扩展途径以及断裂方式等信息，根据这些信息可以分析裂纹萌生的原因、裂纹的扩展途径以及断裂机制。

图 64-2 所示为金属典型断口的二次电子像。图 64-2a 所示为韧窝断口的形貌，在断口上分布着许多微坑。解理断口为脆性断裂的典型特征（见图 64-2b），在解理断口上存在有许多台阶，在解理裂纹扩展过程中，台阶相互汇合形成河流花样（见图 64-2c）。准解理断口与解理断口有所不同，断口中有许多弯曲的撕裂棱，河流花样由点状裂纹源向四周放射。沿晶断口特征是晶粒表面形貌组成的冰糖状花样（见图 64-2d）。

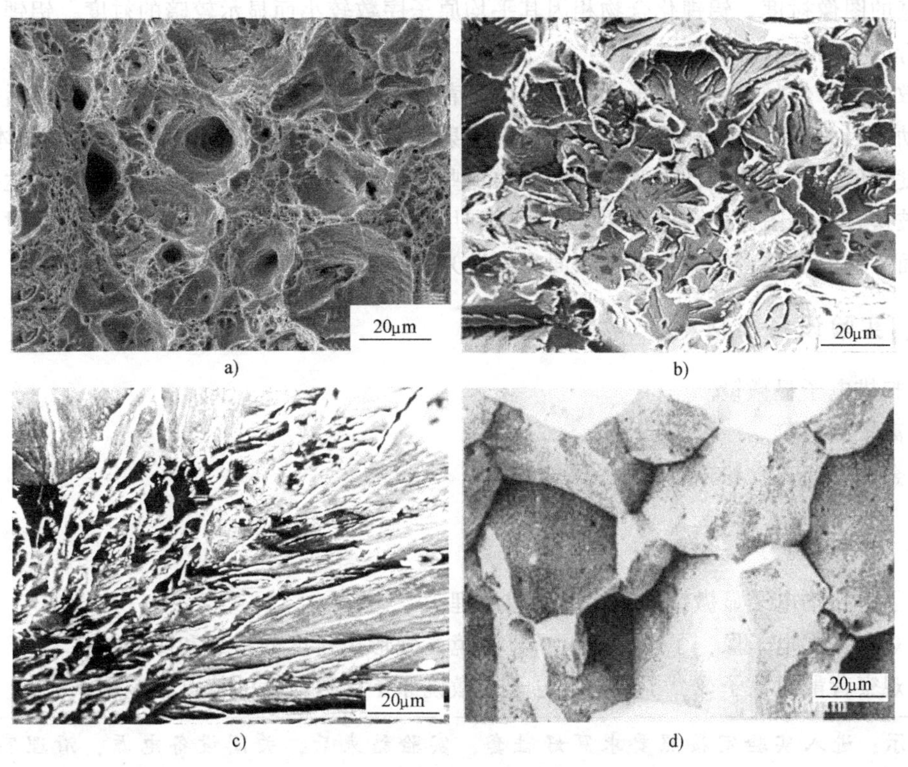

图 64-2 金属典型断口的二次电子像

a）韧窝断口 b）解理断口 c）解理断口河流花样 d）沿晶断口

4. 原子序数衬度观察

在相同实验条件下，背散射电子信号的强度总是随原子序数的增大而增大。在试样表面平均原子序数较大的区域，产生的背散射电子信号强度较高，背散射电子像中相应的区域显示较亮的衬度；而试样表面平均原子序数较小的区域则显示较暗的衬度。背散射电子像的衬度实际上反映了试样不同微区平均原子序数的差异，因此背散射电子像可用于定性成分分析。

图 64-3 所示为 Al-Li 合金铸态共晶组织的背散射电子像。该共晶组织由 α-Al 固溶体和铝锂化合物两相构成，其中 α-Al 固溶体由于平均原子序数较大，产生背散射电子信号较强、

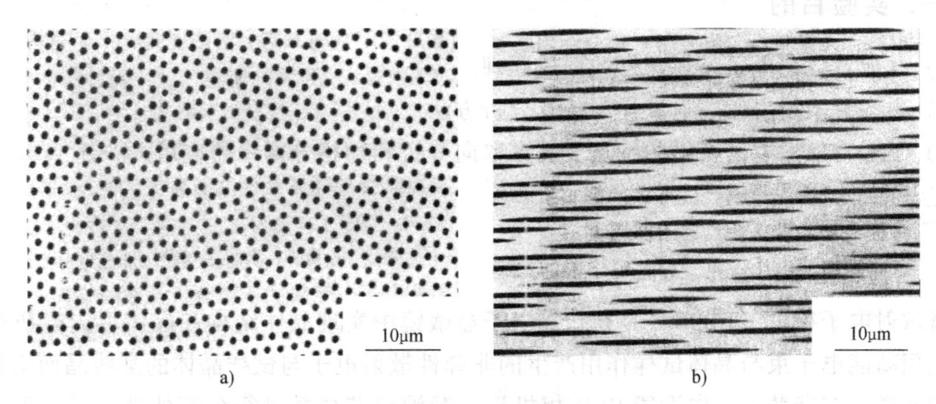

图 64-3 Al-Li 合金铸态共晶组织的背散射电子像

a）横截面 b）纵截面

显示较亮的图像衬度。铝锂化合物相因其平均原子序数较小而显示较暗的衬度，铝锂化合物相为平行分布的针状。

背散射电子信号也可以用于形貌像，由于背散射电子能量较高，离开试样表面后沿直线轨迹运动，因此，信号探测器只能检测到直接射向探头的背散射电子，有效收集立体角小，信号强度较低。尤其是试样中背向探测器的那些区域产生的背散射电子，因无法到达探测器而不能被接收，在图像上会产生阴影。所以利用闪烁体计数器接收背散射电子信号时，只适合于表面平整的试样，实验前试样表面必须抛光而不需腐蚀。

三、实验设备及材料

1）扫描电子显微镜。
2）离子溅射仪。
3）金相、断口、粉末等试样。

四、实验内容及步骤

1）了解扫描电子显微镜的结构和成像原理。
2）观察二次电子像，了解扫描电子显微镜显微形貌衬度的特点和应用。
3）观察背散射电子像，了解扫描电子显微镜原子序数衬度的特点和应用。

提示：进入实验室按照要求穿好鞋套，实验结束后，关闭设备电源，清理实验室卫生。

五、实验报告要求

1）说明扫描电子显微镜的基本结构及特点。
2）说明扫描电子显微镜表面形貌衬度和原子序数衬度的特点和应用。

实验65　背散射电子衍射原理及其在材料分析中的应用

一、实验目的

1）掌握背散射电子衍射花样的形成原理。
2）熟悉背散射电子衍射试样制备及分析方法。
3）了解背散射电子衍射的特点及其在取向分析和物相分析中的应用。

二、原理概述

1. 背散射电子衍射花样的形成原理

背散射电子衍射（EBSD）是在扫描电子显微镜中实现晶体结构和晶体取向分析的新技术。利用高能电子束与晶体试样作用产生的非弹性散射电子与试样晶体的某些晶面衍射形成菊池线花样，在背散射方向设置CCD相机记录菊池线花样并进行分析处理，以获得该微区的相结构和取向信息。

入射电子束与试样表面作用产生弹性散射和非弹性散射。其中非弹性散射电子在空间所有方向上传播，其中与（hkl）满足布拉格条件的散射波将出现衍射。由布拉格方程可知，所有与（hkl）及（$\bar{h}\bar{k}\bar{l}$）满足衍射条件的非弹性散射波在空间上会形成两个对顶圆锥，圆锥的顶角均为（$\pi-2\theta$）。由于 2θ 很小，衍射圆锥接近于平面。若在背散射方向设置荧光屏，衍射圆锥与荧光屏相交便可形成衍射花样。同一（hkl）的衍射花样为一组平行线对，称为菊池线或菊池带，如图 65-1 所示。设试样表面与荧光屏距离为 l，则菊池线的宽度 w 为

$$w \approx l2\theta \approx \frac{l\lambda}{d} \tag{65-1}$$

可见，只要测出菊池线的宽度，即可确定对应的衍射晶面。

不同方向的两个或多个菊池线相交形成一个菊池极，菊池极相当于这些菊池线所对应晶面共同的晶带轴，可以采用单菊池极法或三菊池极法确定晶体的取向。

2. 背散射电子衍射装置

EBSD 装置已成为扫描电子显微镜（SEM）或电子探针（EPMA）的主要附件，并可与能谱仪（EDS）一体化而配合使用。EBSD 装置主要由 CCD 相机、试样台、SEM 控制部件与接口、EBSD 实验控制及分析软件等构成，如图 65-2 所示。

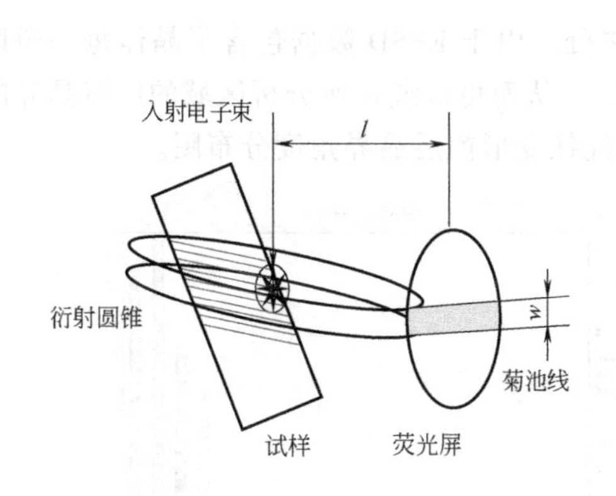

图 65-1　菊池线形成原理

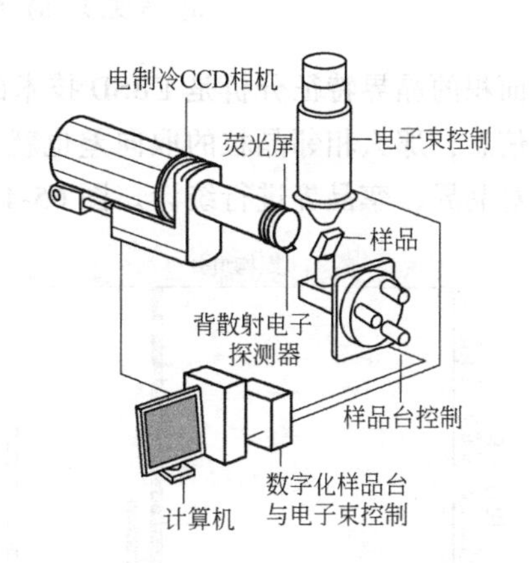

图 65-2　EBSD 装置示意图

3. 试样制备

EBSD 花样对试样的结晶完整性极为敏感，为此要求试样表面清洁平整、无变形，同时还应具有良好的导电性。

制备试样时必须去除表面的任何损伤。对于金属材料，可通过机械抛光（转盘或振动）、电解抛光或化学抛光来制备 EBSD 试样。其中，振动抛光在抛光过程中引入的变形损伤非常小，较为适合用于 EBSD 试样的最终抛光。陶瓷材料也可进行机械抛光制备 EBSD 试样。离子抛光是近几年发展的新技术，可将表面损伤控制在最低限度。对于非金属材料试样，需要对表面进行蒸碳或喷金处理，以防止电荷积累而引起图像漂移或畸变。

4. EBSD 分析

EBSD 可自动实现对试样表面的线扫描或面扫描，从采集到的数据绘制取向成像图 OIM、极图、反极图以迅速获得关于试样大量的晶体学信息，包括织构和取向差分析；晶粒尺寸及形状分布分析；晶界、亚晶界、孪晶界性质分析；应变和再结晶分析；物相鉴定及物

相定量分析等。

控制入射电子束在设定面积内扫描，逐点采集各微区的菊池线花样，经标定确定其晶体学取向并进行分类，将具有某一相同取向差的区域赋以随机的颜色或灰度，可重构出多晶体的取向图。图 65-3 所示为纯钛不同变形量 EBSD 取向成像图，由此可直观地反映随变形量增大，晶粒细化的过程以及孪晶形貌。

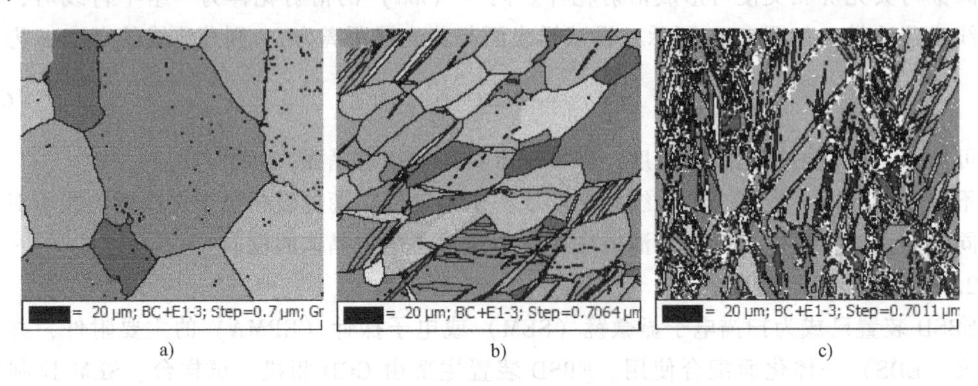

图 65-3 纯钛不同变形量 EBSD 取向成像图

a）未变形 b）变形量 10% c）变形量 30%

大面积的晶界特征分析是 EBSD 技术的独特之处。由于 EBSD 数据包含了晶体每一微区的取向信息，那么相邻晶粒的取向差也就可以确定，从而可以统计所分析区域的所有晶界的角度，对晶界、孪晶界进行统计。图 65-4 所示为纯钛变形前后晶界角度分布图。

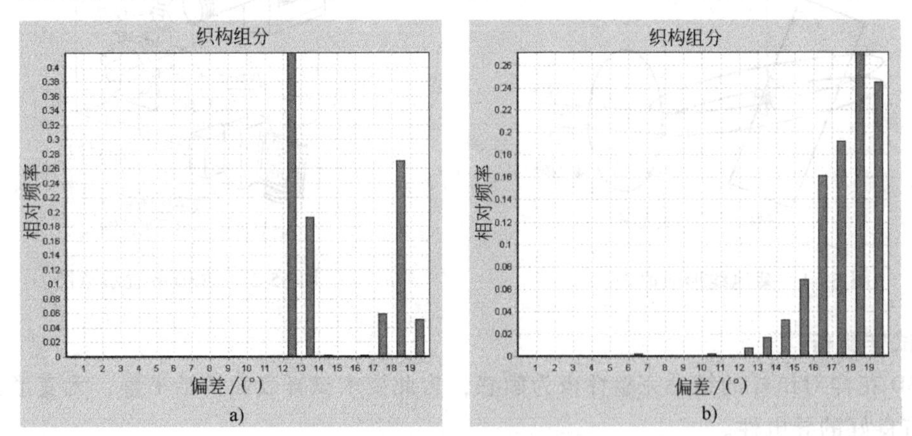

图 65-4 纯钛变形前后晶界角度分布图

a）未变形 b）变形量 30%

多晶体的取向通常用直接极图（正极图）表示。直接极图是将多晶体中每个晶粒的某一低指数晶面法线相对宏观坐标系（轧制平面法向 ND、轧制方向 RD、横向 TD）的空间取向分布进行极射赤面投影来表示多晶体中全部晶粒的空间取向。图 65-5 所示为纯钛各变形量下的直接极图。

反极图是以晶体学方向为参照坐标系的。该坐标系通常以晶体重要的低指数晶向作为三个坐标轴，而将多晶材料中各晶粒平行于材料的特征外观方向的晶向标示出来，因而表现出该特征外观方向在晶体空间的分布，如图 65-6 所示。

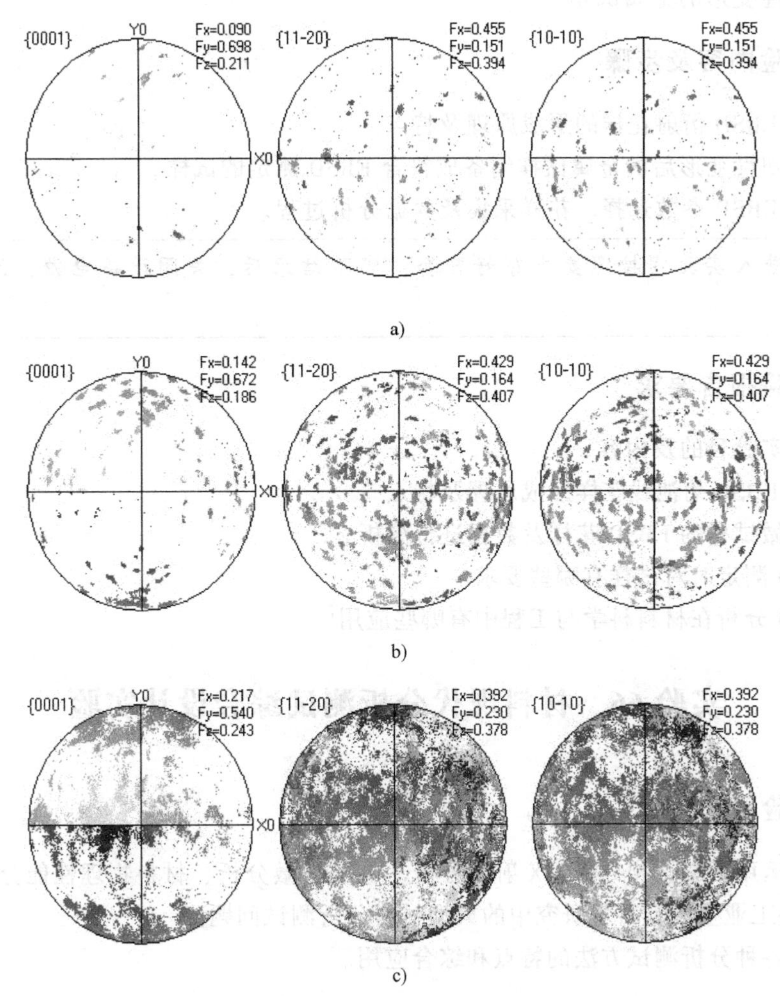

图 65-5　纯钛各变形量下的直接极图

a）未变形　b）变形量 10%　c）变形量 30%

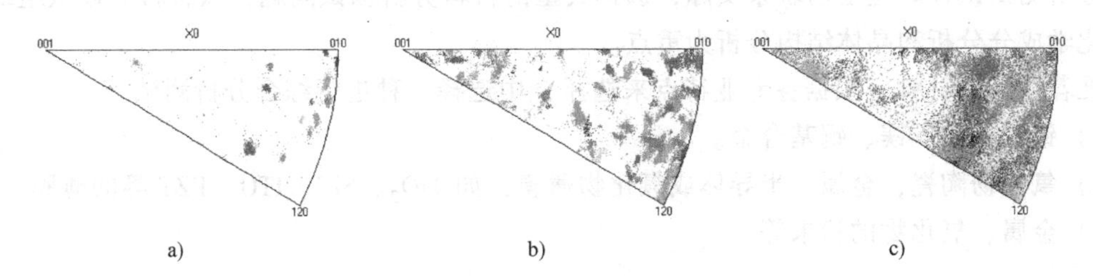

图 65-6　纯钛不同变形量的反极图

a）未变形　b）变形量 10%　c）变形量 30%

三、实验设备及材料

1）扫描电子显微镜、EBSD 附件。

2）振动抛光、电解抛光仪。

3）经塑性变形的金属试样。

四、实验内容及步骤

1）了解 EBSD 衍射花样的形成原理及特点。
2）将经塑性变形后的金属试样制备成符合 EBSD 测定的试样。
3）观察 EBSD 参数选择、花样采集及数据分析过程。

提示： 进入实验室按照要求穿好鞋套，实验结束后，关闭设备电源，清理实验室卫生。

五、实验报告要求

1）写出实验目的及内容
2）简述 EBSD 菊池线花样形成原理及特点。
3）对所做试样的 EBSD 花样及数据进行分析。
4）EBSD 测定时对试样有哪些要求？
5）EBSD 分析在材料科学与工程中有哪些应用？

实验 66　材料现代分析测试综合设计实验

一、实验目的

1）综合运用所学金相分析、X 射线分析、电子显微分析、材料物理性能分析等相关专业课程，解决工业生产和科学研究中的典型材料分析测试问题。
2）熟悉各种分析测试方法的特点和综合应用。

二、实验材料

分析测试试样时应密切联系实际，选择典型的材料分析测试问题，以材料的显微组织分析、化学成分分析和晶体结构分析为重点。
推荐在以下材料（根据各专业特点来选择）中选择一种进行综合分析测试：
1）钢铁或铝、镁、铜基合金。
2）氧化物陶瓷，金属、半导体或氧化物薄膜，如 TiO_2、SiC、ITO、PZT 等的薄膜。
3）金属、氧化物的粉末等。

三、实验要求

（1）对于金属材料的分析测试要求　制备金相和透射电子显微镜试样，测试材料的显微组织形貌、晶体结构、化学成分，重点对第二相和晶体缺陷进行分析测试。
（2）对于陶瓷材料的分析测试要求　制备金相及透射电子显微镜试样，分析测试材料的组织形貌、测定陶瓷中的组成相、各相的含量以及化学成分等，重点对结晶相的结构进行定性和定量分析。

（3）对于薄膜材料分析测试要求　测试薄膜平面和截面的显微形貌、薄膜以及薄/基界面的结构、薄膜的厚度和成分等。

（4）对于粉末试样分析测试要求　测试粉末的组成相、颗粒显微形貌、粒径、化学成分等。

四、实验设备

提供的分析测试仪器设备包括 GX-71 光学金相显微镜、JSM-6700F 场发射扫描电子显微镜、JEM-3010 高分辨透射电子显微镜、XRD-7000 型 X 射线衍射仪、OXFORD X 射线能谱仪等以及试样制备设备等，各组根据所测试试样和要求选择仪器设备。

五、实验内容及步骤

1）本综合实验以小组为单位进行，每组 5、6 名学生，每组完成一种典型材料的分析测试课题。

2）每组安排有经验的指导教师组织和指导学生完成实验测试方案设计、上机实验测试以及实验结果的分析。

3）本综合实验包含查阅资料、方案设计、实验测定、数据处理、结果分析、撰写实验报告等环节。学生接受分析测试课题后，通过查阅资料、集中讨论、个别答疑等方式，对测试课题设计出一套详细的分析测试方案，讨论确认后进行实验测试。

4）结合实验室仪器设备具体情况，选择有条件的分析测试课题进行实验测定，分析处理实验结果，得出结论，完成分析测试报告。

提示：实验结束后，关好所用设备的电源，请将所用废溶液倒入废液桶内回收，请勿直接倒入下水道内，清洗好玻璃容器，摆放好实验仪器，清理实验室卫生。

六、实验报告要求

1）本综合实验报告内容应包括分析测试实验方案、分析测试实验结果、分析讨论、测试结论等内容。

2）采用的分析测试仪器应涉及材料的显微组织分析、化学成分分析和晶体结构分析的主要手段，如光学金相显微镜、电子显微镜、X 射线衍射仪、能谱仪或电子探针等。

附　录

附录 A　金相实验室的安全技术

一般来说，金相实验室是比较安全的环境，然而其也存在着不少潜在的危险。只要按照普通常识掌握和遵循一些简单准则，即可避免发生危险事故。安全应从良好的清洁作业着手，整洁有序的实验室可保证操作安全，反之紊乱、肮脏的环境容易诱发事故。

一、化学药品的保存及使用注意事项

常用化学药品多具有毒性、腐蚀性、易燃性和易爆性。因此，只能保存够短期使用的少量化学药品。易燃溶剂应隔热；保存在地面的金属柜中最理想。容易氧化的物料不得与氧化剂保存在同一柜橱内。

1. 使用危险（毒）物的注意事项

使用化学药品时要特别小心谨慎。几乎所有的化学药品以及某些金属，即使浓度很小，也会对人体有害。这类有害物质可内由呼吸和消化器官，外由皮肤和眼睛侵入体内。因此，金相试样的制备，原则上应与化学实验室安全规则相同。

一些重要预防措施如下：

1）所有保藏器皿必须标志清楚。

2）不许倒掉浓度大的化学药品，注意废水环保规定。

3）所有危险物品，都要在阴凉、防火以及避光处存放。

4）处理腐蚀性物质时（酸、碱、过氧化氢、各类盐液和熔盐），要戴上保护眼镜、橡皮手套，穿工作服，以保护眼睛和皮肤。这些物质的蒸气也往往有毒，因此，工作时尽可能打开通风装置。产生有毒气体和蒸气时，必须要在排气橱内工作，必要时戴上防毒面具。

5）配制浸蚀剂时，应将腐蚀性的化学药品放入稀释剂中（水、乙醇、甘油等）。例如：先加水，后加酸。

6）可燃和爆炸性药品（苯、丙酮、乙醚、高氯酸盐、硝酸盐等）不得加热或靠近明火。

7）有毒材料，如铍材料和放射性物质（铀、钍、钚以及其合金和化合物），在制备试样磨片时应在防护箱或所谓“铅壁防护室”中工作。

对特别有害的药品均要有说明。此外，还应注意以下各项：

1）较高浓度的（超过 60%）高氯酸，易燃且易爆炸，如遇有机物或易氧化的金属，如

铋（Bi）时，尤其要注意，必须避免浓度过高或加热。电解抛光和浸蚀时均须小心，不得储存在塑料瓶中。高氯酸和乙醇的混合物中，可能形成爆炸性很强的烷基高氯酸盐，必须避免浓度过高和加热。

2）用高氯酸配制的所有溶液都有易燃和爆炸的危险，必须在缓慢地不断搅拌情况下，将高氯酸加入溶液中。混合过程和使用期间，温度不得超过35℃，因此需要在冷却槽中工作。尽可能在保护罩后面工作并戴上保护眼镜。

3）由乙醇和盐酸组成的混合物可能发生不同反应（醛、脂肪酸、爆炸性氮化物等）。易爆炸性随分子大小增加而增大。盐酸在乙醇中的质量分数不得超过5%，在甲醇中不得超过35%，不要保存混合物。

4）乙醇和磷酸的混合物可能发生酯化，其中有一些磷酸酯对神经有剧毒，并能通过皮肤吸收或呼吸进入体内，从而导致严重危害。

5）由甲醇和硫酸组成的混合物中可能形成硫酸二甲酯，无味、无嗅但极有毒。由皮肤吸收或吸入（也能通过防毒面具）的硫酸二甲酯也能达到致命的剂量。但高级醇的硫酸盐，并非危险性毒物。

6）由氧化铬（VI）和有机物组成的混合物有爆炸性。混合要小心！不要保存！

7）铅和铅盐非常有毒。铅中毒所造成的损失并不随时间的推移而减退，反而积累。用镉、铊、镍、汞和其他重金属及其化合物时也应小心。

8）所有氰化物（CN）都非常危险，因为容易形成氢氰酸（HCN），这是一种作用很快、浓度很小就能致命的毒剂。

9）氢氟酸不仅对皮肤和呼吸有毒，而且对玻璃也是一种浸蚀剂。使用氢氟酸时，有损伤物镜前透镜的危险。用含氢氟酸的溶液浸蚀后以及显微镜照相前，试样要彻底冲洗（至少15min！）并需干燥。

10）苦味酸酐有爆炸性。

2. 电解浸蚀时的注意事项

1）含有机物质的高氯酸有爆炸危险；应采用槽冷的办法，配置冷态电解液时要小心，工作时电流密度要低。

2）铬酸和氢氟酸危险性较小，但有毒；应该利用强烈的通风井并采用单独的防护装置，降低槽的温度。

3）含有机化合物的硝酸有毒，必须利用强烈的通风井并采用单独的防护装置。

4）硫酸和磷酸的毒性较小，但使用时仍需要利用强烈的通风井和采取单独的防护装置。

5）氰化物电解液含有烈性毒物，所以只有在遵守特殊规则的要求下才能利用。

二、金相实验室环境安全措施

1. 环境安全基本要求

金相显微镜应安放在无酸、无碱、无振动、阴凉、干燥的房间内。试样制备实验室的房间应该经常通风，有毒气体的湿度不允许超过所规定的值，应列出关于使用化学物质时的预防措施和在灼伤和中毒等情况下的紧急办法。工作人员必须熟悉所用试剂的性能以及预防措施，同时还熟悉发生不幸事故后的急救方法、灭火方法等。所用的工具应该放在旁边，并且在规定期限内要检查是否适用。使用浓酸对工作人员健康的危害程度将会增大，尤其是在宏观浸蚀试样时，应该特别认真地进行安全技术教育，对所有的工序编制相应的书面指南。应根据现行标准发给工作人员工作服和个人防护工具，并对通风机构进行检查。还应注意以下事项：

1）试剂倒出和注入的数量应该不超过2~3天的需用量，其余的试剂应保存在专门建立的仓库里。所有的瓶都要有磨砂塞，瓶子不能开着，特别是如果瓶子里装着像浓酸、氨和有毒液体这一类试剂。

2）试剂的称量和使用必须在通风良好的环境或在排气柜内进行，同时要戴上护目镜、橡皮手套和穿上橡皮围裙。易燃液体如乙醚、酒精、汽油、苯等不能放在有煤气喷灯和小电炉的房间内。

3）在配置和利用某些试剂时，会形成爆炸物质；在配置中性苦味酸钠时，应避免碰撞、振动和火源；利用硝酸和甘油时，可能会形成硝化甘油。

4）许多试剂在加热时以及和金属相互作用时，会形成氟、氯的有害蒸汽。在利用各种有毒物质，氰化钾或氰化钠、砷盐以及浓的酸溶液时，也有类似的情形，所以必须使用抽气装置。

5）吸水性强的和有剧烈气味的试剂必须保存在完全密闭的容器内，最好保存在蜡封容器内。对于在光线下分解的试剂（焦性五倍子酸、铬盐），应该使用暗色玻璃的容器；对于会腐蚀玻璃的溶剂（如HF），则应该用石蜡制的容器。

6）所有的有毒物质（KCN、HCN、$HgCl_2$、砷盐等）必须保存在上锁的专用密封柜内。

7）人受$HClO_4$、HF、HNO_3、H_2SO_4、HCl等酸灼伤后，伤口愈合很慢。某些浓的盐溶液（如重铬酸钾、铁氰化钾等）会腐蚀手。使用上述物质时，就和使用有毒物质一样，必须戴橡胶手套，在抽气装置下进行。

8）为了在金相实验中进行急救，在明显的地方应备有亚麻仁油、橄榄油、石灰水、10%的苏打水溶液、5%高锰酸钾溶液、3%~6%的醋酸溶液、1%~2%的盐酸溶液等。

2. 操作安全要求

实验室应制定安全作业规程，还应给每台设备制定安全操作细则。大多数操作应在以防护塑料或不碎玻璃作为屏蔽拉门的通风橱内进行。橱内备有清洗及排放溶液用水槽。在往下水道中倾倒强酸废液之前，需先以大量水稀释，以减少同管道中含有的化学试剂起反应的危险。含有氢氟酸（HF）的化学抛光液及浸蚀剂危害管道尤其严重。排放像无水氯化铝或金属钠等与水反应激烈的药品，应十分注意。通风橱内一般还隔出放置酸类和浸蚀剂小瓶（50~500mL）的适当位置，瓶上贴以整洁醒目的永久性标志。具体操作时应注意：

1）砂轮切割作业时，切割区应与外界隔离。主要危险来自砂轮崩裂所飞出的碎块，但只局限于密封室内，起因于试样未夹牢或用力过猛，当然也有试样破碎的情况。

2）磨削时产生的金属粉尘常有毒性，像铍、镁、铅、锰和银等则有剧毒。湿磨无例外地适用于所有试样，而效果最佳。放射性物质需特制遥控装置，并应严格遵守安全注意事项。

3）钻床给薄试样打孔时务须压平，否则试样飞起将造成严重事故。镶样机或小型热处理炉有灼伤危险，升温时炉前加挂“热”标志有好处。

4）试剂一般用带玻璃塞的玻璃瓶，而带塑料旋塞的玻璃瓶则用来盛硝酸酒精之类可产生气压的溶液。但须在瓶塞上钻一小孔减压，否则，当压力集聚达到一定程度便会自动冲开瓶塞。

5）大多数浸蚀剂或电解液配方是固体按重量而液体按体积配制。只有极少数情况是按重量分数给出所有组分的量。对于金相研究，试剂组成并非十分关键。普通实验室用天平称重，用量筒量体积即可。配溶液常用大型刻度烧杯，凡遇 HF，则所有容器均应用聚乙烯制品。有些试剂要讲究混合顺序，对危险品尤其重要。配制时需用蒸馏水，因大多数自来水中含矿物质或氯化物及氟化物，不但效果不好，且易出现意外。配制时应用冷水、温水或配制时加热会使反应加剧。应先在容器中注入水或酒精等溶剂，然后溶入指定的盐类或酸类。磁力搅拌装置用处最大，加酸等危险试剂时，应在搅拌下缓慢加入。如列有硫酸（H_2SO_4）一项，则应在最后缓慢加入，必要时须冷却。

6）金相用化学药品和溶剂均应为最高纯度级。虽然价格较高，但因用量甚少，且从安全和可靠性来考虑这样更合适。

附录 B　显示钢铁材料及非铁金属材料显微组织常用化学浸蚀剂

附表 B-1　显示钢铁材料显微组织常用化学浸蚀剂

序号	浸蚀剂名称	成　分	适用范围及使用要点
1	硝酸酒精溶液	硝酸　2~4mL 酒精　98~96mL	各种碳钢、铸铁等 浸蚀速度随溶液浓度增加而加快
2	硝酸酒精溶液	硝酸　25~30mL 酒精　75~70mL	显示淬火高速钢的晶界和各种类型的碳化物
3	苦味酸酒精溶液	苦味酸　4g 酒精　100mL	显示珠光体、马氏体、贝氏体 显示淬火钢中的碳化物 利用浸蚀后的色彩差别，识别珠光体、马氏体、大块碳化物，尤其是显示碳钢晶界上的二次及三次渗碳体
4	苦味酸水溶液	苦味酸　3g 洗净剂　3mL 水　97mL	用以显示 12CrNi3、18CrNiW、20CrMnTi、20Cr2Ni4、45CrNi、38CrMoAl 等钢的实际晶粒度
5	苦味酸水溶液	苦味酸　5g 十二烷基苯磺酸钠　4g 过氧化氢　少量 水　100mL	用以显示淬火钢的的实际晶粒度 先将苦味酸及十二烷基苯磺酸钠放入水中，加热搅拌到溶解。加入微量（约 1g）的钢片，溶液煮沸 1min 停止加热。然后边搅拌边加入过氧化氢 5 滴，试剂的使用温度为 80~100℃
6	盐酸苦味酸水溶液	盐酸　5mL 苦味酸　1g 水　100mL	显示淬火或淬火回火后钢的奥氏体晶粒或马氏体
7	氯化铁、盐酸水溶液	氯化铁　5g 盐酸　50mL 水　100mL	奥氏体-铁素体不锈钢 奥氏体不锈钢

（续）

序号	浸蚀剂名称	成　分	适用范围及使用要点
8	混合酸甘油溶液	硝酸 10mL 盐酸 20mL 甘油 30mL	奥氏体不锈钢以及奥氏体合金 高 Cr、Ni 耐热钢
9	王水酒精溶液	盐酸 10mL 硝酸 30mL 酒精 100mL	18-8 型奥氏体钢的 δ 相
10	三合一浸蚀液	盐酸 10mL 硝酸 30mL 甲醇 100mL	高速钢淬火回火后的晶粒大小
11	硫酸铜盐酸溶液	盐酸 100mL 硫酸 5mL 硫酸铜 5g	高温合金
12	氯化铁溶液	氯化铁 30g 氯化铜 1g 氯化锡 0.5g 盐酸 50g	铸铁磷的偏析与枝晶组织
13	浓酸的混合酸溶液	1)盐酸(3 份)、硝酸(1 份) 2)盐酸(2 份)、硝酸(1 份)、甘油(3 份) 3)盐酸(2 份)、硝酸(1 份)、甘油(2 份)、过氧化氢(1 份) 4)硝酸(1 份)、氢氟酸(2 份)、甘油（2~3 份）	配置好的混合酸溶液最好放置几昼夜后使用 试剂适用于各种高合金钢、奥氏体合金钢以及各种不锈钢的组织，能清晰地显示各种高硅钢的组织
14	氯化铜、氯化镁、盐酸溶液	氯化铜 1g 氯化镁 4g 盐酸 2mL 酒精 100mL	灰铸铁共晶团 淬火钢中，使铁素体变黑，珠光体发亮、使富磷区比铁素体更亮；使马氏体显露出来，使索氏体和铁素体变黑
15	硫酸铜-盐酸溶液	硫酸铜 4g 盐酸 20mL 水 20mL	灰铸铁共晶团
16	硫酸铜-盐酸溶液	盐酸 50mL 硫酸铜 5g 水 50mL	高温合金
17	盐酸-硫酸-硫酸铜溶液	盐酸 100mL 硫酸 5mL 硫酸铜 5g	高温合金
18	复合试剂	硝酸 30mL 盐酸 15mL 重铬酸钾 5g 酒精 30mL 苦味酸 1g 氯化高铁 3g	高合金钢
19	三钾试剂	铁氰化钾 10g 亚铁氰化钾 1g 氢氧化钾 30g 水 100mL	主要显示硼化物相，使 FeB 成为深棕色，Fe_2B 为淡黄褐色

附表 B-2　显示非铁金属材料显微组织常用化学浸蚀剂

序号	浸蚀剂名称	成　分	适用范围及使用要点
1	氯化铁盐酸溶液	氯化铁　5g 盐酸　15mL 水　100mL	纯铜、黄铜及铜合金 铅、镁、镍、锌等合金 复杂合金的晶界
2	高锰酸钾氨水溶液	氨水　2份 高锰酸钾(0.4%)　3份	铜、黄铜和青铜中的晶界
3	混合酸	硝酸　2.5mL 氢氟酸　1mL 盐酸　1.5mL 水　95mL	铝及铝合金的一般组织 硬铝组织 适用于 Al-Cu-Si-Mn、Al-Fe-Cu、Al-Cu-Si、Al-Cu-Mg、Al-Cu-Si-Zn 等复杂合金
4	氢氟酸水溶液	氢氟酸　0.1~1mL 水　99mL	显示一般铝合金、铸造铝合金和退火铝合金,能使 Al_3Ni 和 Al_3Fe 强烈浸蚀并发黑
5	高浓度氢氟酸水溶液	氢氟酸　50mL 水　50mL	工业高纯铝、工业纯铝及 Al-Mn 系合金的晶粒
6	苛性钠水溶液	苛性钠　1g 水　100mL	铝及铝合金组织
7	氢氟酸盐酸水溶液	氢氟酸　10mL 盐酸　15mL 水　95mL	变形铝合金、钛合金的晶界
8	硝酸酒精溶液	硝酸　2~4mL 酒精　98~96mL	除了显示碳钢、铸铁等外,还可显示纯锡和锡合金
9	盐酸	盐酸(密度为 1.19)	锡、铅、锑、铋及其合金的晶界 浸入盐酸数秒,用水冲洗,在空气中干燥
10	草酸溶液	草酸　2mL 水　10mL	铸造镁合金及变形镁合金组织(擦拭 3~5s,用热水或冷水冲洗)
11	酒石酸溶液	酒石酸　2g 水　100mL	含 Al、Zn、Mn 的镁合金组织
12	柠檬酸溶液	柠檬酸　5~10mL 水　100mL	变形镁锰合金及镁铜合金组织
13	硝酸溶液	硝酸　8mL 蒸馏水　100mL	纯镁和大多数镁合金的铸态和变形组织
14	氢氟酸硝酸水溶液	氢氟酸　1~3mL 硝酸　2~6mL 水　91~97mL	著名的"Kroll"浸蚀剂,可用于纯钛、α、α+β、β 合金,显示效果好 浸蚀 10~20s
15	氢氟酸硝酸甘油溶液	氢氟酸　20mL 硝酸　20mL 甘油　40mL	一般钛及钛合金
16	铁氰化钾-氢氧化钾溶液	铁氰化钾　5g 氢氧化钾　5g 水　100mL	碳化钛(TiC)涂层
17	氧化铬硫酸钠溶液	氧化铬　20g 硫酸钠　1.5g 水　100mL	大多数锌合金
18	氢氧化钠水溶液	氢氧化钠　10g 水　100mL	纯 Zn、Zn-Co 和 Zn-Cu 合金

（续）

序号	浸蚀剂名称	成　分	适用范围及使用要点
19	硝酸乙醇(甲醇)溶液	硝酸(密度为1.40)　1~5mL 乙醇或甲醇　100mL	铅和铅合金 硬铅和高铅合金
20	硝酸冰醋酸甘油(乙醇)溶液	硝酸(密度为1.40)　8mL 冰醋酸　8(16)mL 甘油或乙醇(96%)　84mL	Pb、Pb-Sb、Pb-Ca合金
21	醋酸酐硝酸甘油溶液	醋酸酐　1份 硝酸　1份 甘油　4份	纯铅的晶界(需要新配试剂,并反复浸蚀及抛光)
22	硝酸溶液	硝酸　2~5mL 蒸馏水　100mL	纯锡及含铁、锑、铜的高锡合金
23	硝酸醋酸甘油溶液	硝酸　10mL 醋酸　30mL 甘油　50mL	纯Sn和Sn-Pb合金(在38~42℃,浸蚀10min)
24	硝酸醋酸溶液	硝酸　50mL 醋酸　50mL	Ni、Ni-Cu、Ni-Ti及超耐热合金的通用浸蚀剂。新配溶液在通风橱中操作,不能储藏。浸蚀5~30s
25	硫酸铜盐酸溶液	硫酸铜　10g 盐酸　50mL 水　50mL	Marble试剂。显示Ni、Ni-Cu、Ni-Fe及超耐热合金。浸蚀5~60s,加几滴硫酸可增加活性,显示超耐热合金的晶粒组织
26	盐酸乙醇溶液	盐酸(密度为1.40)　10mL 乙醇　90mL	铍及铍合金
27	硫酸溶液	硫酸　5mL 水　95mL	大部分铍合金
28	盐酸水溶液	盐酸(密度为1.19)　50mL 水　50mL	锑、铋及其合金
29	氢氟酸水溶液	氢氟酸(40%)　10mL 过氧化氢(30%)　10mL 水　40mL	镉、铟、铊、铟-锑和铟-砷合金
30	浓硝酸	浓硝酸 可加少量水或盐酸稀释	锗、硒、碲,碲化物、硒化物和锆-硅化物

附录C　布氏硬度、维氏硬度、洛氏硬度值的换算表

以布氏硬度试验时的压痕直径为准

D=10mm　F=30000N时的压痕直径/mm	硬度					D=10mm　F=30000N时的压痕直径/mm	硬度				
	HBW	HV	HRB	HRC	HRA		HBW	HV	HRB	HRC	HRA
2.20	780	1220		72	89	2.40	653	867		63	83
2.25	745	1114		69	87	2.45	627	803		61	82
2.30	712	1021		67	85	2.50	601	746		59	81
2.35	682	940		65	84	2.55	578	694		58	80

（续）

D=10mm F=30000N 时的压痕直径/mm	硬度					D=10mm F=30000N 时的压痕直径/mm	硬度				
	HBW	HV	HRB	HRC	HRA		HBW	HV	HRB	HRC	HRA
2.60	555	649		56	79	4.10	217	217	97	20	61
2.65	534	606		54	78	4.15	212	213	96	19	60
2.70	514	587		52	77	4.20	207	209	95	18	60
2.75	495	551		51	76	4.25	201	201	94		59
2.80	477	534		49	76	4.30	197	197	93		58
2.85	461	502		48	75	4.35	192	190	92		58
2.90	444	474		47	74	4.40	187	186	91		57
2.95	429	460		45	73	4.45	183	183	89		56
3.00	415	435		44	73	4.50	179	179	88		56
3.05	401	423		43	72	4.55	174	174	87		55
3.10	388	401		41	71	4.60	171	171	86		55
3.15	375	390		40	71	4.65	165	165	85		54
3.20	363	380		39	70	4.70	162	162	84		53
3.25	352	361		38	69	4.75	159	159	83		53
3.30	341	344		37	69	4.80	156	154	82		52
3.35	331	333		36	68	4.85	152	152	81		52
3.40	321	320		35	68	4.90	149	149	80		51
3.45	311	312		34	67	4.95	146	147	78		50
3.50	302	305		33	67	5.00	143	144	77		50
3.55	293	291		31	66	5.05	140		76		
3.60	285	285		30	66	5.10	137		75		
3.65	277	278		29	65	5.15	134		74		
3.70	269	272		28	65	5.20	131		72		
3.75	262	261		27	64	5.25	128		71		
3.80	255	255		26	64	5.30	126		69		
3.85	248	250		25	63	5.35	123		69		
3.90	241	246	100	24	63	5.40	121		67		
3.95	235	235	99	23	62	5.45	118		66		
4.00	225	226	98	22	62	5.50	116		65		
4.05	223	221	97	21	61	5.55	114		64		

附录D 常用力学性能及金相检验国家标准

（1）GB/T 231.1—2018《金属材料 布氏硬度试验 第1部分：试验方法》

（2）GB/T 230.2—2012《金属材料 洛氏硬度试验 第2部分：硬度计（A、B、C、

D、E、F、G、H、K、N、T标尺）的检验与校准》

（3）GB/T 4340.1—2009《金属材料　维氏硬度试验　第1部分：试验方法》

（4）GB/T 18449.1—2009《金属材料　努氏硬度试验　第1部分：试验方法》

（5）GB/T 228.1—2010《金属材料　拉伸试验　第1部分：室温试验方法》

（6）GB/T 229—2007《金属材料　夏比摆锤冲击试验方法》

（7）GB/T 4161—2007《金属材料　平面应变断裂韧度 K_{IC} 试验方法》

（8）GB/T 13298—2015《金属显微组织检验方法》

（9）GB/T 226—2015《钢的低倍组织及缺陷酸蚀检验法》

（10）GB/T 6394—2017《金属平均晶粒度测定方法》

（11）GB/T 15749—2008《定量金相测定方法》

（12）GB/T 18876.1—2002《应用自动图像分析测定钢和其他金属中金相组织、夹杂物含量和级别的标准试验方法　第1部分：钢和其他金属中夹杂物或第二相组织含量的图像分析与体视学测定》

（13）GB/T 225—2006《钢淬透性的末端淬火试验方法（Jominy试验）》

（14）GB/T 9450-2005《钢件渗碳淬火硬化层深度的测定和校核》

（15）GB/T 7216-2009《灰铸铁金相检验》

（16）GB/T 9441—2009《球墨铸铁金相检验》

（17）GB/T 9451—2005《钢件薄表面总硬化层深度或有效硬化层深度的测定》

（18）GB/T 10561—2005《钢中非金属夹杂物含量的测定 标准评级图显微检验法》

（19）GB/T 11354—2005《钢铁零件渗氮层深度测定和金相组织检验》

（20）GB/T 13299—1991《钢的显微组织评定方法》

（21）GB/T 13302—1991《钢中石墨碳显微评定方法》

（22）GB/T 14979—1994《钢的共晶碳化物不均匀度评定法》

（23）GB/T 224—2008《钢的脱碳层深度测定法》

（24）GB/T 3488.1—2014《硬质合金　显微组织的金相测定　第1部分：金相照片和描述》

（25）GB/T 3489—2015《硬质合金　孔隙度和非化合碳的金相测定》

（26）GB/T 30067—2013《金相学术语》

参考文献

[1] 全国科学技术名词审定委员会. 材料科学技术名词［M］. 北京：科学出版社，2011.
[2] 葛利玲. 光学金相显微技术［M］. 北京：冶金工业出版社，2017.
[3] 韩德伟，张建新. 金相试样制备与显示技术［M］. 长沙：中南大学出版社，2005.
[4] 沈桂琴. 光学金相技术［M］. 北京：北京航空航天大学出版社，1992.
[5] 任颂赞，叶俭，陈德华. 金相分析原理及技术［M］. 上海：上海科学技术文献出版社，2013.
[6] 孙业英. 光学显微分析［M］. 北京：清华大学出版社，2003.
[7] 潘清林，孙建林. 材料科学与工程实验教程［M］. 北京：冶金工业出版社，2011.
[8] 潘清林. 金属材料科学与工程实验教程［M］. 长沙：中南大学出版社，2006.
[9] 韩德伟. 金属硬度检测技术手册［M］. 长沙：中南大学出版社，2003.
[10] 吕德林，李砚珠. 焊接金相分析［M］. 北京：机械工业出版社，1987.
[11] 胡赓祥，蔡珣，戎咏华. 材料科学基础［M］. 3版. 上海：上海交通大学出版社，2010.
[12] 那顺桑. 金属材料工程专业实验教程［M］. 北京：冶金工业出版社，2004.
[13] 周小平. 金属材料及热处理实验教程［M］. 武汉：华中科技大学出版社，2006.
[14] 杨桂英，石德珂，王秀玲，等. 金相图谱［M］. 西安：陕西科学技术出版社，1988.
[15] 邹贵生. 材料加工系列实验［M］. 北京：清华大学出版社，2005.
[16] 林昭淑. 金属学及热处理实验与课堂讨论［M］. 长沙：湖南科学技术出版社，1992.
[17] 燕样样，刘晓燕. 金相热处理综合实训［M］. 北京：机械工业出版社，2013.
[18] 姜江，陈鹭滨，耿贵立，等. 机械工程材料实验教程［M］. 哈尔滨：哈尔滨工业大学出版社，2003.
[19] 吴晶，戈晓岚，纪嘉明. 机械工程材料实验指导书［M］. 北京：化学工业出版社，2006.
[20] 刘鸿文，吕荣坤. 材料力学实验［M］. 北京：高等教育出版社，2006.
[21] 李庆春. 铸件形成理论基础［M］. 北京：机械工业出版社，1982.
[22] 黄积荣. 铸造合金金相图谱［M］. 北京：机械工业出版社，1980.
[23] 陈国桢，肖柯则，姜不居. 铸件缺陷和对策手册［M］. 北京：机械工业出版社，1996.
[24] 李梅君，徐志珍，王燕. 实验化学：Ⅰ［M］. 北京：化学工业出版社，2006.
[25] 甘孟瑜，曹渊. 大学化学实验［M］. 3版. 重庆：重庆大学出版社，2003.
[26] 谷臣清. 材料工程基础［M］. 北京：机械工业出版社，2004.
[27] 熊蜡森. 焊接工程基础.［M］. 北京：机械工业出版社，2002.
[28] 王凤平，朱再明，李杰兰. 材料保护实验［M］. 北京：化学工业出版社，2005.
[29] 王冬. 材料成形及机械加工工艺基础实验［M］. 哈尔滨：哈尔滨工程大学出版社，2003.
[30] 周玉. 材料分析方法［M］. 2版. 北京：机械工业出版社，2006.
[31] 戎咏华. 分析电子显微学导论［M］. 北京：高等教育出版社，2006.
[32] 李威，焦汇胜，李香庭. 扫描电子显微镜及微区分析技术［M］. 长春：东北师范大学出版社，2015.
[33] 戴起勋. 金属材料学［M］. 2版. 北京：化学工业出版社，2012.